Windows Server 2016 Technology

1ヶ月でWindowsサーバーエンジニアになる本

ミラクルソリューション著

協賛　マイクロソフト株式会社

みらんくるんと一緒に勉強しよう！

- Windows Server, Windows, Active Directory, Azure, Outlook, Windows Azure, Windows PowerShell, Hyper-V, PowerShell, SQL Server, Microsoft, Excel, Word, Office 365, Access, Skype, SharePoint, PowerPoint, OneDrive, BitLockerは、米国Microsoft Corporationの米国およびその他の国における登録商標です。
- その他、本文中の会社名、システム・製品名は、一般に各社の登録商標または商標です。
- なお本書では、TM、®マークは明記していません。
- インターネットのWebサイト、URLなどは、予告なく変更されることがあります。

©2019　本書の内容は、著作権法上の保護を受けています。著作権者、出版権者の文章による許諾を得ずに、本書の内容の一部、あるいは全部を無断で複写・複製・転載することは、禁じられております。

はじめに

　IT 業界は様々な産業に大きな影響を与え、近年では、AI、IoT、ブロックチェーン等、新たな技術が急速に発展してきています。インターネットが不可欠であり、どんどん技術が進化している昨今、サーバーエンジニアの需要は非常に高まっているように感じます。

　以前、私は事務職をしていましたが、AI の発展により仕事が無くなるのでは…と思い、手に職をつけるべく IT 業界に飛び込みました。エンジニア未経験でミラクルソリューションに入社しましたが、本書の内容に沿った教育でサーバーについて学び、現在は新人教育、書籍制作を担当しています。新人教育に携わっていると、技術を学びたい、IT 業界で働きたいと考えるやる気のある人が非常に増えてきているなと感じます。そんな風に考える人がもっと増えればいいなと思い、フリーエンジニアの方々と弊社エンジニア全員で、『1 ヶ月で Windows サーバーエンジニアになる本』を作りました。

　以前に Windows Server 2003 の書籍を出版していますが、今回は、マイクロソフトサーバーOS、Windows Server 2016 に対応した内容となっています。Windows Server 2003 の書籍を読んで、Windows サーバーの基礎を学んだというお声を社外から多数いただきましたし、社内では全くの未経験者がプロジェクトリーダーになるまでに育ってきています。

　この本は、Windows サーバーエンジニアとしてキャリアアップ、活躍したい人のために、技術的な基礎知識が網羅されています。Windows Server 2016 の機能だけではなく、Windows Server 全般に関しても解説しています。全くの未経験者でも、この書籍で勉強すれば、初級 Windows サーバーエンジニアを目指せます。MCP（Microsoft Certified Professional）の受験勉強を始める前段階として、また、サーバーエンジニアになりたいと考えている人のお役に立てれば嬉しいです。

2019 年 10 月　株式会社ミラクルソリューション
教育事業部　吉村真由子

目　次

Chapter 1　Windows Server

1－1　章の概要...2
1－2　サーバーとは..3
1－3　理解したい7つの基本サーバー..5
1－4　サーバーの運用形態とセキュリティ..8
1－5　Windows Server 2016 新機能..9
1－6　Windows Server 関連演習...11

Chapter 2　ライセンス

2－1　章の概要..14
2－2　Microsoft ライセンスプログラム...15
2－3　ライセンスモデル..17
2－4　ライセンスモード..19

Chapter 3　クラウド

3－1　章の概要..24
3－2　クラウドの概要...25
3－3　サービスモデルの違いについて..27
3－4　実装モデルについて..30
3－5　クラウドとホスティングサービスにおけるプラットフォームの違い.....................34
3－6　クラウドのセキュリティ...36
3－7　Windows Server 2016 をクラウドで使う...38

Chapter 4　TCP/IP

4－1　章の概要..54
4－2　TCP/IP...55
4－3　ネットワークの構成...61
4－4　OSI 参照モデル...66
4－5　IPAM (IP アドレス管理、IP Address Management) 67
4－6　NIC チーミング (LBFO:Load Balancing and Failover)......................................69
4－7　QoS...72
4－8　ネットワーク関連コマンド..75
4－9　TCP/IP 関連演習...77

Chapter 5　DNS

5 － 1　　章の概要 82
5 － 2　　DNS の概要 83
5 － 3　　ドメインツリーと分散環境 85
5 － 4　　DNS サーバーの種類と配置 86
5 － 5　　ゾーンとレコード 89
5 － 6　　DNS 検索と種類 91
5 － 7　　DNS 関連コマンド 93
5 － 8　　WINS 97
5 － 9　　DNS 関連演習 98

Chapter 6　DHCP

6 － 1　　章の概要 104
6 － 2　　DHCP の概要 105
6 － 3　　DHCP 動作概要 106
6 － 4　　DHCP のリース割り当て処理 108
6 － 5　　DHCP リレーエージェント 110
6 － 6　　DHCP フェイルオーバー 111
6 － 7　　ポリシーベースの IP 割り当て 112
6 － 8　　DHCP を使用する上での利点と注意事項 113
6 － 9　　DHCP 関連コマンド 115
6 － 1 0　DHCP 関連演習 116

Chapter 7　ユーザーとグループ

7 － 1　　章の概要 120
7 － 2　　ユーザーとグループの概要 121
7 － 3　　既定のローカルユーザー 123
7 － 4　　既定のローカルグループ 124
7 － 5　　グループポリシー 125
7 － 6　　ユーザーとグループ関連演習 127

Chapter 8　ドメインとワークグループ

8 － 1　　章の概要 130
8 － 2　　ワークグループ 131
8 － 3　　ドメイン 133
8 － 4　　ドメインとワークグループの比較 135
8 － 5　　ドメインとワークグループ関連演習 137

Chapter 9　Active Directory

9－1　章の概要..142
9－2　Active Directory の概要..143
9－3　Active Directory の構造..145
9－4　Active Directory の構成と機能...150
9－5　Active Directory のユーザーとグループ...155
9－6　既定のユーザー...157
9－7　既定のグループ...158
9－8　Active Directory コンポーネント...160
9－9　ドメインコントローラーのバックアップとリストア.............................163
9－10　Active Directory 関連コマンド...165
9－11　Active Directory 関連演習..167

Chapter 10　ハード ディスクテクノロジー

10－1　章の概要..174
10－2　ハードディスクテクノロジー..175
10－3　ハードディスクの準備...176
10－4　パーティショニングとパーティション..180
10－5　ファイルシステムと論理フォーマット..183
10－6　ファイルシステム機能に関する主な機能..186
10－7　ハードディスクテクノロジー関連演習..188

Chapter 11　共有フォルダーとアクセス許可

11－1　章の概要..192
11－2　共有フォルダー..193
11－3　NTFS アクセス許可と共有アクセス許可...195
11－4　アクセス許可の動作...198
11－5　共有フォルダーとアクセス許可関連演習..201

Chapter 12　プリントサーバー

12－1　章の概要..206
12－2　プリンターの概要..207
12－3　プリンター管理..209
12－4　Windows でのプリンター管理...211
12－5　プリンター関連演習...219

Chapter 13　サーバー管理

13－1　章の概要..222
13－2　サーバー管理の概要...223
13－3　Windows のサーバー管理ツール...225
13－4　更新プログラム（Windows Update）..229
13－5　ライフサイクルポリシーとバージョン管理..231
13－6　サーバー管理関連演習...234

Chapter 14　リモートデスクトップサービス

14－1　章の概要 238
14－2　リモートデスクトップの概要 239
14－3　クライアント機能のポイント 241
14－4　サーバー機能のポイント 243
14－5　リモートデスクトップの新機能 245
14－6　リモートデスクトップ関連演習 247

Chapter 15　監視

15－1　章の概要 252
15－2　監視の概要 253
15－3　サーバーの監視ツール 254
15－4　サーバーのイベント監視 260
15－5　サーバーパフォーマンスの監視 266
15－6　監視関連演習 279

Chapter 16　コマンドプロンプト

16－1　章の概要 284
16－2　コマンド概要 285
16－3　コマンドプロンプトの基本操作 287
16－4　リダイレクト 293
16－5　パイプ 295
16－6　ワイルドカード 297
16－7　バッチファイル 299
16－8　バッチプログラミング 303
16－9　コマンドプロンプトとバッチファイル関連演習 306

Chapter 17　PowerShell

17－1　章の概要 310
17－2　PowerShell の概要 311
17－3　Windows PowerShell の起動とウインドウ操作 314
17－4　Windows PowerShell の基本操作 318
17－5　PowerShell をシステム管理に使う 323
17－6　実行結果の出力処理 330
17－7　変数 335
17－8　スクリプトの作成と実行 338
17－9　PowerShell とセキュリティ 343
17－10　PowerShell 関連演習 344

Chapter 18　タスクスケジューラ

18－1　章の概要 350
18－2　タスクスケジューラの概要 351
18－3　タスクの管理 352
18－4　タスクスケジューラ関連演習 356

vii

Chapter 19　レジストリ

19－1　章の概要...360
19－2　レジストリの概要...361
19－3　レジストリエディター..362
19－4　レジストリの危険性..365
19－5　レジストリのバックアップ..367
19－6　レジストリの復元...369
19－7　レジストリ関連コマンド..370
19－8　レジストリ関連演習..372

Chapter 20　トラブルシューティング

20－1　章の概要...376
20－2　トラブルシューティング概要...377
20－3　トラブルシューティングの流れ..378
20－4　情報収集ツール..380
20－5　技術情報検索方法...382

Chapter 21　セキュリティ

21－1　章の概要...384
21－2　セキュリティ対策が必要な理由～セキュリティリスクについて～.........385
21－3　エンジニアとしての心構え..388
21－4　セキュリティ対策のテクノロジー..392
21－5　 Windows Server のセキュリティ対策テクノロジー.........................395
21－6　セキュリティ関連演習..397

Chapter 22　Hyper-V

22－1　章の概要...400
22－2　Hyper-V とは..401
22－3　Hyper-V の可用性..403
22－4　Hyper-V のネットワーク..405
22－5　Hyper-V におけるリソースの拡張と縮小.......................................407
22－6　Hyper-V の利便性..410
22－7　コンテナ...412
22－8　Hyper-V 関連演習..414

Chapter 23　バックアップ

23－1　章の概要...420
23－2　バックアップの概要...421
23－3　バックアップの分類（1）...423
23－4　バックアップの分類（2）...425
23－5　バックアップソフトウェア..429
23－6　ボリュームシャドウコピーサービス（VSS）....................................432
23－7　バックアップ関連演習..433

Chapter 24　クラスター

2 4 － 1　章の概要 438
2 4 － 2　クラスターの概要 439
2 4 － 3　フェールオーバークラスタリング 442
2 4 － 4　フェールオーバークラスタリングの機能 444
2 4 － 5　フェールオー!バークラスタリングの基礎用語 446
2 4 － 6　ネットワーク負荷分散 (NLB) 449
2 4 － 7　ネットワーク負荷分散の機能 450
2 4 － 8　ネットワーク負荷分散の基礎用語 451
2 4 － 9　クラスター関連演習 453

Chapter 25　Web サーバー

2 5 － 1　章の概要 458
2 5 － 2　Web サーバーとインターネット 459
2 5 － 3　代表的な Web サーバー 462
2 5 － 4　Internet Information Service（IIS） 463
2 5 － 5　IIS の機能 467
2 5 － 6　IIS のセキュリティ 469
2 5 － 7　IIS の基礎用語 471
2 5 － 8　Web サーバー関連演習 474

Chapter 26　データベース

2 6 － 1　章の概要 478
2 6 － 2　データベースの概要 479
2 6 － 3　リレーショナルデータベース 480
2 6 － 4　正規化・SQL 文 482
2 6 － 5　データベースサーバー 486
2 6 － 6　Microsoft SQL Server 489
2 6 － 7　Microsoft SQL Server の基礎用語 496
2 6 － 8　Microsoft Office Access と Microsoft SQL Server の違い 501
2 6 － 9　データベース関連演習 503

Chapter 27　メールサーバー

2 7 － 1　章の概要 506
2 7 － 2　メールシステムの概要 507
2 7 － 3　代表的なメー!ルサーバー 510
2 7 － 4　Microsoft Exchange Server の概要 512
2 7 － 5　Microsoft Exchange Server のメール送受信の仕組み 514
2 7 － 6　Microsoft Exchange Server の基礎用語 518
2 7 － 7　グループウェア 520
2 7 － 8　メールサーバー関連演習 522

Appendix

参考資料 527
索引 535

ix

Memo

Chapter 1
Windows Server

1-1　章の概要

章の概要

この章では、以下の項目を学習します

- サーバーとは
- 理解したい7つの基本サーバー
- サーバーの運用形態とセキュリティ
- Windows Server 2016 新機能
- Windows Server 関連演習

スライド1：章の概要

Memo

1-2　サーバーとは

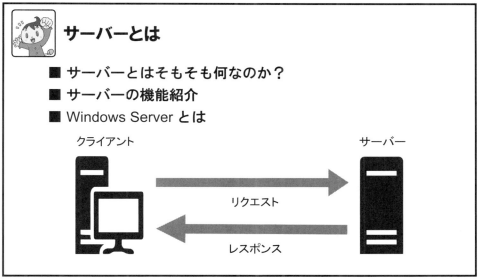

スライド2：サーバーとは

▌サーバーとはそもそも何なのか？

「サーバー」（server）とは、英語で給仕人（サービスをする人もしくは物）という意味です。ネットワークを通じてファイルやデータの受渡し等、いろいろなサービスを提供し、他のコンピューターからの様々な要求に応えているコンピューターがサーバーです。

また、サーバーからのサービスを受けるコンピューターを「クライアント」（client ＝顧客）と言います。

このような形式のコンピューターネットワークをサーバー／クライアント型と言います。

ここでは正確に理解する必要はないので、大まかにサーバーの役割について覚えておけば問題ありません。

▌サーバーの機能紹介

先ほどサーバーを、「ネットワーク上で他のコンピューターやソフトにサービスを提供するコンピューター」と紹介しましたが、具体的にサーバーはどのようなサービスを提供しているのでしょうか？

サーバーの機能はたくさんありますが、大きく分類すると情報共有、業務の効率化、パソコンの運用管理を目的に導入されることが多いです。情報共有ということであれば、メールの送受信やWebページの閲覧があります。これらはクライアントコンピューターの要求にサーバーが応えているからこそ成り立っているものであり、サーバーの大きな役割の一つだと言えます。これは、私たちが知らず知らずの間にサーバー活用していることがよくわかる例だと思います。

サーバーを構成している要素は、ハードウェア（パソコン機器）、OS（Window Serverなど）、サーバーソフト（Exchange Serverなど）の3つです。

▌Windows Serverとは

Windows Serverとは、マイクロソフト社が開発したOS（オペレーティングシステム）「Windows」のサーバー製品です。OSとはコンピューター全体を管理、制御し、人が使えるようにする役割を持っている基本ソフトウェアであり、コンピューターを使う上では基本となるものです。Windows Serverは世界中で最も普及していると言われているWindows OSのサーバー版で、世界中でたくさんの人に活用されています。

マイクロソフト社が、最初のサーバー製品として世の中に送り出したのは、「Windows NT3.1」というものでした。

そこから今日までバージョンアップを重ね、安定性・安全性の向上、多様な機能の追加が行われ、現在では「Windows Server 2019」が最新版の OS となっています。また、今後ますます Windows Server はアップデートされていくことが予想されます。

　サーバー OS には、Windows Server 以外にも Unix、Linux がありますが、Windows Server を使うことでどのようなメリットがあるのでしょうか?
　Windows Server を使うメリットは大きく 2 点あります。1 点目は初心者でも比較的操作しやすいということです。普段から使っている Windows OS の操作とほとんど同じで、サーバーの操作がスムーズに行えます。また入門書などの参考書が比較的多く販売されているため、操作性では他のサーバー OS よりも優れていると言えます。2 点目はクライアントの PC に Windows OS が使われている場合には、データの管理がしやすいということです。Windows OS 同士のやりとりであれば安全性も高くなり、より高いセキュリティの運用が可能になります。

　Window Server 2016 では、Standard Edition、Datacenter Edition、Essentials Edition の 3 つのエディションになりました。

	規模・特徴
Essentials Edition	25 ユーザー及び 50 デバイス以下の小規模ビジネス環境向けに最適化されたエディションです。なお、Windows Server 2016 のバージョン 1709 から Essentials Edition の提供はなくなりました。
Datacenter Edition	Windows Server 2016 の全機能が使用できる最上位のエディションです。多数のサーバーを運用する、または非常に大きなネットワークを使用する企業やデータセンターに適しています。
Standard Edition	Essentials Edition 以上 Datacenter Edition 以下のユーザー数、ネットワーク規模の企業に適したエディションです。ほとんどの企業がこの Standard Edition を使用することになるでしょう。

☐ **Windows Server 2016 のシステム要件**
　Windows Server 2016 のシステム要件の概要は以下表の通りです。
　使用しているコンピューターが最小要件を満たしていない場合は、製品を正しくインストールすることはできません。また実際の要件は、システム構成やインストールするアプリケーションおよび機能によって異なります。

プロセッサ	最小 • 1.4GHz 以上　64 ビットプロセッサ • x64 命令セット対応 • NX と DEP のサポート • CMPXCHG16b、LAHF/SAHF、および PrefetchW のサポート • 第 2 レベルのアドレス変換のサポート
RAM	最小 • 512 MB（デスクトップエクスペリエンス搭載サーバーインストールオプションを使用したサーバーの場合、2GB） • ECC 型または同様のテクノロジー
記憶域コントローラーとディスク領域	• Windows Server 2016 を実行するコンピューターでは、PCI Express アーキテクチャの仕様に準拠している記憶域アダプターを搭載する必要がある • ハードディスクドライブとして分類されるサーバー上の永続的な記憶装置は、PATA であってはならない • Windows Server 2016 では、ブートドライブ、ページドライブ、またはデータドライブに ATA、PATA、IDE、EIDE は使用できない
ネットワークアダプターの要件	最小 • ギガビット以上の処理能力があるイーサネットアダプター • PCI Express アーキテクチャの仕様への準拠・Preboot Execution Environment のサポート
その他の要件	• このリリースを実行するコンピューターには、DVD ドライブが必要

1-3　理解したい7つの基本サーバー

理解したい7つの基本サーバー

- 理解したい7つの基本サーバー
- ファイルサーバー
- データベースサーバー
- プリントサーバー
- Webサーバー
- メールサーバー
- DNSサーバー
- プロキシサーバー

スライド3：理解したい7つの基本サーバー

理解したい7つの基本サーバー

サーバーの役割は、他のコンピューターからの要求を受け、その要求に対してサービスを提供することです。サーバーがどんなサービスを提供するかはサーバーごとに異なり、サーバーの前にサービスの名前を付けて区別します。

ここからは私たちが関わる可能性が高い7つのサーバーを紹介していきます。

ファイルサーバー

ファイルサーバーの役割は、クライアントからの要求に対してファイル共有サービスを提供することです。個人が自分のハードディスクにあるファイルを公開することで、ユーザーがネットワークを経由してそのファイルを閲覧・編集・操作できるようになります。

ファイルサーバーを構築する方法として最も簡単なのは、共有フォルダを作成して行う方法です。共有機能を活用すれば、ユーザーはマイネットワークから自分のファイルと同様にサーバーに置かれた共用ファイルにアクセスできるようになります。

またボリュームシャドウコピーサービス（VSS）を使うことで、ユーザーが自分で削除されたファイルを復活させたり、過去のバージョンを取り出したりすることができます。シャドウコピー機能は、サーバー管理者の負担を減らすことができるのでおすすめの機能だと言えます。

ただ、不用意な操作は命取りで、例えばユーザーがネットワーク経由でサーバー上のファイルを「削除」した場合、「ゴミ箱」には入らず、即削除されてしまいます。シャドウコピー機能はそういった危険性を取り除くことができます。

■ データベースサーバー

　データベースサーバーの役割は、クライアントからの要求に対して蓄積されたデータから必要なものを必要な人が取り出して利用できるようにすることです。
　データベースとは、データを決まった形式で蓄積したものです。代表的なものには、データを複数の表として管理し、表形式のデータを関連付けて操作する「リレーショナルデータベース（RDB）」があります。
　リレーショナルデータベースには、データの構造が複雑になったりデータ量が多くなってしまったりすると、処理速度が遅くなってしまうという問題点があります。最近ではその問題を解決するものとして、NoSQL データベースが登場しました。NoSQL データベースでは、処理速度を確保できるようにあらかじめデータの格納と取得が高度に最適化されています。
　代表的なデータベースサーバー製品には、マイクロソフト社の「SQL Server」や日本オラクル社の「Oracle」があります。

■ プリントサーバー

　プリントサーバーの役割は、クライアントからの要求に対して、プリンター共有サービスを提供することです。そのおかげで、1 台のプリンターを複数のクライアントパソコンから使えるようになります。印刷するたびにプリンターが繋がったサーバーにデータを持っていくことやプリンターのドライバーを手動でインストールする手間を省くことができます。
　プリントサーバーは、クライアントが印刷を実行すると、それぞれのデータが一度プリントサーバーのハードディスクに蓄積され、順番にプリンターに送り出されるという仕組みです。

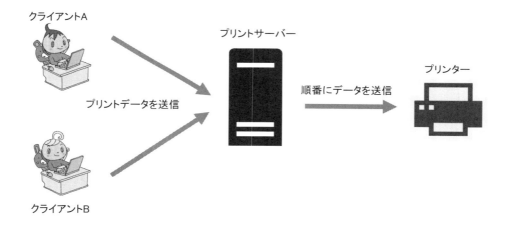

■ Web サーバー

　Web サーバーの役割は、クライアントからの要求に対して、ブラウザーにファイルを送信することです。基本的な機能は、URL と呼ばれるアドレスで指定された Web ページファイルなどをクライアントの Web ブラウザーに送信するというものです。Web サーバーは Web サイトを公開するときに必ず必要なサーバーであるため、自分のサイトを持ちたい場合には利用することになります。
　代表的な Web サーバーソフトには、「IIS」や「Apache」があります。

メールサーバー

メールサーバーの役割は、クライアントからの要求に対して、クライアントがメールを使えるようにすることです。メールの送信と受信では異なる通信規格（プロトコル）を利用します。プロトコルとは、コンピューター同士が通信をする時の約束事のようなもので、通信をする双方のコンピューターが理解できるプロトコルでないと通信ができません。

メールの送信で使うのが、SMTPというプロトコルです。クライアントのメールソフトには送信サーバーとしてプロバイダーなどが指定したSMTPサーバーを設定します。メールを受信する際に利用するのがPOP3やIMAP4というプロトコルです。

ビジネスや日常生活の中でメールサービスを利用する機会はたくさんあり、メールサーバーも利用する機会が多いサーバーになります。

代表的なメールサーバーには、「Exchange Server」があります。

DNS サーバー

DNSサーバーの役割は、ドメイン名をIPアドレスに変換することです。

インターネットで通信を行う場合、基本的に各コンピューターに割り当てられたIPアドレスで相手を指定してやりとりを行います。IPアドレスとは各コンピューターに割り当てられた番号のことです。

例えばWebページを見るために、「www.miracle-solution.com」というURLを指定した場合にも、ユーザーが知らないうちに「60.32.7.122」というIPアドレスに置き換えられて通信が行われています。DNSサーバーの役割は、その変換を行うことにあります。

DNSサーバーは、URLで指定されたドメイン名のIPアドレスが、内部の登録ファイル（ゾーンファイル）や過去の調査履歴（キャッシュ）にあるかどうか検索し、ない場合には他のDNSサーバーに問い合わせを行う仕組みで動いています。またDNSサーバーは、IPアドレスからドメイン名への変換も行うことができます。

プロキシサーバー

プロキシサーバーの役割は、社内からのインターネットアクセスを代理で行うことです。社員が好き勝手にインターネットへアクセスするのは避けたい場合に利用されるケースが多くなっています。プロキシとは英語で「代理」という意味があり、プロキシサーバーは社内からのインターネットアクセスを代理で行うサーバーです。また社外からのアクセスにもプロキシサーバーを通過させるようにすることで、不正な侵入を防ぐことができます。

1−4 サーバーの運用形態とセキュリティ

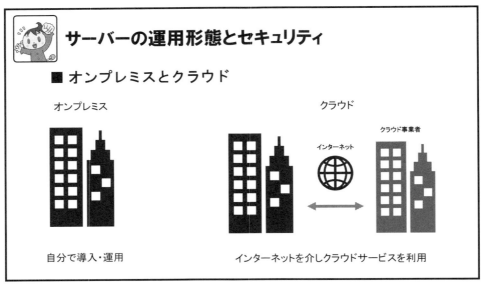

スライド4：サーバーの運用形態とセキュリティ

オンプレミスとクラウド

サーバー運用方法は「オンプレミス」と「クラウド」の2種類があります。

☐ オンプレミス

サーバー運用におけるオンプレミスとは、企業自らが所有する機器、設備、施設でシステムを運用することを指します。これまで一般的であった運用方法でしたが、新たにクラウドでのサーバー運用が登場したことにより、区別するためにオンプレミスという言葉が使われるようになりました。
オンプレミスの場合、システムに関連する設備と環境がすべて自身の管理下にあるためセキュリティ性が高く、障害発生時に柔軟に対応することが出来ます。その反面、全ての設備の購入、設定、運用を自らが行わなければならないためコストがかかるのが難点です。

☐ クラウド

サーバー運用におけるクラウドとは、他企業が提供するサーバーをインターネットを介して利用し、システムを運用することを指します。
クラウドの場合は既に用意された設備と環境を利用するので、オンプレミスに比べ大幅なコスト削減が可能かつ導入が容易です。カスタマイズの自由さについては提供されたフォーマットに利用可能範囲が制限されてしまうため、オンプレミスに劣ります。
また、クラウド管理の場合、企業のデータを第三者提供のサーバーに保管する形になるため、セキュリティの観点から好まれない場合もあります。その他クラウドの詳細については、「3-4　実装モデルについて」にて説明します。

1-5 Windows Server 2016 新機能

Windows Server 2016 新機能

【Windows Server 2016 でアップグレードされた機能】
- Hyper V
- シールドされた仮想マシン
- Windows Defender

【Windows Server 2016 で初めて搭載された機能】
- Nano Server
- Windows コンテナ

スライド5：Windows Server 2016 新機能

　ここからは、Windows Server 2016 で新たに搭載された、もしくはアップグレードされた機能をそれぞれ分けて紹介していきます。

Windows Server 2016 でアップグレードされた機能

Hyper-V

　Hyper-V とは、マイクロソフト社のサーバー仮想化技術です。サーバーの仮想化とは、1台のサーバーで複数の仮想的なサーバーを運用することです。1台のサーバーに複数のサーバーを集約することができるため、管理にかかるコストや負担を減らすことができます。

　本来、仮想化を実現するためには、専用のソフトを調達してインストールしなければいけませんが、Hyper-V には仮想化技術がはじめから搭載されているため、機能を有効にするだけで簡単に使い始めることができます。

　Hyper-V は従来の Windows Server にも搭載されていたのですが、Windows Server 2016 ではこれまでになかった機能や改良された機能が搭載されています。
具体的には、
- Nested Virtualization
- プロダクションチェックポイント
- クラスタローリングアップグレード
- ホストリリース保護
- Connected Standby の互換
- 個別のデバイス割り当て
- 第1世代仮想マシンでオペレーティングシステムディスクの暗号化のサポート
- ネットワークアダプターおよびメモリのホットアド／ホットリムーブ

などが上記の機能としてあります。

■ シールドされた仮想マシン

シールドされた仮想マシンでは、BitLocker の技術が使われており、Hyper-V の仮想マシンイメージを暗号化するものです。暗号の鍵は専用の「HGS サーバー」で管理し、信頼された Hyper-V ホストのみがその鍵を入手できます。

簡単に言えば、仮想マシンを信頼されたホストのみで実行する機能で、これによってこれまで以上にセキュリティを強化することができます。

■ Windows Defender

Windows Server 2016 のセキュリティ面での新機能としては、Windows Defender があります。Windows Defender は、これまでクライアント版では導入されていたのですが、Windows Server 2016 よりサーバーで標準搭載されることになりました。

Windows Server 2016 ではセキュリティ面に関するアップデートが非常に多く、より安全性の高いものになっていると言えます。

Windows Server 2016 で初めて搭載された機能

■ Nano Server

Nano Server とは、従来の Windows OS と比べて、インストール、実行に必要なディスクサイズやメモリ量などが大幅に削減されたサーバー OS です。

クラウドアプリケーションの様々なプログラミング言語を想定されたオプションとなっています。

特に大きなメリットは、その小さな容量ゆえの起動や終了の速さやシステムの更新回数の少なさです。

しかし、注意しなければならないのは、Nano Server は通常の Windows OS のようにアイコンなどは存在しないため、マウスでの操作ではなく、コマンドラインによって操作、設定を行わなければなりません。そのため、設定や管理には知識が必要です。

■ Windows コンテナ

Windows Server 2016 では、新しく Docker のコンテナ技術を使った「Windows コンテナ」機能が使えるようになりました。

Docker とはコンテナ型仮想化と呼ばれる技術の一つです。コンテナ型仮想化は、OS の上に「コンテナ」と呼ばれる仮想的な空間を提供し、ユーザーはその空間でアプリケーションを実行することができます。一般的には 1 つの OS では 1 つの空間しか持つことができないのですが、コンテナ型仮想化では 1 つの OS でコンテナと呼ばれる空間を複数作ることができます。

コンテナ型仮想化は従来の仮想化に比べてシンプルで効率の良さが売りとなっています。そのコンテナ仮想化技術が、Windows Server 2016 から搭載されることになったのです。

1-6　Windows Server 関連演習

Windows Server 関連演習

演習内容
■ Windows Server 2016 のインストール

スライド6：Windows Server 関連演習

Windows Server 関連演習

※以下にWindows Server関連演習の前提条件を示します。
1. サーバーOS「Windows Server 2016」が手元に有ること。
2. 「Windowsカタログ（Windows HCL）」にて確認が取れているハードウェアであること。

※以下に、Windows Server関連演習の構成図を示します。

「Windows Server 2016」が
インストール可能なハードウェア

演習1　Windows Server 2016 のインストール

1. 電源を入れます。
2. 電源を入れた直後に［Windows Server 2016］のCDをCD-ROMドライブに入れます。
3. 画面左上に［Press any key to boot from CD…］のメッセージが表示されたら、［Enter］キーを押します。
4. ［セットアップ］画面にて、下記の通りに選択し、［次へ］をクリックします。
    - インストールする言語　　　　　：日本語（日本）
    - 時刻の通貨の形式　　　　　　　：日本語（日本）
    - キーボードまたは入力方式　　　：Microsoft IME
    - キーボードの種類　　　　　　　：日本語キーボード（106/109キー）

5. ［セットアップ］画面にて、［今すぐインストール］をクリックします。

6. ［インストールするオペレーティングシステムを選んでください］画面にて、［Windows Server 2016 Standard（デスクトップエクスペリエンス）］を選択し［次へ］をクリックします。

7. ［適用される通知とライセンス条項］画面にて、［同意します］にチェックを入れ、［次へ］をクリックします。

8. ［インストールの種類を選んでください］画面にて、［カスタム：Windows のみをインストールする］をクリックします。

9. ［Windows のインストール場所を選んでください］画面にて、［次へ］をクリックします。すると、Windows のインストールが始まります。

10. インストールが終わると自動的に再起動が始まります。

11. ［設定のカスタマイズ］画面にて、任意のパスワードを入力します。

以上で、「Windows Server 2016 のインストール」演習は終了です。

Chapter 2

ライセンス

2-1　章の概要

 章の概要

この章では、以下の項目を学習します

- Microsoft ライセンスプログラム
- ライセンスモデル
- ライセンスモード

スライド7：章の概要

Memo

2-2　Microsoft ライセンスプログラム

Microsoft ライセンスプログラム

- Microsoft ライセンスプログラム
- ライセンスプログラムの種類

スライド 8：Microsoft ライセンスプログラム

Microsoft ライセンスプログラム

　マイクロソフト社では、個人、法人、組織に対して「ソフトウェア製品」と「ライセンス」を販売しています。マイクロソフト社のソフトウェア製品に対してお金を払ったとしても、所有権を得るわけではなく、購入者は「使用許諾契約書（EULA）」と著作権法に基づいて、ソフトウェアを使用するライセンスを購入することにより所有権を得ることができます。

　つまり、マイクロソフトのライセンスの役割は、購入者が自社ビジネスの変革に必要なテクノロジーを入手するルートとなることと言えます。

ライセンスプログラムの種類

　マイクロソフト社では、お客様のニーズによって選択できるプログラムを提供しており、オンラインサービスやオンプレミス製品を購入する際のオプションとして、組織規模で導入する方法と、必要な時に必要な分だけ導入する方法を用意しています。

　ここでは、導入時のお客様のニーズごとに最適なライセンスプログラムの種類を見ていきます。

大規模な組織全体での標準化と IT コストの削減を図りたいとき

プログラム名	最低購入数	主な契約範囲	契約期間
Enterprise Agreement (EA)	ユーザー / デバイス数 • 一般企業：500 以上 • 公共機関：250 以上	組織全体	3 年間
Open Value Subscription Agreement (OVS)	ユーザー / デバイス数 • 3 ライセンス以上	組織全体	3 年間
Enrollment for Education Solutions (EES)	教育対象ユーザー数 • 1,000 名以上	教育機関全体	1 年 /3 年
Open Value Subscription Agreement for Education Solutions (OVS-ES)	ユーザー / デバイス数 • 3 ライセンス以上	教育機関全体	1 年 /3 年
School Agreement	• PC10 台以上	教育機関全体	1 年 /3 年 /5 年

これらのプログラムを利用するメリットには、以下のようなものがあります。
- 組織全体で最新のソフトウェアやオンラインサービスを使用できる。
- 業務に使用するソフトウェアやオンラインサービスの購入を予算化できる。
- 関連会社や関連機関を含めた一括購入と一元管理を実現できる。
- システムを標準化して、サポートや展開にかかるコストを削減できる。
- 導入費用の削減に加えて、ライセンス管理の負荷も軽減できる。
- ライセンス数不足による不正使用のリスクをなくせる。

必要な時に必要な分だけライセンスを購入したいとき

プログラム名	最低購入数	主な契約範囲	契約期間
Microsoft Products and Services Agreement (MPSA)	年間 500 ポイント以上 ※オンライン製品の場合は 250 ポイント以上	個別購入	無期限
Select Plus	年間 500 ポイント以上	個別購入	無期限
Open Value Agreement (OV)	ユーザー / デバイス数 • 3 ライセンス以上	個別購入	3 年間
Open License Agreement (OL)	ユーザー / デバイス数 • 3 ライセンス以上	個別購入	2 年間

これらのプログラムを利用するメリットには、以下のようなものがあります。
- 小さくスタートして成長に合わせて導入を進められる。
- 必要な数と期間だけライセンスを使える。

独自のニーズに合った統合ソリューションを導入したいとき

プログラム名	最低購入数	主な契約範囲	契約期間
Microsoft Cloud Agreement (MCA)	ユーザー / デバイス数 • 1 ライセンス以上	個別購入	クラウドソリューション プロバイダー (CSP) との 契約に基づく

これらのプログラムを利用するメリットには、以下のようなものがあります。
- 組織のニーズに最適な統合ソリューションを活用できる。
- IT 部門や責任管理者がいなくても包括的なマネージドサービスを利用できる。

必要に応じてオンラインサービスをすぐに導入したいとき

プログラム名	最低購入数	主な契約範囲	契約期間
Microsoft Online Subscription Agreement (MOSA)	ユーザー / デバイス数 • 1 ライセンス以上	個別購入	12 か月

これらのプログラムを利用するメリットには、以下のようなものがあります。
- 必要な時に自分でオンラインサービスを購入してすぐに利用を開始できる。
- ニーズや利用人数に合わせて利用サービスの種類や数を追加できる。

2-3　ライセンスモデル

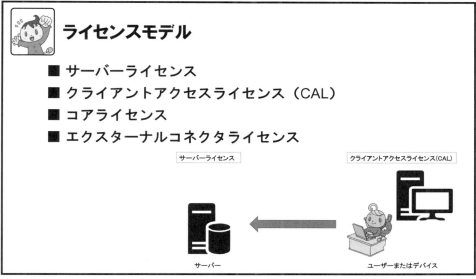

スライド9：ライセンスモデル

▍サーバーライセンス

サーバーライセンスとは、サーバー自体の使用を許諾するライセンスで、サーバー側のライセンスのことを言います。使用するサーバーごとに1つのサーバーライセンスが必要となります。

▍クライアントアクセスライセンス（CAL）

クライアントアクセスライセンス（CAL）とはデバイスまたはユーザーがサーバーへ接続するために必要なライセンスで、クライアント側のライセンスのことを言います。サーバーライセンスとは別で購入しなければなりません。
　CALには、サーバー利用者数に応じて課金することで、大人数と少人数のユーザーに不公平が生まれないようにするという役割もあります。

☐　**CALの種類**
　　CALには、「ユーザーCAL」と「デバイスCAL」の2種類があり、使用環境やコストに応じてCALを選択することができます。

☐　**ユーザーCAL**
　　Windows Server 2003から追加されたCALです。CALが割り当てられたユーザーは、自分が使用する複数のコンピューターから、社内ネットワーク上で稼働しているすべてのWindowsサーバーにアクセスできます。1人のユーザーが複数のコンピューターを利用し、複数のサーバーにアクセスするような場合に利用します。

☐　**デバイスCAL**
　　CALが割り当てられたクライアントコンピューターから、社内ネットワーク上で稼働しているすべてのWindowsサーバーにアクセスできます。1台のクライアントコンピューターから複数のサーバーにアクセスするような場合に利用します。

コアライセンス

コアライセンスとは、プロセッサに実装している「物理コア」に応じてライセンス数が決まる方式のことです。

Microsoft SQL Server 2012 のリリースに伴い、マイクロソフトサーバーライセンスでは、処理能力の測定基準が物理プロセッサからコアに変わりました。そのためユーザー企業は、サーバーに搭載している物理プロセッサの数ではなく、プロセッサに実装している物理コア数に応じて必要なライセンス数を用意しなくてはなりません。コア単位のライセンスにより、社内サーバー環境がオンプレミスか、仮想か、あるいはクラウドかを問わず、より正確な処理能力を測定し、より一貫したライセンスの指標を提供することができます。

また、Windows Server 2016 Datacenter エディションおよび Windows Server 2016 Standard エディションの場合はどちらもライセンスサーバーに搭載された物理コア数と同数以上のコアライセンスを購入する必要があります。ただし、物理プロセッサあたりで最低 8 コアライセンス、サーバーあたりで最低 16 コアライセンスの制限があります。コアライセンスは 2 コアライセンス単位および 16 コアライセンス単位で販売されます。2 コアライセンスパックを 8 つ、または 16 コアライセンスパックを 1 つ購入する場合の価格は同じで、使用権も同じです。

エクスターナルコネクタライセンス

購入者専用のサーバーに割り当てられるライセンスで、このライセンスを取得すると、同じバージョンまたは以前のバージョンのサーバーソフトウェアに外部ユーザーがアクセスできます。

多数の外部ユーザーが、社内のサーバーにアクセスする場合、エクスターナルコネクタライセンスの利用は非常に便利です。外部ユーザーは、エクスターナルコネクタライセンスを割り当てた物理サーバー上すべての Windows サーバーにアクセスできるため、個別にクライアントアクセスライセンス（CAL）を購入する必要がなく、コストを抑えることができます。

ただし、外部ユーザーは以下のように利用が制限されます。

- サーバーライセンスを所有する組織（および、その関連会社）の「取引先」や「顧客」などのユーザーは、外部ユーザーに含まれるので利用できます。
- サーバーライセンスを所有する組織（および、その関連会社）の「社員」や「オンサイトの契約業者や代理店」などのユーザーは、外部ユーザーに含まれないので利用できません。

2-4 ライセンスモード

ライセンスモード

- 同時使用ユーザー数モード
- 接続デバイス数または接続ユーザー数モード
- 同時使用ユーザー数モードのお得なケース
- 接続デバイス数または接続ユーザー数モードのお得なケース

スライド10：ライセンスモード

マイクロソフト社のCALには、使用サーバー製品と、接続の種類によりCALが必要な場合と不要な場合があります。必要な場合には、一般的に「同時使用ユーザー数モード」、「接続デバイス数または接続ユーザー数モード」の2種類のライセンスモードがあります。

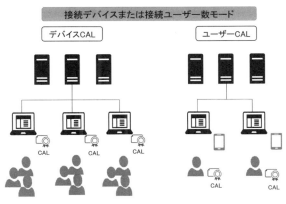

同時使用ユーザー数モード

特定のサーバーに接続するユーザーまたはデバイスごとにCALが必要です。「同時使用ユーザー数モード」は、特定のサーバー、ソフトウェアに対する同時使用を許可するライセンスモードです。特定のサーバー、ソフトウェアへ同時使用するクライアントコンピューターの最大数に合わせて、必要なCAL数を購入する必要があります。

同時使用ユーザー数モードでサーバーへの接続がCALの数より多くなった場合は、CALが追加されるまで追加のコンピューターはサーバーに接続することはできません。

また「同時使用ユーザー数モード」から「接続デバイスまたは接続ユーザー数モード」への変更は、一度だけ変更可能です。

クライアントが以下のとき、より経済的です。

- 常時サーバーに接続していない場合。
- すべてのクライアントが同時にサーバーに接続しない場合。

接続デバイス数または接続ユーザー数モード

各 CAL は特定のユーザー、コンピューター、デバイスに関連付けられます。「接続デバイス数または接続ユーザー数モード」は、クライアントコンピューターがネットワーク上のすべての Windows サーバーへ接続することを許可します。サーバー、ソフトウェアへ接続するすべてのデバイス、またはすべてのユーザーの数だけ CAL が必要となります。

接続デバイス数または接続ユーザー数モードでは、あるデバイスから別のデバイス、またはあるユーザーから別のユーザーへの再割り当てが可能です。ただし、再割り当てが可能なのは、以下の場合のみとなります。

- 1 つのデバイスまたはユーザーによる使用を永久的にやめた場合。
- 常設のデバイスが使用不可能なときに借用したデバイス、または社員が不在の場合に働く協力会社社員が一時的に CAL を使用する場合。

クライアントが以下のとき、より経済的です。

- 組織内の複数のサーバーからすべてのデバイス、またはユーザーにサービスを提供する分散型コンピューティング環境である場合。

同時使用ユーザー数モードのお得なケース

上図の条件で比較します。

「5 台のクライアントコンピューター、または 5 人のユーザーがほぼ同時にファイルサーバーに接続することはない」という条件なので、CAL 数が「5 ライセンス」以上必要になることはありません。仮に同時にサーバーへ接続するクライアントコンピューター、またはユーザーが多くとも 4 台（4 人）とした場合、「同時使用ユーザー数モード」を利用すると、必要な CAL 数は「4 ライセンス」で十分となります。よって、余分な CAL を購入する必要がなくなります。

上図の条件で「接続デバイス数または接続ユーザー数モード」を利用した場合、全台（全員）がファイルサーバーへ同時に接続しても接続しなくても、クライアントコンピューター台数分、またはユーザー数分の CAL が必要となります。上図の条件の場合、「接続デバイス数または接続ユーザー数モード」における接続に必要な CAL は「5 ライセンス」となります。

したがって、上図の条件の場合、「接続デバイス数または接続ユーザー数モード」を利用するより「同時使用ユーザー数モード」を利用する方が経済的でお得ということになります。

接続デバイス数または接続ユーザー数モードのお得なケース

サーバー：3台
クライアント：5台
サーバー使用環境：すべてのクライアントは、同時にすべてのサーバーにアクセスします。

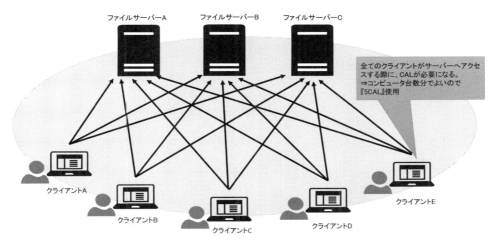

上図の条件で比較します。

「5台のクライアントコンピューターから同一ネットワーク上にある3台のファイルサーバーへ同時に接続する」条件となっています。

5台のクライアントコンピューターから同一のネットワーク上の3台のファイルサーバーへ同時接続ができればよいので、「接続デバイス数または接続ユーザー数モード」を利用すると、必要なCALは「5ライセンス」ということになります。

上図の条件で「同時使用ユーザー数モード」を利用すると、各ファイルサーバーにクライアントコンピューター5台の接続を許可するためのCALが必要となります。つまり、ファイルサーバー1台に対して必要なCALは「5ライセンス」であり、ファイルサーバー3台に対して必要なCALの合計数は「5ライセンス × 3台 = 15ライセンス」となります。

したがって、上図の条件の場合、「同時使用ユーザー数モード」を利用するよりも、「接続デバイス数または接続ユーザー数モード」を利用する方が、経済的でお得ということになります。

Memo

Chapter 3

クラウド

3-1　章の概要

章の概要
この章では、以下の項目を学習します

■ クラウドの概要
■ サービスモデルの違いについて
■ 実装モデルについて
■ クラウドとホスティングサービスにおける
　プラットフォームの違い
■ クラウドのセキュリティ
■ Windows Server 2016 をクラウドで使う

スライド 11：章の概要

Memo

3-2　クラウドの概要

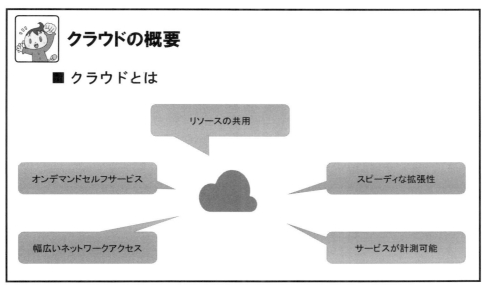

スライド 12：クラウドの概要

クラウドとは

　クラウドという言葉が一般的に使われるようになりましたが、その定義を明確に伝えられる人は少ないかもしれません。通常、クラウドというと、「利用者がハードウェアやソフトウェアを保有しなくても、必要なときに必要な分だけ利用できる、インターネットを通じて利用するサービス」のことをさします。

　ではこれをシステム管理者の立場で具体的に表現するとどうなるでしょうか。「システムリソースを常時保有していなくても、必要となったタイミングで必要なシステムリソースをサービスプロバイダーから購入し、ネットワークを通じて利用できるコンピューティングサービス」というとよりわかりやすいかもしれません。

　より正確なクラウドの定義については、NIST（米国国立標準技術研究所）による文書を参照するとよいでしょう。IPA（独立行政法人情報処理推進機構）が日本語版を公開しています。なお NIST では、クラウドをクラウドコンピューティングと表現しています。
https://www.ipa.go.jp/files/000025366.pdf

　NIST によると、クラウドは次のような 5 つの基本的な特徴と 3 つのサービスモデル、4 つの実装モデルによって構成されるとしています。

基本的な特徴
- オンデマンドセルフサービス
    ユーザーが必要な時に Web 画面からオーダーするとすぐ使える
- 幅広いネットワークアクセス
    インターネットのどこからでもアクセスができる
- リソースの共用
    コンピューティングリソースはプロバイダーによって集積されており、マルチテナント方式で提供される
- スピーディな拡張性
    必要な時にコンピューティングリソースをすぐ拡張できる
- サービスが計測可能であること

利用量が計測されており、プロバイダーとユーザー双方で情報が確認できる

サービスモデル
- Software as a Service（SaaS）
- Platform as a Service（PaaS）
- Infrastructure as a Service（IaaS）

実装モデル
- プライベートクラウド
- コミュニティクラウド
- パブリッククラウド
- ハイブリッドクラウド

3-3　サービスモデルの違いについて

サービスモデルの違いについて

- SaaS – Software as a Service
- PaaS – Platform as a Service
- IaaS – Infrastructure as a Service

	オンプレミス	クラウド (IaaS)	クラウド (PaaS)	クラウド (SaaS)
構築の容易性	難しい	容易	容易	容易
運用の容易性	難しい	容易	容易	容易
コスト	高い	安価	安価	安価
カスタマイズ性	容易	やや容易	難しい	難しい
セキュリティポリシーへの適合性	容易	容易	やや難しい	難しい
提供範囲	すべてのリソース	ネットワークおよびサーバーリソース	開発プラットフォームおよびソフトウェア	ソフトウェアサービスのみ

スライド 13：サービスモデルの違いについて

▍サービスモデルの違いについて

　システム管理者としては、利用するクラウドの違いを明確に理解して、達成したい目的に応じて適切なサービスを選択する必要があります。NIST の定義にもあるように、サービスモデルは 3 つあり、SaaS、PaaS、IaaS です。ここでは、それぞれの特徴と、どのような利用目的のときにどのサービスモデルを選んだらよいかを説明します。

▍SaaS - Software as a Service

読み方
　サース

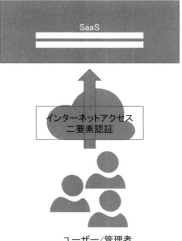

特徴
- ソフトウェアをインターネット経由で利用できる
  インターネットプロバイダーの障害により利用できなくなる可能性がある
- 必要なアカウント数、必要な期間で利用でき、サービス料を支払う
- すぐ使える、どこからでも使える
  セキュリティ対策上利用制限をかけたい場合はアカウントのみで制限する
- ライセンス購入が不要なため初期コストが安価になる
- 常に新しい機能を利用できる（アップデートが不要）
- アクセス数の増減があってもシステムリソースを気にしないでよい
- カスタマイズはできない

利用目的
- 使いたいソフトウェアがあり、利用にあたってセキュリティ要件を満たす
- 契約するだけでそのまま使いたい
- インターネットに接続できればどこからでも使いたい

例
Microsoft Office365、G Suite、サイボウズ、Slack、Dropbox など

PaaS - Platform as a Service

読み方
　パース

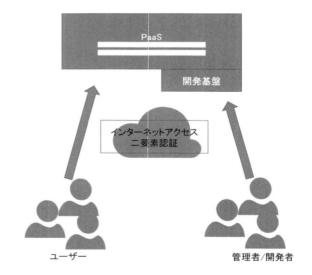

特徴
- システムインフラと合わせ開発用ミドルウェアを利用できる
  システムインフラは IaaS のようなカスタマイズ性を持たない
- 開発後にアプリケーションプラットフォームをそのまま利用できる
- 使用するアプリケーションのリソース不足を意識せずに利用できる

利用目的
- 使いたいアプリケーションの PaaS がありセキュリティ要件も充分満たす
- アプリケーションを開発してそのまま利用したい
- ネットワークや仮想マシンの管理はしたくない

- ピーク時やオフピーク時のリソース調整を自動で行いたい

例
Microsoft Azure App Service、AWS Elastic Beanstalk、Google App Engine など

IaaS - Infrastructure as a Service

読み方
　アイアース、イアース

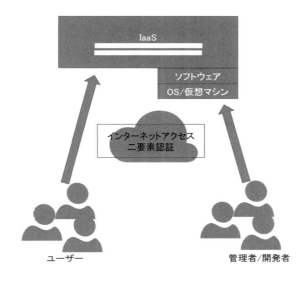

特徴
- 基本的なシステムインフラをクラウドで提供する
- 仮想マシン、ストレージ、ネットワーク、負荷分散機能等を提供
  ハードウェアスペックを選択できる
  サーバー OS を選択できる
  サーバーリソース不足を検知すると自動的に追加の仮想マシンを起動できる
  仮想マシンを異なるリージョン（場所）に作成することで災害対策ができる
  管理用や閉域のネットワークを構築できる

利用目的
- 仮想マシンを自分でセットアップして利用したい
- クラウド上に構築するシステムを独自に作りたい
- 構築したシステムへ大量のネットワークアクセスが見込まれる
- PaaS で提供されていないミドルウェアを使って開発や運用をしたい
- OS やミドルウェアのチューニングを独自で行いたい
- セキュリティ要件が PaaS や SaaS では満たせず独自で構築が必要

例
Microsoft Azure、Amazon EC2、Google Compute Engine、Alibaba Cloud など

3-4 実装モデルについて

実装モデルについて
- 実装モデルについて
- パブリッククラウド
- プライベートクラウド
- ハイブリッドクラウド
- コミュニティクラウド

スライド14：実装モデルについて

実装モデルについて

実際にクラウドを使うときの構成にはいくつかの代表的なパターンがあります。既存のシステムを維持しながらクラウドに新たにシステムを構築する、既存のシステムとクラウドを連携させたいといったときに、利用する上でそれぞれどういった特徴があるのかを把握しておくとよいでしょう。特に複数の分断されたネットワーク上にあるシステムを併用すると、ユーザーアカウントの管理は煩雑になりますし、セキュリティ上のリスクにもなりますので、多面的な検討が必要です。

パブリッククラウド

インターネット経由でクラウドへアクセスして使う形態です。物理的な機器はプロバイダーの保有する施設内に設置され、物理的および論理的にセキュリティが確保されます。

ユーザーは自前で用意したインターネット環境から、クラウドプロバイダーの指定するURLへアクセスします。ネットワークはHTTPSによりセキュリティを確保する方法が一般的です。

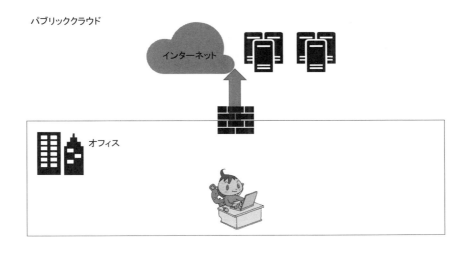

　サービスはIDとパスワードによりアクセスが可能で、利用者側のシステム管理者が、対象サービスの利用スペースやアカウントを管理します。ログインオプションとして二要素認証もしくは二段階認証が用意されている場合もあります。スマートフォンにインストールするAuthenticator等のアプリやSMS認証と連携して使うことができます。

　SaaSおよびPaaSのほとんどにこの形態をとります。またIaaSも一般的にはパブリッククラウドで使うことが前提となっており、システムリソースをすべてパブリッククラウド上で展開します。

　IaaSで複数の仮想マシンを接続する場合は、同じアカウントグループ内のみに閉じたVLANで接続され、他の利用者が利用する仮想マシンと接続できない仕組みになっています。

プライベートクラウド

　プライベートクラウドには2種類あります。1つはパブリッククラウドプロバイダーが、クラウド基盤の一つもしくはパブリッククラウドのリソースの一部を論理的に分離して専用のクラウド環境として提供する場合です。もう1つは企業内のネットワーク上に専用のクラウド基盤を構築する場合です。

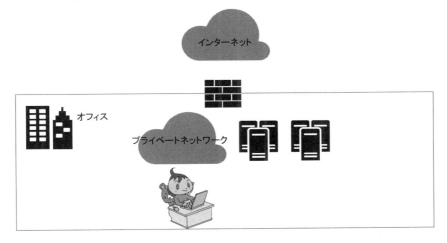

　パブリッククラウドプロバイダーが専用環境を提供する場合、利用方法はパブリッククラウドと同じです。ただし専用環境を用意するために初期費用がパブリッククラウドと比べて高額になる可能性や、プライベートクラウドの提供方法によっては、CPUやメモリ、ディスク等のシステムリソース追加において制限がつく可能性があります。

専用のクラウド基盤を自社内に構築する場合は、通常のサーバー構築と同等にハードウェアやソフトウェアを導入し自社内のネットワークに接続することで実現できます。セキュリティポリシーの適用も、自社ポリシーに正確に応じた形で整えることができます。ただしクラウドプロバイダーによる提供方法とは異なり、初期構築にかかるコストとクラウド基盤そのものの運用負荷が大きくなります。そのため、クラウドを利用するメリットが薄れてしまうことになります。

　なおプライベートクラウドという形態を提供するのは IaaS のみです。

■ ハイブリッドクラウド

　異なる実装モデル同士あるいはクラウドとオンプレミスのシステムを組み合わせて使う方法です。NICT の定義によるとクラウド同士の組み合わせを想定していますが、クラウドとオンプレミスの従来型のサーバーシステムとを組み合わせる方法も、ハイブリッドクラウドとして拡大解釈して提供しているケースがあります。

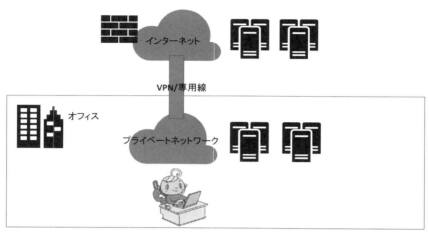

ハイブリッドクラウド

組み合わせのパターン
パブリッククラウド × プライベートクラウド
パブリッククラウド × オンプレミスのシステム
プライベートクラウド × オンプレミスのシステム

　ハイブリッドクラウドは、異なる要件に基づいて作られているシステム間を接続するために構成が複雑になりがちです。

　たとえば、パブリッククラウドとオンプレミスのシステムを組み合わせる場合、企業内のネットワークからのアクセスに限定して構築されたオンプレミスのシステムを、構築当初の想定にはなかったインターネット接続が必要となるパブリッククラウドと接続させるといったことが考えられます。

　この場合、オンプレミスのシステムに要求されるセキュリティを確保しながらインターネットと接続するためのシステムを構築する必要があります。ネットワーク構成を変更する、プロキシを立てる、安定運用を確保するために冗長構成の仕組みを作るなどといったコストが必要となります。

　そういったコストを負担してもハイブリッドクラウドを構築する場合は、プライベートクラウドやオンプレミスのシステムに企業内の会計処理や機密データを処理する基幹システムや、認証システム、データベースなどを集約して配置し、コミュニケーションや情報共有を主としたシステムをパブリッククラウドに配置するといった形をとる場合です。セキュリティを確保したいシステムを明確に切り分け、パブリッククラウドとの使い分けを行います。

　また、オンプレミスのシステムでこれまで運用してきたがシステム更改の順にクラウドへ移行したいというケースでも、一時的にハイブリッドクラウドの構成をとり、できるだけユーザー影響が出ないような移行を計画する場合があります。

多くのパブリッククラウドプロバイダーは、ユーザーを増やすために移行をしやすくする「クラウド移行ツール」等を作るなどしてクラウドの利用を促していますが、この移行中の構成もハイブリッドクラウドの一形態といえます。

コミュニティクラウド

　あまり聞きなれないと思いますが、同業の他社あるいはグループ内の複数企業が、同じセキュリティレベルのもとで共通で利用できるクラウド基盤を構築し、共同で運用するようなケースをいいます。企業間で費用を分担するため初期構築費用が抑えられ、またセキュリティポリシーは共同で運用する企業間で決められるため、パブリッククラウドよりも強固にできるというメリットがあります。

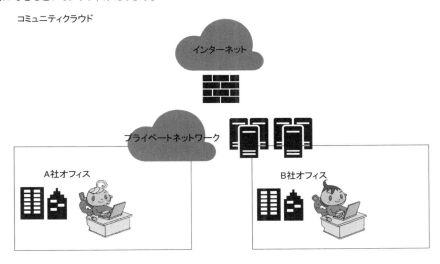

3-5 クラウドとホスティングサービスにおけるプラットフォームの違い

クラウドとホスティングサービスにおけるプラットフォームの違い

- ホスティングサービス
- VPS（Virtual Private Server）
- IaaS（Infrastructure as a Service）
- ASP（Application Service Provider）
- SaaS（Software as a Sevice）

スライド15：クラウドとホスティングサービスにおけるプラットフォームの違い

クラウドとホスティングサービスにおけるプラットフォームの違い

クラウドよりも前から提供されているホスティングサービス、仮想化技術の進化で登場したVPS、アプリケーションサービスプロバイダー、それぞれのプラットフォームの特徴についてみてみます。

ホスティングサービス

ホスティングサービスは、1995年ころから提供する会社が登場しました。レンタルサーバーとも言われ、サーバーを構築して運営する手間をかけずにWebで情報を発信するニーズに対して答えるものでした。

1台のサーバー上でApacheをマルチドメインで稼働させ、ドメイン単位でユーザーへWebスペースを提供するといった形式です。複数ドメインを1台のサーバー上で運用しネットワークを共用するため、負荷の高いユーザーがいる場合はサーバーリソースがひっ迫し他のユーザーに影響を出すようなケースがあります。レンタルサーバーのように、サーバーを丸ごと1台提供するような方法もあります。

VPS（Virtual Private Server）

　仮想化技術が進歩したことで、仮想マシンを 1 台のサーバー上に立てて提供することができるようになりました。この仮想マシンを提供する方式が VPS です。ホスティングサービスは 1 つの OS 上で Web サーバーアプリケーションを稼働させて複数のユーザーに提供するスタイルをとりますが、VPS の場合は OS からユーザーごとに提供することができるため、従来のホスティングサービスよりも他のユーザーの影響を受けにくくなっています。ただし仮想化基盤はサーバーハードウェア 1 つに対して 1 つですのでユーザーが多くなると仮想マシンの動作が遅くなることがあり、仮想化基盤のキャパシティ管理が重要になります。

IaaS（Infrastructure as a Service）

　クラウド向けの基盤システムを使用しています。ハードウェアは複数のサーバーやストレージをあたかも一つの巨大なサーバーシステムであるかのように見せ、その上に仮想マシンを作ります。そのため 1 台 1 台の物理サーバーを超えて仮想マシンの拡張やリソースの割り当てができる仕組みになっています。VPS と比べて仮想マシンの作成における制限範囲が広いことが特徴です。主要なクラウドプロバイダーである Microsoft、Amazon、Google 等は、それぞれ各社独自に仮想化基盤を構築・チューニングしてサービスを提供しています。

ASP（Application Service Provider）

　共にアプリケーションをネットワーク経由で提供するサービス形態です。1998 年ころからアプリケーションサービスプロバイダー（ASP）という呼び方でサービスを提供する企業が現れました。基本的には従来あったパッケージソフトウェアをネットワーク経由で使えるようにしたという形態でした。

SaaS（Software as a Service）

　その後 2005 年ころから SaaS として ASP とほぼ同じコンセプトで登場しましたが、SaaS として提供されるサービスは最初から Web サービスとしての提供を前提にした作りとなっており、使い勝手が向上しています。SaaS はソフトウェア開発企業が自らクラウドによるソフトウェアサービスを運用しており、バージョンアップが一律に行われます。また提供システムはマルチテナント化され、システムリソースを論理的に分離して各ユーザーに提供されます。

3-6 クラウドのセキュリティ

クラウドのセキュリティ
- 物理セキュリティ
- ソフトウェアセキュリティ
- ネットワークセキュリティとアクセス管理
- 代表的なクラウドプロバイダーのポリシー

スライド 16：クラウドのセキュリティ

クラウドのセキュリティ

クラウドを利用するにあたって、プロバイダーによってセキュリティをどう確保しているのかは非常に気になるポイントです。導入する場合は、企業のセキュリティポリシーと照らし合わせて許容できる範囲なのかどうかを必ず確認するようにします。代表的なポイントについてまとめます。

物理セキュリティ

クラウド基盤は安定した電力供給が必要で、機材の数も多いため広い設置スペースが必要です。ネットワークも大容量の回線を引き込む必要があります。そのため通常はこれらをまかなうことができるデータセンター内に設置されています。データセンターでは、建物自体がセキュアに作られており、作業員の入退館の管理・記録も厳密に行われているため、この点を気にする必要はありません。

ソフトウェアセキュリティ

いずれのサービスモデル、実装モデルにおいても、ユーザーデータの保管場所や仮想マシンはクラウド基盤上で共有されており、論理的な分離がなされています。ユーザー単位で仮想的に独立しているため心配はあまりありませんが、仮想マシンをハンドリングするクラウド基盤共通で稼働するソフトウェアの脆弱性や、CPU などハードウェアの脆弱性が時折報告されます。そのため脆弱性が発見されたとき、パッチ適用などの対処を脆弱性の発見からどのくらいの期間で提供しているのか、確認をしておくとよいでしょう。

ネットワークセキュリティとアクセス管理

ネットワークセキュリティやアクセス管理については利用者側でも気を付ける必要があります。基本的にクラウドのリソースには、利用者専用の URL へ ID とパスワードでアクセスすることになりますので、アカウントの管理を徹底しなければなりません。二要素認証を必須とし、二要素認証で利用するデバイスも企業から配布したものに限定するなど、漏えい対策をきちんと整えます。

また当然ながらクラウドプロバイダーが利用している IP アドレスのレンジは公開されています。ポートスキャンは常時行われていると思ってよく、ネットワークアクセスもすべて閉じた状態から必要な分だけ開けるという考え方で設定をするようにします。インターネットへ公開する Web サーバー以外は VPN もしくは閉域網だけのアクセスに限るなど、必要な対策を行うようにします。

代表的なクラウドプロバイダーのポリシー

　ISO27001 などのセキュリティ認証を取得しているかどうかも確認するとともに、セキュリティに関するドキュメントを用意しているプロバイダーを使うとより安心です。サービスモデルごとに代表的なプロバイダーのポリシーは次の URL で確認できます。

3-7 Windows Server 2016 をクラウドで使う

```
Windows Server 2016 をクラウドで使う

■ Windows Server 2016 をクラウドで使う
■ Windows Server OS を使える IaaS のプロバイダー
■ Microsoft Azure の利用方法
  □ 無料アカウントの作成
  □ 仮想マシンの作成
  □ 仮想マシンへ接続
  □ ユーザーインターフェース（UI）の日本語化
■ Azure で使えるサーバー概要
```

スライド 17：Windows Server 2016 をクラウドで使う

Windows Server 2016 をクラウドで使う

クラウド上でサーバー OS を使いたい場合は IaaS を使います。

Windows Server OS を使える IaaS のプロバイダー

Windows Server OS を使える IaaS のプロバイダーには以下のような企業があります。

Microsoft Azure Virtual Machines（https://azure.microsoft.com/ja-jp/services/virtual-machines/）
Amazon EC2（https://aws.amazon.com/jp/windows/）
Google COMPUTE ENGINE（https://cloud.google.com/compute/?hl=ja）
Alibaba Cloud（https://jp.alibabacloud.com/product/ecs）

　ここでは Microsoft 自身が Windows Server OS を提供している Azure での使い方をみてみます。すべてブラウザの画面を通して設定します。

Microsoft Azure の利用方法

それでは、Azure にアカウントを作成し、Windows Server の仮想マシンを作成する方法をみてみましょう。

1. 無料アカウントの作成

Microsoft Azure のサイトへアクセスします。
https://azure.microsoft.com/ja-jp/

サイト画面右上の［無料アカウント］をクリックします。

画面中央の［無料で始める］をクリックします。

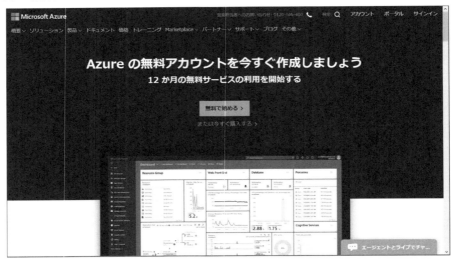

Microsoft アカウントがすでにあり、そのアカウントで仮想マシンを作る場合は既存のアカウントでサインインします。新たに Microsoft アカウントを作成する場合は、［作成］をクリックします。ここでは［作成］をクリックします。

［作成］をクリックしたのち、Microsoft が提供するドメインのメールアドレスを新たに作成して使う場合は、［新しいメールアドレスを取得］をクリックします。Gmail 等の既存のメールアドレスを使う場合は、メールアドレスを入力します。ここでは［新しいメールアドレスを取得］します。

アカウントとパスワードを設定し、文字認証を通ると、[Azureの無料アカウントのサインアップ] 画面に遷移します。

利用者個人（担当者）の情報（国 / 地域名、姓名、姓名の読み仮名、電子メールアドレス、電話番号）を入力、電話もしくはテキストメッセージによる本人確認、クレジットカードもしくはデビットカードの登録、アグリーメントの確認を行います。

すべての設定を終えると『Azureのご利用を開始できます』の画面が表示されます。これで最初の12ヶ月間無料で利用できる製品と、最初の30日の間だけ有効なクレジットが利用可能になります。なお以降で設定する仮想マシンのサイズによっては、30日を超えると課金が開始されます。課金が始まらないようにするためには30日以内に一旦仮想マシンを停止するか、最初から12ヶ月間無料で利用できるサイズで作成するかのいずれかを検討しましょう。

2. 仮想マシンの作成

では仮想マシンを作成してみましょう。

Azure Portal（https://portal.azure.com/）から 1. で作成したアカウントでサインインします。

サインイン後表示される画面左上の［リソースの作成］をクリックします。

新規画面の左側［Azure Marketplace］画面から［Compute］を選択します。右側に表示される［おすすめ］画面の列に［Windows Server 2016 Datacenter］が表示されますので、これをクリックします。

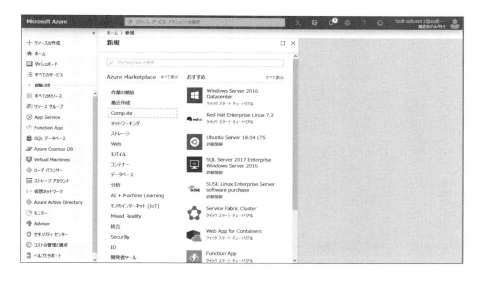

［仮想マシンの作成］画面が表示されます。

　［基本］タブの［プロジェクトの詳細］にあるサブスクリプションが正しいこと（今は［無料試用版］になっていること）を確認して、リソースグループを新規作成します。吹き出し状のダイアログが表示されるので、任意のリソースグループの名前（ここでは"test-naruhon2016"）を入力します。入力したら［OK］ボタンをクリックします。

　［インスタンスの詳細］で、［仮想マシン名］、［地域］、［可用性オプション］、［イメージ］、［サイズ］を選択します。［仮想マシン名］はホスト名に相当するので識別しやすい名称で設定し、［地域］は仮想マシンが稼働するリージョン（場所）を指定します。日本国内のデータセンター内で稼働させたい場合は、［東日本］か［西日本］を選択します。また、［イメージ］が［Windows Server 2016 Datacenter］になっていることを確認して進めます。

　［管理者アカウント］を設定します。パスワードは 12 文字以上 72 文字までの文字数制限があり、小文字 / 大文字 / 数字 /"\" もしくは "-" ではない特殊文字のうちいずれか 3 種類を組み合わせる必要があります。［ユーザー名］と［パスワード］は、それぞれ入力すると表示されるメッセージのルールにしたがって決定します。

　[受信ポートの規則]を設定します。[パブリック受信ポート]の[選択したポートを許可する]を選択し、[受信ポートを選択]のドロップダウンからプロトコルを選択します。ここでは[HTTP（80）]と[RDP（3389）]にチェックを入れて選択します。少なくともRDPを許可しないとリモートアクセスできないので注意してください。

　[お金を節約]については、そのまま[いいえ]とします。

　すべての入力を終え、[確認および作成]ボタンをクリックすると、[確認および作成]タブへ移り、次のような画面になります。[リソースグループ]、[仮想マシン名]、[ユーザー名]等の表示内容を確認し、画面下部の[作成]ボタンをクリックします。

［作成］ボタンをクリックするとデプロイが行われ、完了すると『デプロイが完了しました』と表示されます。

［リソースに移動］ボタンをクリックすると、作成した仮想マシンの［概要］画面へ遷移します。

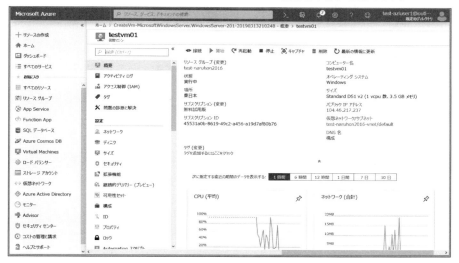

3. 仮想マシンへ接続

作成した仮想マシンへ RDP でアクセスしてみます。ここではアクセス元の PC が Windows であることを前提として進めます。Mac の場合は、別途 Apple Store から RDP ソフトウェアをダウンロードする必要があります。

仮想マシンの［概要］ページの上部にある［接続］ボタンをクリックします。しばらくすると右側に［仮想マシンに接続する］画面が表示されます。

［IP アドレス］、［ポート番号］はそのままで［RDP ファイルのダウンロード］ボタンをクリックし、RDP ファイルを PC へ保存します。そして保存した RDP ファイルをダブルクリックして仮想マシンへ RDP します。［リモートデスクトップ接続］画面が表示されるので、［接続］ボタンをクリックします。

47

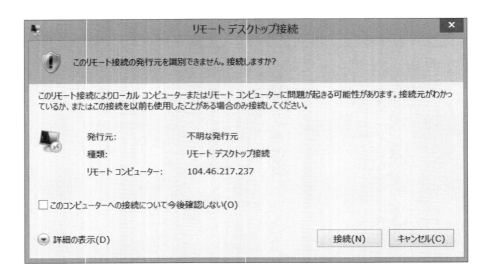

　表示された［Windows セキュリティ］画面で、先に設定した仮想マシンへアクセスするための［ユーザー名］と［パスワード］を入力します。

　［リモートデスクトップ接続］画面が表示されるので、［はい］をクリックすると作成した仮想マシンへアクセスできます。

4. ユーザーインターフェース（UI）の日本語化

作成した Windows Server 2016 は英語版なので、日本語で表示されるように変更します。

RDP 接続したサーバー上で、[スタート] ボタンをクリック、タイルから [Control Panel] をクリックします。

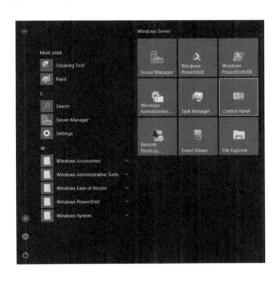

［Control Panel］の、［Clock, Language, and Region］をクリックしたのち［Language］をクリックすると次の画面が表示されます。

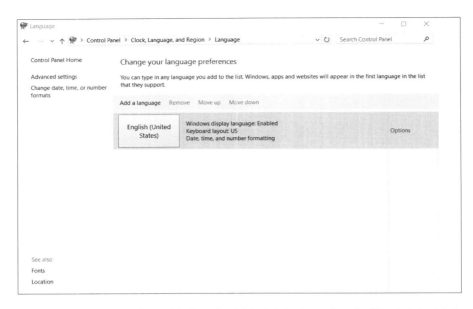

　［Add a language］をクリックし、［J］の欄にある［日本語］をクリックして［Add］ボタンをクリックます。

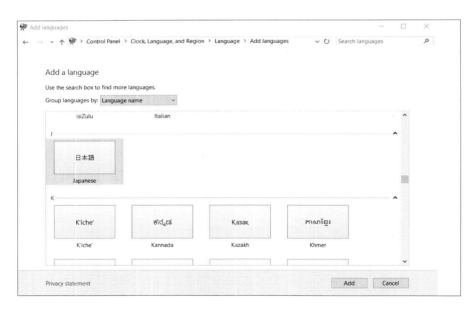

　［Change your language preferences］画面に［日本語］が追加されるので、右側の［Options］をクリックします。表示された［Windows display language］にあるリンク［Download and install language pack］をクリックし、日本語のパッケージをインストールします。

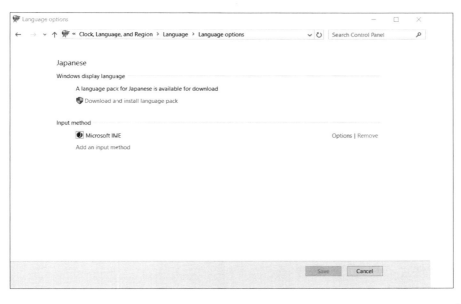

インストールが終わったら［Close］ボタンをクリックします。再び［Change your language preferences］画面に戻るので、［日本語］を選択して［Move up］をクリックし、順番を一番上にします。

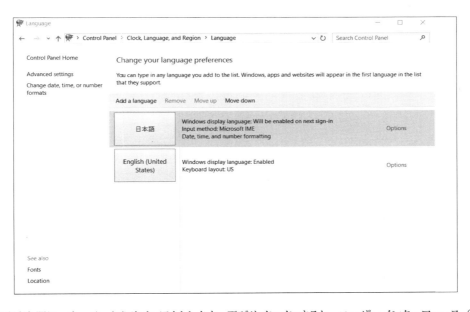

ウィンドウを閉じ、サーバーからサインアウトします。再びサインインすると、ユーザーインターフェース（UI）が日本語になって立ち上がります。なお、インストール直後のサインインは通常より時間がかかります。

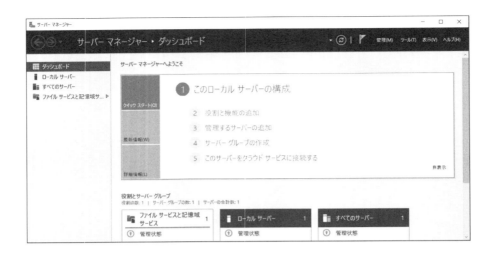

Azure で使えるサーバー概要

Azure Portal（https://portal.azure.com/）の左側の一覧にある［すべてのサービス］をクリックすると参照できます。

もしくは、Web の Azure 製品サイト（https://azure.microsoft.com/ja-jp/services/）をみてみましょう。Azure のサイトでは、すでに利用している各社のケーススタディが集められていますので、どのサービスから始めたらいいのかわからないときに参考になります。

あらゆるサーバーが Azure 上で利用できるといってもよく、セキュリティポリシーさえ許されれば、すべてを Azure 上で構築することも可能です。

Azure の一覧に存在していない Exchange サーバーや SharePoint サーバー、Skype サーバー等については、Office365 のサービスにラインナップされています（https://products.office.com/ja-jp/）。

Office365 は Azure とは別のサービスとなっており、Word、Excel、PowerPoint のようなクライアントアプリケーションとあわせて、Exchange サーバーや SharePoint サーバー等が利用できます。また Teams や OneDrive のような、コミュニケーションツールやストレージが利用できます。SaaS として提供されるため画面上の設定のみで利用でき、サーバー本体の構築は不要です。

Chapter 4

TCP/IP

4-1 章の概要

章の概要

この章では、以下の項目を学習します

- TCP/IP
- ネットワークの構成
- OSI 参照モデル
- IPAM（IP アドレス管理、IP Address Management）
- NIC チーミング（LBFO:Load Balancing and Failover）
- QoS
- ネットワーク関連コマンド
- TCP/IP 関連演習

スライド 18：章の概要

Memo

4-2　TCP/IP

TCP/IP
- TCP/IPとは
- プロトコル（ネットワークプロトコル）とは
- IP（Internet Protocol）
- TCPプロトコルとUDPプロトコル
- TCP/IPプロトコルスイート・TCP/IP参照モデル
- IPアドレスとは
- IPアドレスの割り当て
- ポート

スライド 19：TCP/IP

TCP/IPとは

　TCP/IPはティーシーピーアイピーと読み、一般的にインターネット上でコンピューター同士が会話（通信）する際の約束事（通信規約）全般を指します。
　本来、インターネット・プロトコル・スイートが通信規約全般を指す正しい表現ですが、TCPとIPが現在の通信における代表的なプロトコルであることから、TCP/IPがその代名詞となっています。
　本章では、コンピューターがどのような通信規約に基づき、通信しているのか、私たちが使う手紙を例にあげながら解説します。

プロトコル（ネットワークプロトコル）とは

　人と人が会話するときには言葉を用います。
　人と人の会話は国や地域、その時のロケーションから使われる言語が決定されることが多いと思います。日本人同士なら日本語、アメリカ人同士なら英語になるでしょう。
　コンピューターはプロトコル、という言葉を使って通信しますが、そのプロトコルを定義しているのがTCP/IP（通信規約）になります。

IP（Internet Protocol）

　IPとは、ネットワークを利用してデータ通信を行う際、最も基本的な通信単位である「パケット」のやり取りをするために使われるプロトコルです。
　IPで使われる「パケット」は、発信者、受信者などの情報を持つ「IPヘッダ」（宅配便でいう送り状）と、通信内容を格納する「ペイロード」（宅配便でいう荷物）で構成されます。
　また、データをパケットに分割して送受信する通信方式を「パケット通信」と呼びます。

　IPの役割はこのパケットを宛先までルーティングする役割を担います。また、ルーティングに利用されるIPアドレスを割り当てるのもIPが担っています。（IPアドレスに関しては次の項で説明します）

TCP プロトコルと UDP プロトコル

TCP/IP 通信の代表的なプロトコルである TCP プロトコルと、UDP プロトコルの特徴を記載します。
プロトコルの特徴から、利用される用途もご紹介します。

- **TCP（Transmission Control Protocol）**
    TCP はインターネットの初期から使われている代表的なプロトコルです。
    TCP の最大の特徴は通信相手にプロトコルの到着を都度確認しながら通信を行うことです。

    通信効率が落ちるため、現在では到着確認をウィンドウ制御という方法を利用し、複数のパケットの到着確認を行うようになっています。

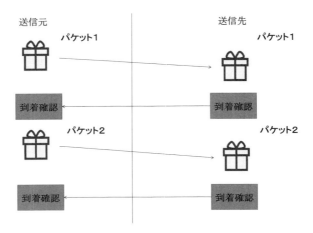

    TCP は通信の確実性から HTTP 通信（インターネット）や FTP 通信（ファイル送受信）、SMTP/POP 通信（メール送受信）、SSH・Telnet 通信（リモート通信）などで利用されます。

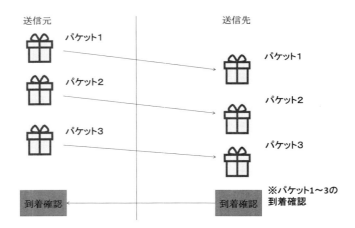

- **UDP（User Datagram Protocol）**
    UDP は TCP から 10 数年遅れて作られたプロトコルです。
    インターネットの初期ではファイル転送やメール送信などが大半であり、TCP のみで問題ありませんでした。
    しかし、インターネットが発展し、音声や映像の通信が増えると TCP は効率の悪いものとなってしまいました。
    そこで生まれたのが UDP であり、UDP の最大の特徴はプロトコルの到着を確認しないため高速な通信を行えることです。UDP は生まれた背景からもわかる通り、データストリーミングや、音声通信、時刻同期などのリアルタイム通信向けのプロトコルとして利用されます。

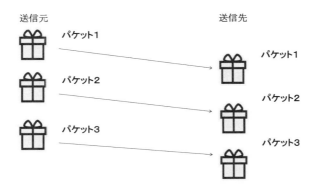

TCP/IP プロトコルスイート・TCP/IP 参照モデル

インターネットや、インターネットに接続する多くの商用ネットワークで利用できる通信規約一式を指して TCP/IP プロトコルスイートといい、多くのプロトコルについて定義されています。

プロトコルスイートは各階層に分けて考えることができ、階層ごとのデータ通信モデルは TCP/IP 参照モデルと呼ばれアプリケーション層・トランスポート層・インターネット層・リンク層に分類されています。

TCPIP 群	
アプリケーション層	BGP DHCP DNS FTP HTTP IMAP IRC LDAP MGCP NNTP NTP SNTP TIME POP RIP ONC RPC RTP SIP SMTP SNMP SSH Telnet TFTP TLS/SSL XMPP
トランスポート層	TCP UDP DCCP SCTP RSVP
インターネット層	IP（IPv4、IPv6）ICMP ICMPv6 NDP IGMP IPsec
リンク層	ARP OSPF SPB トンネリング（L2TP）PPP MAC（イーサネット、IEEE 802.11、DSL、ISDN）

IP アドレスとは

私たち人間は手紙に住所を書くのと同じように、IP プロトコルを使ったコンピューターの通信でも相手先をプロトコルの中に記載して送ります。コンピューター通信における住所が IP アドレスとなります。

IP アドレスは届ける相手先と同じく必要に応じて返信先となる自分の IP アドレスを送ることとなっています。

IP アドレスは 8 ビットの数字を 4 つ組み合わせた IPv4 を中心に普及してきましたが、IP アドレスの数は有限であり、その不足が深刻な問題（IP アドレスの枯渇問題）となっています。その解決方法として検討された結果が IPv6 技術です。

□ **IPv6 の課題**
IPv6 を利用する場合において、考慮しなければならない点があります。
IPv6 は IPv4 とほぼ同等と言える技術ですが、パケットフォーマットが異なり、アドレス空間の大きさの違いから互換性はなく、IPv4 と IPv6 が直接通信することはできません。
また、コンピューター間の通信には一般的に多くの通信機器が中間に存在し、それぞれの中間の機器が IPv6 ネットワークに対応している必要があります。しかし、この点は近年 IPv6 over IPv4 トンネリングという技術によって解決してきています。これは、IPv4 ネットワーク部分の IPv4 パケットに IPv6 パケットをカプセル化して乗せてしまう技術です。
これらの課題や背景から、IPv6 の普及はとてもゆっくりと進んでいるのが現状です。

□ **Windows Server 2016 のサポート状況**
Windows Server 2016 でサポートされる IPv6 over IPv4 トンネリングは 6over4、Teredo、ISATAP、6to4 のみとなっています。

IP アドレスの割り当て

現在主流となっている IPv4 アドレスの設定は以下の画面で実施します。

- IP アドレスを自動的に取得する。
  DHCP 機能をもったサーバーやルーターなどから動的に IP アドレスの割り当てを受ける場合に使用する設定です。

- 次の IP アドレスを使う
  静的に IP アドレスを指定する場合に使用します。
  設定できる項目は「IP アドレス」、「サブネットマスク」、「デフォルトゲートウェイ」になります。

サーバーに割り当てる IP アドレスは一般的にプライベートインターネットのために予約している IP アドレス空間を使います。
これは RFC1918 で Internet Assigned Numbers Authority（IANA）が以下の IP アドレス空間をプライベートインターネットのために予約するように定義しているためです。

> ■ IANA とは
> インターネット上で利用される IP アドレス資源（IP アドレスやドメイン名等）を割り当てる民間の非営利機関

クラス A ：　10.0.0.0　　－　　10.255.255.255（10/8 prefix）
クラス B ：　172.16.0.0　－　　172.31.255.255（172.16/12 prefix）
クラス C ：　192.168.0.0　－　192.168.255.255（192.168/16 prefix）

prefix 10/8、172.16/12、192.168/16 は各 IP アドレス空間の広さを示します。
ではクラス A ～ C のアドレス空間の広さ、つまり IP アドレスの数はどれくらいの数になるのでしょうか。

クラス	利用できる IP アドレス空間	存在する IP アドレスの数
10.0.0.0/8	10.0.0.0 ～ 10.255.255.255	16,777,216
172.16.0.0/12	172.16.0.0 ～ 172.31.255.255	1,048,576
192.168.0.0/16	192.168.0.0 ～ 192.168.255.255	65,536

□ **CIDR（Classless Inter-Domain Routing）**

IP アドレスのクラス分けは IP アドレスを見れば、どのクラスなのか、どのネットワークのコンピューターなのかがわかるようになっていました。しかし、これは IP アドレスに多くの無駄が発生します。

例えば飴を 10 個買いたいのに、飴は 100 個単位でしか販売していない、というような状態です。

そこで、クラスに束縛されずに自由に IP アドレスを使おう、という考えがでました。これを実現するのが、CIDR（サイダー）です。CIDR ではサブネットマスクを調整することで任意の大きさのネットワークを作成することができますが、クラスと違い IP アドレスを見てもネットワークの大きさがわかりません。そこで CIDR ではプレフィックス長を使い、限りある IP アドレスの有効活用が行われています。

※ プレフィックス長…プレフィックス（prefix）とは、「接頭辞」つまり、「前につけるもの」という意味があり、IP アドレスの「先頭部分」を指します。

　　　　　192.168.30.0 / 24
ネットワーク番号・プレフィックス / プレフィックス長

なお、デフォルトゲートウェイは必要に応じて設定します。

パケットは定義されたルーティングに従って送り出されます。しかし、多くのコンピューターコンピューターでは定義されていない先へ送り出す必要が生じます。そのために定義されていない場合はデフォルトゲートウェイが設定されている IP アドンスから、デフォルトゲートウェイに送り出すようになっています。

このような仕様のため、1 台で複数の IP アドレスを持つ（マルチホーム環境と呼ばれる）コンピューターでは、デフォルトゲートウェイはいずれか一つの IP アドレスにしか設定できません。

▌ポート

ここまで IP アドレスは住所であると説明しました。IP アドレスという住所のおかげでパケットは通信先のコンピューターにたどりつけます。しかし、まだ問題があります。実は IP アドレスはマンション構造となっており、住所にたどりついただけでは相手に手紙を届けられません。手紙を届けるには 302 号室などのように相手の部屋番号が必要です。IP アドレスの世界で部屋番号を示すのがポート、というわけです。コンピューターでは部屋番号ごとにアプリケーションが決まっています。

（これはトランスポート層で使われる TCP や UDP に限った話です。ICMP などのプロトコルではポートの概念はありません。）

ポート番号は 0 番〜 1023 番までのポートはウェルノウンポートと呼ばれ、特に著名なサービスやプロトコルで使用されるために IANA で予約されています。

しかし、一部では IANA に登録をせずに使用しているサービスなどもあるため、通信の要件では使用するポートを確認する必要があります。

なお、ウェルノウンポートと同様に 1024 番〜 49151 番のポートは一般的に登録済みポートと呼ばれ IANA に登録されています。

最後に 49152 番〜 65535 番のポートは動的・プライベートポート番号と呼ばれ、自由に使ってよいポートとされています。

代表的なウェルノウンポートの例

ポート番号	TCP	UDP	説明
7	TCP	UDP	Echo Protocol
9	TCP	UDP	Discard Protocol
20	TCP	UDP	FTP － データ転送ポート
21	TCP	UDP	FTP － コントロールポート
	SCTP		
22	TCP	UDP	Secure Shell（SSH）- セキュアログイン、セキュアなファイル転送（scp や sftp など）、ポート転送などで用いられる。
	SCTP		
23	TCP	UDP	Telnet － 平文ベースのテキスト通信プロトコル
53	TCP	UDP	Domain Name System（DNS）
80	TCP	UDP	Hypertext Transfer Protocol（HTTP）
	SCTP		
123	TCP	UDP	Network Time Protocol（NTP）, used for time synchronization
220	TCP	UDP	Internet Message Access Protocol（IMAP）, version 3
443	TCP	UDP	Hypertext Transfer Protocol over TLS/SSL（HTTPS）
	SCTP		
465	TCP		Message Submission over TLS protocol（SMTPS, RFC 8314）
530	TCP	UDP	Remote procedure call（RPC）
546	TCP	UDP	DHCPv6 client
547	TCP	UDP	DHCPv6 server
587	TCP		e-mail message submission（SMTP）

4-3　ネットワークの構成

ネットワークの構成

- イーサネット
- ネットワークアダプター
- LAN ケーブル
- HUB（ハブ）
- ルーター

スライド 20：ネットワークの構成

イーサネット

　イーサネットはコンピューターネットワークの規格の一つです。現在最も利用されているコンピューターネットワークである LAN はイーサネット規格となっており、Ethernet LAN と表現することもあります。

　現在普及している LAN は IEƎE 802.3 CSMA/CD 方式という仕様上の名前ですが、CSMA/CD は半二重（half duplex）の通信において使用する通信方式であり、現在の LAN アダプターやスイッチング HUB はほぼすべてが全二重（full duplex）に対応しており、CSMA/CD はほぼ使われなくなりました。

ネットワークアダプター

　コンピューターをネットワークに接続するには物理的な接続が必要です。

　その接続機器が「ネットワークアダプター」です。現在主流となっているネットワークアダプターは NIC（Network Interface Card）です。物理的に LAN ケーブルを接続するものもあれば無線で通信を担う NIC などもあります。

　NIC には固有 ID（MAC アドレス）が機器出荷時点で割り当てられており、MAC アドレスに紐づけて IP アドレスを割り当てています。

　つまり MAC アドレスに紐づいて IP アドレスが割り当てられることで物理的な階層と通信の階層を結びつけています。

※ MAC アドレス（Media Access Control Address）は各メーカーに割り当てられた固有の番号とメーカーが独自に割り当てる番号で構成されています。（MAC アドレスは最大で 16 ケタの 16 進数で表記されます。）

■ LAN ケーブル

ネットワークアダプターと他のコンピューターや HUB、ルーターといった外部の機器を接続する際に利用するケーブルを LAN ケーブルといいます。現在の主流な LAN ケーブルのコネクターは RJ-45 コネクター（8P8C）という形状のものです。

- **伝送速度によるカテゴリー**
  LAN ケーブルには伝送速度などによっていくつかのカテゴリに分かれます。
  現在の主なカテゴリはカテゴリ 6(1000BASE-TX)、エンハンスドカテゴリ 5(1000BASE-T)、カテゴリ 5(100BASE-TX) です。

  カテゴリ 6 （1000BASE-TX）　　　　　：最高通信速度 1Gbps、最大伝送距離 100m
  エンハンスドカテゴリ 5 （1000BASE-T）：最高通信速度 1Gbps、最大伝送距離 100m
  ※カテゴリ 5 以上のケーブルと互換性が高いため、現在最も普及が進んでいます。
  カテゴリ 5 　　　　　（100BASE-TX）：最高通信速度 100Mbps、最大伝送距離 100m

- **ケーブルの種類**
  ケーブルの種類としてストレートケーブル、クロスケーブルがありますが、現在のネットワーク機器はほぼすべてに自動判別機能（AutoMDI/MDI-X）があるため、クロスケーブルを使う必要はなく、ストレートケーブルの利用が主流となっています。

> ### ✓ ストレートケーブルとクロスケーブルの違い
> - ストレートケーブル
>   ケーブルの両端が同じ構造で端子が付けられています。
>   そのため、自動判別機能がない PC 同士を接続した場合、片一方の PC からの送信信号が、相手 PC の送信側に入ってしまい通信が成立しません。
> - クロスケーブル
>   ケーブルの両端が異なる構造で端子が付けられています。
>   具体的には片一方の送信側が反対側の受信側になるように端子が付けられています。
>   自動判別機能がない PC 同士を接続した場合、片一方の PC からの送信信号は、相手 PC の受信側に入り、通信が成立します。

■ HUB（ハブ）

HUB の主な役割は、ケーブルを伝っているうちに発生した伝送信号の減衰や波形の歪みを補正する役割などを担い、また複数のコンピューターを接続する中心的な役割も担います。

昔の HUB はスイッチングの機能がなかったため、カスケードできる HUB の数が 10BASE-T で 4 段、100BASE-TX で 2 段という制限がありましたが、現在の HUB はスイッチング機能を持ったものが主流となっており、理論上は無制限接続可能ですが、数が増えるほど通信遅延が発生しやすくなるので理想は 7 段とされています。

※　カスケード…24 ポート HUB で接続できるコンピューターの数は 24 台ですが、HUB と HUB を接続する（カスケード接続）ことで 24 台以上の接続が可能になります。
　　スイッチングの機能は接続された機器の MAC アドレスをデータベースのように解釈し、効率よくパケットを伝送する機能です。近年では、VPN（Virtual Private Network）や VM（Virtual Machine）のために、仮想化・ソフトウェア化されたスイッチング HUB などもあります。

ルーター

2つのネットワーク間での通信を実現するためには、両方のネットワークに接続されたコンピューターが一方のネットワークからもう一方のネットワークへパケットを転送する必要があります。

ルーターは一般的に異なるネットワーク間を接続するネットワーク機器を指します。
（ネットワークとは、サブネットマスクで区切られたIPアドレスのセグメントを指します。）
ルーターの役割はネットワークから異なるネットワークへのパケットの転送処理（ルーティング）を行うことです。

（例）
異なるネットワーク間の例としては、自宅のネットワーク（LAN：Local Area Network）とインターネット（WAN：Wide Area Network）を接続するルーターがあります。

ルーティング処理において重要な役割を持つのがルーティングテーブルです。
ルーティングテーブルには、パケットの宛先（IPアドレス・ネットマスク：ネットワーク）と宛先に対応したネットワーク・インターフェースが記載されており、ルーターにおけるルーティングのルールといえます。
また、ルーティングを支える技術として、NATとNAPTがあります。

Windows Server 2016では、ルーティングとリモートアクセスサービス（RRAS）を使用することによりルーターとして使用することが可能になります。

□ ルーティングテーブル

パケットをルーティングする場合、ルーティングテーブルに基づいてルーティングが行われます。ルーティングはルーターのみの機能ではありません。
私たちが日頃から使用するWindowsコンピューターにおいてもルーティングが行われており、Windowsコンピューターにもルーティングテーブルが存在します。Windowsコンピューターで定義されているルーティングテーブルはどのようなものか、コマンドプロンプトから以下のコマンドを実行することで確認することができます。

```
route print
```

コマンド実行結果例

□ ネットワークの宛先 / ネットマスク

パケットの宛先が「ネットワークの宛先」、「ネットマスク」が示すネットワークの場合、「ゲートウェイ」にあるIPアドレスに「インターフェース」で指定したインターフェースから、パケットを送出します。

- [ ] **メトリック**
  宛先アドレスまでの経路が複数ある場合、メトリック値の最も小さいパスのルート情報を使用します。
  メトリック値は低い値のものは優先度が高いと理解しておくとよいでしょう。

- [ ] **NAT（Network Address Translation）**
  NAT は IP アドレスを変換する技術です。IP アドレスは送信元 IP アドレスと、宛先 IP アドレスがありますが、どちらを変換することも可能です。
  Windows Server 2016 では RRAS（ルーティングとリモート アクセス サービス）を使ってアドレス変換の機能を提供することができます。

- [ ] **IP アドレスの変換**
  送信元 IP アドレスの変換は別のネットワークに対しての通信を行う場合などに利用されます。

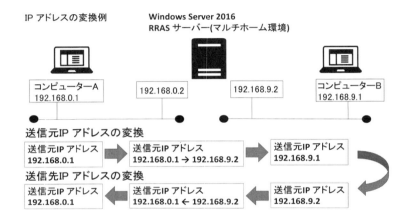

コンピューター A はコンピューター B と通信するために、192.168.9.1 の IP アドレスへのルーティングを設定します。
RRAS サーバーは 192.168.0.2 のネットワークアダプターに来た 192.168.9.1 宛ての IP アドレスを送信するために送信元 IP アドレスを 192.168.9.2 に変換してパケットを送信します。
コンピューター B からの返信パケットは RRAS サーバーが送信先 IP アドレスをコンピューター A の IP アドレスに変換することで通信が成立する流れとなっています。

NAT の特徴は送信元と送信先が 1:1 の場合が一般的なものとなっています。

☐ **NAPT（Network Address Port Translation）**

NAPT は IP マスカレードとも呼ばれ、NAT との大きな違いは IP アドレスの変換だけではなく、ポートの変換も行われることが特徴です。

TCP 通信は、宛先 IP アドレス、宛先ポート番号、送信元 IP アドレス、送信元ポート番号の 4 つの要素の組み合わせで通信を区別します。（ソケット通信と言います。）

NAPT の一番大きな特徴は n：1 の通信を想定して設計されているため、IP アドレスだけではなく、ポート番号も変更することです。

NAPT通信のイメージ

コンピューター A
192.168.xx.2

コンピューター B
192.168.xx.3

コンピューター C
192.168.xx.4

ルーターなど
192.168.xx.1

xx.xx.xx.xx (グローバルアドレス)

コンピューター A、コンピューター B、コンピューター C がそれぞれ HTTP 通信をするとポート 80 への通信が重複し、通信が混乱してしまいます。

そのため、NAPT のようにポート変換を行う技術が必要となります。

4-4 OSI 参照モデル

OSI 参照モデル
■ OSI 参照モデルとは

スライド 21：OSI 参照モデル

OSI 参照モデルとは

OSI（Open Systems Interconnection）は国際標準化機構（ISO）と ITU-T によって策定されたコンピューターネットワーク標準であり、OSI のモデルを図式化したものが OSI 参照モデルです。OSI 参照モデルはネットワークの概念を図式化した階層モデルとして普及しました。

しかし前述の通り、現在のコンピューターネットワーク標準は TCP/IP となっており、OSI が普及することはありませんでした。

そのため、OSI 参照モデルは OSI に準拠したモデルであり、OSI 準拠のプロトコル以外は厳密に OSI の各階層と紐づけることはできず、著者の解釈によって差異があります。

ここでは OSI 参照モデルの 7 階層について説明します。

OSI 参照モデル

階層	名称	機能
第7層	アプリケーション層	データ通信を利用した様々なサービスを人間や他のプログラムに提供します。
第6層	プレゼンテーション層	第5層から受け取ったデータをユーザーがわかりやすい形式に変換したり、第7層から送られてくるデータを通信に適した形式に変換したりします。
第5層	セッション層	通信プログラム同士がデータの送受信を行うための仮想的な経路（コネクション）の確立や解放を行います。
第4層	トランスポート層	相手まで確実に効率よくデータを届けるためのデータ圧縮や誤り訂正、再送制御などを行います。
第3層	ネットワーク層	相手までデータを届けるための通信経路の選択や、通信経路内のアドレス管理を行います。
第2層	データリンク層	通信相手との物理的な通信路を確保し、通信路を流れるデータのエラー検出などを行います。
第1層	物理層	データを通信回線に送出するための電気的な変換や機械的な作業を受け持ちます。ピンの形状やケーブル特性も定められています。

4-5 IPAM（IPアドレス管理、IP Address Management）

IPAM（IPアドレス管理、IP Address Management）
- IPAMとは
- IPAMの機能
- IPAMの展開

スライド22：IPAM（IPアドレス管理、IP Address Management）

IPAMとは

これまでに、コンピューターの通信はパケットという手紙を使って通信することを説明しました。

手紙を届けるには相手の住所が必要ですが、コンピューターが送るパケットにも相手のコンピューターを特定する住所が必要です。また、TCPのパケットなどでは、返信を送ってもらうために、自分の住所も相手に知らせる必要があります。

コンピューター通信において、自分を特定するため、相手を特定するために使われる住所、それがIPアドレスです。

IPAMとは、その名の通りIPアドレスとそれに関連する機能を管理するツールとして、Windows Server 2016 で利用できる機能となっています。

IPアドレスは少数であればさほど管理は難しくありません。しかし、組織の規模が大きくなれば管理も、運用も煩雑になってきます。

例えば、2000台のコンピューターがあるネットワークに、コンピューターを一台追加するとき、どんなIPアドレスを割り当てますか？故障したコンピューターを廃棄した時、どのようにIPアドレスが空いたことを管理しますか？

こんな時に便利なのがIPAMです。

特定のIPアドレスブロックに対して検索を実行したり、空きIPアドレスのサブネットを検索したりすることができます。

IPAMはWindows Server 2012から利用できる機能ですが、検索機能などはWindows Server 2016でより強化されています。

IPAMの機能

IPAMでできることを紹介します。

☐ アドレス空間管理（ASM）

ASMの強力な機能はIPアドレス インフラストラクチャのあらゆるデータを表示させ、レポートすることが可能です。

これはIPアドレスの利用傾向を追跡したり、閾値超えをアラートとして警告することが可能であることを示します。

☐ **アドレス空間管理の機能**
- 動的 IP アドレス空間と静的 IP アドレス空間を統合管理します。
- インベントリを詳細にカスタマイズして表示します。
- アドレスの使用状況を統計し監視・報告します。
- 閾値をカスタマイズして IP アドレスの使用率を監視し、閾値の超過を警告します。
- 利用可能な IP アドレスを検出し、割り当てます。

☐ **マルチサーバー管理（MSM）**
- ネットワーク上の DHCP サーバーと DNS サーバーを自動的に検出し、構成を管理できます。

☐ **マルチサーバー管理の機能**
- Active Directory フォレスト全体で Microsoft の DHCP サーバーと DNS サーバーを自動検出できます。
（Windows Server 2016 では相互の信頼関係を構築した Active Directory フォレスト全体から検出できます。ただし、Windows Server 2008 以降のオペレーティング システムを実行する Microsoft の DHCP サーバーおよび DNS サーバーに限定されます。）
- 管理対象の DHCP サーバーと DNS サーバーからサーバー データを取得することができます。
- DHCP のサーバーとスコープをエンドツーエンドで構成し、管理することができます。
- DHCP サービス、DNS サービス、DNS ゾーンの可用性を監視することができます。
- DHCP スコープの使用率を監視することができます。
- DNS ゾーンイベントに基づき DNS ゾーンの状態を監視することができます。

☐ **ネットワーク監査**
- IPAM 監査ツールを利用すると、すべての管理行動をアクティブに追跡し、報告することができます。
（この報告にはクライアントの IP アドレスやクライアント ID、ホスト名、ユーザー名などを含む詳細な IP アドレス追跡情報も含まれます。）

IPAM の展開

IPAM を導入するコンピューターはドメインメンバーコンピューターでなければなりません。
また、Active Directory ドメインコントローラーに IPAM 機能をインストールすることはできません。

一般的に IPAM を利用する場合は以下の 3 種類のパターンから展開方法を検討することを推奨します。

集　中　型：1 つの IPAM サーバーでエンタープライズ全体に対応します。
分　散　型：エンタープライズ内の各サイトに IPAM サーバーを展開し、サイト単位で管理します。
ハイブリッド：1 つの中央 IPAM サーバーと各サイト専用 IPAM サーバーを展開し、用途や管理を中央 IPAM とサイト IPAM で分散します。

4-6 NIC チーミング (LBFO:Load Balancing and Failover)

NIC チーミング (LBFO:Load Balancing and Failover)

■ NIC チーミングとは
■ チーミングの設定

スライド 23：NIC チーミング（LBFO:Load Balancing and Failover）

▌NIC チーミングとは

NIC チーミングは 1 つ、もしくは複数の物理ネットワーク アダプターを 1 つ、もしくは複数の仮想ネットワークアダプターにグループ化する技術です。

NIC チーミングによる仮想ネットワークアダプター化のメリットは可用性と高度なパフォーマンスを提供します。

NIC チーミングは、Windows Server 2016 のすべてのバージョンで利用可能です。NIC チーミングの管理には Windows PowerShell コマンド、およびリモートサーバー管理ツールを使用することができます。

チーミングのイメージ

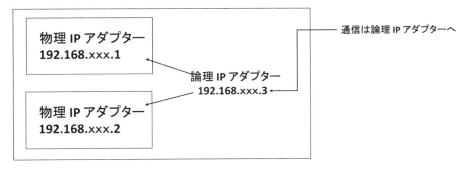

NIC チーミングの可用性（フォールトトレランス）
　複数のネットワークアダプターによって構成された NIC チーミングはネットワークアダプターが物理的に故障した場合でもサービスを継続できます。ただし、NIC チーミングを構成する物理ネットワークアダプターがすべて故障した場合にはサービスは継続できません。

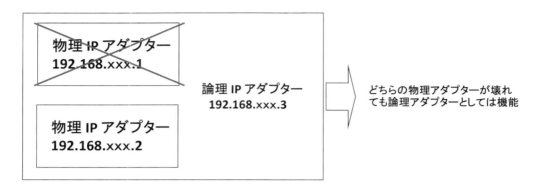

NIC チーミングの高度なパフォーマンス
　NIC チーミングによって高度なパフォーマンスを提供することができます。
　例えば通信速度が 10Gbps の物理ネットワークアダプターを 2 個使って仮想ネットワークアダプターとすると 20Gbps の通信速度を持った仮想ネットワークアダプターとして利用することができます。実際は物理のアダプターと比べると余分な処理が発生するため、単純に足せる数字ではありませんが、それでも 1 つの物理アダプターでは実現できないはるかに大きな通信速度を処理できるネットワークアダプターとすることができます。

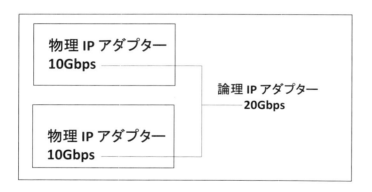

※　通信速度を表す bps とファイルの単位を表す byte
　　bps は " ビット・パー、セコンド " と読みます。毎秒、何ビットを送信するか、という意味です。よくデータのサイズで見かける byte（バイト）は 8 ビットから成ります。
　　そのため、回線速度が 100Mbps の場合、1 秒当たりで転送できるデータのサイズは以下の計算になります。
　　100MBbps/8bit=12.5MByte となります。
　　実際にはネットワークの利用率などもあるため、半分の 6MB くらいと想定するのが妥当です。

チーミングの設定

チーミングの設定の主な項目は以下の3点になります。

☐ **チーミングモード**
　チーミングモードは「スイッチに依存しない」、「静的チーミング」、「LACP」という3つのパラメータから選択できます。
　それぞれチーミングの負荷分散を行うタイミングの違いや、リンクアップ状態の検知可否などがモードによって違いますので要件から検討する必要があります。

☐ **負荷分散モード**
　負荷分散モードは「動的」、「アドレスのハッシュ」、「Hyper-V ポート」、「IP アドレス」、「MAC アドレス」、から選択できます。それぞれ通信可能なアダプターが複数ある場合に、サーバーから物理スイッチへ送信する際のトラフィック分散アルゴリズムを設定するモードを指定することになりますので、要件から検討する必要があります。

☐ **スタンバイアダプター**
　チーミング構成をアクティブースタンバイ（ACT-SBY）構成とする場合に、スタンバイとする物理 ネットワーク アダプターを指定します。
　スタンバイに設定された物理ネットワークアダプターは、ホットスタンバイ状態となり、アクティブ側の物理ネットワーク アダプターで障害が発生した場合にスタンバイ側の物理ネットワークアダプターに切り替わり通信します。
　スタンバイ側のネットワークアダプターは、チーミングモードで「スイッチに依存しない」を選択した場合に設定することが可能です。

4-7 QoS

QoS
- QoS とは
- QoS ポリシー
- QoS ポリシーを使うメリット
- グループポリシーの QoS ポリシー

スライド 24：QoS

QoS とは

QoS は「Quality of Service」の略でサービス品質を示します。ネットワーク的な観点における QoS とはトラフィックの優先度合いや、帯域の保証などの意味で使用されます。

ネットワークのトラフィックはよくコストと優先度と言われ、効率のよい（コスト）通信を行うことが重要です。

しかし、優先度の高いものはコストが高くても必要になります。このバランスをとることがネットワークトラフィックの計画では非常に重要です。

Windows が提供するポリシーベースの QoS（QoS ポリシー）はアプリケーション、ユーザー、及びコンピューターに基づいてネットワークを制御することができます。

QoS ポリシー

QoS ポリシーでは、様々な種類のネットワークトラフィックに割り当てられる Differentiated Services コード ポイント（DSCP）を使ってネットワークトラフィックの優先順位を定義する QoS ポリシーを作成することができます。

これは優先度が定義されたキューに対して、DSCP の値を割り当てることで特定の DSCP 値をもつネットワークトラフィックを優先的に処理させることが可能になります。

例えば、業務用アプリケーションや、ローカルエリア接続に使用されるネットワークトラフィックは、ボイスオーバーIP（VOIP）やビデオのストリーミングのように待機時間の影響を受けやすいアプリケーションよりも優先されることが一般的です。

また、QoS ポリシーではスロットル率を指定することでアプリケーションの送信ネットワークトラフィックを制限することもできます。業務用アプリケーションやローカルエリア接続に使用されるネットワークトラフィックが、VOIP やストリーミングよりも優先されていたとしても、映像などを利用する部門ではスロットル率を大きくすることで、VOIP やストリーミングに利用する帯域をより大きく使うことで影響を抑えることができます。

QoS ポリシーを使うメリット

Windows で QoS ポリシーを使う利点は以下の通りです。

これらの利点はルーターやスイッチなどでの実装はできません。

☐ **ユーザーレベルの適用**
　1つのコンピューターを複数のユーザーが使用している場合でも、ユーザー単位で QoS ポリシーを適用することができます。
これはグループポリシーがユーザー単位で指定することが可能であるためです。

☐ **コンピューターレベルの適用**
　1つのコンピューターが複数のネットワークに接続して使われる場合でも、コンピューター単位で QoS ポリシーを適用することができます。
IP アドレスや、ネットワーク経路に影響されないのもグループポリシーがコンピューター単位で指定することが可能であるためです。

グループポリシーの QoS ポリシー

Windows Server 2016 グループポリシー管理エディターで、コンピューターの構成の QoS ポリシーへのパスは次です。
　既定のドメインポリシー | コンピューターの構成 | ポリシー |Windows の設定 | ポリシーベースの QoS

Windows Server 2016 グループポリシー管理エディターで、ユーザーの構成の QoS ポリシーへのパスは次です。
　既定のドメインポリシー | ユーザーの構成 | ポリシー |Windows の設定 | ポリシーベースの QoS

ポリシーベースの QoS を作成する例を紹介します。
　このポリシーが適用されたコンピューターやユーザーは Web 通信のトラフィックの DSCP 値が 1 として優先度が扱われ、帯域は 1024kBps まで制限されます。

DSCP 値を 1 とし、スロットル率を 1024KBps に制限するポリシーであることを示します。

QoS ポリシーの制限を受ける対象として、URL 要求に対する HTTP リクエストが対象としています。
URL は詳細に記載しても問題ありませんが、アスタリスク（＊）を使ってワイルドカード指定も可能です。

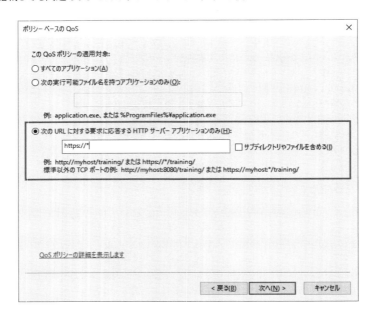

適用対象となる宛先の IP アドレスや送信元の IP アドレスについて指定できます。
これによって特定サーバーのアプリケーションだけ、特定セグメントに参加しているメンバーだけ、という制御が可能です。

4-8 ネットワーク関連コマンド

ネットワーク関連コマンド

- コマンドプロンプト
- PowerShell コマンドレット

スライド 25：ネットワーク関連コマンド

コマンドプロンプト

- [ ] **PING コマンド**
  宛先に指定した IP アドレスとの疎通状態（通信の可否）を確認します。

- [ ] **IPCONFIG コマンド**
  TCP/IP ネットワークの情報を表示します。

- [ ] **NETSTAT コマンド**
  TCP の接続状態を表示するコマンドです。
  表示されるネットワークの状態を示すものとして以下のような状態があります。

  - LISTENING
    待ち受け状態のポートを示します。
    例えば WEB サーバーの 80 番ポートなどは通常、この状態になっています。
  - ESTABLISHED
    TCP コネクションが確立して通信している状態を表しています。これはコンピューター同士が会話している状態と言えます。
  - CLOSE_WAIT
    コンピューター同士の会話が終了する直前の状態を表します。
  - TIME_WAIT
    コンピューター同士の会話が終了した後、一定期間この状態が維持されるようになっています。
    （すぐにポートを再利用すると、会話が継続することになったのか、新しい会話か判断できなくなります。）

- [ ] **TRACERT コマンド**
  宛先 IP アドレスまでのルーティング情報を表示します。

- [ ] **NETSH コマンド**

TCP/IP パラメータの設定・参照に使用します。
パケットキャプチャを取得することもできます。

□ **NSLOOKUP コマンド**
名前解決を確認する際に使用します。

▌ PowerShell コマンドレット

□ **Test-Connection コマンドレット**
宛先に指定した IP アドレスとの疎通状態（通信の可否）を確認します。
コマンドラインでは ping コマンドに該当します。

□ **Get-NetIPConfiguration コマンドレット**
TCP/IP ネットワークの情報を表示します。
コマンドラインでは ipconfig コマンドに該当します。
ipconfig コマンドは［/all］オプションと併用することが多く、その場合に表示される情報は Get-NetAdapter コ
マンドレットや、Get-NetIPAddress コマンドレットで表示される情報に該当します。

□ **Get-NetTCPConnection コマンドレット**
TCP の接続状態を表示するコマンドです。
コマンドラインでは netstat コマンドに該当します。

□ **Test-NetConnection コマンドレット**
パケットの経路を表示します。これは経路が複数にわたって宛先に到達する場合の調査に有効です。
コマンドラインでは netstat コマンドに該当します。

□ **Get-NetRoute コマンドレット**
ルーティング情報を表示します。
コマンドラインでは route コマンドに該当します。

□ **New-NetIPAddress コマンドレット**
静的な IP アドレスの設定に使用するコマンドレットです。
コマンドラインでは netsh コマンドに該当します。

□ **Set-DnsClientServerAddress コマンドレット**
インターフェースが使用する DNS サーバーを設定するコマンドレットです。
コマンドラインでは netsh コマンドに該当します。

□ **Set-NetIPInterface コマンドレット**
DHCP サーバーから IP アドレスを取得できるようにする際に使用するコマンドレットです。
コマンドラインでは netsh コマンドに該当します。

□ **Resolve-DnsName コマンドレット**
名前解決を確認する際に使用するコマンドレットです。
コマンドラインでは nslookup コマンドに該当します。

4-9 TCP/IP 関連演習

TCP/IP 関連演習

演習内容
- ■ 静的 IP アドレスの割り当て
- ■ ネットワークコマンドを使用し、IP 設定確認
- ■ ネットワークコマンドを使用し、コンピューター間の通信確認

スライド 26：TCP/IP 関連演習

TCP/IP 関連演習

※ 以下に、TCP/IP 関連演習において前提条件を示します。
1. Windows Server 2016 を 2 台起動してあること。（本演習では各ホスト名を W2K16SRV1、PC1 とします。）
2. アカウントは Administrator を使用します。
3. 各サーバーは同じネットワーク上に存在していること。
4. 各サーバーの IP アドレスを下記の値とします。
    W2K16SRV1
    IP アドレス　　　　　：192.168.0.11
    サブネットマスク　　　：255.255.255.0
    デフォルトゲートウェイ：192.168.0.1
    PC1
    IP アドレス　　　　　：192.168.0.12
    サブネットマスク　　　：255.255.255.0
    デフォルトゲートウェイ：192.168.0.1

※ 以下に、TCP/IP 関連演習の構成図を示します。

Windows Server 2016
コンピューター名：W2K16SRV1
IP アドレス：192.168.0.11
サブネットマスク：255.255.255.0
デフォルトゲートウェイ：192.168.0.1

ネットワーク

Windows Server 2016
コンピューター名：PC1
IP アドレス：192.168.0.12
サブネットマスク：255.255.255.0
デフォルトゲートウェイ：192.168.0.1

演習 1　静的 IP アドレスの割り当て

W2K16SRV1 の設定

1. ［スタート］を右クリック後、［ネットワーク接続］をクリックします。
2. ［ネットワーク接続］画面にて、［イーサネット］を右クリックし、［プロパティ］をクリックします。
3. ［イーサネットプロパティ］画面にて、［インターネットプロトコルバージョン 4（TCP ／ IPv4）］を選択し、［プ
   ロパティ］をクリックします。
4. ［インターネットプロトコルバージョン 4（TCP ／ IPv4）のプロパティ］画面にて、［次の IP アドレスを使う］
   ラジオボタンをオンにし、下記の通り入力し、［OK］をクリックします。
   IP アドレス　　　　　　：192.168.0.11
   サブネットマスク　　　　：255.255.255.0
   デフォルトゲートウェイ：192.168.0.1
5. ［ネットワーク接続プロパティ］画面にて、［OK］をクリックします。

以上で、［IP アドレスの割り当て］演習は終了です。

演習 2　ネットワークコマンドを使用し、IP 設定確認

1. ［スタート］を右クリック後、［ファイル名を指定して実行］をクリックします。
2. ［ファイル名を指定して実行］画面にて、［名前］入力欄に「cmd」と入力し、［OK］をクリックします。
3. ［C:\Windows\system32\cmd.exe］画面にて、表示されている［C:\Users\Administrator>］に続けて
   「ipconfig」と入力し、［Enter］キーを押します。
4. IPv4 アドレス　　　　　：192.168.0.11
   サブネットマスク　　　　：255.255.255.0
   デフォルトゲートウェイ：192.168.0.1
   と表示されるので、IP アドレスを確認します。

以上で、「ネットワークコマンドを使用し、IP 設定」演習は終了です。

演習 3　ネットワークコマンドを使用し、コンピューター間の通信確認

PC1 の設定

1. ［スタート］を右クリック後、［ネットワーク接続］をクリックします。
2. ［ネットワーク接続］画面にて、［イーサネット］を右クリックし、［プロパティ］をクリックします。
3. ［イーサネットプロパティ］画面にて、［インターネットプロトコルバージョン 4（TCP ／ IPv4）］を選択し、［プ
   ロパティ］をクリックします。
4. ［インターネットプロトコルバージョン 4（TCP ／ IPv4）のプロパティ］画面にて、下記の通り入力し、［OK］
   をクリックします。
   IP アドレス　　　　　　：192.168.0.12
   サブネットマスク　　　　：255.255.255.0
   デフォルトゲートウェイ：192.168.0.1
5. ［イーサネット接続プロパティ］画面にて、［OK］をクリックします。

以上で、［IP アドレスの割り当て］が完了します。

6. W2K16SRV1 にて、［スタート］を右クリック後［ファイル名を指定して実行］をクリックします。
7. ［ファイル名を指定して実行］画面にて、［名前］入力欄に「cmd」と入力し、［OK］をクリックします。
8. ［C:\Windows\system32\cmd.exe］画面にて、表示されている［C:\Users\Administrator>］に続けて、"ping
   192.168.0.12" と入力し、［Enter］キーを押します。
9. 192.168.0.12 に ping を送信しています 32 バイトのデータ：
   192.168.0.12 からの応答：バイト数 =32 時間 <1ms TTL=128
   192.168.0.12 からの応答：バイト数 =32 時間 <1ms TTL=128

192.168.0.12 からの応答 : バイト数 =32 時間 <1ms TTL=128
192.168.0.12 からの応答 : バイト数 =32 時間 <1ms TTL=128
と表示されると、通信されている状態です。
以上で、「ネットワークコマンドを使用したコンピューター間の通信確認」演習は終了です。

Memo

Chapter 5
DNS

5-1 章の概要

章の概要

この章では、以下の項目を学習します

- ■ DNSの概要
- ■ ドメインツリーと分散環境
- ■ DNSサーバーの種類と配置
- ■ ゾーンとレコード
- ■ DNS検索と種類
- ■ DNS関連コマンド
- ■ WINS
- ■ DNS関連演習

スライド27：章の概要

Memo

5-2　DNS の概要

DNS の概要

■ DNS
IP アドレスとホスト名をマッピングして相互解決するための仕組み。（これを「名前解決」と呼びます。）

■ DNS サーバー
IP アドレスとホスト名のマッピング表を管理する専用のサーバー。
※ホスト名とは、ネットワーク上にあるコンピューターを、人間が識別するためにつけられた名前のこと

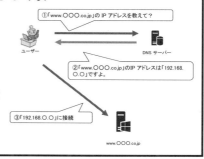

スライド 28：DNS の概要

▌DNS

DNS（Domain Name System）とは、ホスト名をネットワークやインターネット上でも使えるように IP アドレスに対応付けるシステムです。

DNS は、ネットワーク上で使用されているコンピューターのホスト名と IP アドレスを登録や検索するためのデータベース（対応表）を提供しています。

このデータベースには、レコードという単位でデータが記録されます。

DNS は相手のホスト名が分かっているが IP アドレスがわからないときなどに使用します。

例えば上記 DNS と DNS サーバーの図のように、○○○社のホームページを見ようと「www.○○○.co.jp」にアクセスした際、アクセス先の IP アドレスを教えてもらわないとホームページにアクセスできません。そのため、DNS サーバーに『「www.○○○.co.jp」の IP アドレスは何番ですか？』と尋ねることにより、DNS サーバーは「www.○○○.co.jp」を元に DNS に登録された情報から IP アドレスを検索して返答します。これにより、「www.○○○.co.jp」にアクセスできるようになります。

このようなホスト名と IP アドレスを結び付ける動作を「名前解決」と呼び、「名前解決」を行う専用のサーバーを「DNS サーバー」と呼びます。

▌DNS サーバー

DNS サーバーとは、DNS クライアントからの名前登録要求を処理し、ホスト名と IP アドレスを登録した DNS データベースを保持しているサーバーのことです。また、DNS クライアントからの要求に応答して、照会した名前が DNS データベース内にある場合その名前の IP アドレスを返答します。

▌DNS クライアント

DNS クライアントとは、DNS サーバーを使用するコンピューターのことを指します。
DNS クライアントからの名前解決の要求をもとに、DNS サーバーが名前解決の問い合わせ結果を返します。

ホスト名

ホスト名とは、主にサーバーやコンピューターの名前を指します。サーバーを識別するために使用します。

FQDN とホスト

FQDN とは、「Fully Qualified Domain Name（完全修飾ドメイン名）」のことです。ホスト名やドメインなどを含めて完全に記述したドメイン名を指します。

IP アドレス

IP アドレスには、「192.168.○.○」のように表記される「IPv4」と、「2001:AB8:0:0:0:○:○:○」のように表記される「IPv6」の二種類があります。

IP アドレスに関する詳細は『4 章 TCP/IP』を参照してください。

Windows Server 2016 の DNS サーバーでは、IPv4・IPv6 の両方の形式に対して、レコードの登録や問い合わせの返答をすることができます。

5-3　ドメインツリーと分散環境

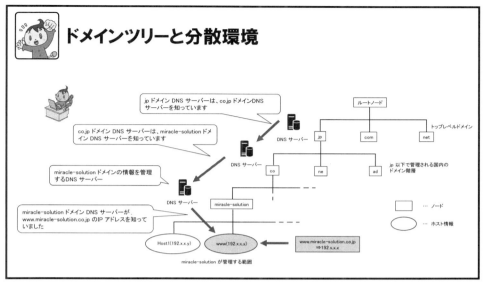

スライド29：ドメインツリーと分散環境

▌ドメインツリーと分散環境

　普段使用される「DNS名（ドメイン名）」と呼ばれるホスト名は、「.（ピリオド）」でいくつかの階層に区切られています。DNSは、それぞれの階層ごとにそれ以下に含まれる下位のドメイン名やホスト名を管理するという「分散型」のサービスになっています。
　上記図はDNS参照パターンを示したもので、「枝分かれ」部分に該当するものが「ドメイン」と呼ばれているものです。
　各ドメインに存在するDNSサーバーは、自身の管理するドメイン内情報や下位のドメイン情報（DNSサーバー名など）を管理しています。

　DNSクライアントは、ネットワーク設定（TCP/IP）で指定されたDNSサーバーへ問い合わせを行います。問い合わせを受けたDNSサーバーが名前解決できない場合、問い合わせを受けたDNSサーバーは最上位に当たるルートドメインのDNSサーバー（ルートノード）へ問い合わせを行います。ルートドメインのDNSサーバーが名前解決できない場合、下位のドメインのDNSサーバー、そのまた下位のドメインのDNSサーバーへと階層を上から順にたどることにより、名前解決が可能となります。

5-4　DNSサーバーの種類と配置

> **DNS サーバーの種類と配置**
> ■ プライマリサーバー
> ■ セカンダリサーバー
> ■ キャッシュサーバー
> ■ 外部向け DNS サーバー
> ■ 内部向け DNS サーバー
> ■ Active Directory 統合 DNS サーバー

スライド 30：DNS サーバーの種類と配置

　DNS サーバーには、以下のように 6 種類の役割があります。

プライマリサーバー

　プライマリサーバーとは、自分のドメインの全情報を記述した「ゾーンファイル」を起動時に読み込み、DNS クライアントの問い合わせに応答するサーバーを指します。
　また、DNS クライアントの IP アドレス情報が更新された場合に、プライマリサーバーへの更新処理が自動で行われます。これを「動的更新」と呼びます。
　プライマリサーバーは DNS サーバーの基本となる機能であり、プライマリサーバーのみでも運用することが可能です。ただし、プライマリサーバーのみで運用している場合にサーバー障害が発生してしまうと、「名前解決」は行えなくなります。
　プライマリサーバーとセカンダリサーバーを両方構成にすることにより、例えプライマリサーバー側で障害が発生した際にもセカンダリサーバーにおいて名前解決が行えるようになります。この場合、DNS クライアントからの IP アドレス情報の更新処理（動的更新）はプライマリサーバーのみに集中します。

セカンダリサーバー

　セカンダリサーバーでは、定期的にプライマリサーバーへ接続して、プライマリサーバーが読み込んだ最新の「ゾーンファイル」をコピーします。これを「ゾーン転送」と呼びます。
　ゾーン転送により、プライマリサーバーと同様に DNS クライアントの問い合わせに応答します。
プライマリサーバーの情報が更新されたら、自動的にセカンダリサーバーにも同じ内容が同期されるため、プライマリサーバーとセカンダリサーバーは常に同じ最新情報を保持しています。
　セカンダリサーバーを追加構築して運用している場合は、プライマリサーバーに障害が発生した場合でもセカンダリサーバーによって「名前解決」は引き続き行えるようになります。

プライマリとセカンダリの役割

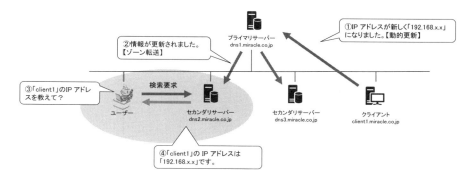

キャッシュサーバー

キャッシュサーバーは、ゾーンファイル情報を保持せず、DNS レコード（DNS クライアントからの DNS の問い合わせ結果）だけを蓄積していくサーバーです。DNS クライアントから一度でも外部の DNS サーバーに問い合わせがあった結果は、次回の問い合わせに備え「DNS キャッシュ」と呼ばれる内部的なデータベースに格納されます。次回以降、DNS クライアントは問い合わせに DNS キャッシュを利用することで、問い合わせの速度が向上します。

外部向け DNS サーバー

外部向け DNS サーバーとは、外部用に独自のゾーン情報を登録しており、インターネットからの問い合わせに応答するサーバーを指します。

内部向け DNS サーバー

内部向け DNS サーバーとは、内部用に独自のゾーン情報を登録し、イントラネット向けの問い合わせに応答するサーバーを指します。

外部向け DNS 問い合わせ

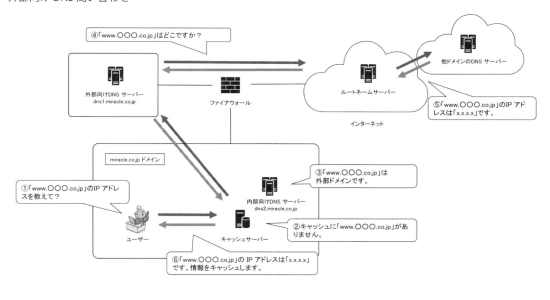

Active Directory 統合 DNS サーバー

Active Directory の構成時に、ゾーン情報の格納先を Active Directory に設定した DNS サーバーを指します。これはイントラネット向けの問い合わせに応答する DNS サーバーとして使用します。

通常の DNS の情報に加えて、Active Directory の構成情報も DNS サーバーに格納されます。

Active Directory 統合 DNS サーバーを構成した場合は、ドメインコントローラー間で DNS レコードを複製し、それぞれの DNS サーバーはプライマリサーバーとして動作します。

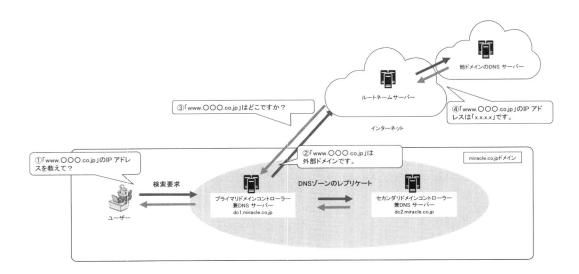

5-5　ゾーンとレコード

ゾーンとレコード
- ゾーン
- レコード
  - レコードの種類
  - レコードの更新

スライド 31：ゾーンとレコード

ゾーン

ゾーンとは、各ドメインで管理される DNS 情報の単位を指し、DNS が管理するデータの範囲となります。
　例えば、1 台の DNS サーバーで複数のドメインを含む単一のゾーン情報を管理している場合もあれば、1 台の DNS サーバーで複数のゾーンを管理している場合もあります。つまり、1 つのゾーンは必ずしもドメインや物理的な DNS サーバーの単位と一致するわけではありません。

■ レコード

レコードとは、ゾーンに含まれるデータ単位を指します。
レコードの種類は多岐にわたり、ホスト名と IP アドレスの情報だけに留まりません。

□ **レコードの種類**

主なレコードの種類として、以下に説明します。

レコード	説明
SOA	□ ドメインの DNS サーバー名。 □ ドメイン管理者のメールアドレス □ シリアル番号 • ゾーン転送時に情報が更新されているかどうかの判断に用いられます。この数値が増えている場合、更新済みという意味になります。 □ 更新間隔（refresh） • ゾーン情報のゾーン転送間隔時間を秒で指定します。 □ 転送再試行時間（retry） • ゾーン転送に失敗した場合の再試行時間を秒で指定します。 □ レコード有効時間（expire） • ゾーン情報が最新と確認できない場合の有効時間を秒で指定します。 □ キャッシュ有効時間（TTL） • ゾーン情報をキャッシュする場合の有効時間を秒で指定します。
NS	ドメインの DNS サーバーを指定するためのレコード
A	ホスト名から IPv4 アドレスを取得するためのレコード
AAAA	ホスト名から IPv6 アドレスを取得するためのレコード
PTR	IP アドレスからホスト名を取得するためのレコード（この方法を逆引きと呼びます。）
CNAME	ホスト名のエイリアス（別名）
MX	ドメインのメールサーバー名を示すレコード
TXT	ホストへのテキスト情報を記載するためのレコード

□ **レコードの更新**

レコードの更新方法には、以下の 2 種類があります。

■ 動的更新

動的更新とは、DNS クライアント自身が自分の最新の IP アドレス情報を DNS サーバーへ登録し、自動的にレコードを更新する方法を指します。

DHCP サーバーを利用するような場合に、DHCP サーバーから取得した IP アドレスが更新される際に自動で DNS サーバーのレコードを更新することができます。

Active Directory との統合構成をするような場合には、組織内のクライアントコンピューターの IP アドレスを自動的に登録するために動的更新を利用します。

■ 手動更新

手動更新とは、一般的に通常運用において IP アドレスを変更する必要がないメールサーバーや Web サーバー、IP アドレスを固定している場合等において、レコードを手動で作成する方法です。

インターネット向けの DNS サーバーの場合のように、IP アドレスが滅多に更新されないサーバー等では、手動更新を利用します。これにより、動的更新が失敗するような場合や IP アドレスが重複してしまうようなトラブルをあらかじめ回避することが可能です。

5-6 DNS 検索と種類

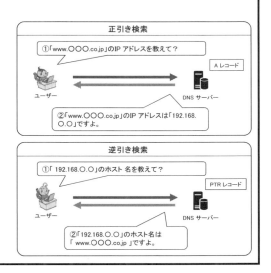

スライド 32：DNS 検索と種類

DNS 検索と種類

- **正引き検索**

  「www. ○○○○○ .co.jp」のように表されるホスト名から「192.168. ○ . ○」のように表される IP アドレスを名前解決することを、「正引き検索」と呼びます。

  下図には、「ルートネームサーバー」と呼ばれる最上位の DNS サーバーが存在していますが、この DNS サーバーは「.com」「.net」「.jp」などの「トップレベルドメイン」の DNS サーバー情報を保持している特別な DNS サーバーになります。

  「ルートネームサーバー」は名前解決のスタート地点です。「ルートネームサーバー」から検索が開始され、下位の DNS サーバーへ順に問い合わせを行い、最終的に目的の「IP アドレス（A レコード）」までたどり着きます。また、「HOST1」のように、ホスト名のみで名前解決することもできます。そのためには、「DNS サフィックス」と呼ばれている設定が必要となります。「DNS サフィックス」とは、「HOST1」のようにホスト名のみで名前解決を行った際に、「HOST1.example.local」のようにドメイン名（「.example.local」部分）を自動的に補う仕組みです。

- **逆引き検索**

  「192.168. ○ . ○」のように表される IP アドレスから「www. ○○○○○ .co.jp」のように表されるホスト名を解決することを「逆引き検索」と呼びます。

  トップレベルドメインとセカンドレベルドメインには、「in-addr.arpa」という特別な名前が付けられており、このドメインを使用して DNS に逆引き検索の問い合わせを行います。

  正引き検索には「A レコード」を用いて検索しますが、逆引き検索には「PTR レコード」を用いて検索を行います。そのため、「PTR レコード」を登録していない場合は、逆引き検索に失敗します。

DNS 問い合わせ種類

- **再帰問い合わせ**

  DNS サーバーが、クライアントからの問い合わせに対して DNS 名前解決が完結するまでドメインツリーをたどり、他の DNS サーバーに対して検索し最終結果をクライアントへ返す方法です。

下図では、最初に問い合わせを受け付けた社内 DNS サーバーと DNS クライアント間での問い合わせが相当します。

- **反復問い合わせ**
  DNS サーバーが、クライアントからの問い合わせに対して DNS サーバー自身が管理しているゾーン内の情報からしか返答しない方法です。
  他の DNS サーバーへ問い合わせは行わないため、問い合わせを受けた DNS サーバー自身が管理しているゾーン内に情報がない場合、名前解決は失敗します。
  下図では、社内 DNS サーバーから要求を受けた、最初に問い合わせを受け付けた DNS サーバーから以降の DNS サーバーへの問い合わせが相当します。

反復・再帰問い合わせ

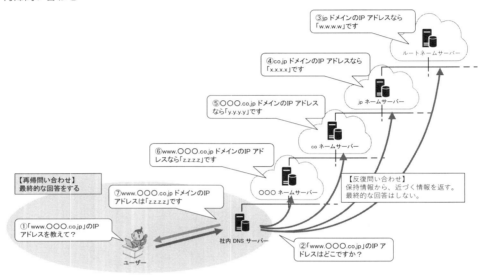

- **フォワーダへの転送**
  DNS サーバーが、クライアントからの問い合わせに対して DNS サーバー自身が管理しているゾーン内の情報から返答できない場合、外部の DNS サーバーに問い合わせを転送する方法です。
  DNS の問い合わせ結果は、フォワーダではなく問い合わせを受けた DNS サーバーから返します。

5-7　DNS 関連コマンド

DNS 関連コマンド

■ コマンドプロンプト：Nslookup コマンド
□ 書式

- Nslookup [種類] [{コンピューター名または IP アドレス | [DNS サーバー名]}] [- サブコマンド]

表記	説明
角カッコ（[]）	オプション項目
中カッコ（{}）で囲まれ、（|）で区切られた選択肢	ユーザーが1つだけ選択しなければいけない選択肢

■ PowerShell：Resolve-DnsName コマンドレット
□ 書式

- Resolve-DnsName -Name {FQDN} [-Type {レコードの種類}] [-CacheOnly] [-DnsOnly] [-Server {DNS サーバー}]

表記	説明
角カッコ（[]）	オプション項目
中カッコ（{}）	入力するパラメータ

スライド 33：DNS 関連コマンド

コマンドプロンプト：Nslookup コマンド

Nslookup コマンドは、DNS クライアントの名前解決機能を手動で実行するためのコマンドです。
正引き検索・逆引き検索、A レコード・AAAA レコード・NS レコード・MX レコードなど、レコードの絞込み検索や、再帰検索・反復検索など、さまざまなオプションから DNS 検索が行えます。
また、DNS サービスのトラブルシューティングの場合に必ず使用するため、基本的なコマンドとして覚えておく必要があります。

オプション

Nslookup コマンドラインのオプションとして、以下を指定することができます。

□ コンピューター名、IP アドレス
- コンピューター名を指定することで、IP アドレスが解決されます。
- IP アドレスを指定することで、コンピューター名が解決されます。

□ DNS サーバー名
- 使用する DNS サーバーを指定します。

□ レコードの種類：Type
- リソースレコードの種類を指定します。主なものは次の通りです。
  A　　IP アドレス
  CNAME　エイリアス
  NS　　DNS サーバー
  MX　　メール・サーバー
  PTR　　ホスト名
  SOA　　DNS ゾーンの管理情報
  TXT　　テキスト情報

コマンド例：Nslookup type=A www.○○○.com

□ サブコマンド

サブコマンドの種類には、以下のようなものがあります。

サブコマンド	説明
Exit	nslookup を終了します。
finger	現在のコンピューターの finger サーバーに接続します。
help	nslookup サブコマンドに関する簡単な説明を表示します。
ls	DNS ドメインの情報の一覧を表示します。
lserver	既定のサーバーを、指定した DNS（ドメインネームシステム）ドメインに変更します。
root	既定のサーバーを、DNS ドメイン名前空間のルートのサーバーに変更します。
server	名前解決を行う DNS サーバーを指定した DNS サーバーに変更します。
set	参照の動作を決定する構成の設定を変更します。
setall	構成の設定の現在の値を表示します。
setclass	クエリのクラスを変更します。クラスとは、情報のプロトコルグループを指定するものです。
serd2	詳細デバッグモードのオンとオフを切り替えます。それぞれのパケットフィールドがすべて完全に表示されます。
setdebug	デバッグモードのオンとオフを切り替えます。
setdefname	単一要素の参照要求に、既定の DNS ドメイン名を付加します。
setdomain	既定の DNS ドメイン名を、指定した名前に変更します。
setignore	パケット切り捨てエラーを無視します。
setport	既定の TCP/UDPDNS ネームサーバーポートを、指定した値に変更します。
setquerytype	クエリに使用するリソースレコードの種類を変更します。
setrecurse	DNS サーバーに情報がない場合、他のサーバーを照会するように指示します。
setretry	再試行の回数を設定します。
setroot	クエリに使用するルートサーバーの名前を変更します。
setsearch	DNS ドメインの検索一覧内の DNS ドメイン名を、応答が受信されるまで要求に付加します。
setsrchlist	既定の DNS ドメイン名と検索一覧を変更します。
settimeout	要求への応答を待つ初期秒数を変更します。
settype	クエリに使用するリソースレコードの種類を変更します。
setvc	要求をサーバーに送信するときに、仮想回線を使用するかどうかを指定します。
view	以前実行した ls サブコマンドの出力を並べ替えて一覧表示します。

使用例
- 正引き検索の使用例

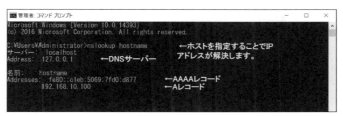

- 逆引き検索の使用例

PowerShell：Resolve-DNSName コマンドレット

Resolve-DNSName コマンドレットとは、DNS クライアントの名前解決機能を手動で実行するためのコマンドです。
正引き検索・逆引き検索、A ンコード・NS レコード・MX レコードなど、レコードの絞込み検索や、DNS キャッシュの利用有無など、さまざまなオプションから DNS を使用した名前解決が行えます。また、DNS サービスのトラブルシューティングの場合に必ず使用するため、基本的なコマンドとして覚えておく必要があります。

コマンドレット使用例
- 構文

```
Resolve-DnsName [-Name] <String> [[-Type] <RecordType>] [-CacheOnly] [-DnsOnly]
[-Server <String[]>]
```

- Name：（必須）FQDN を入力します
- Type：レコードの種類を入力します
- Server：DNS サーバーを指定します
- 検索例

■ パラメーター

主なパラメーターには以下の種類があります。

パラメータ	説明
-Name	（必須）解決したい名前を FQDN の形式で指定します。 コマンドプロンプトでは Nslookup のホスト名の指定に該当します。
-CacheOnly	DNS キャッシュからのみ名前解決を行います。
-DNSOnly	DNS プロトコルでのみ名前解決を行います。
-Server	名前解決を行う DNS サーバーを指定した DNS サーバーに変更します。コマンドプロンプトでは Nslookup の server の指定に該当します。
-Type	レコードの種類を指定します。 コマンドプロンプトでは Nslookup の type の指定に該当します。

5-8 WINS

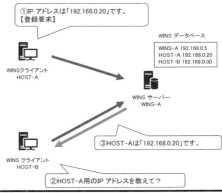

スライド 34：WINS

WINS の概要

WINS（Windows Internet Name Service）とは、NetBIOS 名をネットワーク上でも使えるように IP アドレスに対応付けるサービスを指します。

このサービスは、ネットワーク上で使用されているコンピューターの NetBIOS 名を登録や検索するためのデータベース（対応表）を提供しています。

このデータベースには、ネットワーク上で起動している WINS クライアントのコンピューター名と IP アドレスが全て登録、管理されており、クライアントがログオンやログオフする毎に WINS データベースは更新されます。

WINS が必要になるのは、ネットワーク上に Windows98 や WindowsMe、WindowsNT などのレガシーコンピューターと呼ばれる古いバージョンのコンピューターや Samba サーバーが存在する場合です。しかし、Windows XP、Windows Vista、Windows 2000 Server、Windows Server 2003、Windows Server 2016 だけで構成されたシステムでは、DNS などのサービスが対応するため WINS を使用する必要はなく、すでに WINS が展開された環境がある場合を除いては、名前解決には DNS の利用が推奨されています。

☐ **NetBIOS 名**

NetBIOS 名は、Microsoft ネットワーク用クライアントや Microsoft ネットワーク用ファイルとプリンタ共有など、NetBIOS プログラミングインターフェイスを使用するプログラムやサービスが、コンピューターやドメインなどのネットワーク上のリソースを識別するために使用します。

※ネットワーク上のコンピューターを区別するためのホスト名とは異なります。

NetBIOS 名の登録方法には、以下の 2 種類があります。

■ 動的マッピング

動的マッピングとは、WINS クライアントが WINS サーバーに接続した際に、NetBIOS 名の登録などを自動で実行する方法を指します。

■ 静的マッピング

静的マッピングとは、WINS サーバーの管理者が WINS 管理コンソールやコマンドを使用して、コンピューター名と IP アドレスが対応付けられたエントリの追加や削除を手動で実行する方法を指します。

5-9　DNS 関連演習

DNS 関連演習

演習内容
- ■ DNS サーバーの構築
- ■ ネットワーク設定（優先 DNS サーバー）
- ■ DNS サフィックス設定
- ■ プライマリゾーン作成
- ■ セカンダリゾーン作成
- ■ ゾーンのレプリケーション
- ■ Nslookup コマンドによる名前解決の確認

スライド 35：DNS 関連演習

DNS 関連演習

※　以下に、DNS 関連演習において前提条件を示します。
1. Windows Server 2016 を 2 台起動してあること（本演習では各ホスト名を W2K16SRV1,W2K16SRV2 とします）。
2. 各サーバーは同じネットワーク上に存在していること。
3. 各サーバーは GROUP1 ワークグループに参加していること。
   ※ワークグループへの参加方法は『8 章ドメインとワークグループ』参照。
4. 本演習では W2K16SRV1 の IP アドレスを［192.168.0.11］とします。
5. 本演習では W2K16SRV2 の IP アドレスを［192.168.0.12］とします。
6. 本演習では各サーバーのサブネットマスクを［255.255.255.0］とします。
7. Windows Server 2016 のインストールディスクを用意します。

※　以下に、DNS 関連演習の構成要素と構成図を示します

Windows Server 2016
コンピューター名：W2K16SRV1
IP アドレス：192.168.0.11
サブネットマスク：255.255.255.0

ネットワーク

Windows Server 2016
コンピューター名：W2K16SRV2
IP アドレス：192.168.0.12
サブネットマスク：255.255.255.0

演習1　DNS サーバーの構築

1. W2K16SRV1 に Administrator としてログオンします。
2. CD-ROM ドライブに Windows Server 2016 インストールディスクを挿入します。
3. ［スタート］-［サーバーマネージャー］をクリックします。
4. サーバーマネージャー画面右上にある［管理］をクリックし、［役割と機能の追加］をクリックします。
5. ［役割と機能の追加ウィザード］画面が表示されますので、［次へ］をクリックします。
6. ［インストールの種類の選択］画面にて、［役割ベースまたは機能ベースのインストール］のチェックボックスが ON になっていることを確認します。また、［W2K16SRV1］が選択されていることを確認し、［次へ］をクリックします。
7. ［サーバーの選択］画面にて、デフォルトのまま、［次へ］をクリックする
8. ［サーバーの役割の選択］画面にて、［DNS サーバー］のチェックボックスをクリックします。
9. ［役割と機能の追加ウィザード］画面が表示されるので、［管理ツールを含める（存在する場合）］にチェックが入っていることを確認し、［機能の追加］をクリックします。
10. 再度［サーバーの役割の選択］画面が表示されますので、［DNS サーバー］にチェックが入っていることを確認し［機能の選択］の画面のまま［次へ］をクリックします。
11. ［DNS サーバーウィザード］で［次へ］をクリックします。
12. ［インストールオプションの確認］ウィザードにて内容を確認し、［インストール］をクリックします。
13. 完了後、［サーバーマネージャー］の左ペインに［DNS］が追加されていることを確認します。
14. ［すべてのサーバー］画面の［役割と機能］に［DNS サーバー］が表示されていることを確認します。
15. 引き続き、［W2K16SRV2］についても同様の作業を行い DNS サーバーとして構築します。

以上で、「DNS サーバーの構築」演習は終了です。

演習2　ネットワーク設定（優先 DNS サーバー）

1. W2K16SRV1 に Administrator としてログオンします。
2. ［スタート］を右クリックし、［コントロールパネル］-［ネットワークとインターネット］-［ネットワークと共有センター］をクリックし、［イーサネット］をクリックします。
3. ［イーサネットの状態］画面にて、［プロパティ］欄をクリックし、［インターネットのプロパティ］画面にて［インターネットプロトコルバージョン 4（TCP/IPv4）］をクリックし、［プロパティ］をクリックします。
4. ［インターネットプロトコルバージョン 4（TCP/IPv4）のプロパティ］画面にて、［優先 DNS サーバー］欄に "192.168.0.11" と入力し、［OK］をクリックします。
   - 自分を優先 DNS サーバーとして指定します。
5. ［イーサネットのプロパティ］画面にて［閉じる］をクリックします。
6. W2K16SRV2 に Administrator としてログオンします。
7. ［スタート］を右クリックし、［コントロールパネル］-［ネットワークとインターネット］-［ネットワークと共有センター］をクリックし、［イーサネット］をクリックします。
8. ［イーサネットの状態］画面にて、［プロパティ］欄をクリックし、［インターネットのプロパティ］画面にて［インターネットプロトコルバージョン 4（TCP/IPv4）］をクリックし、［プロパティ］をクリックします。
9. ［インターネットプロトコルバージョン 4（TCP/IPv4）のプロパティ］画面にて、［優先 DNS サーバー］欄に "192.168.0.12" と入力し、［OK］をクリックします。
   - 自分を優先 DNS サーバーとして指定します。
10. ［イーサネットのプロパティ］画面にて［閉じる］をクリックします。

以上で、「ネットワーク設定（優先 DNS サーバー）」演習は終了です。

演習 3　DNS サフィックス設定

1. W2K16SRV1 に Administrator としてログオンします。
2. ［スタート］を右クリックし、［システム］をクリックします。
3. ［システム］画面にて、［コンピューター名、ドメインおよびワークグループの設定］欄にある［設定の変更］をクリックします。
4. ［システムのプロパティ］画面にて、［変更］をクリックします。
5. ［コンピューター名 / ドメイン名の変更］画面にて、［詳細］をクリックします。
6. ［DNS サフィックスと NetBIOS コンピューター名］画面が表示されるので、「このコンピューターのプライマリ DNS サフィックス」欄に "ensyu.local" と入力し、［OK］をクリックします。
7. ［コンピューター名 / ドメイン名の変更］画面にて、［OK］をクリックします。
8. ［これらの変更を適用するには、お使いのコンピューターを再起動する必要があります。］画面にて、［OK］をクリックします。
9. ［システムのプロパティ］画面にて、［閉じる］をクリックします。
10. ［これらの変更を適用するにはお使いのコンピューターを再起動する必要があります。］画面にて、［今すぐ再起動する］をクリックし、自動的に再起動します。
11. 引き続き、W2K16SRV2 にて同じ作業を行い、DNS サフィックスを設定します。
    - 各サーバーは同じ DNS サフィックスを設定します。

以上で、「DNS サフィックスの設定」演習は終了です。

演習 4　プライマリゾーン作成

1. W2K16SRV1 に Administrator としてログオンします。
2. ［スタート］-［よく使うアプリ］の一覧より［Windows 管理ツール］-［DNS］をクリックします。
3. ［DNS マネージャー］画面にて、左ペインの［W2K16SRV1］を展開して［前方参照ゾーン］を右クリックし、［新しいゾーン］をクリックします。
4. ［新しいゾーンウィザードの開始］画面にて、［次へ］をクリックします。
5. ［ゾーンの種類］画面にて、デフォルトのまま［次へ］をクリックします。
6. ［ゾーン名］画面にて、"ensyu.local" と入力し、［次へ］をクリックします。
    - DNS サフィックスと同じ値を入力します。
7. ［ゾーンファイル］画面にて、デフォルトのまま［次へ］をクリックします。
8. ［動的更新］画面にて、デフォルトのまま［次へ］をクリックします。
9. ［新しいゾーンウィザードの完了］画面にて、［完了］をクリックします。
10. ［DNS マネージャー］画面にて、左ペインで［前方参照ゾーン］をクリックし、右ペインに［ensyu.local］が追加されていることを確認します。

以上で、「プライマリゾーンの作成」演習は終了です。

演習 5　セカンダリゾーン作成

1. W2K16SRV2 に Administrator としてログオンします。
2. ［スタート］-［よく使うアプリ］の一覧より［Windows 管理ツール］-［DNS］をクリックします。
3. ［DNS マネージャー］画面にて、左ペインの［W2K16SRV2］を展開して［前方参照ゾーン］を右クリックし、［新しいゾーン］をクリックします。
4. ［新しいゾーンウィザードの開始］画面にて、［次へ］をクリックします。
5. ［ゾーンの種類］画面にて、［セカンダリゾーン］を選択し、［次へ］をクリックします。
6. ［ゾーン名］画面にて、"ensyu.local" と入力し、［次へ］をクリックします。
    - プライマリゾーンと同じ値を入力します。

7. ［マスター DNS サーバー］画面にて、［IP アドレス］欄に "192.168.0.11" と入力して欄外をクリックし、入力した IP アドレスが［OK］
8. となることを確認し、［次へ］をクリックします。
   - プライマリゾーンを持つ DNS サーバーの IP アドレスを指定します。
9. ［新しいゾーンウィザードの完了］画面にて、［完了］をクリックします。
10. ［DNS マネージャー］画面にて、左ペインで［前方参照ゾーン］をクリックし、右ペインに［ensyu.local］が追加されていることを確認します。
    - ［DNS マネージャー］画面の左ペインにて［W2K16SRV2］-［前方参照ゾーン］-［ensyu.local］をクリックし［ensyu.local］ゾーンの中身がまだ表示できないことを確認します。

以上で、「セカンダリゾーンの作成」演習は終了です。

演習 6　ゾーンのレプリケーション

1. W2K16SRV1 に Administrator としてログオンします。
2. ［スタート］-［よく使うアプリ］の一覧より［Windows 管理ツール］-［DNS］をクリックします。
3. ［DNS マネージャー］画面にて、左ペインの［W2K16SRV1］-［前方参照ゾーン］-［ensyu.local］を右クリックし、［プロパティ］をクリックします。
4. ［ensyu.local のプロパティ］画面にて［ゾーンの転送］タブをクリックします。［次のサーバーのみ］のラジオボタンを ON にし、［編集］をクリックします。
5. ［ゾーン転送を許可する］画面が表示されるので［ここをクリックして IP アドレスを追加する］をクリックし、"192.168.0.12" を入力し、［OK］をクリックします。
   - セカンダリゾーンを持つ DNS サーバーの IP アドレスを入力します。
6. ［ensyu.local のプロパティ］画面に戻るので、［適用］-［OK］をクリックします。
7. W2K16SRV2 に Administrator としてログオンします。
8. ［スタート］-［よく使うアプリ］の一覧より［Windows 管理ツール］-［DNS］をクリックします。
9. ［DNS マネージャー］画面にて、左ペインの［W2K16SRV2］-［前方参照ゾーン］-［ensyu.local］をクリックし、プライマリゾーンの内容が複製されていることを確認します。
   - 表示されない場合は、［dnsmgmt］画面を一度閉じて開き直すか、または［F5］キーを押して情報を更新します。

以上で、「ゾーンのレプリケーション」演習は終了です。

演習 7　Nslookup コマンドによる名前解決の確認

1. W2K16SRV2 に Administrator としてログオンします。
2. ［スタート］を右クリックし、［コマンドプロンプト］をクリックします。
3. ［コマンドプロンプト］画面にて、"Nslookup W2K16SRV1" と入力し、［Enter］キーを押します。
4. ［コマンドプロンプト］画面にて、以下の結果が表示されることを確認します。
   - サーバー　：UnKnown
   - Address　：192.168.0.12
   - 名前　　　：W2K16SRV1.ensyu.local
   - Address　：192.168.0.11
5. Nslookup コマンドによる名前解決の確認が完了します。
   - Nslookup で W2K16SRV2 の名前解決はできません。これはプライマリゾーンに A レコードが存在しないためです。

以上で、「Nslookup コマンドによる名前解決の確認」演習は終了です。

Memo

Chapter 6

DHCP

6-1 章の概要

章の概要

この章では、以下の項目を学習します

- DHCP の概要
- DHCP 動作概要
- DHCP のリース割り当て処理
- DHCP リレーエージェント
- DHCP フェイルオーバー
- ポリシーベースの IP 割り当て
- DHCP を使用する上での利点と注意事項
- DHCP 関連コマンド
- DHCP 関連演習

スライド 36：章の概要

Memo

6-2 DHCP の概要

DHCP の概要

■ DHCP の概要
■ DHCP を使用する目的

スライド 37：DHCP の概要

DHCP の概要

DHCP とは、ネットワークに接続するコンピューターに、IP アドレスなど通信に必要な設定情報を自動で割り当ててくれる仕組みです。

DHCP は、クライアント・サーバー方式で、DHCP サーバーが設定情報を DHCP クライアントに提供します。

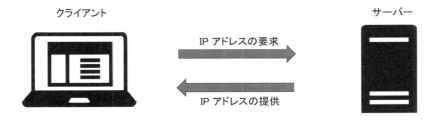

DHCP を使用する目的

大規模なネットワーク環境において、1 台 1 台のコンピューターに対して手動で IP アドレスを設定することは可能です。ただし個別に手動変更を行うのは困難であり、設定変更が発生した際には運用負荷が大きくなってしまいます。

DHCP を使用することによって、管理工数を減らすことができ、効率的に IP アドレスの管理を行うことが可能になります。人為的ミスを減らし、確実な通信を担保するためにも DHCP を使用することを推奨します。

6-3 DHCP 動作概要

DHCP 動作概要
- DHCP の動作概要
- DHCP の基本用語
- DHCP の基本動作

スライド 38：DHCP 動作概要

DHCP 動作概要

　DHCP はリースという方法によって IP アドレスを動的に割り当てています。DHCP の仕組みは、DHCP クライアントが通信できるすべてのコンピューターに対して、DHCP がどこにあるのか問い合わせを行い、それに対して DHCP サーバーが応答するというシンプルなものです。

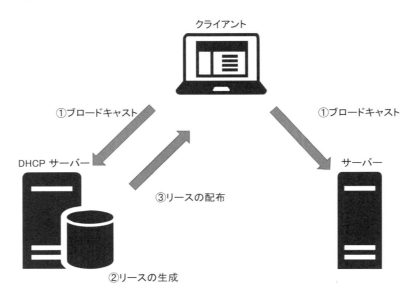

DHCP の基本用語

DHCP の設定を行う前に、以下の 2 つの用語は理解しておきましょう。

□ **スコープ**

スコープとは、DHCP サーバーや DHCP クライアントに割り当てても良い IP アドレスの範囲のことです。スコープの設定を行うことで、DHCP サーバーを利用してクライアントに IP アドレスを配布することが可能になります。さらにスコープの設定を行うときに、DHCP オプションを定義することで、サブネットマスク、ルーターの IP アドレス、DNS サーバーや WINS サーバーの IP アドレス、DNS ドメイン名などを DHCP クライアントに通知することができます。

□ **リース期間**

リース期間とは IP アドレスを貸し出す期間のことです。リース期間を設けることで、定期的な IP アドレスの再割り当てが可能になります。

DHCP の基本動作

□ **IP アドレスの割り当て**

DHCP クライアントは、ネットワーク接続時に IP アドレスなどの情報を DHCP サーバーに要求します。そして、DHCP サーバーは DHCP クライアントに対して IP アドレスなどの設定情報を割り当てます。

□ **IP アドレスの更新**

DHCP クライアントが IP アドレスを取得し、リース期間の 50％を過ぎると、DHCP クライアントから DHCP サーバーに対してリース期間の更新を要求します。そして、DHCP サーバーの許可を得ることによってリース期間を延長することができます。ただし要求が DHCP サーバーに許可されずにリース期間が経過した場合、もしくは DHCP サーバーでリースが削除された場合などは、更新の要求ではなく再割り当てを要求することになります。

□ **IP アドレスの回収**

DHCP クライアントのリース期間が経過した場合には、DHCP サーバーは DHCP クライアントがネットワーク接続中であっても回収し、DHCP クライアントの要求に合わせて再割り当てを実行します。

□ **IP アドレスを保持していない時点での DHCP クライアントの動作**

IP アドレスを保持していない DHCP クライアントが DHCP サーバーから IP アドレスを割り当ててもらうために必要な通信を行うことができるのは、「ブロードキャスト」という働きによるものです。

※ **ブロードキャスト**

ブロードキャストを理解する際には、「放送」をイメージしてもらうとわかりやすいです。私たちがテレビを視聴する時など、「放送」は電波を発信し、電波が届く範囲にある全てのアンテナがこれを受信します。これと同じようにブロードキャストでは、同一サブネット（ルーターを介さないネットワーク）上にあるすべてのコンピューターにデータを送信します。特定の IP アドレスに対してデータを送信するのではなく、宛先や送信先を特定せずにサブネット全体にデータを送信することによって、IP アドレスが割り当てられていなくても DHCP クライアントはサブネット上で通信することができるのです。

また、ブロードキャストとは対照的にサブネット内で単一の IP アドレスを指定して、特定の相手にデータを送信することを「ユニキャスト」と言います。

6-4　DHCP のリース割り当て処理

DHCP のリース割り当て処理
- DHCPDISCOVER（要求）
- DHCPOFFER（提供・提案）
- DHCPREQUEST（選択・申請）
- DHCPACK（確認・承認）

スライド 39：DHCP のリース割り当て処理

　DHCP クライアントから DHCP サーバーへの要求や、DHCP サーバーから DHCP クライアントへの通知には、「DHCP メッセージタイプ」と呼ばれるデータが使用されています。
　ここではその「DHCP メッセージタイプ」の働きについて紹介していきます。

▌ DHCPDISCOVER（要求）

　DHCP クライアントがオンライン接続される場合、必ず現在の IP アドレスがその DHCP クライアントにリースされているかどうかが確認されます。リースされていない場合には、DHCP サーバーにリースを要求します。
　DHCP クライアントは DHCP サーバーのアドレスを認識していないため、DHCP クライアント自身の IP アドレスとして「0.0.0.0」、一方のアドレスとしてブロードキャストを示す「255.255.255.255」を使用します。これにより DHCP クライアントは、サブネット内に DHCPDISCOVER メッセージを送信することができます。

▌ DHCPOFFER（提供・提案）

　DHCP サーバーが DHCPDISCOVER メッセージを受信すると、DHCP クライアントに DHCPOFFER メッセージを送信します。
　このメッセージは、DHCP サーバーが割り当てる IP アドレスと他の TCP/IP 構成情報（サブネットマスク、デフォルトゲートウェイなど）、リース期間、およびこのリース提供を作成した DHCP サーバー自身の IP アドレスなどで構成されます。
　ただしこの時点では DHCP クライアントは IP アドレスを持っていないので、DHCPDISCOVER メッセージに含まれている DHCP クライアントの MAC アドレス宛にユニキャストします。

▌ DHCPREQUEST（選択・申請）

　DHCP クライアントが DHCPOFFER メッセージを受信すると、DHCPDISCOVER メッセージを受信したすべてのコンピューターに対して、DHCPOFFER メッセージを受け入れたことを通知します。この動作は、DHCPOFFER メッセージを作成したサーバーの IP アドレスを含む DHCPREQUEST メッセージをブロードキャストすることによって行われます。
　ブロードキャストでは DHCPOFFER メッセージを作成していない DHCP サーバーがメッセージを受け取る可能性が

あります。そのような場合には、DHCP クライアントへの作成した DHCPOFFER メッセージを取り消し、他の DHCP クライアントに提供できる有効なアドレスプール（割り当て可能な IP アドレスの集合体）に DHCP クライアント用に保存していた IP アドレスを戻します。

DHCP クライアントからの DHCPDISCOVER メッセージに反応することができる DHCP サーバーの数は任意ですが、DHCP クライアントは 1 つにつき 1 つしか DHCPOFFER メッセージを受け入れることができません。

■ DHCPACK（確認・承認）

DHCP サーバーは、DHCP クライアントから DHCPREQUEST メッセージを受信すると、構成プロセスの最終工程を開始します。この最終工程では、DHCPACT メッセージを DHCP クライアントにユニキャストします。このメッセージには、リース期間および DHCP クライアントが要求したその他の構成情報が含まれます。

DHCP がこのメッセージを受信すると、メッセージに含まれている情報を使用して TCP/IP 構成が自動的に構成され、ネットワークに参加できるようになります。

上記の流れで IP アドレスの設定が行われます。

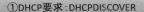

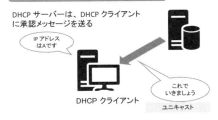

6-5 DHCPリレーエージェント

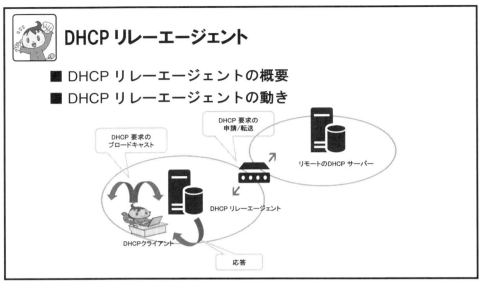

スライド40：DHCPリレーエージェント

DHCPリレーエージェントの概要

同一ネットワークに複数のサブネットがあった場合には、DHCPサーバーをそれぞれのサブネット上に配置するのはコストが大きく管理が煩雑になります。そこで活躍するのがこのDHCPリレーエージェントです。

DHCPリレーエージェントを活用することによって、同一ネットワーク上に複数のサブネットが存在していても、すべてのサブネット上にDHCPサーバーを構成する必要がなくなり、コストの削減や管理の手間を省くことに繋がります。

DHCPリレーエージェントの働き

DHCPリレーエージェントとは、サブネット上にブロードキャストされたDHCPクライアントからの要求を代理で受け取り、別のサブネットにあるDHCPサーバーに転送する機能です。

転送先のサブネットにあるDHCPサーバーからの応答を受け取り、元のサブネット上でブロードキャストにて返信します。クライアント側からは、まるでそのサブネット上にDHCPサーバーそのものが存在しているように見えます。

現在では、ルーターやL3スイッチのネットワーク機器でDHCPリレーエージェント機能を持たせるのが一般的になっています。

6-6　DHCP フェイルオーバー

DHCP フェイルオーバー
■ DHCP フェイルオーバー

スライド 41：DHCP フェイルオーバー

▌DHCP フェイルオーバー

　DHCP フェイルオーバーは、DHCP サービスの機能で、2 台の DHCP サーバーを使用して、冗長構成の IPv4 向けの DHCP サーバーを構築する機能です。

　DHCP フェイルオーバーには、「ホットスタンバイモード」「負荷分散モード」の 2 つがあり、用途に合わせて柔軟に冗長構成を行うことが可能です。

　ホットスタンバイモードは、2 台の DHCP サーバーを使って、アクティブ /パッシブ型の冗長構成を行う方式です。1 台の DHCP サーバーで IP アドレスの割り当て処理を行い、もう 1 台の DHCP サーバーは障害などにより通信できなくなった場合に備えています。ホットスタンバイモードでは、物理的に別の場所にパッシブ機を設置することになるため、災害時でも性能を保つことができます。

　負荷分散モードは、2 台の DHCP サーバーで DHCP クライアントの要求を処理する方法です。ホットスタンバイモードとは異なり、2 台の DHCP サーバーが常に動いているため、DHCP サーバーにかかる負荷を分散させることができます。

　同じネットワーク上に 2 台の DHCP サーバーを配置する場合には、負荷分散と障害対策の両方を同時に行うことができる負荷分散モードが適しています。

6-7 ポリシーベースのIP割り当て

ポリシーベースのIP割り当て
■ ポリシーベースのIPアドレス割り当て

スライド42：ポリシーベースのIP割り当て

ポリシーベースのIPアドレス割り当て

「ポリシーベースのIP割り当て」機能とは、いくつかの条件によって割り当てるIPアドレス、サーバーオプションの制御ができるというものです。条件に指定できる内容としては、以下のようなものがあります。

- ベンダークラス
  DHCPクライアントとなるシステムごとに、個別に設定されている値。同一のベンダークラスを持つクライアントに対して、同様のポリシーにてIPを割り当てる時に利用する。

- ユーザークラス
  各クライアントにて、任意に定義する値。同様のポリシーにてIPを割り当てるクライアントを指定する時に利用する。

- MACアドレス
  ネットワーク機器やネットワークアダプターに付いている固有の識別番号。対象の機器にてIPを割り当てるポリシーを、明示的に指定する時に利用する。

- クライアント識別子
  クライアントID。サーバーに接続するすべてのクライアントに割り当てられる。

- 完全修飾ドメイン名
  トップレベルドメインまで省略せずに記載したドメイン名。指定したドメインにて解決できるクライアントへ、IPを割り当てるポリシーを指定する時に利用する。

6-8　DHCPを使用する上での利点と注意事項

DHCPを使用する上での利点と注意事項

■ DHCPの利点
■ DHCPの注意事項

スライド43：DHCPを使用する上での利点と注意事項

DHCPの利点

DHCPを利用することで以下のような利点が得られます。

- 利点①：人為的ミスをなくすことができる
  IPアドレスを手動で設定する場合、以下のような人為的ミスが生じてしまう可能性があります。
  - IPアドレスの構成を行うときの入力ミスによる構成エラー
  - 使用中のIPアドレスを誤って他のクライアントに構成し、使用するIPアドレスが衝突してしまう

  DHCPでは使用可能なIPアドレスを割り当てるため、入力ミスなどによる構成エラーやIPアドレスの衝突を回避することができます。

- 利点②：セキュリティ
  あらかじめ登録されている端末以外がオンライン接続された場合、その端末に対してIPアドレスを割り当てないように設定することができます。

- 利点③：IPアドレスを有効に割り当てられる
  IPアドレスを使い回すことができるので、すべてのクライアントに対して割り当てられるIPアドレスが不足している場合に、IPアドレスを有効に割り当てることができます。

- 利点④：管理の手間を省くことができる
  DHCPオプションを定義することにより、サブネットマスクやデフォルトゲートウェイのIPアドレス、DNSサーバーのIPアドレスなどがDHCPクライアントに割り当てられるため、TCP/IP構成を手動で行う必要がなくなります。
  その結果、DHCPクライアントのTCP/IP構成がDHCPサーバーによって集中管理および自動管理されるため、管理の手間を省くことができます。

- 利点⑤：IPアドレスの変更が効率的かつ自動的に行えるようになる
  頻繁に更新しなければいけないDHCPクライアントのIPアドレスを、DHCPクライアントが起動するたびに効

率的かつ自動的に変更を行うことができます。

☐ **利点⑥：DHCP サーバーの構成における手間を省くことができる**
DHCP リレーエージェントを利用することによって、すべてのサブネット上に DHCP サーバーを構成せずに済みます。

DHCP の注意事項

DHCP を利用することで以下のような注意事項があります。

☐ **注意事項①：サーバーには使用しないこと**
サーバーの IP アドレスが起動する度に変わってしまうと、サーバーを利用するクライアントに混乱が生じ、運用に耐えられなくなります。そのため、サーバー機器の IP アドレスを DHCP を使って自動的に割り当てることは避ける必要があります。

☐ **注意事項②：ルーターには使用しないこと**
IP アドレスが途中で変わってしまうと、ルーターの運用に影響が出る可能性があります。そのため、ルーターも同様に DHCP の使用を避ける必要があります。

☐ **注意事項③：管理における制限**
DHCP では、非 TCP/IP プロトコルを利用する各端末・ネットワーク機器の管理を行うことができません。

6-9　DHCP 関連コマンド

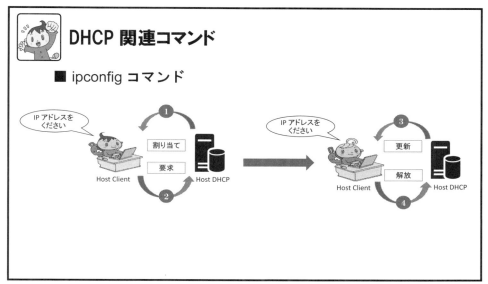

スライド 44：DHCP 関連コマンド

ipconfig コマンド

ここでは、DHCP の運用、管理、トラブルシューティングにおいてよく使われるコマンド機能である「ipconfig」についての基本的な機能を説明していきます。

ipconfig コマンドは、コマンドプロンプト上で TCP/IP に関する設定情報を表示するためのコマンドです。ipconfig を実行して、IP アドレス、サブネットマスク、デフォルトゲートウェイ、DNS ドメイン名などの情報を得ることができます。

DHCP クライアントとして設定されているコンピューターは、IP アドレスの解放や更新といった作業を行うこともできます。この IP アドレスの解放（release）と更新（renew）は、静的に割り当てられた IP アドレスと重複してしまったなどのトラブルが発生した場合に使用します。IP アドレスを解放し、DHCP を利用して新たな IP アドレスを割り当ててもらうことによって、トラブルを未然に防ぐことができます。

また、PowerShell コマンドレットでも DHCP の運用や管理をすることができます。

6-10　DHCP 関連演習

DHCP 関連演習

演習内容
- ■ DHCP のインストール
- ■ DHCP サーバーの構築
- ■ DHCP クライアントへの IP アドレス配布

スライド 45：DHCP 関連演習

DHCP 関連演習

※　以下に、DHCP 関連演習の前提条件を示します。
1. Windows Server 2016 を 2 台起動してあること（本演習では各コンピューター名を W2K16SRV1，PC1 とします）。
2. 各サーバーは同じネットワーク上に存在していること。
3. 各サーバーは GROUP1 ワークグループに参加していること
   ※ワークグループへの参加方法は『8 章 ドメインとワークグループ』参照。
4. 本演習では W2K16SRV1 の IP アドレスを［192.168.0.11］とします。
5. 本演習では PC1 の IP アドレスを［192.168.0.12］とします。
6. 本演習では各サーバーのサブネットマスクを［255.255.255.0］とします。

※　以下に、DHCP 関連演習の構成図を示します。

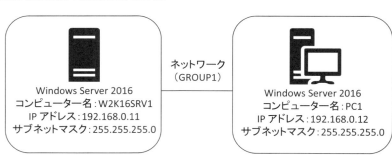

演習 1　DHCP のインストール

1. W2K16SRV1 に Administrator でサインインします。
2. ［スタート］-［サーバーマネージャー］をクリックします。
3. ［サーバーマネージャー］画面にて、画面中央にある［役割と機能の追加］をクリックします。
4. ［開始する前］の画面にて、デフォルトのまま［次へ］をクリックします。
5. ［インストールの種類の選択］の画面にて、デフォルトのまま［次へ］をクリックします。
6. ［対象サーバーの選択］の画面にて、デフォルトのまま［次へ］をクリックします。
7. ［サーバーの役割の選択］の画面にて、［DHCP サーバー］を選択し、［次へ］をクリックします。
8. ［役割と機能の追加ウィザード］画面にて、デフォルトのまま［機能の追加］をクリックします。
9. ［機能の選択］画面にて、デフォルトのまま［次へ］をクリックします。
10. ［DHCP サーバー］画面にて、デフォルトのまま［次へ］をクリックします。
11. ［インストールオプションの確認］に画面にて、デフォルトのまま［インストール］をクリックします。
12. ［インストールの進行状況］の画面にて、インストール完了後、［閉じる］をクリックします。

以上で、「DHCP のインストール」演習は終了です。

演習 2　DHCP サーバーの構築

1. W2K16SRV1 に Administrator としてサインインします。
2. ［スタート］-［Windows 管理ツール］-［DHCP］をクリックします。
3. ［DHCP］画面にて、左ペインの［DHCP］-［W2K16SRV1］の順に展開し、［IPv4］を右クリックして［新しいスコープ］をクリックします。
4. ［新しいスコープウィザード］の画面にて、［次へ］クリックします。
5. ［スコープ名］の画面にて、［名前］の欄に "ENSYU-DHCP" と入力し、［次へ］をクリックします。
6. ［IP アドレスの範囲］画面にて、下記の通り入力し、［次へ］をクリックします。
   - 開始 IP アドレス：192.168.0.31
   - 終了 IP アドレス：192.168.0.40
7. ［除外と遅延の追加］画面にて、デフォルトのまま、［次へ］をクリックします。
8. ［リース期間］画面にて、デフォルトのまま、［次へ］をクリックします。
9. ［DHCP オプションの構成］画面にて、デフォルトのまま、［次へ］をクリックします。
10. ［ルーター（デフォルトゲートウェイ）］画面にて、デフォルトのまま、［次へ］をクリックします。
11. ［ドメイン名および DNS サーバー］画面にて、デフォルトのまま、［次へ］をクリックします。
12. ［WINS サーバー］の画面にて、デフォルトのまま、［次へ］をクリックします。
13. ［スコープのアクティブ化］画面にて、デフォルトのまま、［次へ］をクリックします。
14. ［新しいスコープウィザード管理］画面にて、［完了］をクリックします。

以上で、「DHCP サーバーの構築」演習は終了です。

演習 3　DHCP クライアントへの IP アドレス配布

1. PC1 に Administrator としてサインインします。
2. ［スタート］-［Windows システムツール］-［コントロールパネル］をクリックします。
3. ［コントロールパネル］の画面にて、［ネットワークの状態とタスクの表示］-［イーサネット］をクリックします。
4. ［イーサネットの状態］の画面にて、［プロパティ］をクリックします。
5. ［インターネットプロトコルバージョン（TCP/IPv4）］を選択し、［プロパティ］をクリックします。
6. ［インターネットプロトコル (TCP/IP) のプロパティ］画面にて、［IP アドレスを自動的に取得する］および［DNS サーバーのアドレスを自動的に取得する］を選択し、［OK］をクリックします。
7. W2K16SRV1 に Administrator としてログオンします。
8. ［スタート］-［Windows 管理ツール］-［DHCP］をクリックします。

9. ［DHCP］画面にて、左ペインを［DHCP］［w2k16srv1.ensyu.local］-［IPv4］-［スコープ［192.168.0.0］ENSYU-DHCP］の順に展開し［アドレスのリース］を選択します。［DHCP］画面にて、右ペインに PC1 の名前と、演習 2 手順 6 で設定した 192.168.0.31 ～ 192.168.0.40 の範囲の IP アドレスが表示されていることを確認します。

   ✓ 表示されない場合は少し時間をおいて、［F5］キーを押すかメニューの［更新］をクリックして情報を更新してみてください。

10. PC1 に Administrator としてログオンします。

11. ［スタート］-［Windows システムツール］-［コマンドプロンプト］をクリックします。

12. ［コマンドプロンプト］画面にて、"ipconfig" と入力し、［Enter］キーを押します。

13. ［コマンドプロンプト］画面にて、［IP Address］の値に演習 3 手順 8 で確認した IP アドレスが表示されていることを確認します。

以上で、「DHCP クライアントへの IP アドレス配布」演習は終了です。

Chapter 7

ユーザーとグループ

7-1 章の概要

章の概要
この章では、以下の項目を学習します

- ■ ユーザーとグループの概要
- ■ 既定のローカルユーザー
- ■ 既定のローカルグループ
- ■ グループポリシー
- ■ ユーザーとグループ関連演習

スライド 46：章の概要

Memo

7-2　ユーザーとグループの概要

ユーザーとグループの概要

- ■ ユーザーとグループ
- ■ ユーザーアカウント
- ■ ユーザーと管理者
- ■ ローカルユーザー
- ■ ローカルグループ

スライド47：ユーザーとグループの概要

ユーザーとグループ

　サーバーを使う人は大きく2つに分類することができます。1つはサーバーの設定やメンテナンスを行う管理者で、もう1つはサーバーの機能を使用する利用者となります。個人が所有するコンピューターでは、ユーザーと管理者が同じであるケースがほとんどであり、この場合にはコンピューターの持ち主が唯一の管理者となります。

　サーバーは多くの場合、複数人で使用するため、1台のサーバーに対してユーザーが何人もいることになります。会社等の組織で使用する場合には、誤って重要な情報を削除したりシステムの設定を変更したりといったトラブルにならないよう、適切にユーザー管理を行う必要があります。

　この章では、Windows Server 2016におけるユーザー管理の仕組みや機能について説明していきます。

ユーザーアカウント

　サーバーは、今モニターに向かって座っているユーザーが誰で、その前に座っていたユーザーが誰なのか認識することはできません。

　サーバーがユーザー管理を行う方法は、ユーザーの名前やパスワードの情報を持つユーザーアカウントという仕組みを活用しています。ユーザーがサーバーにログオンする際、ユーザーアカウントのユーザー名とパスワードを入力することで、サーバーにユーザーを区別させることができます。

ユーザーと管理者

　ユーザーと管理者は持っている権限が異なります。サーバーを利用する際、管理者はすべてのファイルに対してアクセスできますが、ユーザーはアクセスできるフォルダーやファイルが制限されているのが一般的です。ユーザーにアクセス制限を与えることによって、ユーザーによる誤操作を防ぐことができる上、セキュリティ対策にもなります。

ローカルユーザー

　サーバー上に作成されるユーザーアカウントのことをローカルユーザーと呼びます。ローカルユーザーは、ユーザーアカウントを作成したサーバーのみにログオンし、権限の範囲でサーバーの機能を使用することができます。また最

初のログオン時にユーザープロファイル（ユーザー毎のデータや設定）が作成されるため、複数のローカルユーザーがサーバー上に存在する場合でも、ローカルユーザーごとに作業環境を維持することができます。

■ ローカルグループ

ローカルユーザーのグループのことをローカルグループと呼びます。同じ権限やアクセス許可を複数のユーザーに設定する必要がある場合、1人1人に設定するのでは作業が大変になり設定ミスが起こる可能性があります。そういった場合に複数のユーザーを1つのローカルグループに所属させ、そのグループに対して設定変更を行うことで、グループに属しているユーザー全員に同じ権限やアクセス許可を与えることができます。

ローカルグループを使用することで、設定変更における管理者の負担を軽減することができます。

7-3　既定のローカルユーザー

既定のローカルユーザー
■ 主な既定のローカルユーザー

スライド 48：既定のローカルユーザー

主な既定のローカルユーザー

サーバーにはあらかじめいくつかのローカルユーザーが設定されています。ここでは Windows Server 2016 における既定のローカルユーザーについて紹介していきます。

☐ Administrator
- 管理者ユーザーアカウントとして、サーバーのフルコントロールの権限を持つ。
- ユーザーやグループに対して権限を割り当てることが可能。
- サーバーの構築時に作成されるローカルユーザーで、新規にローカルユーザーを作成するまではこのローカルユーザーでサーバーにログオンすることになる。

☐ Guest
- サーバー上にユーザーアカウントを持たない利用者やユーザーアカウントが無効になっている利用者が、一時的にサーバーにログオンするために存在する。
- 既定では、サーバーへのログオンの権限しか持たないが、他のユーザー同様に権限を割り当てることが可能。
- Guest アカウントは既定で無効になっており、使用することはできない。有効にもできるが、誰でもサーバーにログオン可能になってしまうため、無効のままとするのが良い。

Windows Server 2016 における既定のローカルユーザーは上記 2 つを使用するのが一般的です。

7-4　既定のローカルグループ

既定のローカルグループ
■ 主な既定のローカルグループ

スライド 49：既定のローカルグループ

主な既定のローカルグループ

ローカルユーザーと同じように、Windows Server 2016 ではあらかじめいくつかのローカルグループが設定されています。

- **Administrators**
  - サーバーに対してフルコントロールの権限を持つグループ。
  - Administrator は既定でこのグループに属しており、グループから削除することはできない。

- **Power Users**
  - Windows Server 2003 まではサーバーの大部分の機能に関して権限を持つグループとして存在していた。
  - Windows Server 2008 以降は、後方互換のため Users グループと同じ権限として存在している。

- **Users**
  - 一般的なサーバーの機能を使用する権限を持つグループ。
  - アプリケーションを実行可能。
  - レジストリの変更やシステム、システムファイル等の変更はできない。
  - サーバーのシャットダウンはできない。
  - ローカルユーザーやローカルグループの作成はできない。
  - 新規のローカルユーザーを作成すると、既定でこのグループに属する。

- **Guests**
  - 一時的なローカルユーザーを作成する場合、このグループに属する。
  - Users グループと同じ権限を持つが、次回同じローカルユーザーでログオンしたとしてもプロファイルが削除されるため、前のデータは使用できない。

7-5　グループポリシー

グループポリシー

- ポリシー
- ローカルセキュリティポリシー
- ローカルグループポリシーオブジェクト（LGPO）
- グループポリシーオブジェクト（GPO）

スライド 50：グループポリシー

ポリシー

これまでに、既定のローカルユーザーやローカルグループに権限が設定されていることについて説明しました。また、新しく作成するローカルユーザーやローカルグループにも任意の権限を与えることができました。これらの権限のことをポリシーと言います。

ローカルセキュリティポリシー

ローカルセキュリティポリシーとは、コンピューターのセキュリティに関する事項を設定する機能のことです。コンピューターを操作できるユーザーを制限したり、ローカルユーザーのアカウントの有効期限やパスワードの長さなどを指定したりできます。

以下、ローカルセキュリティポリシーにどのようなものがあるのかについて記載します。

- [ ] **パスワードポリシー**
    - パスワードの有効期限の設定
    - パスワードに必要な文字数の設定

- [ ] **アカウントロックアウトのポリシー**
    - アカウントがロックアウトされるログオンの失敗回数の設定。

- [ ] **監査ポリシー**
    - ファイルやフォルダーなどへのアクセス、ログ取得を有効にする。
    - サーバーへのログオンのログ取得を有効にする。

- [ ] **ユーザー権利の割り当て**
    - サーバーへのログオンを許可する。
    - システムの時刻の変更を許可する。
    - システムのシャットダウンを許可する。

☐ セキュリティオプション
- Guest アカウントを使用可能にする。
- パスワードの有効期限の前に警告を表示する。

ローカルグループポリシーオブジェクト（LGPO）

ローカルセキュリティポリシーはローカルグループポリシーと呼ばれるポリシーの一部です。ローカルセキュリティポリシーのコンソールでは、他のローカルグループポリシーを設定することはできませんが、別のコンソールを開くことで設定できるようになります。

ローカルグループポリシーには非常に多くの種類があり、設定したローカルグループポリシーをまとめてローカルグループポリシーオブジェクトと言います。

以下、代表的なローカルグループポリシーを紹介します。
- コントロールパネルにアクセスできないようにする。
- デスクトップのアイコンを全て非表示にする。
- 壁紙を変更できないようにする。
- ネットワークの設定を変更できないようにする。

グループポリシーオブジェクト（GPO）

Active Directory（Chapter 9 にて解説）のドメイン環境では、ドメインに対してポリシーを設定することができます。このドメイン環境のポリシーをグループポリシーと呼び、設定したポリシーをまとめてグループポリシーオブジェクト（GPO）と呼びます。

グループポリシーでは、ドメインに所属するコンピューターの使用環境を制限することが可能になっています。グループポリシーを使用することによって、
- 使用環境を制限することによるセキュリティ面の強化。
- コンピューターをより便利により効率よく使用するための環境が設定可能。

という 2 つのメリットが得られます。

またグループポリシーには適応される順序が決まっており、以下のようになっています。

【適応順序】
ローカル→サイト→ドメイン→親 OU →子 OU
ローカルコンピューターのポリシーが最も優先順位が低く、OU の GPO の優先順位が最も高くなっています。

7-6 ユーザーとグループ関連演習

ユーザーとグループ関連演習
演習内容
- ローカルユーザーの作成
- ローカルグループの作成
- ローカルグループのメンバー追加

スライド 51：ユーザーとグループ関連演習

ユーザーとグループ関連演習

※ 以下に、ユーザーとグループ関連演習の前提条件を示します。
1. Windows Server 2016 を 1 台起動してあること (本演習ではコンピューター名を W2K16SRV1 とします)。

※ 以下に、ユーザーとグループ関連演習の構成図を示します。

Windows Server 2016
コンピューター名：W2K16SRV1

演習 1 ローカルユーザーの作成

1. W2K16SRV1 に Admin:strator としてサインインします。
2. ［スタート］を右クリックし、［コンピューターの管理］をクリックします。
3. ［コンピューターの管理］画面にて、左ペインを［コンピューターの管理（ローカル）］-［システムツール］-［ローカルユーザーとグループ］の順に展開し、［ユーザー］を選択します。
   - ✓ 右ペインに、既定で作成されるローカルユーザーが表示されます。どのようなローカルユーザーが存在するか確認します。
4. ［ユーザー］を右クリックし、［新しいユーザー］をクリックします。
5. ［新しいユーザー］画面にて、以下の項目を入力します。

- ユーザー名　　　　　：user01
- パスワード　　　　　：password1!
- パスワードの確認入力：password1!
- [ユーザーは次回ログオン時にパスワードの変更が必要] のチェックボックスをオフにして [作成] をクリックします。
- ✓ パスワードに関するオプション（パスワードの変更が必要、無期限にするなど）は、実際には作成するユーザーに対して適切なものを選んでください。

6. [新しいユーザー] 画面にて、[閉じる] をクリックし画面を閉じます。
7. [コンピューターの管理] 画面にて、右ペインに [user01] が追加されていることを確認します。
   - ✓ [user01] を右クリックして [プロパティ] をクリックし、[所属するグループ] タブにて、自動的に Users グループに追加されていることを確認します。

以上で、「ローカルユーザーの作成」演習は終了です。
   - ✓ Administrator をサインアウトし、作成した user01 でサインインできることを確認してみましょう。

演習 2　ローカルグループの作成

1. W2K16SRV1 に Administrator としてサインインします。
2. [スタート] を右クリックし、[コンピューターの管理] をクリックします。
3. [コンピューターの管理] 画面にて、左ペインを [コンピューターの管理（ローカル）] - [システムツール] - [ローカルユーザーとグループ] の順に展開し、[グループ] を選択します。
   - ✓ 右ペインに、既定で作成されるローカルグループが表示されます。どのようなローカルグループが存在するか確認します。
4. [グループ] を右クリックし、[新しいグループ] をクリックします。
5. [新しいグループ] 画面にて、[グループ名] 欄に "EnsyuGroup" と入力し、[作成] をクリックします。
6. [新しいグループ] 画面にて、[閉じる] をクリックし画面を閉じます。
7. [コンピューターの管理] 画面にて、右ペインに [EnsyuGroup] が追加されていることを確認します。

以上で、「ローカルグループの作成」演習は終了です。

演習 3　ローカルグループのメンバー追加

1. W2K16SRV1 に Administrator としてサインインします。
2. [スタート] を右クリック – [コンピューターの管理] をクリックします。
3. [コンピューターの管理] 画面にて、左ペインを [コンピューターの管理（ローカル）] - [システムツール] - [ローカルユーザーとグループ] の順に展開し、[グループ] を選択します。
4. 右ペインの [EnsyuGroup] を右クリックして [グループに追加] をクリックします。
5. [EnsyuGroup のプロパティ] 画面にて、[追加] をクリックします。
6. [ユーザーの選択] 画面にて、[選択するオブジェクト名を入力してください] 欄に "user01" と入力し、[名前の確認] をクリックして名前解決を確認します。
7. 名前解決が正常に行われると、入力した [user01] が、[W2K16SRV1¥user01] に変換されます。
8. [ユーザーの選択] 画面にて、[OK] をクリックします。
9. [EnsyuGroup のプロパティ] 画面にて、[所属するメンバー] 欄に [user01] が追加されていることを確認し、[適用] - [OK] をクリックします。

以上で、「ローカルグループのメンバー追加」演習は終了です。

Chapter 8

ドメインとワークグループ

8-1　章の概要

章の概要

この章では、以下の項目を学習します

- ワークグループ
- ドメイン
- ドメインとワークグループの比較
- ドメインとワークグループ関連演習

スライド 52：章の概要

Memo

8-2　ワークグループ

ワークグループ
- ■ 概要
- ■ ワークグループ
- ■ ワークグループ環境のネットワークアクセス

スライド 53：ワークグループ

概要

複数のサーバーやクライアント PC を含むネットワーク環境を構築する場合、使用するユーザーアカウント、コンピューター、共有する必要のあるリソース※（ファイルやプリンターなど）の管理方法が重要になります。Windows には、ドメインとワークグループという管理方法の異なる 2 つの環境が用意されています。

本章では、特にユーザー情報（ユーザーアカウントとパスワード）の管理を例にドメインとワークグループについて学習します。

※　リソース（資源）
- 資源という意味です。
- 主に資料や情報源という意味で使われることが多いです。
- 他に、ソフトウェアやハードウェアを動作させるのに必要な CPU の処理速度やメモリ容量、ハードディスクの容量のことを指します。
- システム開発などにおいては、プロジェクトの遂行に必要な人手や資金、設備などのことです。

ワークグループ

ワークグループとは、同じネットワーク上に存在するコンピューターが所属するグループです。

メンバーとなる各コンピューターに、所属するワークグループとして同じワークグループ名（例えば "WORKGROUP"）を設定することで、ワークグループに参加することができます。

ワークグループに参加するのはコンピューターであり、ユーザーがコンピューターにログオンする時にワークグループへの参加を意識することはありません。

ワークグループ環境のネットワークアクセス

Windows Server 系のコンピューターを利用するには、ユーザーアカウントとパスワードが必要です。ワークグループでは、ユーザーアカウントやパスワードと行ったユーザー情報は各メンバーコンピューターが個別に管理します（分散管理）。

ワークグループ内の他のコンピューターにアクセスする場合は、アクセス先のコンピューターに登録されているユーザー情報を使用して認証を受ける（正しいユーザー名とパスワードを入力する）必要があります。すべてのコンピューターに同じユーザー情報を登録することも可能ですが、コンピューター間でのユーザー名とパスワードが共有されないため、ユーザー情報の変更（パスワードの変更やユーザーの追加など）はすべてのコンピューターに対して行う必要があります。

　ここで、複数台の Windows Server 2016 サーバーでワークグループを構成している環境において、サーバーにアクセスする際の認証を例に挙げます。

　ワークグループ環境では、クライアントに登録されているユーザー名と各サーバーに登録されているユーザー名が同一であっても、パスワードが異なる場合、サーバーへのアクセス時に認証が必要になります。ただし、すべてのサーバーにクライアントと同一のユーザー名とパスワードが登録されている場合には、認証を求められることはありません。

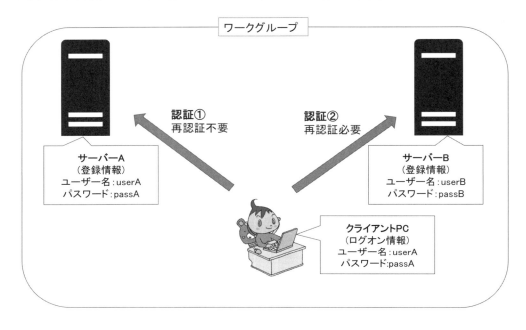

8-3 ドメイン

ドメイン
- ドメイン
- ドメイン環境のネットワークアクセス

スライド54：ドメイン

ドメイン

ドメインとは物理的な権限にとらわれない論理的な領域です。

ドメインには、ドメインコントローラーと呼ばれる管理用のサーバーが少なくとも1台存在します。このドメインコントローラーにより管理される範囲をドメインと呼びます。

ドメインに参加するには、ドメインコントローラー上でコンピューターを登録するか、または参加するコンピューターからドメインコントローラーにアクセスし、認証を受けます。

ユーザーは、コンピューター起動時のログオン画面にて、ログオン先に所属するドメインの先の名前を指定することでドメインにログオンできます。

ドメイン環境のネットワークアクセス

ドメインでは、すべてのユーザー情報はドメインコントローラーの持つデータベースに登録され、ドメインコントローラーにて管理されます（集中管理）。

ドメインにログオンする際にドメインコントローラーの認証を受けるので、他のコンピューターへアクセスする時の認証が不要です。

ドメインでは、この認証と承認の役割をドメイン内の「Kerberos」（ケルベロス）という機能が担当しています。Kerberosはドメインコントローラーとクライアントコンピューターの通信によって、入力されたユーザー名とパスワードの組み合わせが正しいかどうかを確認する（認証）と同時に、特定のサーバーへアクセスできることを確認する（承認）を行います。

Kerberos認証は、ログオン時やファイルを共有する際に使用され、サーバーとクライアントの間での身元の確認を行うために使用されます。Kerberos認証システムでは、システムの管理する領域内（ドメインなどの領域内など）で、サービスを提供するコンピューターが複数台あっても、一度の認証のみでその複数台のコンピューターからサービスを受けられること（シングルサインオン）という特徴があります。

ドメイン環境では、ドメインコントローラーがすべてのユーザー情報を所有し、ドメインコントローラーから、ドメインへのログオンを認証されることで、ドメイン内の他のリソースへのアクセス時に再認証が不要になります。

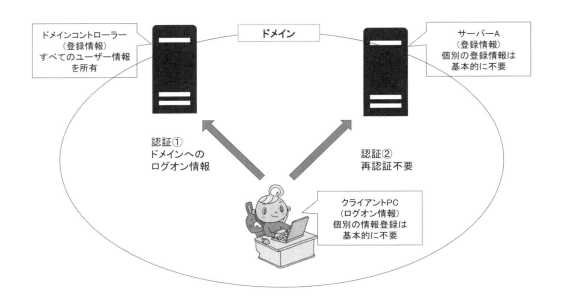

8-4　ドメインとワークグループの比較

ドメインとワークグループの比較

■ ドメインとワークグループの主な違い

項目	ドメイン	ワークグループ
導入コスト	ドメインコントローラーとなるサーバーを構築する必要がある。	ワークグループに参加するための特別な準備は不要。
ユーザー管理	ドメインコントローラーにて集中管理を行うため、各コンピューターでのユーザー管理が不要となり、管理者負担が軽減される。	登録や変更は、使用するコンピューターの全てに対して行う必要があるため、ユーザー数の増減に従って管理者負担が増加する。
セキュリティ	ドメインを範囲として権限の制限を適用することが可能。範囲はドメイン全体から一部まで設定できる。ドメインへの参加にはドメインコントローラーの認証が必要。	権限の制限はそのコンピューターのみを範囲とし、ワークグループ全体への適応できない。ワークグループへの参加には、認証を必要としない。

スライド 55：ドメインとワークグループの比較

ドメインとワークグループの主な違い

ドメインとワークグループでは、管理の方法が異なることからそれぞれにメリットとデメリットがあります。本項では、2つの環境で大きく違う点をピックアップし説明します。

ネットワーク環境を構築する際には、コンピューターやユーザー数、運用方法などを将来的な想定も含めて検討し、ドメインまたはワークグループを選択します。

一般的には、ごく少人数の環境では導入コストのかからないワークグループを、使用者が多くユーザー管理が頻発する環境では管理者負担の少なくセキュリティの強固なドメインの選択を検討します。

☐ 導入コスト
- ワークグループ環境の構築は参加するコンピューターの設定になるため、費用をかけずに導入可能です。
- ドメイン環境の導入にはドメインコントローラーとなるサーバーを構築する必要があります。また情報を集中して管理することからドメインコントローラーが故障した場合の影響が大きいため、障害対策としてドメインコントローラーを複数台導入することも検討します。

☐ ユーザー管理
- ワークグループ環境では、コンピューター間での情報共有が行われないため、使用するユーザー情報を欠席のコンピューター全てに登録する必要があります。パスワード変更やユーザーの追加登録も、対象のコンピューター全てに必要なことから、使用者の増加に従って作業が頻発になります。
- ドメイン環境ではユーザー情報はドメインコントローラーにて集中管理されるため、パスワード変更やユーザー情報の登録は一度で済み、運用上の負担が軽減されます。

☐ セキュリティ
- ワークグループ環境では同じネットワーク上に存在すれば認証なくワークグループに参加することが可能です。ユーザーへの権限（アプリケーションの実行やフォルダへのアクセスなど）の設定は個々のコンピューターが保持し、ワークグループ全体に適用することはできません。
- ドメイン環境では、ドメインの参加にドメインコントローラーの認証が必要であるため、不正なコンピューターのドメイン参加を防止できます。また様々な権限やセキュリティに関するポリシー（制限）を、ドメイ

ンに対して適用をすることができます。適用範囲はユーザーやコンピューターの一部からドメイン全体まで細かく設定可能なので、柔軟なセキュリティ管理を行うことができます。

8-5 ドメインとワークグループ関連演習

ドメインとワークグループ関連演習

演習内容
■ ワークグループ参加
■ メンバーサーバーにアクセス（ワークグループ環境）

スライド 56：ドメインとワークグループ関連演習

ドメインとワークグループ関連演習

※ 以下に、ドメインとワークグループ関連演習の前提条件を示します。
1. Windows Server 2016 を 2 台起動してあること（本演習では各ホスト名を PC1,PC2 とします）。
2. 各サーバーは同じネットワーク上に存在していること。
3. 本演習では PC1 の IP アドレスを［192.168.0.11］とします。
4. 本演習では PC2 の IP アドレスを［192.168.0.12］とします。
5. 本演習では各サーバーのサブネットマスクを［255.255.255.0］とします。
6. PC1 上に下記のローカルユーザーが作成済みであること。
   - ユーザー名：user01、パスワード：password1!
   - ✓ ローカルユーザーの作成手順は『Chapter7 ユーザーとグループ』参照。
7. PC2 上に下記のローカルユーザーが作成済みであること。
   - ユーザー名：user01、パスワード：password1!
   - ✓ ユーザー名とパスワードを PC1 の user01 と同じにします。
   - ユーザー名：user02、パスワード：password2!
   - ✓ PC1 には存在しないローカルユーザーを作成します。

※ 以下に、ドメインとワークグループ関連演習の構成図を示します。

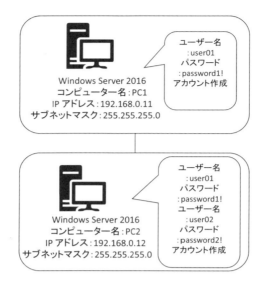

演習1　ワークグループ参加

1. PC1にAdministratorとしてログオンします。
2. ［スタート］を右クリックし、［システム］をクリックします。
3. ［システム］画面の［コンピューター名、ドメインおよびワークグループの設定］項目の右側にある［設定の変更］をクリックします。
4. ［システムのプロパティ］画面の［コンピューターの名前］タブにて、［変更］をクリックします。
5. ［コンピューター名/ドメイン名の変更］画面の［ワークグループ］にチェックがついているので、"GROUP1"と入力し［OK］をクリックします。
6. ［GROUP1 ワークグループへようこそ。］画面にて、［OK］をクリックします。
7. ［変更を適用するには、コンピューターを再起動する必要があります］という内容の画面が表示されるので、［OK］をクリックします。
8. ［システムのプロパティ］画面にて、［閉じる］をクリックして画面を閉じます。
9. ［変更を適用するには、コンピューターを再起動する必要があります。］と再度表示されるので、［今すぐ再起動］をクリックします。
10. 再起動後、PC1にAdministratorとしてログオンします。
11. ［スタート］を右クリックし、［コンピューターの管理］-［サービスとアプリケーション］-［サービス］の順に展開し、［Function Discovery Resource Publication］のサービスを開始します。
12. ［スタート］を右クリックし、［エクスプローラー］を開きます。
13. エクスプローラーの左ペインにて、［ネットワーク］を開き、［GROUP1］ワークグループが表示されることを確認します。また、［GROUP1］内に［PC1］が表示されることを確認します。
    ※ ワークグループの名前ではなく、コンピューター名が表示されます。

以上で、「ワークグループ参加」演習は終了です。

演習2　メンバーサーバーにアクセス（ワークグループ環境）

1. PC2にAdministratorでログオンし、GROUP1ワークグループに参加します。
    ✓ ワークグループへの参加方法は演習1の手順1-8と同じです。
2. Administratorをサインアウトし、PC2にuser01としてサインインします．

3.　［スタート］を右クリックし、［ファイル名を指定して実行］をクリックします。

4.　［ファイル名を指定して実行］画面にて、［名前］欄に "¥¥PC1" と入力し［OK］をクリックします。

5.　PC1 にはあらかじめ user01 が作成されているので、認証画面やエラーが表示されずにアクセスできる（ウインドウが開く）ことを確認します。

6.　user01 をサインアウトし、PC2 に user02 としてログオンします。

7.　［スタート］を右クリックし、［ファイル名を指定して実行］をクリックします。

8.　［ファイル名を指定して実行］画面にて、［名前］欄に "¥¥PC1" と入力し［OK］をクリックします。

9.　［ネットワーク資格者情報の入力］画面が表示されます。

10.　［ネットワーク資格者情報の入力］画面にて、user02 の情報を入力し、［OK］をクリックすると［ユーザー名またはパスワードが正しくありません］というメッセージとともに再度［ネットワーク資格者情報の入力］画面が表示されることを確認します。

　　✓　PC1 には user02 が作成されていないので、アクセスできません。

11.　［ネットワーク資格者情報の入力］画面にて、user01 の情報を入力し、［OK］をクリックします。

12.　PC1 にアクセスし、ウインドウが開くことを確認します。

　　✓　PC1 には user01 が作成されているため、アクセスできます。

以上で、「メンバーサーバーにアクセス（ワークグループ環境）」演習は終了です。

※　ドメインについては『9 章 Active Directory 関連演習』を参照してください。

Memo

Chapter 9

Active Directory

9-1 章の概要

章の概要

この章では、以下の項目を学習します

- Active Directory の概要
- Active Directory の構造
- Active Directory の構成と機能
- Active Directory のユーザーとグループ
- 既定のユーザー
- 既定のグループ
- Active Directory コンポーネント
- ドメインコントローラーのバックアップとリストア
- Active Directory 関連コマンド
- Active Directory 関連演習

スライド 57：章の概要

Memo

9-2　Active Directory の概要

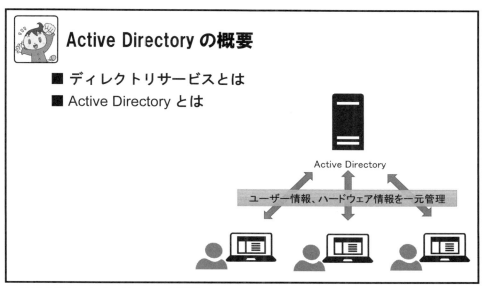

スライド 58：Active Directory の概要

ディレクトリサービスとは

「ディレクトリ」という単語には「案内板」や「住所録」という意味があるように、ディレクトリサービスとは、住所録などを基に案内してくれるサービスのことです。

典型的なディレクトリサービスとしては、例えば NTT の 104 番に代表される「電話番号案内サービス」が挙げられます。

コンピューターネットワークにおけるディレクトリサービスとは、ネットワーク上に存在するさまざまな資源（リソース）や情報をまとめ、管理し、検索するためのサービスのことを指します。これにより、データや資源（リソース）がどのサーバーで管理されているかを考えずに利用することができるようになります。

Active Directory とは

「Active Directory」とは、Windows Server 2016 ファミリの Windows OS で提供されるディレクトリサービスのことです。ネットワーク内にあるサーバー、クライアント、プリンター等のハードウェア資源や、それらを利用するユーザーの属性、アクセス権等の情報を Active Directory データベースに登録し、一元管理し、簡単に情報検索が行えます。

□ **Active Directory の機能**
- ユーザー情報やコンピューターなどのリソース（資源）の管理
- ユーザー認証に基づいたアクセス制御によるセキュリティ管理
- ハードウェアやソフトウェアなどの構成管理、障害管理、性能管理、セキュリティ管理など様々な運用管理

ユーザープロファイルを使うことにより、Active Directory 内にユーザー固有の作業環境を構成することもできます。例えば、デスクトップの壁紙を指定したり、コントロールパネルの操作ができる項目を制御します。この制限は、ネットワーク内のどの PC からアクセスしても、常に同一の環境で作業を行うことができます。

また、ポリシーを設定することで、Active Directory のユーザーに対して適切なアプリケーションの権限を与え、アプリケーションのインストールさえも制御することができるので、運用が非常に簡単になります。

Active Directory では、あらゆる面でインターネットの標準技術を採用しており、インターネットとの相互運用性を強化しています。具体的には、名前解決サービスとして DNS*1、情報検索用プロトコルとして LDAP*2、認証プロトコルとして Kerberos*3、ディレクトリサービスとして X.500*4 を採用しています。

*1 ホスト名をネットワークやインターネット上でも使えるように IP アドレスに対応付けるシステムです。
*2 TCP/IP ネットワーク上で、ディレクトリサービスにアクセスするためのプロトコルです。
*3 暗号による認証方式の一つで、通信経路上の安全が保障されていないインターネットなどのネットワークにおいて、サーバーとクライアント間で身元の確認を行うのに使います。Kerberos はクライアントとサーバー ID を検証するだけでなく、プライバシーを確保するためとデータ保全のためにクライアント・サーバー間通信の全てを暗号化しています。
*4 ネットワーク上の情報資源を単一のツリー構造のデータベースに格納し、ユニークな名前によって、参照、識別することができます。

9-3　Active Directory の構造

Active Directory の構造

- Active Directory のネットワークの範囲
- ドメイン
- ドメインコントローラー（DC）
- 信頼関係
- ドメインツリー
- フォレスト
- サイト

スライド 59：Active Directory の構造

Active Directory のネットワークの範囲

Active Directory のネットワークの範囲は、物理的なネットワーク構造に依存しない、論理的な「領域」です。
論理的な領域とは、登録されたものだけがその領域の範囲に含まれるということです。
例えば、管理したいものを登録すれば、それは領域内ということになり、あらかじめ登録されていないものは、仮に同じネットワークに接続されていたとしても範囲外という扱いになります。
Active Directory を使用しない一般的なネットワークの管理方法として、TCP/IP を利用したサブネットでのネットワークがありますが、Active Directory を使用したネットワークとの違いは以下のような点があります。

□ **TCP/IP を利用したサブネットでのネットワークの範囲**

ネットワークの範囲を決める場合、TCP/IP で利用するサブネットで分けることも可能です。しかし、同じネットワークセグメントに参加するコンピューターは同じサブネットを割り当てないと通信ができません。また、サブネットはルーターで区切られている物理的な接続に依存するため、管理面から見ると自由度は低いといえます。

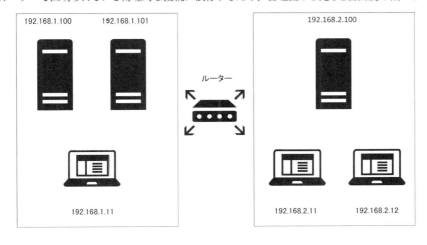

☐ **Active Directory を使用したネットワークの範囲**
Active Directory を使用したネットワークでは、TCP/IP のサブネットで管理されたネットワークよりも自由度が高くなっています。
Active Directory では、管理者はあらかじめ Active Directory で何をどのように管理するかを決め、管理するもの（オブジェクト）を登録します。また、ネットワークの範囲を管理する際、物理的な接続の範囲を意識せずに定義することが可能です。

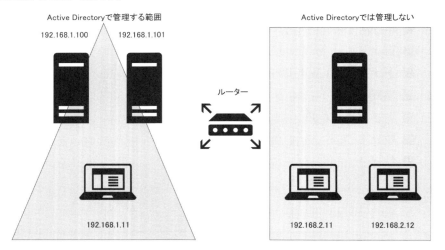

ドメイン

ユーザーやコンピューターを管理する単位のことで、Active Directory ネットワークの基本単位を「ドメイン（domain）」といいます。"同じディレクトリデータベースを共有する範囲"です。
同じドメインの全てのサーバーは、そのドメインのユーザーやコンピューターを正しく識別し、そのサーバーが持つ資源へのアクセスを提供することができます。
Active Directory のドメインには共通の「セキュリティポリシー」が設定されます。セキュリティポリシーとは、運用の原則となるセキュリティ上の「ルール」のことを言います。

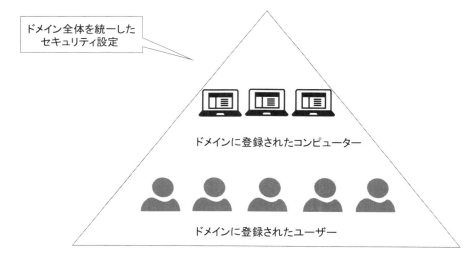

■ ドメインコントローラー（DC）

Active Directory のディレクトリデータベースを管理するサーバーを「ドメインコントローラー（DC）」と呼び、Active Directory ドメインサービスをインストールする場合、1 台以上のドメインコントローラーが必要になります。

ドメインコントローラーの最大の目的は、「認可（Authorization）」と「認証（Authentication）」を行うことです。

認可とは、ユーザーとコンピューターをディレクトリデータベースに登録する作業であり、認証とは、正当な利用者かどうかを判定する作業です。

認可されたユーザーが、認証を受けて初めて、ドメイン内のリソースを利用できるようになります。

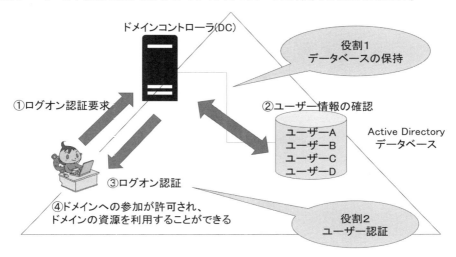

■ 信頼関係

同じ組織の中に複数のドメインが存在し、異なるドメインのユーザーやグループにもアクセスの許可や拒否などを設定したい場合に、ドメイン間で「信頼関係」を結びます。

「信頼関係」には、「信頼する側」と「信頼される側」という概念があります。

例えば、「MIRACLE（miracle.com）ドメイン」と「SOLUTION（solution.net）ドメイン」という2つのドメインがあった場合、MIRACLE ドメインに「SOLUTION ドメインを信頼する」、SOLUTION ドメインに「MIRACLE ドメインから信頼される」という設定を行うと、MIRACLE ドメイン側では、SOLUTION ドメインに所属するユーザーアカウントに対しても、アクセス許可の設定を行うことができます。

しかし、SOLUTION ドメイン側では、MIRACLE ドメインを信頼していないので、MIRACLE ドメインに所属するユーザーに対してアクセス許可を行うことはできません。

これを解決し、互いに相手ドメイン上のユーザーアカウントに対してアクセスを許可するには、信頼関係を双方向で結ぶ必要があります。これを「双方向の信頼関係」と言います。

ただし、次に説明する同じフォレストに参加するドメインであれば自動で信頼関係が結ばれます。

ドメインツリー

「ドメインツリー」とは、連続した名前空間を共有している Active Directory ドメインの階層構造を意味しています。ドメインに階層構造を設けて管理することができるため、ネットワークの規模が大きくなっても容易に管理できます。
Active Directory のドメイン階層は DNS の名前階層を流用するため、DNS の規則に従って階層を構成しています。
つまり、子ドメインは親ドメインの名前を継承します。このとき、ツリーに参加するすべてのドメイン間には、双方向の推移する信頼関係が結ばれます。

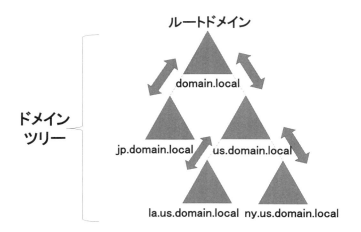

フォレスト

「フォレスト（forest：森という意味）」は、1 つ以上のツリーで構成された Active Directory における最も大きな管理単位で、ドメインは必ずフォレストに所属する必要があります。

組織内に異なる名前空間にしたいドメインツリーが複数あり、それぞれのドメインツリーから別のツリーのドメイン資源にアクセスするには、ドメイン間で信頼関係を結ぶ必要があります。

しかし、それぞれのドメインツリーのルートドメインが同じフォレストに参加するようにインストールすれば、双方向に推移する信頼関係が結ばれます。

そのため、ユーザーはフォレストに参加するすべてのドメインの資源へのアクセスが提供されるようになります。

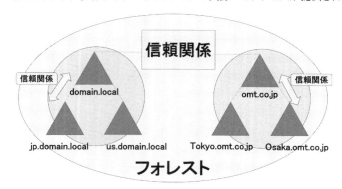

■ サイト

「サイト（site）」とは、組織内の物理的なネットワークによる管理単位のことです。
ディレクトリデータベースの複製トラフィックと、認証トラフィックを最適化（複製間隔を制御したり、複製データを圧縮できる）するために導入されました。

WAN 回線で結ばれた複数の拠点に分かれているようなネットワークの場合に、それぞれの拠点ごとに別々のサイトになるように定義するとよいでしょう。
各「サイト」は、高速で安定した通信が可能な、1 つの物理的 / 論理的なネットワークの範囲として構成します。一般的には LAN 環境（高速な LAN 回線で相互に接続されているひとまとまりのネットワーク環境）を 1 サイトとすることが多いでしょう。

サイトを構成すると、以下の 2 種類のネットワークトラフィックを制御できます。

- □ 認証トラフィック
  ログオン認証時に、同一サイト内のドメインコントローラーを優先して使用します。

- □ 複製トラフィック
  サイト間でのディレクトリデータベースを複製するためのトラフィックをスケジューリングし（複製を行う時間帯を限定し、ほかのネットワークトラフィックへの影響を抑える）、圧縮します（限られたネットワーク帯域を有効的に利用します）。

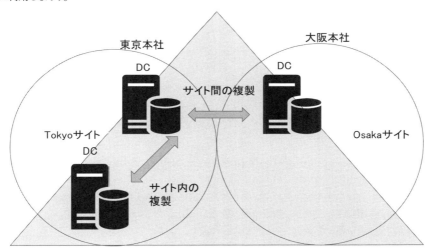

9-4 Active Directory の構成と機能

Active Directory の構成と機能

- Active Directory オブジェクト
- Active Directory スキーマ
- グローバルカタログ (GC)
- 操作マスタ (FSMO)
- 読み取り専用ドメインコントローラー (RODC)
- Active Directory の機能レベル
- Active Directory 管理センター

スライド 60：Active Directory の構成と機能

Active Directory オブジェクト

Active Directory オブジェクトとは、Active Directory で管理される情報の最小単位のことです。

オブジェクトには、いくつかの属性（プロパティ）が定義されており、関連付けられた情報をまとめて扱うことができます。例えば、ユーザーオブジェクトではユーザー名のほかに、ログオン名やパスワード、住所、電話番号といった値を保持することができ、簡単に検索できるようになります。

オブジェクトの中には、オブジェクトの内部に、さらに別のオブジェクトを含むことができるものがあります。これを「コンテナオブジェクト」と呼びます。

「コンテナオブジェクト」には 2 種類あり、非コンテナオブジェクトのみを格納できるものと別の「コンテナオブジェクト」を格納できるものがあります。つまり、階層を構成できるものとできないものがあります。

「コンテナオブジェクト」を格納できない「コンテナオブジェクト」には、デフォルトで作成される「Computers」や「Users」といったコンテナがあります（これらを管理者が作成することはできません）。

「コンテナオブジェクト」を格納できる「コンテナオブジェクト」には、「組織単位（OU）」というコンテナがあります。

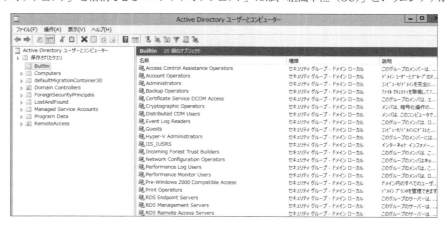

- **組織単位（OU）**
「組織単位（OU：Organizational Unit）」はコンテナオブジェクトです。前述の通り、別のコンテナオブジェクトを格納することができます。内部にさらに別の OU を含むことができるので、1 つの Active Directory ドメイン内に複数の階層を定義することができます。
OU は Active Directory 内のオブジェクトを組織化するために利用されます。組織化する目的は、主に以下の点です。

- OU 単位で管理者を割り当てるために、管理範囲をまとめる。
- グループポリシーを使い、OU 単位でコンピューターの利用環境の原則（ポリシー）を定める。
- 管理者が分かりやすいように、オブジェクトを分類する。

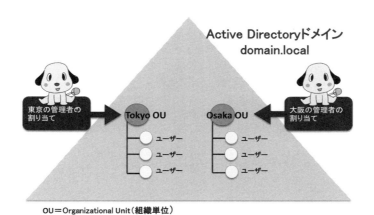

Active Directory スキーマ

「Active Directory スキーマ」（スキーマとは、図式や概念という意味）は、Active Directory のデータベース構造を定義したものです。

スキーマには、コンピューター、ユーザー、グループ、プリンターなど、Active Directory に格納されているオブジェクトすべての定義（テンプレート）が含まれています。

Active Directory では、同一フォレストに 1 つのスキーマセットしか維持することができません。

Active Directory のオブジェクトは、Active Directory スキーマで定義される「クラス」をもとに生成されます。

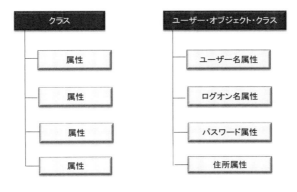

■ グローバルカタログ（GC）

「グローバルカタログ（GC）」とは、フォレスト内の全ドメインの全オブジェクトから、利用頻度の高い属性のみを抽出したものです。

デフォルトでは、ユーザー名やログオン名など、検索で利用される頻度が高い属性が GC に複製され、保存されています。

GC を保持するサーバーを、「グローバルカタログサーバー」と呼び、ログオン時の所属グループの確認や、オブジェクト検索に利用されます。

Active Directory は、一部の例外を除き、グローバルカタログが利用できないとログオンできないという仕様ですので、フォールトトレランス（耐障害性）を確保するためにも、2 台以上のグローバルカタログサーバーを設置することが望ましいとされています。

■ 操作マスタ（FSMO）

同一ドメイン内の DC は、同じデータベースを共有・保持し、基本的には DC の役割は対等です。しかし、複数のコンピューターで処理すると不整合が発生する可能性がある処理や、効率の悪い処理については 1 台の DC が専任で処理します。

そのような特別な役割（担当）を持っている DC のことを「操作マスタ（FSMO：Flexible Single Manager Operation）」と呼びます。なお、操作マスタは役割であり、保持するデータベースの内容が異なるわけではありません。

操作マスタが担う機能は全部で 5 種類あります。

- □ **スキーママスタ**
  フォレストで Active Directory データベーススキーマの変更を担当します。

- □ **ドメイン名前付けマスタ**
  フォレストに対してドメインの追加や削除を管理します。

- □ **RID マスタ**
  DC は、ユーザーやグループアカウントを作成したときにセキュリティ ID（SID）を割り当てます。セキュリティ ID（SID）とは、ユーザーやグループを識別するために付与される固有のコードです。「RID（Relative ID）」は SID の一部であり、ドメイン内でユニークな値です。各 DC は、自分が与えることのできる SID をいくつか持っていて、これが RID プールです。RID プールの SID を使い切った場合に、RID マスタが再割り当てを担当します。

- □ **PDC エミュレーター**
  混在・中間モード（※「機能レベル」を参照）における、旧バージョンのクライアントや BDC（バックアップドメインコントローラー）に対して、PDC（プライマリドメインコントローラー）の役割を提供します。また、ネイティブモードでも、パスワード照合に失敗した（パスワードデータが複製されるよりも早くログオンした）場合は、このコンピューターに認証が転送されます。

- □ **インフラストラクチャマスター**
  ドメイン内でグループアカウント内のメンバーの割り当てを担当します。
  例えばユーザーの名前を変更した場合、グループアカウントのメンバー表示を変更する必要があります。このような変更に責任を持つのがインフラストラクチャマスターです。

読み取り専用ドメインコントローラー（RODC）

　読み取り専用ドメインコントローラーとは、読み取りの権限のみを付与したドメインコントローラーのことです。読み取り専用ドメインコントローラーを使用するケースとしては、本社とは別に支社があり、支社にもドメインコントローラーを配置する場合です。

　この場合、本社と支社のドメインコントローラーは互いに同期する設定のため、万が一、支社のドメインコントローラーに不正アクセスや情報漏えいなどがあった場合、本社のドメインコントローラーの情報が丸々盗まれてしまいます。

　セキュリティインシデントを防ぐために、支社のドメインコントローラーには読み取りの権限のみを付与し、グループポリシーを始め、ユーザーの管理などは本社のドメインコントローラーから行うようにします。

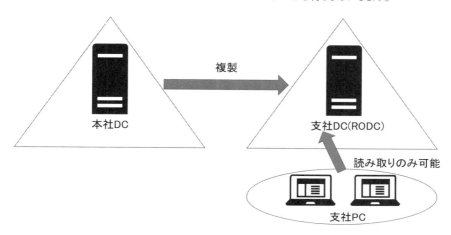

Active Directory の機能レベル

　Active Directory は、Windows NT から現在の Windows Server 2016 まで様々な機能を充実させながら進化してきました。現在最新である Windows Server 2016 には、以前に発表されたシステムにはない機能があります。レガシーシステムを新しいシステムに変更できれば良いのですが、運用面や費用面等の事情で今まで構築・運用してきたレガシーシステムが現役で存在していることも事実です。Active Directory は、このようなレガシーなディレクトリサービスシステムの DC と、最新の Active Directory の DC 機能を混在させることも可能です。ただ、レガシーシステムには最新の機能はありませんので、「機能レベル」として制限を設けることにより、運用を可能にしています。

　Windows Server 2016 の機能レベルには、「ドメイン機能レベル」と「フォレスト機能レベル」があり、ドメイン内にどのバージョンの DC が存在し、どの機能まで実行できるのかを示しています。

ドメイン機能レベル、フォレスト機能レベル共に、以下の 5 種類があります。

- **Windows Server 2008**
  この機能レベルには、DC として Windows Server 2008/Windows Server 2008 R2/Windows Server 2012/Windows Server 2012 R2/Windows Server 2016 が参加できます。

- **Windows Server 2008 R2**
  この機能レベルには、DC として Windows Server 2008/Windows Server 2008 R2/Windows Server 2016 が参加できます。

- **Windows Server 2012**
  この機能レベルには、DC として Windows Server 2008/Windows Server 2016 が参加できます。

- **Windows Server 2012 R2**
  この機能レベルには、DC として Windows Server 2008/Windows Server 2008 R2/Windows Server 2012/

Windows Server 2012 R2/Windows Server 2016 が参加できます。

☐ **Windows Server 2016**
この機能レベルでは、すべての DC が Windows Server 2016 である必要があります。
Windows Server 2012 R2 ドメイン機能レベルで使用できる機能に加えて、ドメイン機能レベルでは、特定の
デバイスの制限、認証レベル強化といった、この機能レベルでしか使用できない機能が利用できます。
フォレスト機能レベルでは、特権 ID のアクセス管理が利用できます。

Active Directory 管理センター

Active Directory には Active Directory 管理センターという管理ツールが用意されています。Windows のメニュー
画面のように、ツール上からユーザーの追加やパスワード変更など、さまざまな操作、管理を行うことができます。
※ PC に Active Directory 管理センターツールをインストールすることで、PC 上から Windows Server の操作を行う
ことも可能です。

9-5　Active Directory のユーザーとグループ

Active Directory のユーザーとグループ

■ ドメインユーザーアカウント
■ グループ
■ ユーザープロファイル

スライド 61：Active D rectory のユーザーとグループ

ドメインユーザーアカウント

DC 上で作成し、DC 上で管理されるユーザーアカウントを、ドメインユーザーアカウントと呼びます。

ドメインを使用する際には、個々のコンピューターが個別に保持するアカウント情報（ローカルアカウント）は、使用しないのが基本です。

ただし、各コンピューターごとにローカルアカウントは存在するので、「< コンピューター名 > ¥< ユーザー名 >」、または「< ドメイン名 > ¥< ユーザー名 >」という書式を使用し、アカウントの所在を明確にしています。

グループ

Active Directory におけるグループとは、複数のオブジェクトをまとめた単位のことです。

例えば、共有フォルダーのアクセス権を設定する際に、個々のユーザー毎にアクセス権を設定する代わりに、グループに対してアクセス権を設定することで、アクセス権の管理を容易にすることができます。

基本的な考え方は、ローカルグループと同様ですが、個々のコンピューター毎に作成・管理するローカルグループとは違い、DC にてグループの作成・管理を一括で行います。

なお、Active Directory におけるグループの種類には、下記の 2 種類があります。

- □　セキュリティグループ
- □　配布グループ

ユーザーを「セキュリティグループ」に格納することにより、アクセス権を一括で設定することが可能です。

セキュリティグループには、以下の 3 種類があります。

- □　ドメインローカル
  DC 自身の持つリソースに対するアクセス許可を指定するために利用できます。

- □ グローバル
  ドメイン内のユーザー、グループ、コンピューターをメンバーにすることが可能。
  機能レベルによる制約がない。

- □ ユニバーサル
  フォレスト内のユーザー、グループ、コンピューターをメンバーにすることが可能。

「配布グループ」は、電子メールのメーリングリストとしてのみでしか、利用することができないグループです。

ユーザープロファイル

ユーザープロファイルとは、ユーザーデスクトップ環境設定の集まりで、フォルダー、データ、ショートカット、アプリケーション設定、ネットワークやプリンター接続設定を組み合わせたものです。

例えば、ユーザーは好みのスクリーンセーバーや、デスクトップの壁紙をコンピューターに設定できます。これらの設定は、ログオンするユーザーごとにプロファイルが作成されており、ほかのユーザーの設定からは切り離されています。

ユーザープロファイルの種類は、次のような種類があります。

- □ ローカルユーザープロファイル
  ローカルユーザープロファイルは、ユーザーが最初にコンピューターにログオンしたときに作成され、コンピューターのハードディスクに保存されます。
  ユーザーが設定したプロファイル情報は、設定を行ったコンピューターにのみ適用されます。

- □ ドメインユーザープロファイル
  - 固定ユーザープロファイル
    ユーザーやユーザーのグループ全体に設定を指定するために使用できるプロファイルです。ユーザーは、デスクトップの変更はできますが、変更の保存はされません。次回のログオン時には、再度、固定ユーザープロファイルがダウンロードされます。
    システム管理者だけが固定ユーザープロファイルを変更できます。

  - 移動ユーザープロファイル
    ユーザーがドメイン内のどのコンピューターからログオンしても自分のプロファイルを利用できるように、ネットワーク上のサーバー内に格納しておくプロファイルです。ネットワーク内でログオンするコンピューターを変えても、壁紙などの設定は変わりません。
    移動ユーザープロファイルを変更すると、サーバー上のプロファイルが更新されます。

- □ 一時ユーザープロファイル
  何らかのエラー状態が原因でユーザープロファイルを読み込めないときに使用され、各セッションの終了時に削除されます。
  ユーザーがデスクトップ設定やファイルに対して行った変更は、ログオフ時に失われます。

9-6 既定のユーザー

既定のユーザー

■ 主な既定のユーザー

ユーザー名	説明
Administrator	ドメインのフルコントロールの権限を持つユーザーです。 ユーザー権利やアクセス制御許可をドメインユーザーに割り当てることができます。
Guest	ドメインにアカウントを持っていないユーザーが使用します。 アカウントが無効になっているユーザーでも、Guest アカウントを使用できます。 Guest アカウントではパスワードは要求されません。

スライド 62：既定のユーザー

主な既定のユーザー

Active Directory には予めいくつかのユーザーアカウントが設定されています。

- **Administrator**
  管理者アカウントとして、ドメインのフルコントロールの権限を持ちます。
  ユーザーに対して権限を割り当てることが可能です。
  Active Directory のインストールウィザードを使用して新しいドメインをセットアップするときに最初に作成されるアカウントです。

- **Guest**
  ドメイン上にユーザーアカウントを持たない利用者やアカウントが無効になっている利用者が、一時的にサーバーにログオンするために存在します（ログオン時にパスワードは不要です）。
  既定では、ドメインへのログオンの権利しか持ちませんが、他のユーザー同様に権限を割り当てることが可能です。
  Guest アカウントは既定で無効となっているので、使用することができません。有効にもできますが、誰でもサーバーにログオン可能な状態になっているため、無効のままとすることをおすすめします。

9-7　既定のグループ

既定のグループ

■ 主な既定のグループ

グループ名	説明
Administrators	ドメインに対しフルコントロール権限を持つグループです。 Administrator は既定でこのグループのメンバーです。
Account Operators	ドメインのユーザーアカウントの管理者権限を持つグループです。 このグループのメンバーは、ドメイン内の組織単位 (OU)、「Users」コンテナ、または「Computers」コンテナに置かれる、ユーザー、グループ、およびコンピューターのアカウントを作成、変更、または削除できます。
Users	アプリケーションの実行、プリンターの使用、サーバーのロックなど、一般的な作業を行えるグループです。 ドメインで作業されるユーザーアカウントはすべて、このグループのメンバーになります。
Guests	既定では、Domain Guests グループはこのグループのメンバーです。 このアカウントは、既定では無効になっています。

スライド 63：既定のグループ

主な既定のグループ

ユーザーと同じく、あらかじめいくつかのグループが設定されています。

グループを管理するには、「Active Directory ユーザーとコンピューター」を使用します。既定のグループは、「Builtin」コンテナと「Users」コンテナの 2 つに置かれます。

主な「Builtin」コンテナ内のグループは以下のとおりです。

- Administrators
  ドメインに対しフルコントロール権限を持つグループです。
  Administrator は既定でこのグループのメンバーであり、グループから削除することはできません。

- Account Operators
  ドメインのユーザーアカウントの管理権限を持つグループです。
  このグループのメンバーは、ドメイン内の組織単位（OU）、「Users」コンテナ、または「Computers」コンテナに置かれる、ユーザー、グループ、およびコンピューターのアカウントを作成、変更、または削除できます。

- Replicator
  ディレクトリを複製でき、ドメイン内のドメインコントローラーのファイルレプリケーションサービスで使用されます。
  このグループには、既定のメンバーが設定されています。

- Server Operators
  ドメインコントローラー上で、対話型ログオン、共有リソースの作成と削除、一部のサービスの開始と停止、ファイルのバックアップと復元、ハードディスクのフォーマット、およびコンピューターのシャットダウンを行うことができます。
  このグループには、既定のメンバーが設定されていません。

☐ **Users**
アプリケーションの実行、ローカルプリンターとネットワークプリンターの使用、サーバーのロックなど、一般的な作業を行えるグループです。
ドメインで作成されるユーザーアカウントはすべて、このグループのメンバーです。

☐ **Guests**
既定では、Domain Guest グループはこのグループのメンバーです。
このアカウントは、既定では無効になっています。

「Users」コンテナオブジェクトに格納されているグループは、Active Directory 内の資源に対するアクセス許可やタスクの権利を設定するために使用するグループです。

主な「Users」コンテナ内のグループは以下の通りです。

☐ **Domain Admins**
ドメインに対するフルコントロールを持ちます。
ドメイン内のすべてのコンピューターの管理者が所属するグループです。
デフォルトで Administrator が所属しています。

☐ **Enterprise Admins**
フォレスト内のすべてのドメインに対するフルコントロールを持ちます。
ドメイン内のすべてのドメイン管理者が所属するグループです。
ツリーのルートドメインにのみ存在し、デフォルトのメンバーは Administrator です。

☐ **Domain Computers**
ドメイン内のコンピューターアカウントを識別するグループです。
Active Directory に追加されたコンピューターアカウントはデフォルトでこのグループに所属します。

☐ **Domain Guests**
ドメイン内の全部のコンピューター上で Guest 相当の権限を与えるユーザーが所属するグループです。

☐ **Domain Users**
ドメインの一般ユーザーが所属するグループです。
Active Directory に追加されたユーザーアカウントはデフォルトでこのグループに所属します。

※ Windows Server 2016 から以下のグループが追加されました。

☐ **Key Admins**
キー（秘密鍵等）の登録を実行するために必要な権限が付与されます。

☐ **Enterprise Key Admins**
フォレスト全体のキー管理の権限が付与されます。

☐ **Storage Replica Administrators**
ストレージレプリカ機能にアクセスすることができます。

☐ **System Managed Accounts Group**
Windows10 にも追加された、システムアカウント管理の権限が付与されます。

☐ **etc…**
上記以外にも、既定のグループが存在します。また、サーバーの機能を追加することによって作成される場合もあります。

9-8　Active Directory コンポーネント

Active Directory コンポーネント

- Active Directory 証明書サービス (AD CS)
- Active Directory フェデレーションサービス (AD FS)
- Active Directory ライトウェイトディレクトリサービス (AD LDS)
- Active Directory ライトマネジメントサービス (AD RMS)

スライド 64：Active Directory コンポーネント

Active Directory 証明書サービス（AD CS）

Active Directory には、認証局（CA）機能を持たせることができます。認証局とは、証明書を用いた認証を行う際に、証明書を発行したり、証明書を確認する機関です。

具体的には 3 つのタスクを行います。
- 証明書を発行する
- 証明書が不正でないか確認する
- 失効した証明書の管理を行う

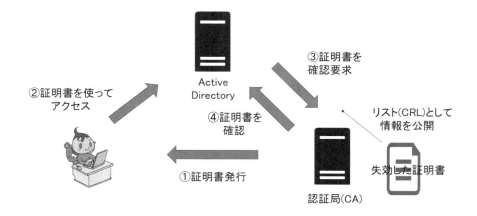

Active Directory フェデレーションサービス（AD FS）

企業によっては、Windows Server だけでなく、Windows Azure などクラウドのネットワーク環境や、様々な外部サービスと連携している場合が多数あります。

通常、Active Directory を導入していれば、最初にログオンを行った後はパスワードを入力することなく、ファイルサーバーへアクセスしたり、ネットワークプリンターを利用できます。

しかし、クラウドを導入していたり、外部サービスと連携している場合、その都度、パスワードを入力する必要が出てくる場合があります。

Active Directory フェデレーションサービス（AD FS）を利用することで、通常の Active Directory を使用しているときと同じように、最初のログオンのみで外部サービスへアクセスすることが可能です。

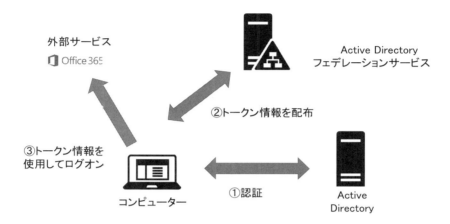

Active Directory ライトウェイトディレクトリサービス（AD LDS）

Active Directory ライトウェイトディレクトリサービスとは、ディレクトリ対応アプリケーションを認証するサービスです。簡単に言うと、Active Directory のアプリケーション版といったところです。

Active Directory との違いは、ドメインに依存することなく、アプリケーションの認証ができることです。

ディレクトリアプリケーションには、Office365 や G Suite、AWS などがあります。

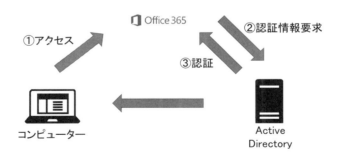

Active Directory ライトマネジメントサービス（AD RMS）

　Active Directory Rights Management サービスとは、Word や Excel などで作成したドキュメントの管理を行うことができるサービスです。

　作成したドキュメントに編集、読み取りなどの権限を個別に設定することができます。これにより、権限を持つユーザーのみドキュメントの読み取りや書き込みができるようになります。

　また、Active Directory のグループポリシーを利用することで、複数のドキュメントの権限も一括管理することが可能です。

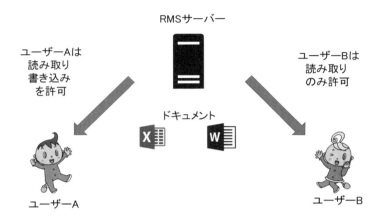

9-9　ドメインコントローラーのバックアップとリストア

ドメインコントローラーのバックアップとリストア

- バックアップ
- リストア（復元）

スライド65：ドメインコントローラーのバックアップとリストア

バックアップ

Windows Server 2016 のドメインコントローラーのバックアップは、Windows Server 2016 のサーバーマネージャーから役割と機能を追加することで行うことが可能です。

他にもサードベンダーのソフトを使用しても、通常の Windows Server 2016 と同じように、ドメインコントローラーのバックアップを取得することができます。

ただし、Windows Server 2016 の機能である「ボリュームシャドウコピー」を使ったバックアップ、もしくは、Active Directory を意識したバックアップソフトのみ、マイクロソフト社はサポートしています。

- OREGA 社の VVAULT
- Symantec 社の Backup Exec
- OS 標準のバックアップ

なお、Active Directory バックアップの有効期限は、既定で 180 日です。

ただし、Windows Server 2008 以前のバージョンから Windows Server 2016 にバージョンアップした環境では、有効期限が 60 日になっている場合もあります。

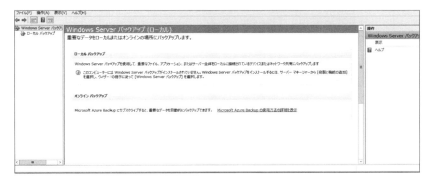

163

■ リストア（復元）

Active Directory をリストアするためには、まず、「ディレクトリサービス復元モード」で、DC にログオンする必要があります。
※ローカルの管理者権限ユーザー、パスワードが必要になります。

「ディレクトリサービス復元モード」で DC にログオンした後、バックアップユーティリティを使って Active Directory をリストアするには、以下のような方法があります。

☐ **非 Authoritative Restore**

非 Authoritative Restore は、Active Directory データベースが壊れた場合などに使用される最も一般的なリストア方法です。
非 Authoritative Restore モードでリストアすると、Active Directory オブジェクトは、バックアップ時の状態となるため、Active Directory の複製によって、他の DC から複製された最新のデータによって上書きされます。なお、すでに削除されているデータを非 Authoritative Restore モードでリストアしただけでは、他の DC が持つ削除データにより上書きされ、リストアデータが再び削除されてしまいます。削除されたデータをリストアするには、下記の Authoritative Restore を使用します。

☐ **Authoritative Restore**

Authoritative Restore は、削除されたオブジェクトを復旧する際に使用されます。
Authoritative Restore を使って、削除したオブジェクトを復旧するには、まず削除したオブジェクトを含んだバックアップから非 Authoritative Restore モードでシステム状態データをリストアした後、サーバーを再起動する前、Ntdsutil ユーティリティから、Authoritative Restore を実行します。
これにより、復元した Active Directory オブジェクトを他の DC に複製させることができます。

☐ **ごみ箱**

Windows Sever 2008 R2 からごみ箱機能が追加されました。
ごみ箱機能とは、ユーザー、グループ、コンピューターなどのオブジェクトを削除しても一定期間の間であれば、復元可能でリストアと違い、簡単にオブジェクトを復元することができます。
Active Directory 管理センターから、「ごみ箱の有効化」ボタンを押すとごみ箱が使えるようになります。

9-10 Active Directory 関連コマンド

Active Directory 関連コマンド

- New-ADUser
- Remove-ADUser
- Move-ADObject
- Get-ADUser
- Set-ADUser
- Set-ADAccountPassword
- Export-Csv、Import-Csv

スライド 66：Active Directory 関連コマンド

Active Directory 関連コマンド

Active Directory では、様々な Powershell コマンドが使用できます。
また、従来のコマンドプロンプトも使用可能なので、あわせてご紹介します。

New-ADUser

Active Directory ユーザーの作成を行います。
コマンドプロンプトでは dsadd user に該当します。

Remove-ADUser

指定したユーザーを削除するコマンドです。
コマンドプロンプトでは dsrm に該当します。

Move-ADObject

指定したユーザーを移動するコマンドです。
コマンドプロンプトでは dsmove に該当します。

Get-ADUser

指定されたユーザー属性を取得するコマンドです。
コマンドプロンプトでは dsget に該当します。

Set-ADUser

指定したユーザー属性の値を修正するコマンドです。
コマンドプロンプトでは dsmod user に該当します。

Set-ADAccountPassword

指定したユーザーのパスワードを変更するコマンドです。
コマンドプロンプトでは net user に該当します。

Export-Csv、Import-Csv

Active Directory に格納されているデータを CSV ファイルにエクスポート / インポートするコマンドです。
コマンドプロンプトでは csvde に該当します。

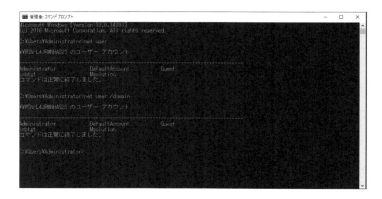

9-11　Active Directory 関連演習

Active Directory 関連演習

演習内容
- ドメインコントローラーの構築
- 組織単位（OU）の作成
- ユーザーの作成
- グループの作成・ユーザーをグループに追加
- クライアント・サーバーのドメイン参加
- ドメインコントローラーのバックアップ
- ドメインコントローラーのリストア

スライド 67：Active Directory 関連演習

Active Directory 関連演習

※ 以下に、Active Directory 関連演習の前提条件を示します。
1. Windows Server 2016 が 3 台起動した状態であること（本演習では各サーバー、コンピューター名を W2K16SRV1、W2K16SRV2 とし、クライアントコンピューター名を PC1 とします）。
2. Windows Server 2016 が 3 台同じネットワーク上に存在していること。
3. DNS をインストールしていないこと。
4. ドメインコントローラーの構築を行っていないこと。
5. 管理共有（¥¥W2K16SRV1¥C¥）上に "Backup" フォルダーが存在すること。

※ 以下に、Active Directory 関連演習の構成図を示します。

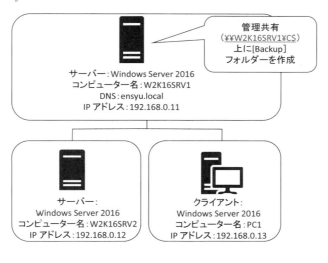

演習1　ドメインコントローラーの構築

1. W2K16SRV1 のデスクトップ画面にて、［スタート］-［サーバーマネージャー］-［管理］-［役割と機能の追加］をクリックします。
2. ［開始する前に］画面にて、［次へ］をクリックします。
3. ［インストールの種類の選択］画面にて、デフォルトのまま［次へ］をクリックします。
4. ［対象サーバーの選択］画面にて、デフォルトのまま［次へ］をクリックします。
5. ［サーバーの役割の選択］画面にて、［Active Directory ドメインサービス］のチェックボックスをクリックします。
6. ［役割と機能の管理ウィザード］タブで［機能の追加］をクリックします。
7. ［Active Directory ドメインサービスに必要な機能を追加しますか?］画面にて、デフォルトのまま［機能の追加］をクリックします。
8. ［サーバーの役割の選択］画面に［Active Directory ドメインサービス］にチェックが入っていることを確認し、［次へ］をクリックします。
9. ［機能の選択］画面にて、［次へ］をクリックします。
10. ［Active Directory ドメインサービス］画面にて、［次へ］をクリックします。
11. ［インストールオプションの確認］画面にて、［インストール］をクリックします。
12. インストール完了後、［インストールの進行状況］画面にて、［このサーバーをドメインコントローラーに昇格する］をクリックします。
13. ［配置構成］画面にて、［新しいフォレストを追加する］のラジオボタンをオンにし、ルートドメイン名を "ensyu.local" と入力後、［次へ］をクリックします。
14. ［ドメインコントローラーオプション］画面にて、パスワードを入力し、［次へ］をクリックします。
15. ［DNS オプション］画面にて、デフォルトのまま［次へ］をクリックします。
16. ［追加オプション］画面にて、NetBIOS ドメイン名に、"ENSYU" と入力し、［次へ］をクリックします。
17. ［パス］画面にて、デフォルトのまま［次へ］をクリックします。
18. ［オプションの確認］画面にて、［次へ］をクリックします。
19. ［前提条件のチェック］画面にて、［インストール］をクリックします。
20. 再起動後、ドメインの Administrator でログオンします。
21. ［スタート］-［Windows 管理ツール］-［イベントビューアー］をクリックします。
22. ［イベントビューアー］画面にて、各ログ項目内にエラーログが出ていないこと確認し、［イベントビューアー］を閉じれば Active Directory のインストールが完了します。

以上で、「ドメインコントローラーの構築」演習は終了です。

演習2　組織単位（OU）の作成

□　［組織単位（OU）］～［グループ］作成までの流れ

Ⅰ	Ⅱ	Ⅲ
組織単位（OU）	ユーザー	グループ
SI	ミラクル　太郎	SIgroup
	ミラクル　次郎	
IT	ミラクル　三郎	ITgroup
	ミラクル　四郎	

Ⅰ. ［SI］と［IT］2つの組織単位（OU）を作成する。
　　※　詳細は、［2 組織単位（OU）の作成］参照
↓

Ⅱ. ［SI］と［IT］内に 2 名ずつユーザーを作成する。
　　※　詳細は、［3 ユーザーの作成］参照
↓

Ⅲ．[SI] と [IT] 内にグループを 1 つずつ作成し、ユーザーをグループに追加する。
　※　詳細は、[4 グループの作成・ユーザーをグループに追加] 参照

1. W2K16SRV1 のデスクトップ画面にて、[スタート] - [Windows 管理ツール] - [Active Directory ユーザーとコンピューター] をクリックします。
2. [Active Directory ユーザーとコンピューター] 画面にて、画面左のツリー内の [ensyu.local] - [Domain Controllers] フォルダーを右クリックし、[新規作成] - [組織単位（OU）] をクリックします。
3. [新しいオブジェクト - 組織単位（OU）] 画面にて、[名前] ボックスへ "SI" と入力し、[間違って削除されないようコンテナーを保護する] のチェックを外し、[OK] をクリックします。
4. [Active Directory ユーザーとコンピューター] 画面にて、画面左のツリー内の [ensyu.local] - [Domain Controllers] フォルダーを右クリックし、[新規作成] - [組織単位（OU）] をクリックします。
5. [新しいオブジェクト - 組織単位（OU）] 画面にて、[名前] ボックスへ "IT" と入力し、[間違って削除されないようコンテナーを保護する] のチェックを外し、[OK] をクリックします。
6. [Domain Controllers] 内に [SI] と [IT] の組織単位が作成されていることを確認し、組織単位の作成が完了します。

以上で、「組織単位（OU）の作成」演習は終了です。

演習 3　ユーザーの作成

1. W2K16SRV1 のデスクトップ画面にて、[スタート] - [Windows 管理ツール] - [Active Directory ユーザーとコンピューター] をクリックします。
2. [Active Directory ユーザーとコンピューター] 画面にて、画面左のツリー内の [ensyu.local] - [Domain Controllers] - [SI] を右クリックし、[新規作成] - [ユーザー] をクリックします。
3. [新しいオブジェクト - ユーザー] 画面にて、下記の通り入力し、[次へ] をクリックします。
   • 姓　　　　　　　　：ミラクル
   • 名　　　　　　　　：太郎
   • ユーザーログオン名：TARO
4. パスワード入力画面にて、パスワードを入力し、[ユーザーは次回ログオン時にパスワードの変更が必要] のチェックを外し、[パスワードを無期限にする] にチェックを入れ、[次へ] をクリックします。
5. [完了] をクリックすると、次のオブジェクトが作成されます] 画面にて、[完了] をクリックし、ユーザーを作成します。
6. [Domain Controllers] フォルダー内に作成した [SI] を右クリックし、[新規作成] - [ユーザー] をクリックします。
7. [新しいオブジェクト - ユーザー] 画面にて、下記の通り入力し、[次へ] をクリックします。
   • 姓　　　　　　　　：ミラクル
   • 名　　　　　　　　：次郎
   • ユーザーログオン名：JIRO
8. パスワード入力画面にて、パスワードを入力し、[ユーザーは次回ログオン時にパスワードの変更が必要] のチェックを外し、[パスワードを無期限にする] にチェックを入れ、[次へ] をクリックします。
9. [完了をクリックすると、次のオブジェクトが作成されます] 画面にて、[完了] をクリックし、ユーザーを作成します。
10. [Domain Controllers] フォルダー内に作成した [IT] を右クリックし、[新規作成] - [ユーザー] をクリックします。[新しいオブジェクト - ユーザー] 画面にて、下記の通り入力し、[次へ] をクリックします。
    • 姓　　　　　　　　：ミラクル
    • 名　　　　　　　　：三郎
    • ユーザーログオン名：SABURO
11. パスワード入力画面にて、パスワードを入力し、[ユーザーは次回ログオン時にパスワードの変更が必要] のチェックを外し、[パスワードを無期限にする] にチェックを入れ、[次へ] をクリックします。
12. 完了をクリックすると、次のオブジェクトが作成されます] 画面にて、[完了] をクリックし、ユーザーを作成します。
13. [Active Directory ユーザーとコンピューター] 画面にて、画面左のツリー内の [ensyu.local] - [Domain

Controllers］-［IT］を右クリックし、［新規作成］-［ユーザー］をクリックします。

14. ［新しいオブジェクト - ユーザー］画面にて、下記の通り入力し、［次へ］をクリックします。
   - 姓　　　　　　　　　：ミラクル
   - 名　　　　　　　　　：四郎
   - ユーザーログオン名：SHIRO

15. パスワード入力画面にて、パスワードを入力し、［ユーザーは次回ログオン時にパスワードの変更が必要］のチェックを外し、［パスワードを無期限にする］にチェックを入れ、［次へ］をクリックします。

16. ［完了をクリックすると、次のオブジェクトが作成されます］画面にて、［完了］をクリックし、ユーザーを作成します。

17. 各組織単位内に 2 名ずつユーザーが作成されていることを確認し、ユーザー作成が完了します。

以上で、「ユーザーの作成」演習は終了です。

演習 4　グループの作成・ユーザーをグループに追加

1. W2K16SRV1 のデスクトップ画面にて、［スタート］-［Windows 管理ツール］-［Active Directory ユーザーとコンピューター］をクリックします。

2. ［Active Directory ユーザーとコンピューター］画面にて、画面左のツリー内の［ensyu.local］-［Domain Controllers］-［SI］を右クリックし、［新規作成］-［グループ］をクリックします。

3. ［新しいオブジェクト - グループ］画面にて、［グループ名］入力ボックスに "SIgroup" と入力し、［OK］をクリックします。

4. ［SI］内に作成したユーザーを全て選択し、右クリックし、［グループに追加］をクリックします。

5. ［グループの選択］画面にて、［選択するオブジェクト名を入力してください］入力ボックスへ "SI" と入力し、［名前の確認］をクリックし、ボックス内に［SIgroup］と表示されることを確認し、［OK］をクリックします。

6. ［［グループに追加］操作が完了しました。］メッセージが表示され、［OK］をクリックします。

7. ［Active Directory ユーザーとコンピューター］画面にて、画面左のツリー内の［ensyu.local］-［Domain Controllers］-［SI］-［SIgroup］を右クリックし、［プロパティ］をクリックします。

8. ［SIgroup］のプロパティ画面にて、［メンバー］タブをクリックし、［所属するメンバー］項目内にユーザー名が表示されている事を確認し、［OK］をクリックします。

9. ［Active Directory ユーザーとコンピューター］画面にて、画面左のツリー内の［ensyu.local］-［Domain Controllers］-［IT］を右クリックし、［新規作成］-［グループ］をクリックします。

10. ［新しいオブジェクト - グループ］画面にて、［グループ名］入力ボックスに "ITgroup" と入力し、［OK］をクリックします。

11. ［IT］内に作成したユーザーを全て選択し、右クリックし、［グループに追加］をクリックします

12. ［グループの選択］画面にて、［選択するオブジェクト名を入力してください］入力ボックスへ "IT" と入力し、［名前の確認］をクリックし、ボックス内に［ITgroup］と表示されることを確認し、［OK］をクリックします。

13. ［［グループに追加］操作が完了しました。］メッセージ画面が表示されるので、［OK］をクリックします。

14. ［Active Directory ユーザーとコンピューター］画面にて、画面左のツリー内の［ensyu.local］-［Domain Controllers］-［IT］-［ITgroup］を右クリックし、［プロパティ］をクリックします。

15. ［ITgroup］のプロパティ画面にて、［メンバー］タブをクリックし、［所属するメンバー］項目内にユーザー名が表示されていることを確認し、［OK］をクリックします。

16. 全てのユーザーが各グループに追加されたことを確認し、グループの作成・ユーザーをグループに追加が完了します。

以上で、「グループの作成・ユーザーをグループに追加」演習は終了です。

演習 5　クライアント・サーバーのドメイン参加

1. W2K16SRV2 のデスクトップ画面にて、［スタート］を右クリックし、［システム］-［設定の変更］をクリックします。

2. ［システムのプロパティ］画面にて、［コンピューター名］タブをクリックし、［変更］をクリックします。

3. ［コンピューター名 / ドメイン名の変更］画面にて、［所属するグループ］項目の［ドメイン］を選択し、"ensyu"

と入力して［OK］をクリックします。

4. ［コンピューター名 / ドメイン名の変更］画面にて、［ユーザー名］入力ボックスに "Administrator"、［パスワード］入力ボックスには、決められているパスワードを入力し、［OK］をクリックします。

5. ［ensyu ドメインへようこそ。］のメッセージ画面が表示され、［OK］をクリックします。

6. ［これらの変更を適用するにはコンピューターを再起動する必要があります。］のメッセージ画面が表示され、［今すぐ再起動する。］をクリックします。

7. W2K16SRV2 を再起動後、W2K16SRV1 のデスクトップ画面にて［スタート］‐［Windows 管理ツール］‐［Active Directory ユーザーとコンピューター］をクリックします。

8. ［Active Directory ユーザーとコンピューター］画面にて、画面左のツリー内の［ensyu.local］‐［Computers］をクリックします。

9. ［Computers］内に W2K16SRV2 の端末名が表示されていることを確認し、サーバーのドメイン参加が完了します。

10. サーバーのドメイン参加完了後、PC1 のデスクトップ画面にて、［スタート］を右クリックし、［システム］をクリックします。

11. ［システムの画面］にて、［設定の変更］をクリックします。

12. ［システムのプロパティ］画面にて、［コンピューター名］タブをクリックし、［変更］をクリックします。

13. ［コンピューター名 / ドメイン名の変更］画面にて、［所属するグループ］項目の［ドメイン］を選択し、"ensyu" と入力して［OK］をクリックします。

14. ［コンピューター名 / ドメイン名の変更］画面にて、［ユーザー名］入力ボックスに "Administrator"、［パスワード］入力ボックスには、決められているパスワードを入力し、［OK］をクリックします。

15. ［ensyu ドメインへようこそ。］のメッセージ画面が表示され、［OK］をクリックします。

16. ［これらの変更を適用するにはコンピューターを再起動する必要があります。］のメッセージ画面が表示され、［今すぐ再起動する。］をクリックします。

17. PC1 を再起動後、W2K16SRV1 のデスクトップ画面にて［スタート］‐［Windows 管理ツール］‐［Active Directory ユーザーとコンピューター］をクリックします。

18. ［Active Directory ユーザーとコンピューター］画面にて、画面左のツリー内の［ensyu.local］‐［Computers］をクリックします。

19. ［Computers］内に PC1 の端末名が表示されていることを確認し、クライアント PC のドメイン参加が完了します。

以上で、「クライアント・サーバーのドメイン参加」演習は終了です。

演習6　ドメインコントローラーのバックアップ

1. ¥¥W2K16SRV1¥C¥ 上に「Backup」フォルダーを作成する。

2. W2K16SRV1 のデスクトップ画面にて、［スタート］‐［サーバーマネージャー］‐［管理］‐［役割と機能の追加］をクリックします。

3. ［開始する前に］画面にて、［次へ］をクリックします。

4. これらを［インストールの種類の選択］画面にて、デフォルトのまま［次へ］をクリックします。

5. ［対象サーバーの選択］画面にて、デフォルトのまま［次へ］をクリックします。

6. ［サーバーの役割の選択］画面にて、デフォルトのまま［次へ］をクリックします。

7. ［機能の選択］画面にて、Windows Server バックアップにチェックを入れ、［次へ］をクリックします。

8. ［インストールオプションの確認］画面にて、デフォルトのまま［インストール］をクリックします。

9. ［インストールの進行状況］画面にて、インストール完了後［閉じる］をクリックします。

10. ［スタート］‐［コンピューターの管理］をクリックします。

11. ［コンピューターの管理］画面にて、［Windows Server バックアップ］が追加されていることを確認し、Windows Server バックアップ機能のインストールが完了します。

12. ［コンピューターの管理］画面にて、左ペインの［ローカルバックアップ］を右クリックし、［単発バックアップ］をクリックします。

13. ［バックアップオプション］画面にて、デフォルトのまま［次へ］をクリックします。

14. ［バックアップの構成の選択］画面にて、カスタムを選択し、［次へ］をクリックします。

15. ［バックアップする項目を選択］画面にて、［項目の追加］ボタンをクリックします。

16. ［項目の選択］画面にて、［システム状態］と［ローカルディスク（C:)］にチェックを入れ、［OK］をクリックします。

17. ［バックアップする項目を選択］画面にて、項目の名前の欄に［システム状態］と［ローカルディスク（C:)］が追加されていることを確認し、［次へ］をクリックします。

18. ［作成先の種類の指定］画面にて、［リモート共有フォルダー］を選択し、［次へ］をクリックします。

19. ［リモートフォルダーの指定］画面にて、［場所］欄に ¥¥W2K16SRV1¥C¥Backup と入力し、［次へ］をクリックします。

20. ［確認］画面にて、バックアップ項目を確認し、［バックアップ］をクリックします。

21. ［バックアップの進行状況］画面にて、［閉じる］をクリックしたら完了です。

以上で、「ドメインコントローラーのバックアップ」演習は終了です。

演習 7　ドメインコントローラーのリストア

※　以下に、ドメインコントローラーのリストアの関連演習の前提条件を示します。
1. Active Directory の組織単位を削除してあること。
2. 非 Authoritative Restore によるリストア

1. デスクトップ画面にて、［スタート］を右クリックし、［ファイル名を指定して実行］をクリックします。
2. ［ファイル名を指定して実行］画面にて、"msconfig" と入力し、［OK］をクリックします。
3. ［システム構成］画面にて、［ブート］タブを選択し、［ブートオプション］の［セーフブート］にチェックを入れ、［Active Directory 修復］を選択し、［OK］を押します。
4. ［システム構成の変更を有効にするには、再起動が必要な場合があります。再起動の前に、開いているファイルをすべて保存し、すべてのプログラムを閉じてください。］というメッセージ画面にて、［再起動］をクリックします。
5. 再起動後、ローカルの Administrator へログオンします。
6. デスクトップ画面にて、［スタート］を右クリックし、［ファイル名を指定して実行］をクリックします。
7. ［ファイル名を指定して実行］画面にて、"msconfig" と入力し、［OK］をクリックします。
8. ［システム構成］画面にて、［ブート］タブを選択し、［ブートオプション］の［セーフブート］のチェックを外し、［OK］をクリックします。
9. ［システム構成の変更を有効にするには、再起動が必要な場合があります。再起動の前に、開いているファイルをすべて保存し、すべてのプログラムを閉じてください。］というメッセージ画面にて、［再起動しないで終了する］をクリックします。
10. ［スタート］を右クリックし、［コマンドプロンプト］をクリックします。
11. コマンド "wbadmin.exe Get Versions" を実行し、バックアップのバージョンを確認します。
12. バックアップ識別子で表示された日時を確認後、コマンド "wbadmin.exe Start Systemstaterecovery -Version:MM/DD/YYYY-HH:MM" を実行（"MM/DD/YYYY-HH:MM" 部分にバックアップ識別子で表示された日時を入力）します。
13. ［システム状態の回復操作を開始しますか？］というメッセージが表示されるので、［Y］を入力し、［Enter］を押します。
14. ［続行しますか？］というメッセージが表示されるので、［Y］を入力し、［Enter］を押します。
15. ［システムの回復操作を完了するには、コンピューターの再起動が必要です。］というメッセージが表示されるので、［Y］を入力し［Enter］を押します。
16. 再起動後、ensyu.local ドメインにてログオンし、コマンドプロンプトに［続行するには、Enter キーを押してください…］とメッセージが表示されるので、［Enter］を押します。
17. ［スタート］-［Windows 管理ツール］-［イベントビューアー］画面にて、［Windows ログ］内の各ログにエラーが出ていない事を確認します。
18. ［スタート］-［Windows 管理ツール］-［Active Directory ユーザーとコンピューター］画面にて、［Domain Controllers］内に［SI］と［IT］の組織単位が復元されていることを確認します。

以上で、「ドメインコントローラーのリストア」演習は終了です。

Chapter 10

ハードディスクテクノロジー

10-1 章の概要

 章の概要

この章では、以下の項目を学習します

- ハードディスクテクノロジー
- ハードディスクの準備
- パーティショニングとパーティション
- ファイルシステムと論理フォーマット
- ファイルシステム機能に関する主な機能
- ハードディスクテクノロジー関連演習

スライド 68：章の概要

Memo

10-2　ハードディスクテクノロジー

ハードディスクテクノロジー

■ データ媒体
■ ハードディスクに保存されるデータ
■ ハードディスクのセットアップ

スライド 69：ハードディスクテクノロジー

データ媒体

データ媒体は情報処理用語で、データを保存する領域を指します。

ハードディスクドライブ（以下、HDD）や、CD や DVD などの円盤型のディスクがデータ媒体の主流でした。そのため、「ディスク」や「ハードディスク」という言葉がデータ媒体の概念を指す言葉として使用されることが多くなりました。

また、ソリッドステートドライブ（以下、SSD）もディスクやハードディスクと呼ばれることもあります。

本章では上記の背景からデータ媒体を「ハードディスク」と記載します。

ハードディスクに保存されるデータ

ハードディスクに保存されるデータは以下のようなものがあります。
- □ オペレーティングシステム（以下、OS）
- □ アプリケーションなどのプログラムデータ
- □ テキストファイルや、画像データ
- □ データベースなどの表データ

ハードディスクのセットアップ

サーバーの構成に欠かせないハードディスクですが、Windows に限らずハードディスクを使うためには以下の作業を行う必要があります。詳細は後述しますので、ここではこういう流れがあるのだ、と解釈してください。

(1) ハードディスクを準備し、サーバーに接続します。
(2) パーティショニングし、パーティションを割り当てます。
(3) ファイルシステムを決定し、論理フォーマットします。
　※　論理フォーマットされたパーティションは「ボリューム」と呼ばれます。

10-3 ハードディスクの準備

ハードディスクの準備
- ハードディスクの種類
- ストレージとは
- SAN ストレージ
- ハードディスクの信頼性
- RAID とは
- RAID の種類
- ホットスペア

スライド 70：ハードディスクの準備

ハードディスクの準備

この章では、ハードディスクの種類、ストレージの使用、ハードディスクの信頼性を検討します。

- ハードディスクの種類
  データを保存するハードディスクは HDD が一般的でしたが、近年は SSD が多く利用されるようになりました。以下にその概要を記載します。

  - HDD
    HDD は筐体の中にアルミニウムやガラス等の素材で作られた円盤（プラッタ）がありますが、それらの素材が固いことからハードディスクドライブと呼ばれます。これらの円盤は磁力を帯びるように作られており、ヘッドと呼ばれる部分で磁気を与えたり、磁気を読み取ったりする部分でデータを読み書きしています。

  - SSD
    SSD は一般的にフラッシュメモリとコントローラチップで構成されています。そのため、電気信号によってデータの読み書きを行います。HDD と比べて物理的な稼働部分がないことから、衝撃に強く、高速に動作するものが多くなっています。

- ストレージとは
  ストレージは外部貯蔵庫という意味があり、外部に大量のデータを保存する領域として発展してきました。ストレージの代表は数本から数十本の HDD や SSD で構成された SAN ストレージや NAS ストレージですが、光ディスクなどもストレージに分類されます。近年の仮想化サーバーなどでは、SAN ストレージや NAS ストレージに全てのデータを置くことが一般的です。サーバー内臓ハードディスクにデータを保存することも一般的であり、ストレージは必須のものではありません。
  以下に SAN ストレージや NAS ストレージ、光ディスクの概要を記載します。

- SAN ストレージ
  SAN ストレージの SAN は Storage Area Network の略で、一般的にファイバチャネルで接続し、高速なデー

タ通信が可能です。また、データの通信はブロック単位で行われるものが一般的です。

※ ファイバチャネル・・・光ファイバケーブルを使用した高速なネットワーク技術を指します。
※ ブロック単位・・・ディスクに書き込まれるデータの単位を指します。

- NAS ストレージ
  NAS ストレージの NAS は Network Attached Storage の略で、一般的にイーサネットで接続します。ファイバチャネルに比べると通信速度は落ちますが、既存 LAN が使用可能である点など導入コストの面で多くのメリットがあります。

- 光ディスク（光磁気ディスク・光学ディスク）
  光ディスクはどれも光を使ってデータを読みだすことが共通していますが、光学ディスクは記録に半導体レーザーを使い、光磁気ディスクは記録に磁力を使う点が異なります。
  光学ディスクの代表は CD や DVD で、光磁気ディスクの代表は MO です。
  大容量が当たり前の昨今ではデータの保存で使われることが少なくなりましたが、持ち運びが容易である点から、現在でも使われることがあります。

☐ **ハードディスクの信頼性**
ハードディスクはデータを保管する場所であるため、ハードディスクの故障はデータの損失となります。それを防ぐための方法として、現在主流となっているのが RAID（Redundant Array of Independent Disk）と呼ばれるテクノロジーです。RAID がどのような方法で信頼性を確保するのか、以下に記載していきます。

☐ **RAID とは**
RAID は複数のハードディスクに対してデータを分散して記録することによって、より高速に処理し、より高い信頼性を実現する技術です。
OS やミドルウェアによって実現するソフトウェア RAID と RAID コントローラーと呼ばれる専用ハードウェアを使って実現するハードウェア RAID があります。
ソフトウェア RAID の場合はデータの分割処理などで CPU などに負荷がかかりますが、ハードウェア RAID の場合は専用のハードウェアで処理を行うため、RAID 処理のパフォーマンスが高くなる傾向があります。

☐ **RAID の種類**
- RAID-0（ストライピング）
  複数のハードディスクにデータを分散して読み書きすることで高速化に特化する構成です。
  ただし、この構成はデータの冗長性がないので故障耐性はありません。

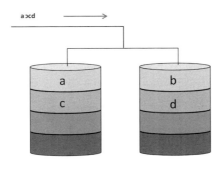

- RAID-1（ミラーリング）
  2つのディスクに同時に書き込むため、同じデータを持つディスクが常に複製されている状況です。2つのディスクが同時に故障する確率は非常に低いことから非常に高い信頼性を得ることができます。

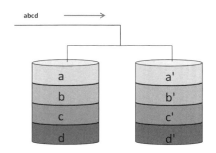

- RAID-5（分散パリティ付きストライピング）
  パリティブロックと呼ばれる誤り補正ブロック情報を他のデータと同様にストライピング形式で書き込みます。構成するディスクが故障した場合、パリティブロックは故障したディスクが持っていたデータを計算によって復元します。
  構成した RAID の中の、任意の 1 本のハードディスクの故障に対して耐性があります。

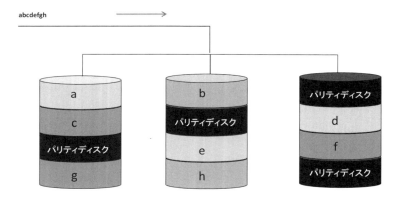

- RAID-6（分散パリティ 2 本付きストライピング）
  RAID-5 の構成からパリティブロックの数を 2 倍にした構成です。これは RAID-5 が任意の 1 本のディスク故障に対して耐性があるのに対して、RAID-6 では任意の 2 本のディスク故障に耐性ができます。

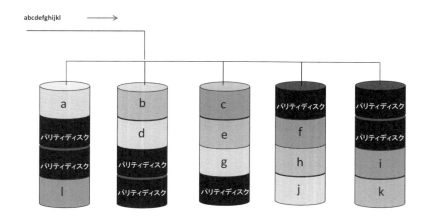

- RAID-10（RAID-1+0）
  ミラーリングされたディスクセットに対してストライプ化する構成です。RAID-0+1 と性能面では変わりませんが、冗長化の観点では RAID-1+0 の方が優れています。

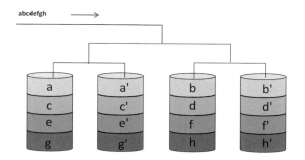

□ ホットスペア
停止が許されないシステムなどでは、RAID によるディスクの信頼性を維持しつつ、ディスク障害時に速やかに元の RAID 構成で動作できるように予備のディスクをシステムの中で準備しておくこともあります（この予備のディスクはホットスペア（ホットスタンバイ）と呼ばれます）。

10-4　パーティショニングとパーティション

パーティショニングとパーティション
■ ディスクタイプ
■ パーティション形式

スライド 71：パーティショニングとパーティション

▌パーティショニングとパーティション

昔は 1 つのハードディスクにつき、1 つのパーティションでした。

つまり、ハードディスクが 50GB の場合、パーティションも 50GB のものしか作れませんでした。しかし、パーティショニングという技術が生まれ、パーティションの作り方が多様化してきました。

例えば、1 つのハードディスクを 1 つの部屋とイメージしてください。

昔の技術では 1 つの部屋でしかなかったのですが、現在では部屋を間仕切って 2 つの部屋にすることができるようになりました。また、2 つのハードディスクで構成されていた 2 つの部屋を統合して 1 つの部屋にすることもできます。これをパーティショニングといい、仕切られた各部屋をパーティションと呼びます。

パーティショニングに当たり、ディスクタイプの検討と、パーティショニング形式を検討しておく必要があります。以下にその詳細を記載します。

▌ディスクタイプ

ディスクタイプにはベーシックディスクとダイナミックディスクがあり、それぞれ、後述するパーティション形式である MBR と GPT のどちらとも組み合わせが可能です。

- □　ベーシックディスク
    既定で設定されるディスクタイプはベーシックディスクになります。ベーシックディスクの特徴は、以下の 2 点です。
    - 1 つのパーティションが 1 つのボリュームとなる。
    - Windows OS 以外でも使用可能なディスクタイプである。

    ※　デュアルブート・マルチブート
    同一のベーシックディスク上の 2 つ以上のプライマリパーティションにそれぞれ異なる OS をインストールすることができます。この場合、起動させるときに OS を選択することができます（2 つの OS から選択する場合はデュアルブート、3 つの OS から選択する場合はマルチブートと呼びます）。

□　**ダイナミックディスク**
　　ダイナミックディスクの特徴は、ボリュームの作成がベーシックディスクより柔軟、かつ多様にできるようになっています。
　　ダイナミックディスクで作成できるボリュームを以下に記載します。

シンプルボリューム	1台のディスク内に閉じて作成されるボリュームです。パーティションは連続した領域で作成される必要がありますが、ダイナミックディスクのシンプルボリュームは連続した領域でなくても連結できます。
スパンボリューム	複数のディスクにまたがってボリュームを作成することができます。
ストライプボリューム	RAID-0 をダイナミックディスクで実現することができます。
ミラーボリューム	RAID-1 をダイナミックディスクで実現することができます。
RAID-5 ボリューム	RAID-5 をダイナミックディスクで実現することができます。

■ パーティション形式

　　パーティショニングの際にはパーティション形式を選択する必要があります。パーティション形式には MBR（Master Boot Record）形式と GPT（Globally unique identifier Partition Table）形式があります。以下にそれらの詳細を記載します。

□　**MBR 形式**
　　古くから使われてきた基本的なパーティション形式です。特徴としては、ディスクの最も先頭の場所に「マスターブートレコード」というブート情報と、「パーティションテーブル」というパーティションの構成情報が保存されます。

この MBR 形式は以下の仕様があります。
- プライマリパーティションは最大で 4 つまでしか作成できません。
- 5 つ以上のパーティションを作成したい場合は拡張パーティションを使用し、論理ドライブを作成します。
  - ※　拡張パーティションを使用する場合、プライマリパーティションは最大 3 つまでとなります。
  - ※　2Tbyte 以上のディスクをサポートしていません。

プライマリパーティションを 4 つ作成したイメージ

ディスク				
M B R	プライマリパーティション 1	プライマリパーティション 2	プライマリパーティション 3	プライマリパーティション 4	空き領域

※　上記の場合プライマリパーティションを 4 つ作成しているので空きディスクにパーティションは作成できません。

拡張パーティションを使用した場合のイメージ

ディスク				
M B R	プライマリパーティション 1	プライマリパーティション 2	拡張パーティション		
			論理ドライブ 1	論理ドライブ 2	空き領域

※　拡張パーティションは残りのディスクを占有するため、空き領域に作成できるパーティションは論理ドライブとなります。

□　**GPT 形式**
　　MBR 形式で一番ネックになったのが 2Tbyte を超えるディスクの取り扱いでした。GPT 形式では、それを解決したのが一番大きな違いといえます。また、パーティションテーブルをディスクの先頭と末尾に保存しており、冗長性・信頼性の向上を果たしています。

この GPT 形式は以下の仕様があります。

- パーティションテーブルは最大で 128 個までしか作成できません。
- 2Tbyte 超のディスクでも全領域を使用できます。
- Windows Server 2016 などの UEFI をサポートする OS では起動やシャットダウンが早くなります。

10-5　ファイルシステムと論理フォーマット

ファイルシステムと論理フォーマット
- ファイルシステム
- **論理**フォーマット
- Windows のボリューム

スライド 72：ファイルシステムと論理フォーマット

ファイルシステムと論理フォーマット

　ハードディスクがパーティショニングによって、パーティションという部屋に仕切られることをご理解頂けたと思います。
　しかし、部屋を間仕切っただけでは OS が利用できる領域にはなっていません。
部屋を使うためにはルールが必要です。絨毯は床に敷く、絵画は壁に掛ける、本棚は壁沿いに置く、窓の前には荷物を置かない、というイメージです。
　このルールがファイルシステムになり、ルールを決定して適用することを論理フォーマットと言います。論理フォーマットされた部屋はボリュームとなって初めて利用できる状態になります。

ファイルシステム

　ファイルシステムによって決められるルールには、ファイルやフォルダを作成・移動や削除を行う際の方法や、データの記録方式、保存されているデータの場所などを管理している管理領域などが定められています。
　例えば、ディスクにデータが書き込まれる際、データは「セクター」と呼ばれるディスクの最小単位に分割され、書き込まれます。セクターは特定のサイズごとに「クラスター」（もしくはアロケーションユニット）と呼ばれる単位に統合されます。
　ファイルシステムごとの大きな違いは、セクターのサイズや、クラスターの数に仕様上の制限があり、結果としてファイルシステムがサポートできるディスクのサイズが異なるなどの違いが生まれます。

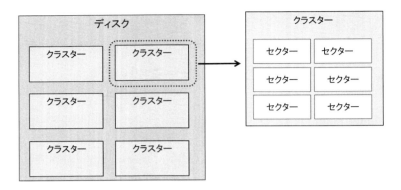

　ファイルシステムはOSが提供する機能の一つであり、OSによって様々なファイルシステムが存在します。

　Windows Serverの代表的なファイルシステムであった「FAT」と、Windows Server 2016でサポートされているファイルシステムの「ReFS」「NTFS」について下記に記載します。

- FAT16/32
  FAT16/32のファイルシステムはFAT（File Allocation Table）というMS-DOSのファイルシステムで、ファイルが語源と言われています。
  MS-DOSは後にDOSのデファクトスタンダード（事実上の標準）となり、FATはWindows MEまでの家庭向けOSで標準のファイルシステムとして利用されてきました。
  現在においてもリムーバブルメディア（USBフラッシュメモリ）などのファイルシステムとして利用されることのあるファイルシステムですが、近年はデータが巨大化の傾向にあり、ボリュームのサイズとファイルサイズの制限が問題となることがあります。

- NTFS（NT File System）
  Windows NTのアーキテクチャに基づいて制作されたOSが、標準的に利用しているファイルシステムがNTFSです。
  Windows NTのアーキテクチャはWindows 95などのアーキテクチャと根本が異なるため、一概に比較できるものではありませんが、信頼性を高める機能などにファイルシステムを対応させて開発されています。機能については後述します。

- ReFS（Resilient File System）
  Windowsの多様な展開形態を視野に、様々な要件に幅広く対応することを目指して、ゼロから設計されています。

※　ReFS（Resilient File System）は、Microsoftの最新のファイルシステムであり、データの最大限の可用性、さまざまなワークロードに対する大規模なデータセットへの拡張、破損部分の回復によるデータの整合性を実現できるように設計されています。拡大する一連の記憶域のシナリオに対処し、未来の技術革新の基盤を確立することを目指しています。

　（参考）ReFS（Resilient File System）の概要
　https://docs.microsoft.com/ja-jp/windows-server/storage/refs/refs-overview

各ファイルシステムでの機能の差違は以下です。

ボリュームサイズ、ファイルサイズの制限

機能	FAT32	NTFS	ReFS
最大ファイルサイズ	4 GB	256 TB	35 PB
最大ボリュームサイズ	2 TB	256 TB	35 PB

論理フォーマット

作成されたパーティションを論理フォーマットすることでボリュームが作成されます。

論理フォーマットを行うにはフォーマットを行います。

フォーマットを行うと、前述の通りファイルシステムがパーティションに対して適用され、Windows はディスクが利用可能な状態となります。

そのため、フォーマット作業ではファイルシステムを適用するために必要なデータの上書き処理をします。

※　論理フォーマットの注意点

「フォーマットはディスクを消去するもの」という勘違いをしている人が多くいますが、全領域を上書きするような動作は必要なく、そのような動作もしないので注意してください（つまり、フォーマットしてもディスク上にはデータがあります）。

なお、Windows ではクイックフォーマットというオプションがあります。

クイックフォーマットのオプションを使用する場合と使用しない場合の差は、「不良セクターの検出」をするかしないか、の違いです。

クイックフォーマットオプションを使用しない場合は、不良セクターがあった場合、不良セクターを含むクラスターが使用されないように予めマークされます。しかし、ディスクの全領域をチェックするため、非常に多くの時間がかかります。

ただし、使用中のディスクに不良クラスターがあっても現在ではほとんど影響がありません。これは現在のファイルシステムやファームウェアなどが対応してくれるようにできているためです。不良クラスターは新規で発生する場合などもあるので、あまり神経質にならずクイックフォーマットオプションを活用することを検討してください。

Windows のボリューム

Windows では C ドライブに OS データを入れ、D ドライブ以降にその他のデータを入れることでデータの保全性を確保することが一般的です。

例えば、ボリュームを 3 つ作成した場合、Windows では C ドライブ、D ドライブ、E ドライブとなります。

データ保全性の観点からは、C ドライブに OS データ、D ドライブにデータベース、E ドライブにアプリケーションデータなど分類しておくとよいでしょう。

※　A ドライブ・B ドライブ

昔の Windows は OS を起動させるためにフロッピーディスクを使用していました。当時はフロッピーディスクを使うために A ドライブ・B ドライブが予約されており、使用できませんでした。そのため、OS データは C ドライブに割り当てていました。

現在もその名残で OS データは C ドライブが割り当てられています。

185

10-6 ファイルシステム機能に関する主な機能

ファイルシステム機能に関する主な機能
- アクセス制御リスト（NTFS アクセス制御）
- データ圧縮
- データ暗号化
- ハードリンク
- クォータ
- ファイルシステムの違いによる機能の可否

スライド 73：ファイルシステム機能に関する主な機能

ファイルシステムに関連する主な機能

NTFS は信頼性を高める機能などを考慮して設計されています。
ではどのような機能を利用できるのか、主な機能をご紹介します。

アクセス制御リスト（NTFS アクセス制御）

アクセス制御リスト（ACL）を利用して、ファイルやフォルダなどのオブジェクトに対するアクセス許可を設定することができます。
具体的には、特定のオブジェクトが、誰に、何を許可するのかを設定します。
例えば、以下のような許可を与えたとします。
- A さんに、フルコントロールを許可します。
- B さんに、読み取りと実行を許可します。

それぞれの許可をアクセス制御エントリ（ACE）といい、ACE の集合体が ACL となります。
これは権限のない人が誤ってデータを削除することを防止するなど、信頼性を高めるために非常に重要な機能の 1 つです。
NTFS と ReFS の両方で使用することができます。

データ圧縮

個々のファイルおよびフォルダを圧縮して、NTFS パーティション／ボリューム上で使用する領域を減らすことができます。
これは、既存の圧縮解凍ソフトと違い圧縮解凍をユーザーが意識することなく、読み書きが可能です（開くときに解凍され、閉じるときに再び圧縮されます）。

データ暗号化

NTFS を利用している場合、Encrypting File System（暗号化ファイルシステム、EFS）を使用してフォルダやファ

イルの暗号化が可能です。暗号化にはファイル暗号化キー（File Encryption Key：FEK）を使いファイルシステムレベルでの暗号化が可能です。

ファイルおよびフォルダは、圧縮または暗号化のどちらかを行うことはできますが、同じファイルまたはフォルダに対して両方を同時に行うことはできません。

なお、ドライブの暗号化の場合は BitLocker の機能を使用することができます。

BitLocker の場合は NTFS と ReFS の両方で使用できます。

ただし、暗号化の方式として、セキュリティチップ（Trusted Platform Module：TPM）を使用するため、ハードウェアにセキュリティチップが搭載されていない場合、使用することはできません。

■ ハードリンク

NTFS を利用している場合、ハードリンクの機能が利用できます。

ショートカット（ソフトリンク）はオリジナルへのパスを実行しなおすものですが、ハードリンクはオリジナルへのパスが増えることになるため、アプリケーション開発などでよく使用されます。

ハードリンクは NTFS に限定されますが、ソフトリンクは NTFS と ReFS の両方で使用できます。

■ クォータ

NTFS を利用している場合、クォータの機能が利用できます。

通常はファイルサーバーリソースマネージャーの役割を追加し、クォータの管理ノードで設定を行います。

クォータの管理ではボリュームやフォルダに対して容量を制限したり、ユーザーごとの使用量などを確認したりすることができます。

■ ファイルシステムの違いによる機能の可否

ここまで主な機能をご紹介してきましたが、ReFS ではまだ利用できない機能があります。

以下にその他機能を含めて比較していますので、参考にしてみてください。

機能	ReFS	NTFS
ファイルシステムの圧縮	×	○
ファイルシステムの暗号化	×	○
トランザクション	×	○
ハードリンク	×	○
オブジェクト ID	×	○
短い形式の名前	×	○
拡張属性	×	○
ディスククォータ	×	○
起動可能	×	○
ページファイル サポート	×	○
リムーバブルメディアでのサポート	×	○

10-7　ハードディスクテクノロジー関連演習

ハードディスクテクノロジー関連演習

演習内容
■ ボリュームの作成
■ ダイナミックディスクの作成

スライド 74：ハードディスクテクノロジー関連演習

ハードディスクテクノロジー関連演習

※　以下に、ハードディスクテクノロジー関連演習の前提条件を示します。

1. Windows Server 2016 が 1 つのハードディスクで構成されていること。
2. OS のインストール時に「ローカルディスク（C:）」のみを作成し、「未使用領域」を確保していること。
3. ハードディスクがベーシックディスクであること。
4. 「Administrator」でログオンしていること。

※　以下に、ハードディスクテクノロジー関連演習の構成図を示します。

演習1　ボリュームの作成

1. ［スタート］-［Windows 管理ツール］-［コンピューターの管理］をクリックします。
2. ［コンピューターの管理］画面にて、左ペインの［ディスクの管理］をクリックします。
3. 右下ペインに表示された［ディスク 0（ベーシック○○ GB オンライン）］の未割り当て］を右クリックし、［新しいシンプルボリューム］をクリックします（○に入る数値は端末の仕様によって異なります）。
4. ［新しいシンプルボリュームウィザードの開始］画面にて、［次へ］をクリックします。

5. ［ボリュームサイズの指定］画面にて、任意のサイズを入力し、［次へ］をクリックします。
6. ［ドライブ文字またはパスの割り当て］画面にて、［次のドライブ文字を割り当てる］を選択し、任意のドライブ文字の選択後に［次へ］をクリックします。
7. ［パーティションのフォーマット］画面にて、デフォルトのまま［次へ］をクリックします。
8. ［新しいシンプルボリュームウィザードの完了］画面にて、［完了］をクリックします。
9. 「ドライブ E:（任意のドライブ文字）を使うにはフォーマットする必要があります。フォーマットしますか?」とメッセージが出てきたら、「ディスクのフォーマット」をクリックします。
10. 「フォーマット - ボリューム（任意のドライブ文字）」画面で［開始］をクリックします。
11. 警告の画面が出たら、［OK］をクリックします。
12. 「フォーマットが完了しました」画面で［OK］をクリックします。
13. 「フォーマット - ボリューム（任意のドライブ文字）」画面で［閉じる］をクリックします。

以上で、「ボリュームの作成」演習は終了です。

演習 2　ダイナミックディスクの作成

1. ［スタート］-［Windows 管理ツール］-［コンピューターの管理］とクリックします。
2. ［コンピューターの管理］画面にて、左ペインの［ディスクの管理］をクリックします。
3. 右下ペインに表示された［ディスク 0（ベーシック○○ GB オンライン）］を右クリックし、［ダイナミックディスクに変換］をクリックします。
4. ［ダイナミックディスクに変換］画面にて、変換するディスクを選択し、［OK］をクリックします。
5. ［ダイナミックディスクに変換］画面にて、変換するディスクを選択し、［OK］をクリックします。
6. ［変換するディスク］画面にて、［変換］をクリックします。
7. ［ディスクの管理］ダイアログにて、［はい］をクリックします。
8. ［ディスクをダイナミックに変換］画面にて、［はい］をクリックします。
9. 右下ペインに［ディスク 0（ダイナミック○○ GB オンライン）］と表示されていることを確認します。

以上で、「ダイナミックディスクの作成」演習は終了です。

Memo

Chapter 11

共有フォルダーとアクセス許可

11-1　章の概要

章の概要

この章では、以下の項目を学習します

- 共有フォルダー
- NTFS アクセス許可と共有アクセス許可
- アクセス許可の動作
- 共有フォルダーとアクセス許可関連演習

スライド 75：章の概要

Memo

11-2 共有フォルダー

共有フォルダー
- 共有設定を追加したフォルダーを「共有フォルダー」と呼びます。
- 共有フォルダーにはネットワーク上の複数のユーザーがアクセスできます。
- アクセス許可を設定し、共有フォルダーを使用するユーザーを制限できます。
- 共有フォルダーを持つサーバーを「ファイルサーバー」と呼びます。

スライド 76：共有フォルダー

共有フォルダーの概要

Windowsにはファイルやフォルダー、プリンターといったネットワーク上の資源をユーザー間で共有する機能があります。そのなかで、本章ではフォルダーの共有について学習します。

☐ 共有フォルダー

フォルダーに「共有」の設定を行うことで、同じネットワーク上の他のコンピューターからフォルダーを参照することができるようになります。この「共有」設定を行ったフォルダーを共有フォルダーと呼びます。複数のユーザーで同じフォルダーを参照したりフォルダー内のファイルを編集したりすることができるため、作業の効率を上げるためには欠かせない機能といえます。

フォルダーの共有は、プロパティから設定することができます。ユーザーを指定するだけで簡単に共有することができる「共有」と次項以降で説明するアクセス許可などを詳細に設定できる「詳細な共有」のどちらかから有効にすることができます。

共有フォルダーへのアクセスは、エクスプローラー等から「¥¥（コンピューター名）¥（フォルダー名）」の形のように指定して接続することができます。
このような記述方法を「UNC（Universal Naming Convention）パス」または「ネットワークパス」と呼びます。

☐ アクセス許可

共有フォルダーを実際の運用で使用する際は、チームごとやプロジェクトごとといった、ユーザーを限定した共有が主な利用方法となるでしょう。そのために共有フォルダーには、あるユーザーには参照を許可し、他のユーザーには許可しない、といった設定を行うことができます。これをアクセス許可と呼びます。アクセス許可には、「NTFSアクセス許可」と「共有アクセス許可」の2種類があります。詳細は、『11-3 NTFSアクセス許可と共有アクセス許可』参照してください。

☐ ファイルサーバー

共有フォルダーを使用する頻度が高い場合は、クライアントコンピューターで個々に管理するのではなく、特定のサーバーに共有フォルダーを集中配置することにより、ユーザーと管理者の双方に高いメリットが得られます。共有フォルダーを持つサーバーのことを「ファイルサーバー」と呼びます。

ファイルサーバーにより、ユーザーは自分で共有フォルダーを管理する必要がなくなり、また他のユーザーのコンピューター名やIPアドレスを知らなくても、ファイルサーバーの場所さえ分かれば必要なフォルダーにアクセスできるようになります。

管理者は、各フォルダーのアクセス許可やバックアップの取得をサーバー側で管理することが可能になり、セキュリティ面の向上が図れます。

ファイルサーバーへのアクセスは、「¥¥（サーバー名）¥（フォルダー名）」の形のように指定します。

11-3 NTFS アクセス許可と共有アクセス許可

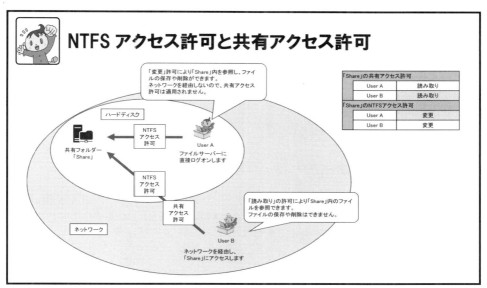

スライド 77：NTFS アクセス許可と共有アクセス許可

ユーザーがコンピューターにログオンする方式として、「対話型ログオン（ローカルログオン）」という方式があります。これは、コンピューターの入出力装置（ディスプレイ・キーボードなど）を使用して、ユーザー名とパスワードを入力しログオンすることを指します。

アクセス許可は、こうしてログオンしたユーザー単位、またはユーザーが所属するグループ単位に設定することが可能です。ログオンしたユーザーがどのようなアクセス許可を与えられているかによって、フォルダーやファイルへのアクセスが制御されます。

アクセス許可には、「NTFS アクセス許可」と「共有アクセス許可」という 2 種類があります。これは、ユーザーがどのようにフォルダーやファイルにアクセスするか（ネットワークを経由するか・経由しないか）によって、適用されるアクセス許可が変化します。詳細は、『11-4 アクセス許可の動作』参照してください。

NTFS アクセス許可

NTFS アクセス許可とは、NTFS 形式でフォーマットされているハードディスク上にあるフォルダーやファイルに対して設定することのできるアクセス許可です。

NTFS アクセス許可は、共有設定の有無にかかわらず設定することができます。複数のユーザーが 1 台のコンピューターを共用している場合にも、このアクセス許可によってフォルダーやファイルの使用を制限することができます。

□ **NTFS アクセス許可の設定**

NTFS アクセス許可では次の設定ができます。また、一部のアクセス許可はファイルにも設定することができます。

- フォルダー内容の一覧表示
  フォルダーに含まれているファイル名やフォルダー名を確認できます。ただし、ファイルを開いて内容を参照することはできません。

- 読み取り
  「フォルダー内容の一覧表示の許可」に加え、ファイルを開いて内容を参照することが可能です。ただし、内容の変更はできません。

- 読み取りと実行
  上記のすべてのアクセス許可に加え、フォルダー内にあるプログラムを実行することが可能です。

- 書き込み
  ファイルの内容を変更して保存することや、新しいファイルやフォルダーを追加することができます。ただし、追加は可能ですが削除することはできません。
  他の許可を持たずに書き込み許可だけを持つ状態では、フォルダー内容の表示が許可されていないため、フォルダーを開くことができません。

- 変更
  上記のすべてのアクセス許可に加え、フォルダーやファイルを削除することが可能です。

- フルコントロール
  上記のすべてのアクセス許可に加え、アクセス許可、所有権を変更することが可能です。

- 特殊なアクセス許可
  上記のすべてのアクセス許可は、更に詳細なアクセス許可の組み合わせによって設定されています。その組み合わせをカスタマイズした場合に、特殊なアクセス許可と表示されます。

共有アクセス許可

フォルダーに共有の設定を行うと、共有アクセス許可を設定することができるようになります。共有アクセス許可は、ネットワークからのアクセスに対して許可を設定します。NTFS アクセス許可と異なり、フォルダーが存在するコンピューターを使ってログオンしたユーザーには共有アクセス許可は適用されないことに注意してください。

□ **共有アクセス許可の設定**
  共有アクセス許可では次の 3 つの設定ができます。

- 読み取り
  ファイルのデータを参照し、プログラムを実行することが可能です。

- 変更
  「読み取り」に加えて、フォルダーとファイルの追加、ファイルのデータの変更、フォルダーとファイルを削除することが可能です。

- フルコントロール
  「読み取り」と「変更」に加え、フォルダーのアクセス許可を変更することが可能です。

アクセス制御リスト（ACL）・アクセス制御エントリ（ACE）

共有アクセス許可と NTFS アクセス許可において説明した、「読み取り」や「変更」といったアクセス許可をユーザーやグループに対して設定することで、アクセス制御エントリ（ACE）が作成されます。例えば、「UserA に読み取りの許可を与える」と ACE が 1 つ追加されます。ACE には種類があり、共有フォルダーに設定する ACE は、正確には随意アクセス制御エントリ（DACE）と呼ばれます。

この ACE が複数集まると、アクセス制御リスト（ACL）と呼ばれます。

フォルダーにアクセスするためには、例え Administrator であっても ACE が必要です。何気なく行っていることですが、フォルダーを作成し、そのフォルダーにアクセスすることができるのは、ACE が適用されているためです。アクセス許可を特に設定していなくても、デフォルトの ACE が設定されています。デフォルトの ACE はそのフォルダーが含まれる場所によって変わります。詳細は、『11-4 アクセス許可の動作』内『継承（NTFS アクセス許可のみ）』の項を参照してください。

ACEを1つ追加すると、通常は子フォルダーにもそのACEが継承されます。たくさんのACEを持つ親フォルダーがたくさんの子フォルダーを持っていると、ACEのコピーの数も大量になります。小さなことですが、サーバーのパフォーマンスを落とさないためにも、ユーザーではなくグループに対してアクセス許可を設定し、ACEの数を少なくするようにします。

11-4 アクセス許可の動作

アクセス許可の動作

■ アクセス許可の動作
　□ 共有アクセス許可と NTFS アクセス許可の適用
　□ 継承（NTFS アクセス許可のみ）
　□ 許可と拒否
　□ フォルダーのコピーと移動

スライド 78：アクセス許可の動作

アクセス許可の動作

共有フォルダーにアクセス許可を設定する際には、そのアクセス許可がどのように適用されるのか、どのアクセス許可が有効になるのかを考慮する必要があります。

□ **共有アクセス許可と NTFS アクセス許可の適用**

これまでに説明した通り、共有フォルダーには共有アクセス許可と NTFS アクセス許可の 2 種類の許可を設定することができます。

ただし、ネットワークを介したアクセスにおいて、共有アクセス許可と NTFS アクセス許可の両方が設定されている場合は、より制限の厳しい方が適用されます。この動作は、ネットワークを介した場合、まず共有アクセス許可が適用され、その後 NTFS アクセス許可が適用されることを考えると理解しやすいと思います。

上記の動きを踏まえると、共有アクセス許可では Everyone にフルコントロールを与えておき、NTFS アクセス許可では実際に適用したい ACE を作成する、といった運用も可能です。

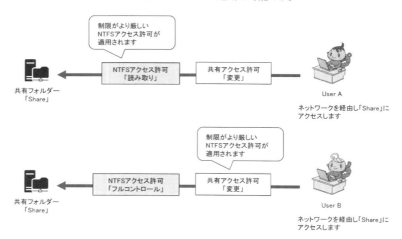

□ **継承（NTFS アクセス許可のみ）**

NTFS アクセス許可には、作成したフォルダーの上位のフォルダーから自動的に ACE がコピーされる「継承」という仕組みがあります。通常はデフォルトで継承が適用され、また子オブジェクト（作成したフォルダーの中にこれから含めるフォルダー、ファイルなど）にも継承されるようになっています。継承により、親フォルダーのアクセス許可を変更するだけで、子オブジェクトにも変更が適用されるため、管理の手間を省くことができます。

ただし、自動的にアクセス許可が設定されてしまうので、共有フォルダーを作成したときは、望まないアクセスを防ぐためにも、作成したフォルダーがどのような ACE を継承しているかを確認する必要があります。

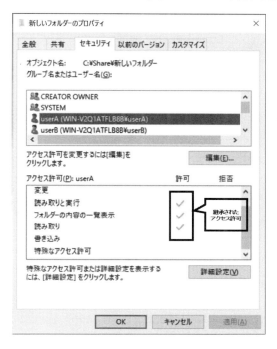

- 設定されているアクセス許可が継承されたものかどうかは、アクセス許可のチェックボックスで簡単に判断できます。チェックボックスがグレーアウトしている場合は、そのアクセス許可は継承されたアクセス許可です。

- NTFS アクセス許可の詳細設定では、継承元の確認や継承の無効化を行うことができます。
継承の無効化を行うことで、独自のアクセス許可を設定することができるようになります。

□ 許可と拒否
共有アクセス許可とNTFSアクセス許可には、各アクセス許可設定に対し「許可」と「拒否」の2種類のチェックボックスがあります。ここで対象の操作について、アクセスを「許可」するか、もしくは「拒否」（アクセスを禁止）するかを設定できます。

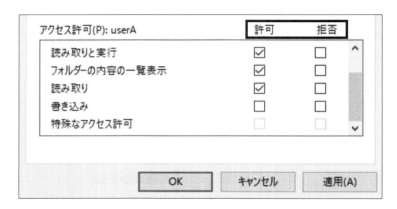

「拒否」については次の点に注意が必要です。
① 拒否は許可よりも優先されます。
② ACEのないユーザーに対しては、アクセスを拒否したい場合に「拒否」のACEを追加する必要はありません。

例えば、Administratorにフルコントロール、UserAには変更の「許可」が継承されているフォルダーについて考えてみます。
全体的なアクセス権の継承はそのままに、UserAの書き込みアクセス許可だけ禁止したい場合は、継承については変更せずに、UserAに書き込みの「拒否」を設定します。UserAの書き込みの「許可」には継承によるチェックが入っていますが、「拒否」の方が優先されるためUserAは書き込みができなくなります（これは、①の拒否が優先されたことによる結果です）。
また、このフォルダーに対しUserBのアクセスを禁止したい場合は、そもそもこのフォルダーにはUserBのACEがないため、「拒否」のACEを追加しなくてもUserBはアクセスすることができません（これは、②の仕様による動作です）。

□ フォルダーのコピーと移動
共有フォルダーをコピーまたは移動する場合は、アクセス許可の変化に注意が必要です。

- フォルダーのコピー
  共有の設定が行われたフォルダーをコピーすると、共有状態が解除されます。NTFSアクセス許可は削除され、コピー先のアクセス許可が継承されます。

- フォルダーの移動
  共有の設定が行われたフォルダーを移動すると、共有状態が解除されます。NTFSアクセス許可が維持され、移動先のアクセス許可は継承されません。

11-5　共有フォルダーとアクセス許可関連演習

共有フォルダーとアクセス許可関連演習

演習内容
- ■ 共有フォルダーの作成
- ■ 共有アクセス許可の設定
- ■ NTFS アクセス許可の設定
- ■ 共有フォルダーにアクセス（ネットワーク経由）
- ■ 共有フォルダーにアクセス（ローカルログオン）
- ■ 共有フォルダーのコピーおよび移動

スライド 79：共有フォルダーとアクセス許可関連演習

共有フォルダーとアクセス許可関連演習

※　以下に、共有フォルダーとアクセス許可関連演習において前提条件を示します。
1. Windows Server 2016 を 2 台起動してあること（本演習では各ホスト名を W2K3SRV1、PC1 とします）。
2. 各サーバーは同じネットワーク上に存在していること。
3. 各サーバーは GROUP1 ワークグループに参加していること。
   - ✓ ワークグループへの参加方法は『8 章ドメインとワークグループ』を参照。
4. 本演習では W2K16SRV1 の IP アドレスを［192.168.0.11］とします。
5. 本演習では PC1 の IP アドレスを［192.168.0.12］とします。
6. 本演習では各サーバーのサブネットマスクを［255.255.255.0］とします。
7. W2K16SRV1 上に下記のローカルユーザーが作成済みであること。
   - ✓ ユーザー名：user01、パスワード：password1!
   - ✓ ユーザー名：user02、パスワード：password2!
   - ✓ ローカルユーザーの作成手順は『7 章ユーザーとグループ関連演習』を参照。
8. PC1 上に下記のローカルユーザーが作成済みであること。
   - ✓ ユーザー名：user03、パスワード：password3!

※　以下に、共有フォルダーとアクセス許可関連演習の構成図を示します。

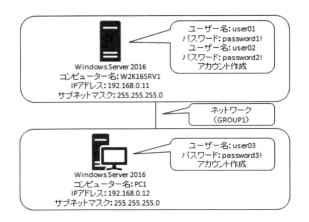

演習 1　共有フォルダーの作成

1. W2K16SRV1 に Administrator でログオンします。
2. タスクバーの［エクスプローラー］をクリックします。
3. ［エクスプローラー］画面にて、[PC] - ［ローカルディスク（C:)] を開きます。
4. [C:¥] 画面にて、新しいフォルダーを作成し、名前を "Share" とします。
5. [C:¥] 画面にて、Share を右クリックし、［プロパティ］をクリックします。
6. [Share のプロパティ] 画面にて［共有］タブをクリックし、［共有］をクリックします。
7. ［ファイルの共有］画面にて、［共有］をクリックし、次に［終了］をクリックします。
8. ［すべてのパブリック　ネットワークにネットワークの検索とファイル共有を有効にしますか?］というポップアップ画面で、［→いいえ］を選択します。
9. ［ユーザーのフォルダーは共有されています。］画面で［→終了］をクリックします。
10. [Share のプロパティ] 画面にて［共有］タブをクリックし、フォルダーが共有されていることを確認します。

以上で、「共有フォルダーの作成」演習は終了です。

演習 2　共有アクセス許可の設定

1. W2K16SRV1 に Administrator でログオンします。
2. タスクバーの［エクスプローラー］をクリックします。
3. ［エクスプローラー］画面にて、［ローカルディスク（C:)] を開きます。
4. Share フォルダーを右クリックして［プロパティ］をクリックします。
5. [Share のプロパティ] 画面にて［共有］タブをクリックし、［詳細な共有］をクリックします。
6. ［詳細な共有］画面にて、［アクセス許可］をクリックします。
7. [Share のアクセス許可] 画面にて、［追加］をクリックします。
8. ［ユーザーまたはグループの選択］画面にて、［選択するオブジェクト名を入力してください］欄に、"user01" と入力し、［名前の確認］- [OK] をクリックします。
9. [Share のアクセス許可] 画面にて、［グループ名またはユーザー名］欄に [user01（W2K16SRV1¥user01)] が追加されていることを確認します。
10. [Share のアクセス許可] 画面にて、［グループ名またはユーザー名］欄の [user01（W2K16SRV1¥user01)] を選択し、[user01 のアクセス許可] 欄で［変更］の［許可］チェックボックスを ON にして、［適用］- [OK] をクリックします。
11. 演習 2 の 7-9 と同じ手順で user02 を追加します。
12. [Share のアクセス許可] 画面にて、［グループ名またはユーザー名］欄の [user02（W2K16SRV1¥user02)] を選択し、[user02 のアクセス許可] 欄で［読み取り］の［許可］チェックボックスが ON であることを確認し、［適用］- [OK] をクリックします。

13. ［詳細な共有］画面にて、［適用］-［OK］をクリックしてします。
14. ［Share のプロパティ］画面にて、［閉じる］をクリックして画面を閉じます。
以上で、「共有アクセス許可の設定」演習は終了です。

演習 3　NTFS アクセス許可の設定

1. W2K16SRV1 に Administrator でログオンします。
2. タスクバーの［エクスプローラー］をクリックします。
3. ［エクスプローラー］画面にて、［ローカルディスク（C:）］を開きます。
4. ［C:］画面にて、Share フォルダーを右クリックして［プロパティ］をクリックします。
5. ［Share のプロパティ］画面にて［セキュリティ］タブをクリックし、［編集］をクリックします。
6. ［Share のアクセス許可］画面にて、［追加］をクリックします。
7. ［ユーザーまたはグループの選択］画面にて、［選択するオブジェクト名を入力してください］欄に、"user01" と入力し、［名前の確認］-［OK］をクリックします。
8. ［Share のアクセス許可］画面にて、［グループ名またはユーザー名］欄に［user01（W2K16SRV1¥user01）］が追加されていることを確認します。
9. ［Share のプロパティ］画面にて、［グループ名またはユーザー名］欄の［user01（W2K16SRV1¥user01）］を選択し、［user01 のアクセス許可］欄で、［変更］の［許可］チェックボックスを ON にします。
10. 演習 3 の 6-8 と同じ手順で、user02 にも［変更］の［許可］を設定します。
11. ［Share のアクセス許可］画面にて、［適用］-［OK］をクリックします。
12. ［Share のプロパティ］画面にて、［閉じる］をクリックして画面を閉じます。
以上で、「NTFS アクセス許可の設定」演習は終了です。

演習 4　共有フォルダーにアクセス（ネットワーク経由）

1. PC1 に user03 としてログオンします。
2. ［スタート］を右クリックし、［ファイル名を指定して実行］をクリックします。
3. ［ファイル名を指定して実行］画面にて、［名前］欄に "¥¥W2K16SRV1" と入力して［OK］をクリックします。
4. ［ネットワーク資格情報の入力］画面が開くので、user01 のユーザー名とパスワードを入力し［OK］をクリックします（［□資格情報を記憶する］のチェックを入れない）。
5. ［W2K16SRV1］画面が開くので、Share フォルダーが表示されていることを確認します。
6. ［W2K16SRV1］画面にて、Share フォルダーを開きます。
7. ［Share］画面にて、新しいフォルダーを作成し、フォルダーの名前を Share2 とします。
   ✔ 「変更」の共有アクセス許可があるためフォルダーを作成することができます。
8. ［Share］画面を閉じて、user03 を一度ログオフし、再度ログオンします。
9. ［スタート］を右クリックし、［ファイル名を指定して実行］をクリックします。
10. ［ファイル名を指定して実行］画面にて、［名前］欄に "¥¥W2K16SRV1" と入力して［OK］をクリックします。
11. ［ネットワークの資格情報の入力］画面が開くので、user02 のユーザー名とパスワードを入力し［OK］をクリックします。
12. ［W2K16SRV1］画面にて、Share フォルダーを開き、中に Share2 が表示されることを確認します。
   ✔ 「読み取り」の共有アクセス許可があるためフォルダーを確認することができます。
13. ［Share］画面にて、新しいフォルダーを作成し、フォルダーが作成できないことを確認します。
   ✔ 「書き込み」の共有アクセス許可がないためフォルダーを作成できません。
以上で、「共有フォルダーにアクセス（ネットワーク経由）」の演習は終了です。

演習 5　共有フォルダーにアクセス（ローカルログオン）

1. W2K16SRV1 に user01 としてログオンします。
2. タスクバーの［エクスプローラー］をクリックします。

203

3.　［エクスプローラー］画面にて、［ローカルディスク（C:）］-［Share］の順に開きます。
4.　［Share］画面にて、新しいフォルダーを作成し、名前を Share3 とします。
　　✔　「変更」の NTFS アクセス許可があるためフォルダーを作成することができます。
5.　user01 をログオフし、user02 としてログオンします。
6.　タスクバーの［エクスプローラー］をクリックします。
7.　［エクスプローラー］画面にて、［ローカルディスク（C:）］-［Share］の順に開きます。
8.　［Share］画面にて、新しいフォルダーを作成し、名前を Share4 とします。
　　✔　「変更」の NTFS アクセス許可があるためフォルダーを作成することができます。
　　✔　ネットワークを介さないため共有アクセス許可は適用されません。

以上で、「共有フォルダーにアクセス（ローカルログオン）の演習は終了です。

演習6　共有フォルダーのコピーおよび移動

1.　W2K16SRV1 に Administrator としてログオンします。
2.　タスクバーの［エクスプローラー］をクリックします。
3.　［エクスプローラー］画面にて、［ローカルディスク（C:）］を開き Share フォルダーを確認します。
4.　［C:¥］画面にて、Share フォルダーをコピーし、［C:¥］画面内に貼り付けます。
5.　［C:¥］画面にて、コピーしたフォルダーの名前を Share-Copy に変更します。
6.　［C:¥］画面にて、Share-Copy フォルダーを右クリックし、［プロパティ］をクリックします。
7.　［Share-Copy のプロパティ］画面にて、［共有］タブと［セキュリティ］タブの設定の変化を確認します。
　　✔　［共有］タブにて［共有されていません］と表示され、共有設定が解除されていることを確認します。
　　✔　これまでの手順で NTFS アクセス許可に追加した user01 と user02 の ACE が削除されていることを確認します。
8.　［Share-Copy のプロパティ］画面にて、［閉じる］をクリックして画面を閉じます。
9.　［C:¥］画面にて、Share フォルダーをドラッグアンドドロップで "Share-Copy" フォルダーの中に移動します。
10.　［C:¥］画面にて、［Share-Copy］フォルダーを開き、移動した Share フォルダーを右クリックして［プロパティ］をクリックします。
11.　［Share のプロパティ］画面にて、［共有］タブと［セキュリティ］タブの設定の変化を確認します。
　　✔　［共有］タブにて［共有されていません］と表示され、共有設定が解除されていることを確認します。
　　✔　これまでの手順で NTFS アクセス許可に追加した user01 と user02 の ACE は残っていることを確認します。

以上で、「共有フォルダーのコピーおよび移動」の演習は終了です。

Chapter 12

プリントサーバー

12-1 章の概要

章の概要

■ プリンターの概要
■ プリンター管理
■ Windows でのプリンター管理
■ プリンター関連演習

スライド 80：章の概要

Memo

12-2　プリンターの概要

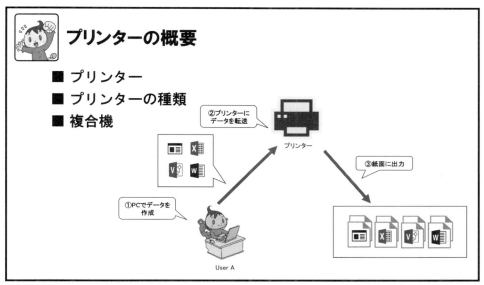

スライド 81：プリンターの概要

本章では、プリンターの仕組みや Windows での管理方法について説明します。

プリンター

プリンターとは、コンピューターで作成した文書・表・画像・図形などのデータを印刷する機器です。家庭および小規模オフィス向けの「インクジェットプリンター」、企業向けの「レーザープリンター」などが一般的ですが、用途に応じて様々な方式があります。

プリンターの種類

プリンターと一言で言っても、その種類は多岐にわたります。プリンターは紙面に文書・表・画像・図形などを印刷する印字方式で次のように区分されます。

- **熱転写方式**
  テープに塗りつけられたインクを加熱し、紙に押しつけて書き写す方式です。かつてはワープロや FAX で用いられ、主に「熱溶融形」、「昇華型」の 2 つがあります。

- **感熱式**
  加熱すると融解して発色する特殊な用紙（感熱紙）に印刷する方式です。かつては FAX の出力用に広く使われていました。
  現在ではレジスター（レシート）や切符、チケットなどの自動券売機、オーダーエントリーシステム（飲食店の伝票）のプリンターなどの機器で使用されています。

- **インクジェット方式**
  インクジェット方式は、主に液状、時には個体のインクを微粒子化し、加圧や加熱などにより微細孔から射出させる方式です。
  他の方式よりも多色化を容易に行うことができ、多いものでは 12 種類のインクを使用するものもあるなど、銀塩写真と遜色ないほどの高画質となっています。

現在の一般家庭向けカラープリンターの主流となっています。

- ドットインパクト方式
  縦横に並べた細いピンを、インクを染み込ませた帯（インクリボン）に叩きつけて印刷する方式です。ピンを叩きつけた圧力によって紙面に文字の形の後をつけることにより印刷を行います。複写用紙への重ね印刷ができるほぼ唯一の方式です。

- 乾式電子写真方式
  帯電させた感光体にレーザー光などを照射し顔料粉末（トナー）を付着させ、用紙に転写した上で熱や圧力をかけて定着させる方式です。一般的には「レーザープリンター」として知られています。従来のプリンターよりも高速かつ鮮明な印刷ができます。

複合機（プリンター複合機）

プリンターの中には、複数の機能を持つ複合機というものがあります。複合機とは、スキャナーとしての原稿読み取り機能、プリンターとしての印刷機能、コピー機としての複写機能などが一つにまとめられている機器です。また、電話回線の接続口を持ち、読み取った原稿をFAXで送信する機能を持った製品もあります。

複合機は、その性能面から以前は主にオフィスで利用されていましたが、最近では家庭用でも様々な機種が登場しています。

複合機には、設置場所がコンパクトになること、購入費用の削減などの長所があります。反面、故障時にはすべての機能が使用不可になること、使用頻度が高いと待ち時間が生じるなどの短所もあります。

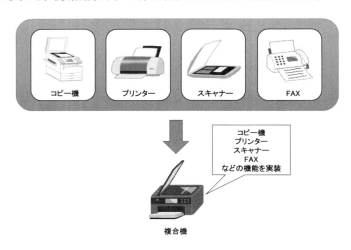

12-3　プリンター管理

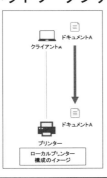
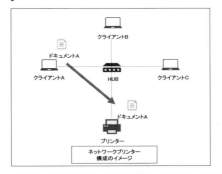

スライド 82：プリンター管理

　プリンターを管理するには、コントロールパネルの「デバイスとプリンター」にて行います。
［スタート］-［コントロールパネル］-［デバイスとプリンターの表示］をクリックすると、「デバイスとプリンター」画面が表示されます。
　Windows Server で管理するプリンターには、「ローカルプリンター」と「ネットワークプリンター」の 2 種類があります。

ローカルプリンター

　ローカルプリンターは、シリアルポート、パラレルポート、USB ポートなどを通して、直接コンピューターに接続しているプリンターです。
　プリンターを個人利用する場合などは、ローカルプリンターを利用します。

ネットワークプリンター

　ネットワークプリンターとは、LAN（ローカルエリアネットワーク）などのネットワークに接続され、ネットワーク上の複数のユーザーが利用できるように共有されたプリンターのことです。
　ネットワークプリンターの構成には、プリンターを直接ネットワークに接続する構成と、ネットワークに接続しているコンピューターにプリンターを接続し、共有プリンターとする構成があります。
　ネットワークが普及する以前には、接続切り替え機などを使って疑似的にプリンターの共有を実現していました。この方法では、印刷が完了するまで切り替えることができないため、一つの印刷が始まってしまうと、他のコンピューターからは印刷命令を送れませんでした。しかしネットワークプリンターでは、複数のユーザーから同時に印刷命令が出された場合には、いったんプリントサーバーにそのデータを格納しておき、順番に印刷を実行していく仕組みになっています。そのため、一つの印刷が完了する前に他のコンピューターからの印刷命令を受けても混乱せず、順序よく印刷を実行できるようになっています。
　ネットワークプリンターを導入すると、コンピューターに直接接続するプリンターの台数を減らすことができるので、プリンター導入時のコストを抑えることが可能です。

☐ 共有プリンター

ネットワークプリンターには、ネットワークに接続しているコンピューターに直接プリンターを接続し、共有プリンターとして構成する場合もあります。

ユーザーがネットワーク内で利用できる共有プリンターを検索する方法として、Active Directory のディレクトリ上に共有プリンターを公開する方法があります。Active Directory に共有プリンターを登録し、情報を公開することによって、ドメインユーザーは IP アドレスなどがわからなくても簡単に共有プリンターを使用することができます。

また、管理者は多数のプリンターの設定を各ローカルコンピューターにあらかじめ設定しておく必要がなくなるため、プリンター管理の手間を大幅に軽減することが可能です。

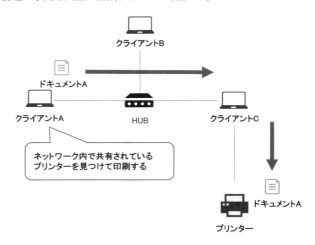

12-4　Windowsでのプリンター管理

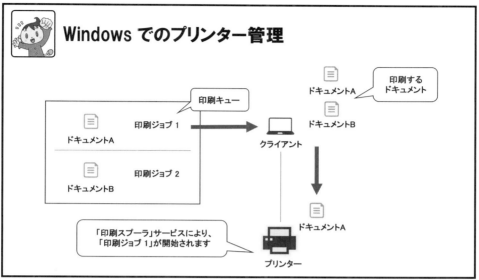

スライド83：Windowsでのプリンター管理

ここでは、Windowsプリントサーバーにおける用語と、設定方法を説明します。

プリンター管理用語

- **印刷ジョブ**
  印刷ジョブとは、必要な印刷処理コマンドが添えられた、これから印刷される各ドキュメントのことです。印刷ジョブを管理するには、「デバイスとプリンター」画面において該当のプリンターのアイコンを右クリックし「印刷ジョブの表示」をクリックします。

下図のように、プリンターの印刷キューウィンドウに印刷ジョブが表示されます。

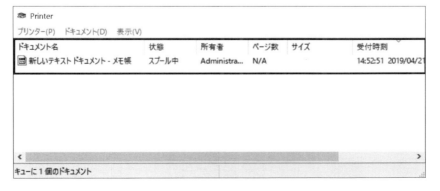

☐ 印刷キュー

印刷キューとは、印刷ジョブを一時的に保存する場所です。

プリンターの準備が完了すると、各ジョブの優先順位と印刷キュー内における順番に従って、印刷ジョブが処理されます。印刷すべきデータが同時に何件もあると、これらの印刷ジョブはすぐには開始されず、「印刷キュー」という待ち行列のなかで待機することになります。

使用するプリンターの印刷キューウィンドウにおいて、「プリンター」メニューから、印刷ジョブの「一時停止」や「すべてのドキュメントの取り消し」を実行することができます。また、プリンターをオフラインにすることもできます。

印刷キュー内の印刷ジョブについては、選択した各ジョブで「ドキュメント」メニューから、「一時停止」、「再開」、「再印刷」、「キャンセル」を実行することができます。

ただし、印刷キューに表示されている印刷ジョブを管理するためのアクセス許可は、既定ではプリントサーバーの管理者のみに与えられています。その他のユーザーについては、自分が所有する印刷ジョブのみ管理することができます。

☐ 印刷スプーラー

印刷スプーラーとは、Windows のバックグラウンドで実行されるプロセス（サービス）です。印刷ジョブの開始、処理、分配を行います。

印刷スプーラーは、印刷ジョブをディスク上の一時的な物理ファイルに保存しておき、適切なタイミングで印刷ジョブを取り出して、プリンターに送り出します。

プリントサーバー

プリンターを Windows Server に接続し、そのプリンターをネットワーク上で共有することにより、プリントサーバーとして利用することが可能です。

プリントサーバーとして構成したコンピューターは、複数のクライアントコンピューターから同時に印刷要求が発生した場合に、これらを適切に処理し、プリンターが順序良く印刷をこなすための管理を行います。

プリントサーバーを利用するにあたり、クライアントコンピューターに事前にドライバー（※）を手動でインストールしておく必要はありません。クライアントコンピューター上で、プリントサーバーを利用するための設定を行う際に、必要なドライバーがプリントサーバーから自動でダウンロードされ、インストールされます。

プリントサーバーとして構成した Windows Server を管理するためには、［コントロールパネル］-［デバイスとプリンター］画面において対象のプリンターを選択後に、「プリントサーバーのプロパティ」を選択し、各種プロパティを設定します。

※　ドライバー（デバイスドライバー）

　　プリンターなどの周辺機器を動作させるためのソフトウェアです。OS が周辺機器を制御するための橋渡しを行います。

□　「用紙」タブ

　　プリントサーバーで管理するプリンターの用紙設定を定義することができます。「新しい用紙を作成する」のチェックボックスにチェックを入れることで、オリジナルの用紙設定を作成することが可能です。

　　既定では、各設定を変更することはできません。設定を変更する場合は、「用紙設定の変更」を押した後に変更することができます。

- 「ポート」タブ

 プリントサーバーで管理するプリンターが使用しているポート、ならびにプリンターが使用できるポートの一覧が表示されます。ここでは、「ポートの追加」、「ポートの削除」、「ポートの構成」をすることが可能です。
 既定では、各設定を変更することはできません。設定を変更する場合は、「ポート設定の変更」を押した後に変更することができます。

- 「ドライバー」タブ

 プリントサーバーにインストールされたプリンタードライバーの一覧が表示されます。ここでは、プリンタードライバーの「追加」、「削除」が行えます。また、「プロパティ」では、選択したプリンタードライバーの詳細情報を参照することができます。
 既定では、各設定を変更することはできません。設定を変更する場合は、「ドライバー設定の変更」を押した後に変更することができます。

- □ 「セキュリティ」タブ
  ユーザーやグループのアクセス許可の設定が行えます。

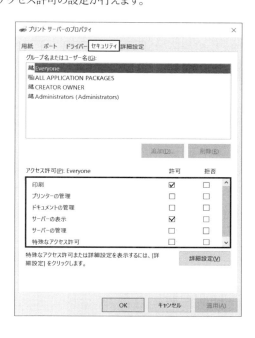

- □ 「詳細設定」タブ
  プリントサーバーで管理しているプリンターの監視の設定などが行えます。ここでは前述した「印刷スプーラー」の各イベントログの収集などの諸設定が可能です。

「ローカルプリンターの情報を通知する」を有効にした場合、エラーなどが発生した時にダイアログが表示されます。イベントログの収集を設定した場合、イベントログは「イベントビューア」に出力されるので、「イベントビューア」画面にて確認してください。[スタート] - [Windows 管理ツール] - [イベントビューア] をクリックすると、画面が表示されます。

215

プリンターの管理

プリンターの管理画面では、下記のような各プロパティタブが用意されています。この画面を表示するには、「デバイスとプリンター」画面において、任意のプリンターを右クリックし、「プロパティ」をクリックします。ただし、用意されるタブはインストールするプリンターに依存するため、プリンターによって下図のタブとは一部異なることがあります。
以下のタブ説明は、プリンターのプロパティタブの標準セットとなります。

- □ 「全般」タブ
  プリンターの場所とコメントの追加や変更、レイアウトの設定、用紙と品質の選択、テストページの印刷などの操作が行えます。

- □ 「共有」タブ
  プリンターの共有設定や、様々な OS を使用しているクライアントコンピューターに応じた追加プリンタードライバーのインストールなどの設定が行えます。

□ 「ポート」タブ
印刷ポートの選択、ポートの追加、構成、削除などの設定が行えます。

□ 「詳細設定」タブ
利用可能な時間帯、印刷ジョブの優先順位、プリンタードライバーの変更、新しいドライバーの追加、印刷ジョブのスプール、詳細な印刷機能の有効化などの設定が行えます。

- □ 「セキュリティ」タブ
     ユーザーやグループのアクセス許可の設定が行えます。

- □ 「ユーティリティ」タブまたは「デバイスの設定」タブ
     ここでは、プリンター固有のオプションの設定が行えます。このタブで使用できるオプションはプリンターの製造元とモデルによって異なることがあります。多くのプリンターでは、用紙トレイの割り当てやフォントの設定などが行えます。

12-5　プリンター関連演習

プリンター関連演習

演習内容
■ ネットワークプリンターの設定・印刷確認

スライド 84：プリンター関連演習

プリンター関連演習

※ 以下に、プリンター関連演習の前提条件を示します。
1. Windows Server 2016（以下、W2K16SRV1）、Windows Server 2016（以下、PC1）を起動していること。
2. W2K16SRV1 と PC1 が、同一ネットワーク上に存在していること。
3. W2K16SRV1 と接続するプリンタードライバーをインストールし、その際プリンターの IP アドレスを任意で指定しておくこと。
4. 本演習では使用するプリンターを「Printer A」とします。

※ 以下に、プリンター関連演習の構成図を示します。

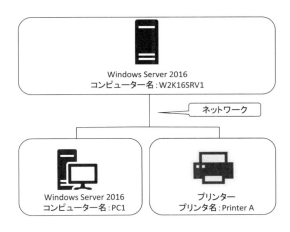

演習 1　ネットワークプリンターの設定・印刷確認

1. W2K16SRV1 のデスクトップ画面にて、[スタート] - [サーバーマネージャー] - [管理] - [役割と機能の追加] をクリックします。
2. [開始する前に] 画面にて、[次へ] をクリックします。
3. [オペレーティングシステムの互換性] 画面にて、[次へ] をクリックします。
4. [インストールの種類の選択] 画面にて、デフォルトのまま [次へ] をクリックします。
5. [対象サーバーの選択] 画面にて、デフォルトのまま [次へ] をクリックします。
6. [サーバーの役割の選択] 画面にて、[印刷とドキュメントサービス] のチェックボックスをクリックします。
7. [印刷とドキュメントサービスに必要な機能を追加しますか?] 画面にて、デフォルトのまま [機能の追加] をクリックします。
8. [サーバーの役割の選択] 画面に [印刷とドキュメントサービス] にチェックが入っていることを確認し、[次へ] をクリックします。
9. [機能の選択] 画面にて、デフォルトのまま [次へ] をクリックします。
10. [印刷とドキュメントサービス] 画面にて、[次へ] をクリックします。
11. [役割サービスの選択] 画面にて、デフォルトのまま [次へ] をクリックします。
12. [インストールオプションの確認] 画面にて、デフォルトのまま [インストール] をクリックします。
13. インストール終了後、[閉じる] をクリックします。
14. [スタート] - [Windows 管理ツール] - [コントロールパネル] をクリックします。
15. [コントロールパネル] 画面にて、[デバイスとプリンター] をクリックします。
16. [プリンターの追加] をクリックし、[デバイスを追加します] 画面にて、[プリンターが一覧にない場合] をクリックします。
17. [その他のオプションでプリンターを検索] 画面にて、[TCP/IP アドレスまたはホスト名を使ってプリンターを追加する] を選択し、[次へ] をクリックします。
18. [ホスト名または IP アドレスを入力します] 画面にて、[ホスト名または IP アドレス] 欄に、プリンターに設定した IP アドレスを指定し、[次へ] をクリックします。
19. [Printer A が正しく追加されました] 画面にて、[次へ] をクリックします。
20. [プリンター共有] 画面にて、[このプリンターを共有して、ネットワークのほかのコンピューターから検索および使用できるようにする] を選択し、[次へ] をクリックします。
21. [Printer A が正しく追加されました] 画面にて、[完了] をクリックします。
22. PC1 でログオン後、[エクスプローラー] 画面にて、"¥¥W2K16SRV1¥Printer A" と入力し、検索します。
23. [Printer A] のドライバーのダウンロードが始まります。[Printer A（W2KSRV1 上）] という画面が表示されたらインストール完了です。
24. [スタート] - [Windows 管理ツール] - [コントロールパネル] をクリックします。
25. [コントロールパネル] 画面にて、[デバイスとプリンター] をクリックします。
26. [Printer A] を右クリックし、[プリンターのプロパティ] をクリックします。
27. [Printer A のプロパティ] 画面にて、[テストページの印刷] をクリックし、テストページが印刷されることを確認します。

以上で、「ネットワークプリンターの設定・印刷確認」演習は終了です。

Chapter 13
サーバー管理

13-1 章の概要

章の概要

この章では、以下の項目を学習します

- サーバー管理の概要
- Windows のサーバー管理ツール
- 更新プログラム（Windows Update）
- ライフサイクルポリシーとバージョン管理
- サーバー管理関連演習

スライド 85：章の概要

Memo

13-2　サーバー管理の概要

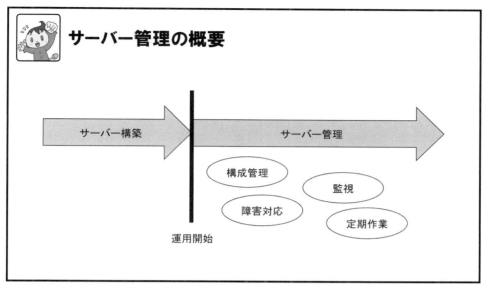

スライド 86：サーバー管理の概要

■ サーバー管理の必要性

　サーバーエンジニアの仕事は、サーバーを初期構築して運用開始したらそれで終わりではありません。実際の運用に入ったあとはサーバーの稼働を維持し、問題があれば対処するなど必要に応じた管理作業をしていく必要があります。サーバーの構築よりむしろ、運用開始後の管理作業の方が長期間にわたるものとなるかもしれません。

　サーバー管理をしていないとサーバーの状態が把握できなかったり、サポート期限が切れたバージョンを使用し続けてしまったりする可能性があります。その結果としてサーバーに重大な問題が生じてしまうこともあります。そのため、サーバーの状態を適切に監視し、管理することで正常な状態を維持していく必要があります。

　このように、「サーバー管理」とは一般的に運用開始後のサーバーの維持管理のことを指しますが、Windows Server においてはサーバーを「何サーバーとして使うか」という設定もサーバー管理の一部として扱っています。そのため、この章の内容はサーバーを初期構築する段階で必要な知識と、運用開始後の維持管理において必要な知識の両方を含んでいます。サーバー構築とサーバー運用はフェーズが異なるため、作業担当者も異なる場合もありますが、この章で説明する内容はサーバーエンジニアとして知っておくべき基本的な内容です。

■ サーバー管理の項目

　ひとことにサーバー管理といっても、その内容は企業やサーバー環境によってさまざまです。以下は、代表的なサーバー管理項目の例です。

☐ **構成管理**
　　構成管理とは、システムを構成する物理的な機器やソフトウェアとその環境の仕組みを常に正確に把握するための管理のことです。ハードウェアやソフトウェア、ネットワークなど、システムを構成するすべての要素を管理対象とする点で、構成管理はサーバー管理の最も根本的な管理といえます。構成管理において一番重要なことは構成情報を常に最新状態に保つということです。
　　ソフトウェアを例に取ると、インストールされているソフトウェアの一覧や導入構成、パラメータ設定値、他アプリケーションとの関連情報などを管理します。ソフトウェアの新規導入や廃止、既存のソフトウェアの設定変更などが生じた場合は、確実にその内容を構成情報に反映させる必要があります。もし構成情報の更新がされておらず、実際のシステム構成との間に情報のずれが生じるとシステムトラブルの原因になることもあります。

- ☐ **監視**

  モニタリングとも呼ばれ、サーバーが正常に動作していることを確認することを目的として実施します。主に死活監視、リソース監視、イベント監視に分類されます。サーバーを適切に監視しておくことは、システムに発生する障害の予防や問題の早期発見に繋がります。監視の詳細は Chapter15 で扱います。

- ☐ **障害対応**

  一般的にサーバー環境に発生する問題のことを障害と言い、障害に対処することを障害対応と言います。障害対応のポイントは、「システムの復旧を最優先」することです。障害はさまざまな原因によって引き起こされますが、サーバーの稼働に与える影響を最小限にするために原因究明は後回しにして、まずはシステムを復旧する方法を検討します。障害発生時に"とりあえず"システムを復旧する作業のことを暫定対応と言います。

  暫定対応が完了したら、関係者にその旨を連絡した上で障害の原因調査を行います。原因調査には、障害が発生した箇所に関わる設定情報や、ログを使用します。ここで発見された原因に対して、今後同じ障害が発生しないようにシステムの修正などの対応をします。これを恒久対応と呼びます。

  障害対応はほとんど突発的な作業です。また、システムに大きな影響を与える障害の場合は特に対応が急がれます。障害時にできるだけスムーズに対応を進めるためには、障害対応のための体制を決めておくこと、大枠の対応フローや確認点をまとめておくこと、事前に予測可能な障害については対応手順を整備しておくことなどが効果的です。また、前述の構成管理や監視を日頃からきちんと行っておくことが障害時の手助けにもなります。

- ☐ **定期作業**

  一定規模の電気設備は、年に一度は電源を落として点検しなければならない、と法律で定められています。これを法定停電や法定点検と呼びます。企業のサーバーは、クラウドサービスなどを利用している以外では、物理的なサーバーをデータセンターやオフィスビルのサーバールームなどに所持しています。法定停電の際には、サーバーに電源が供給されなくなるため、システムを停止しておく必要があります。また、停電が終了した際には、システムを起動し動作に問題がないことを確認する必要があります。企業にもよりますが、この一連の作業もサーバーエンジニアのタスクの範囲として対応が必要となる場合が多いです。

  この例の他にも、ユーザーの棚卸しなど会社ごとに定められた定期的なメンテナンス作業が発生します。このような定期作業にスムーズに対応するために、作業ごとの手順書（運用手順書）を定めておく必要があります。

13-3　Windowsのサーバー管理ツール

Windowsのサーバー管理ツール

- ■ サーバーマネージャー
- ■ 役割と機能の追加
- ■ サーバー情報の収集・変更
- ■ リモートサーバー管理ツール（RSAT）

スライド87：Windowsのサーバー管理ツール

サーバーマネージャー

サーバーマネージャーはWindows Server2016に標準搭載されているサーバー管理用のコンテンツをまとめたツールであり、先に述べたサーバー管理の作業をより簡単に、短時間で実施するための支援ツールです。

サーバーマネージャーでは、ローカルサーバー（自サーバー）はもちろん、リモートサーバー（他サーバー）も遠隔管理することができます。例えば、リモートサーバーを再起動したり、サーバーマネージャーの設定をリモートサーバーにエクスポートしたりすることもできます。

デフォルトでは、サーバーにサインインするとサーバーマネージャー画面が自動起動するようになっていますが、設定変更により自動起動しないようにすることも可能です。

役割と機能の追加

サーバーマネージャーの中心的な機能として、サーバーの「役割と機能の追加」があります。この機能は、基本的にはサーバーを構築する段階で使用し、運用開始後に触ることはあまりありません。

「役割」とは、冒頭に述べた「何サーバーとして使うか」の設定であり、下記例のような役割があります。例えば「Active Directoryドメインサービス」をインストールしたサーバーは「Active Directory　サーバーとして使う」ことができるようになります。

- ☐ **サーバーの役割（例）**
    - Active Directoryドメインサービス
    - DHCPサーバー
    - DNSサーバー
    - Windows Server Update Service（WSUS）
    - Webサーバー

また、「機能」の追加を行うことでデフォルトの状態では使用できないWindows Server 2016の標準機能を使用できるようになります。例えば、「Windows Server バックアップ」はサーバーOSをインストールしただけでは使用できず、サーバーマネージャーで機能追加することによりツールとして使用できるようになります。以下にサーバーマネー

ジャーからインストール可能な「機能」の例を示します。Windows Server 2016 に標準搭載されている機能にも関わらず、初期状態ではアプリケーションが見つからない、使えないといった場合はサーバーマネージャーからインストール可能な機能の一覧を確認してみるとよいでしょう。

□ **サーバーの機能（例）**
- Windows Server バックアップ
- リモートサーバー管理ツール
- グループポリシーの管理
- SMTP サーバー
- .NET Framework

サーバー情報の収集・変更

サーバーマネージャーでは、リモートサーバーをグループ化してまとめてサーバー情報を管理することができます。サーバーグループを構成しない場合は、ローカルサーバーの情報のみ管理します。管理できる情報はサーバーマネージャーの画面において、情報別のタイルに分かれて表示されます。タイルには以下の種類があります。

□ **［プロパティ］タイル**
「プロパティ」とは、システムの属性に関する情報を指します。サーバーマネージャーのプロパティでは、サーバーのシステム設定を管理することができます。これらの設定はコントロールパネルからリンクしているような他の設定画面からも設定が可能ですが、サーバーマネージャーを利用することでいろいろな設定を 1 つの画面から一括管理することができます。

プロパティで設定、確認が可能な項目は以下の通りです。これ以外にも、OS のバージョンやハードウェア情報、プロセッサ、実装メモリ量、ディスク領域のサイズなども表示されるので、サーバーの設定をまとめて確認する際にとても便利な機能です。

プロパティの管理対象
- コンピューター名
- ワークグループ（ドメイン設定）
- ファイアウォール設定
- リモート管理の有効化 / 無効化
- リモートデスクトップの有効化 / 無効化
- NIC チーミングの有効化 / 無効化
- ※ NIC（Network Interface Card）は、サーバーなどの機器を LAN に接続するためのカードです。NIC を複数束ねることでネットワーク帯域を増加させて冗長化を図り、通信による負荷を分散させることで耐障害性を高める技術のことを「NIC チーミング」と言います。
- IP アドレス
- Windows Update の自動インストール設定
- 更新プログラムの最終インストール日時
- 更新プログラムの最終確認日時
- Windows エラー報告の有効化 / 無効化
- ※ Windows エラー報告とは、サーバー上で発生した問題の内容を Microsoft に送信して共有する機能です。
- カスタマーエクスペリエンス向上プログラムへの参加 / 不参加
- ※ カスタマーエクスペリエンス向上プログラムに参加すると、使用しているサーバーに関する統計情報が定期的に収集され、Microsoft にアップロードされます。その情報は、Microsoft が製品をよりよく改善するために使用されます。
- IE セキュリティ強化の構成の有効化 / 無効化
- ※ IE（Internet Explorer）における Web ベースのコンテンツからサーバーへの攻撃を低減するための設定です。有効化している場合、Web サイトの表示等に不都合が生じる場合もあるため必要に応じて無効化します。

- タイムゾーンの設定
- プロダクト ID
- ※ Windows Server のライセンスを購入すると一意に割り当てられたプロダクト ID（プロダクトキー）が発行されます。サーバー上でライセンス認証を行うことでプロダクト ID が表示されます。

□ ［イベント］タイル

サーバーのイベントログを収集することができます。複数サーバーを管理している場合は、それぞれのサーバーから収集したイベントログをまとめて表示することができます。

サーバーマネージャーでは、「イベントビューアー」で取得されているイベントログのうち、指定した重大度、イベントの発生期間、イベントログファイルに当てはまるイベントデータのみを収集します。収集するイベントデータの構成をしておくことで、特に気を付けておきたいエラーの可視性を高めることができ、日常的な稼働確認や障害発生時の調査の効率を上げることにつながります。ただし、ここに表示させるイベントの数を大幅に増やすとサーバーマネージャーのパフォーマンスが低下する可能性もあるため、収集するデータを適切に選定する必要があります。

□ ［サービス］タイル

サービスの表示、実行状態の確認、起動 / 停止ができます。複数サーバーを管理している場合は、各サーバーのサービスが表示されます。

□ ［ベストプラクティスアナライザー］タイル

ベストプラクティスアナライザー（BPA）は、特定のアプリケーションの問題点や改善方法を診断して通知する機能です。デフォルトで BPA が使用できるアプリケーションは下記の通りです。この他にも、モジュールを追加することで BPA が使用可能となるアプリケーションもあります。

BPA は、サーバーに役割を追加したあとに設定を確認したり、障害発生時の原因の切り分けや定期的なアプリケーションの状態チェックをしたりする場合に使用すると効果的であるといえます。

デフォルトで BPA が使用可能なアプリケーション
- Active Directory ドメインサービス
- Active Directory 証明書サービス
- DNS サーバー
- リモートデスクトップサービス
- Web サーバー（IIS）

□ パフォーマンス

サーバーの CPU 使用率やメモリ残量などのリソース状況を収集することができます。パフォーマンス情報を収集するためには、カウンターを有効化する必要があります。また、パフォーマンスの警告の構成をすることにより、リソース状況がしきい値に達した場合に警告を発報することも可能です。

□ 役割と機能

サーバーにインストールされている役割と機能の情報を一覧表示します。複数サーバーを管理している場合は、どのサーバーに何がインストールされているのかを 1 つの画面で確認できます。

リモートサーバー管理ツール（RSAT）

　リモートサーバー管理ツール（RSAT）とは、クライアント PC から遠隔操作によってサーバーを管理することができるソフトウェアです。RSAT を利用するためのクライアント PC 側の要件は Windows10、Windows8.1、Windows8、Windows7、Windows Vista のいずれかの OS のうち Professional Edition または Enterprise Edition であることです。一方、管理対象として設定可能なサーバーは、Windows Server 2016、Windows Server 2012 R2、Windows Server 2012、Windows Server 2008 R2、Windows Server 2008 です。また、RSAT を利用するには管理対象サーバーのサーバーマネージャーにて「リモートサーバー管理ツール」の機能を追加する必要があります。

　前述のサーバーマネージャーのリモート管理機能ではサーバーから別のサーバーを管理するのに対し、RSAT ではクライアント PC からサーバーを管理します。

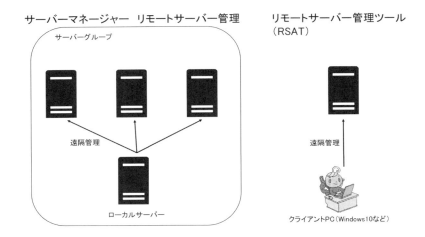

13-4　更新プログラム（Windows Update）

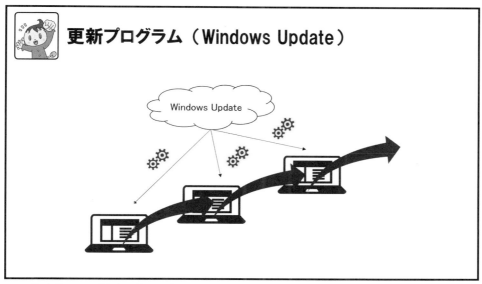

スライド 88：更新プログラム（Windows Update）

▌Windows Update

　Microsoft はリリース済みの OS に対するバグの修正やセキュリティ対応のための更新プログラムを定期的に提供しています。Windows Update はその更新プログラムをダウンロードし、インストールする機能です。Windows Update は Windows7 以降のクライアント OS でも提供されているため馴染みがあるかもしれませんが、同じ形態のサービスがサーバー OS でも提供されています。

　Windows Update による更新は更新プログラムがリリースされた際に自動的にインストールする方法と、手動でインストールする方法があります。企業のサーバー環境では、更新プログラムの適用がサーバーの稼働や情報処理に影響を与える可能性を考慮する必要があります。まずは検証環境に更新を適用し問題がないことを確認してから本番環境に適用するというように段階的に適用するのが一般的です。

▌Windows Server Update Service（WSUS）

　Windows Server Update Service は、複数の Windows 製品（Windows OS や Windows Server など）の更新プログラムを集中管理できる無償の製品です。一般的に WSUS（ダブルサス）と呼ばれます。企業などで大量のクライアント PC やサーバーを運用している場合、環境ごとの Windows Update 適用状況の管理が難しく、更新プログラムの適用状態がばらばらになってしまう可能性があります。WSUS はこのような問題を解消するための製品です。

　Windows Update を実施する場合、通常は各 PC やサーバーがインターネット上の Microsoft アップデートサーバーにアクセスし、そこから対象の更新プログラムをダウンロードします。一方で WSUS を導入した場合は、更新プログラムはいったん WSUS サーバーに保存され、各 PC やサーバーは WSUS サーバーから更新プログラムをダウンロードします。インターネット上の Microsoft アップデートサーバーと社内の各 PC、サーバーとの間に WSUS サーバーが介在することで複数の PC やサーバーに対する更新プログラムの適用を一元管理することが可能となります。具体的な管理内容としては、各 PC やサーバーに対して特定の更新プログラムを指定して配布したり、更新プログラムごとに適用状況をレポートしたりすることができます。WSUS を導入することのメリットは大きく次の 3 点です。

- **グループ別に更新プログラムを配信できる**
  社内PCやサーバーをグループに分けてグループごとに適用する更新プログラムを指定することが可能です。これにより、特定のグループにのみ適用したい更新プログラムを指定したり、業務に影響を及ぼす更新プログラムがあれば対象グループには配信しないようにしたりすることが可能です。

- **クライアントPCやサーバーごとの適用状態が確認できる**
  WSUSで管理しているPCやサーバーごとに更新プログラムの適用状態を確認することが可能です。適用状態は表やグラフによる画面確認の他、レポートとして出力することも可能です。

- **インターネットへのトラフィックの削減**
  大量のPCが個々にWindows Updateを実施することにより、繰り返し更新プログラムのダウンロードを行うことでネットワーク回線を圧迫してしまうことは、企業においてしばしば問題になります。WSUSを導入した場合は、WSUSサーバーが一括で更新プログラムのダウンロードを行うため、各PCが個別にMicrosoftアップデートサーバーへアクセスする場合に比べてインターネット回線の圧迫を防ぐことができます。

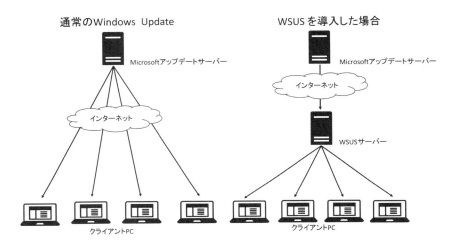

13-5　ライフサイクルポリシーとバージョン管理

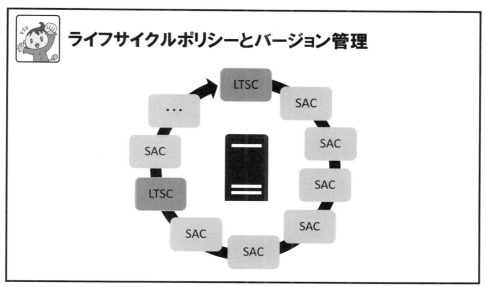

スライド 89：ライフサイクルポリシーとバージョン管理

ライフサイクルポリシー

　ライフサイクルポリシーとは、ある製品についてサポートが受けられる条件や期間をあらかじめ定めたガイドラインのことです。Microsoft では「製品をお使いの期間にわたって利用可能なサポートに関する、一貫性のある予測可能なガイドライン」であると表現しています。ここで言う「サポート」とは、製品の保守サービス、つまりセキュリティプログラムの提供や不具合発生時の修正などをメーカーが対応してくれることを指します。
Windows Server 等の Microsoft 製品以外のサーバーやソフトウェア、ミドルウェアなどにおいても、メーカーによってライフサイクルポリシーが定められていることが一般的です。なお、サポートが有償であるか無償であるかは製品によって異なります。

Windows Server のライフサイクル

　Windows Server のサポートには、メインストリームサポートと延長サポートの 2 種類があります。基本的には、1 つのサーバー製品に対して約 5 年間のメインストリームサポートの後に、延長サポートとしてさらに約 5 年間のサポートが受けられるようになっています。Windows Server 2016 の場合は、2022 年にメインストリームサポートが終了し、その後 2027 年まで延長サポートを受けることができます。Windows Server のバージョンごとのサポート期限については下の表を参照してください。

Windows Server のサポート期限

製品	リリース日	メインストリームサポート期限	延長サポート期限
Windows Server 2008	2008 年 5 月 6 日	2015 年 1 月 13 日	2020 年 1 月 14 日
Windows Server 2008 R2	2009 年 10 月 22 日		
Windows Server 2012	2012 年 10 月 30 日	2018 年 10 月 9 日	2023 年 10 月 10 日
Windows Server 2012 R2	2013 年 11 月 25 日		
Windows Server 2016	2016 年 10 月 15 日	2022 年 1 月 11 日	2027 年 1 月 12 日
Windows Server 2019	2018 年 11 月 13 日	2024 年 1 月 9 日	2029 年 1 月 9 日

サポート期限が切れた場合はどうなるか？

　もしサポート期限が切れてしまってもそのサーバーを使用し続けることは事実上、可能です。しかし、サポートが切れるとセキュリティ更新プログラムが提供されないため、サーバーをセキュリティ面で非常に危険な状態にさらしておくことになります。したがって、サーバーのサポート期限に近づいた場合は、よりサポート期限が未来であるバージョンにアップグレードする必要があります。企業においてサーバーの移行（リプレース）を行うのは、このサポート期限切れのタイミングであることがほとんどです。このためにも現在使用しているサーバーのサポート期限をしっかりと把握し、情報として管理しておく必要があります。

バージョン管理（LTSC と SAC）

　Windows Server では OS のバージョンのリリースが 2 種類の方法で提供されています。常に最新バージョンを使用していなければならないわけではありませんが、それぞれのリリースタイプを理解した上でサポート期限や性能等を考慮して適切にバージョンアップをしていく必要があります。

LTSC と SAC のリリース・サポートサイクル

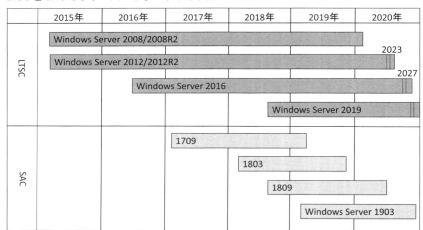

Long-Term Servicing Channel（LTSC）

　従来の固定ライフサイクルポリシーに基づいて 2 〜 3 年ごとに提供されているリリースバージョンのことを、次に紹介する SAC と差別化して Long-Term Servicing Channel（LTSC）と呼びます。「Windows Server 2016」といった場合の「2016」が LTSC バージョンです。Windows Server 2016 の後継であり最新バージョンとしては「Windows Server 2019」が提供されています。

　LTSC では、最低 10 年（メインストリーム 5 年＋延長サポート 5 年）の長期サポートが提供されます。また、LTSC を利用するには、コアベースのサーバーライセンス（永続ライセンス）が必要です。

Semi-Annual Channel（SAC）

　LTSC のリリースサイクルが 2 〜 3 年であるのに対して、半年ごと（3 月頃と 9 月頃）のサイクルで提供されているリリースバージョンのことを Semi-Annual Channel（SAC）と呼びます。SAC は「Windows Server バージョン 1809（リリース年月）」などと表現されます。このサービスはもともとクライアント OS である Windows10 のサービスでしたが、2017 年 10 月からサーバー OS の Windows Server でも提供が開始されました。

　SAC では、各リリースは 18 か月間サポートが提供されます。それ以降も品質更新プログラムの提供を受けるにはサポート対象のより新しいバージョンにアップグレードする必要があります。また、SAC を利用するにはソフトウェアアシュアランス（SA）契約が必要です。

LTSC と SAC の適用

SAC で提供される機能は、次の LTSC のリリースバージョンに含まれることがほとんどです。サーバーの運用においては半期ごとにリリースされるバージョンの適用方針を検討する必要があります。その検討に当たっては「常に最新機能を取り入れる必要があるか」、「サーバー稼働の安定性を確保する必要があるか」の2つの側面を考慮します。業務処理用のサーバー環境では基本的には従来のワークロードが実行されることを優先するため、SAC によるアップデートはしない場合が多いです。この場合は、LTSC のサポート期限が到来したタイミングで LTSC によるバージョンアップを検討します。

13-6　サーバー管理関連演習

サーバー管理関連演習

演習内容
■ サーバーマネージャーへの追加
■ リモートサーバーへの役割と機能の追加
■ リモートサーバーのイベントログ確認
■ リモートサーバーへの PowerShell 接続

スライド 90：サーバー管理関連演習

サーバー管理関連演習

※　以下に、サーバー管理関連演習の前提条件を示します。
1.　Windows Server 2016 を 2 台（以下、W2K16SRV1、W2K16SRV2）を起動していること。
2.　各サーバーは同じネットワーク上に存在していること。
3.　各サーバーは GROUP1 ワークグループに参加していること。
4.　本演習では W2K16SRV1 の IP アドレスを［192.168.0.11］とします。
5.　本演習では W2K16SRV2 の IP アドレスを［192.168.0.12］とします。
6.　W2K16SRV2 の Windows ファイアウォールの設定がすべて無効になっていること。

※　以下に、サーバー管理関連演習の構成図を示します。

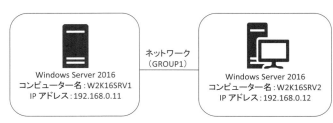

演習1　サーバーマネージャーへの追加

1.　W2K16SRV1 のデスクトップ画面にて、［スタート］-［サーバーマネージャー］を開き、左ペインの「ダッシュボード」にて［すべてのサーバー］をクリックします。
2.　右ペインの［サーバー］欄に表示されている W2K16SRV2 を右クリックし、［Windows PowerShell］を管理者権限で実行し、下記コマンドを実行します。

Set-Item wsman:¥localhost¥Client¥TrustedHosts W2K16SRV2 -Concatenate -Force

3. W2K16SRV1 のデスクトップ画面にて、[スタート] - [サーバーマネージャー] - [管理] - [サーバーの追加] をクリックします。

4. [サーバーの追加] 画面にて、[DNS] タブを選択し、[検索] の欄に「192.168.0.12」と入力し、検索ボタンをクリックします。

5. 下の [名前 | オペレーティングシステム] 欄に表示された「W2K16SRV2」を選択し、画面中央にある、右向きの三角形のボタンをクリックします。

6. 右側の [選択済み] 欄に「W2K16SRV2」が表示されたら、右下の [OK] をクリックします。

7. [すべてのサーバー] から [W2K16SRV2] を右クリックし [管理に使用する資格情報] をクリックします。

8. [W2K16SRV2] のローカル Administrator の資格情報を入力し「OK」をクリックします。
   ユーザー名：W2K16SRV2¥Administrator
   パスワード：任意のパスフード

9. [管理状態] がオンラインになったことを確認します。

以上で、「サーバーマネージャーへの追加」演習は終了です。

演習 2　リモートサーバーへの役割と機能の追加

1. W2K16SRV1 のデスクトップ画面にて、[スタート] - [サーバーマネージャー] - [管理] - [役割と機能の追加] をクリックします。

2. [役割と機能の追加ウィザード]　が開き、[開始する前に] 画面が表示されるので、デフォルトのまま [次へ] をクリックします。

3. [インストールの種類の選択] 画面にて、デフォルトのまま [次へ] をクリックします。

4. [対象サーバーの選択] 画面にて、「W2K16SRV2」を選択して [次へ] をクリックします。

5. [サーバーの役割の選択] 画面にて、[役割] 欄から [Web サーバー（IIS）] のチェックボックスをオンにし、デフォルトのまま [機能の追加] をクリックします。

6. [サーバーの役割の選択] 画面に戻るので、[次へ] をクリックします。

7. [機能の選択] 画面にて、[次へ] をクリックします。

8. [Web サーバーの役割（IIS）] 画面にて、[次へ] をクリックします。

9. [役割サービスの選択] 画面にて、[次へ] をクリックします。

10. [インストールオプションの確認] 画面にて、インストールをクリックします。

11. インストールが終了したら、[閉じる] をクリックし画面を閉じます。

12. デスクトップ画面で [スタート] - [Windows アクセサリ] - [Internet Explorer] をクリックします。

13. [Internet Explorer] のアドレスバーに「http://192.168.0.12 /」と入力し、[Enter] を押下します。

14. [IIS Windows Server] の Web ページが表示されることを確認します。

15. [Internet Explorer] を閉じます。

以上で、「リモートサーバーへの役割と機能の追加」演習は終了です。

演習 3　リモートサーバーのイベントログ確認

1. W2K16SRV1 のデスクトップ画面にて、[スタート] - [サーバーマネージャー] を開き、左ペインの [ダッシュボード] にて [すべてのサーバー] をクリックします。

2. 右ペインの [サーバー] 欄に表示されている W2K16SRV2 を右クリックし、[コンピューターの管理] をクリックします。

3. [コンピューターの管理] 画面にて、左ペインの [イベントビューアー] - [Windows ログ] - [Setup] を展開します。右ペインの「情報」ログにて、IIS が正常に追加されていることを確認します。

4. [コンピューターの管理] 画面を閉じます。

以上で、「リモートサーバーのイベントログ確認」演習は終了です。

演習4　リモートサーバーへの PowerShell 接続

1. W2K16SRV1 のデスクトップ画面にて、［スタート］‐［サーバーマネージャー］を開き、左ペインの「ダッシュボード」にて［すべてのサーバー］をクリックします。
2. 右ペインの［サーバー］欄に表示されている W2K16SRV2 を右クリックし、［Windows PowerShell］をクリックします。
3. Windows PowerShell 資格情報の要求画面の画面が出たら、W2K16SRV2 の任意のパスワードを入力します。
4. PowerShell 画面が開き、「Enter」を押下すると下記のプロンプトが表示されることを確認します。
   ［W2K16SRV2］: PS　C:¥Users¥Administrator¥Documents>
5. PowerShell 画面で以下のコマンド例を入力し［ENTER］キーを押下します。

---

cd　C:¥inetpub¥wwwroot
　　→カレントディレクトリを「C:¥inetpub¥wwwroot」に移動。
　　→プロンプトが右記に変化。［W2K16SRV2: PS　C:¥inetpub¥wwwroot>

"Hello_World!!" | Out-File Test.txt
　　→文字列「Hello_World!!」と書かれたテキストファイルを作成し、ファイル名「Test.txt」で保存。

---

6. デスクトップ画面で［スタート］‐［Windows アクセサリ］‐［Internet Explorer］をクリックします。
7. ［Internet Explorer］のアドレスバーに「http:// 192.168.0.12/Test.txt」と入力し、［Enter］を押下します。
8. 「Test.txt」の中身の文字列「Hello_World!!」が表示されることを確認します。

以上で、「リモートサーバーへの PowerShell 接続」演習は終了です。

Chapter 14

リモートデスクトップサービス

14-1 章の概要

章の概要
この章では、以下の項目を学習します

- ■ リモートデスクトップの概要
- ■ クライアント機能のポイント
- ■ サーバー機能のポイント
- ■ リモートデスクトップの新機能
- ■ リモートデスクトップ関連演習

スライド 91：章の概要

Memo

14-2　リモートデスクトップの概要

リモートデスクトップの概要

- リモートデスクトップサービスとは
- リモートデスクトップサービスの仕組み

スライド92：リモートデスクトップの概要

▍リモートデスクトップサービスとは

　リモートデスクトップサービスは、サーバー上に仮想的に構成されたWindowsデスクトップを、クライアントPCから利用して、サーバー上のアプリケーションや管理ツールなどを実行するための機能です（Windows Server 2008までは、ターミナルサービスと呼ばれていました）。

　サーバー上の仮想Windowsデスクトップは、あたかもクライアントPC上で動いているかのように表示され、クライアントPC上のWindowsデスクトップを操作するような感覚で、サーバー上のアプリケーションや管理ツールを操作することができます。

　例えば、本社と遠距離にある支社との間で、現地まで出向くことも無く、本社のクライアントPCから支社のサーバー画面をみながらメンテナンスができるようになります。

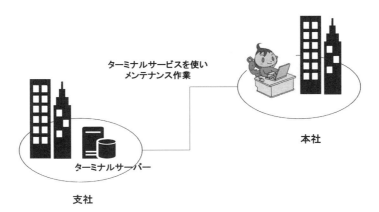

　クライアント側から操作するサーバー側のアプリケーションは、サーバー側でのみ実行されるので、重い処理でも負荷がかかるのはサーバー側であり、クライアント側は低スペックのマシンでもその影響は受けません。

　また、複数のクライアントから1つのサーバーに同時に接続して、アプリケーションを実行することもできます。その場合は、クライアントごとにセッションが分けられ、別々のWindowsデスクトップになります。

239

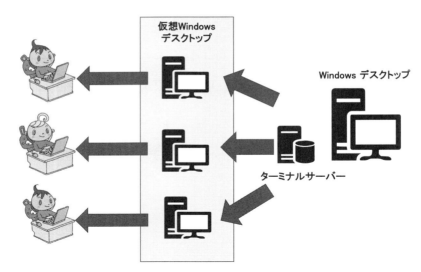

このクライアント PC 上からサーバーの Windows デスクトップを操作する機能は、「リモートデスクトップ接続（RDC：Remote Desktop Connection）」と呼ばれています（Windows 2000 Server 以前は「ターミナルサービスクライアント（TSC：Terminal Services Client）と呼んでいました）。

一方、リモートデスクトップサービスを提供するサーバーは「リモートデスクトップサーバー」と呼びます。

リモートデスクトップサービスの仕組み

リモートデスクトップサービスを提供するサーバーは、クライアント側に Windows デスクトップの画面情報のみを渡して、マウスやキーボードなどの入力データのみを受け取ります。

これにより、クライアント上で Windows デスクトップ画面の表示や操作が可能になり、しかもアプリケーションはリモートデスクトップサーバー上で実行されることになります。

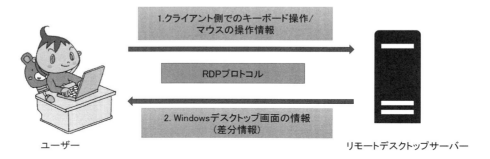

① リモートデスクトップサーバーは、マウスやキーボードなどの入力情報をクライアントPCから受信する。
② Windowsデスクトップ画面の差分情報を圧縮して、リモートデスクトップサーバーからクライアントPCに送信する。

前述のように「リモートデスクトップサーバー」-「クライアント」間の通信では、RDP（Remote Desktop Protocol）というリモートデスクトップサービス独自のプロトコルを使用しています。

RDP は TCP/IP ベースのプロトコルで、クライアント PC のマウスやキーボードのユーザー入力情報をターミナルサーバー側に伝送したり、ターミナルサーバー側の画面情報をクライアント側に伝送したりします。伝送される際は、データは暗号化および圧縮が行われます。

Windows Server 2016 では、最新の「Microsoft RDP 10.0」というプロトコルが使われています。

14-3 クライアント機能のポイント

スライド 93：クライアント機能のポイント

リモートデスクトップ接続

「リモートデスクトップ接続（RDC）」と呼ばれるターミナルサービスクライアントソフトウェアを利用し、ターミナルサーバーにアクセスを行うことができます。

```
「リモートデスクトップ接続」の起動方法
Windows 10,Windows Server 2016 の［スタート］メニューから
［Windows アクセサリ］-［リモートデスクトップ接続］
```

なお、この「リモートデスクトップ接続」がアクセスするターミナルサーバー（またはリモートデスクトップサーバー）側の OS は、Windows Server 2016 Standard Edition 以上である必要があります。

※ Windows NT Server 4.0 Terminal Server Edition や Windows 2000 Server にもターミナルサービスの機能はありますが、後ほど紹介する「クライアントリソースのリダイレクト機能」は利用できません。クライアント側での解像度と、表示色数に関しても、最大解像度が XGA（1024 × 768）、同時表示色数が 256 色（8bit）となります。

☐ クライアントリソースのリダイレクト機能
　Windows Server 2016 のリモートデスクトップでは、実際にはサーバー側で実行されているリモートデスクトップの中から、クライアント PC に接続されているディスクドライブ、プリンター、オーディオデバイス、シリアルポートなどを利用することができます。
　これを「クライアントリソースのリダイレクト」機能と呼びます。
　ローカルにあるリソースを、サーバー側にリダイレクト（再接続）することからこう呼ばれています。

左図の箇所にて、ディスクドライブ、プリンター、シリアルポートのリダイレクト設定を行うことができます。

チェックボックスをオンにすればリダイレクトが利用可能となります。

リモートアシスタンス接続

「リモートデスクトップ接続」の他に、「リモートアシスタンス接続という機能を使用し、離れた場所にあるコンピューターを遠隔操作することも可能です。

リモートアシスタンス接続は、リモートデスクトップ接続とは異なり、対象サーバーの前にいるユーザーと遠隔地のユーザーで同じ画面を共有するようになっています。そのため、操作方法を教えながら実際に操作してみせるといったことが可能です。

リモートアシスタンス接続は対象サーバーのアカウントを持っていなくても利用できます。Windows Messenger や電子メールを使用して遠隔地のユーザーに接続要求のメッセージを送信し、遠隔地のユーザーはそれを受けてリモートアシスタンスのセッションの開始要求を返信し、対象サーバー側で許可をすることで、リモートアシスタンス接続が開始されます。

14-4　サーバー機能のポイント

サーバー機能のポイント

■ リモートデスクトップサービスの動作モード
■ サーバー側
■ ユーザー側

スライド94：サーバー機能のポイント

リモートデスクトップサービスの動作モード

「リモートデスクトップサービス」にはサーバー側とユーザー側の2つの動作モードがあります。

サーバー側

□　**リモートデスクトップの有効化**

［サーバーマネージャー］－［ローカルサーバー］にて、［リモート管理］-［リモートデスクトップ］を有効することで、管理用リモートデスクトップが有効になります。

ユーザー側

Windows 7 OS 以降であれば、デフォルトでリモートデスクトップ接続が有効となっており、サーバーへのリモートデスクトップ接続が可能です。

また、使用している PC から違う PC へのリモートデスクトップ接続も可能です。

PC から PC へのリモートデスクトップ接続を有効にするには、下記手順を行います。

［コントロールパネル］-［システムとセキュリティ］-［リモートアクセスの許可］から、［システムのプロパティ］を選択して、リモートタブのリモートデスクトップを実行しているコンピューターからの接続を許可にチェックを入れます。

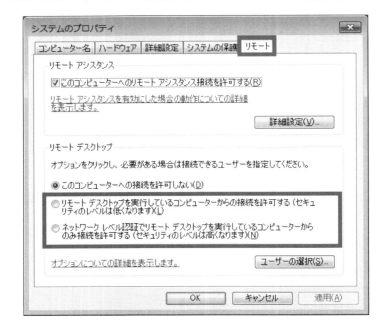

14-5 リモートデスクトップの新機能

リモートデスクトップの新機能

- RemoteApp
- リモートデスクトップ web アクセス
- リモートデスクトップライセンス
- リモートデスクトップゲートウェイ
- リモートデスクトップ接続ブローカー
- シンクライアント /VDI

スライド 95：リモートデスクトップの新機能

Windows Server 2016 からは以下の新機能がリモートデスクトップサービスに追加されています。

RemoteApp

ホストで実行されるアプリケーションの画面だけをサーバーに転送し、クライアントのデスクトップ上に表示・操作させる機能です。アプリケーションをあたかもローカルで実行しているようにみせることができます。

リモートデスクトップ web アクセス

クライアント PC の Web ブラウザからリモートデスクトップ接続が可能になります。

リモートデスクトップライセンス

リモートデスクトップライセンスサーバーを置くことで、リモートデスクトップ CAL を一元管理することができます。CAL（Client Access License）とは、リモートデスクトップサービスを利用するためのライセンスです。

リモートデスクトップゲートウェイ

Windows Server をゲートウェイとして機能させるサービスです。インターネット上のデバイスから社内ネットワークにリモート接続する際に接続を仲介します。
踏み台サーバーと呼ばれることもあります。

リモートデスクトップ接続ブローカー

ユーザーからの接続要求に対して、仮想デスクトップの割り当てや切断されたセッションの再接続を管理します。ユーザーのサーバーへの接続が一か所に集中しないようにすることが可能です。

シンクライアント /VDI

☐ **シンクライアント**
ハードディスクなどの記憶装置を搭載せず、最小構成のクライアント端末で処理を行うことです。多くの処理やデータの蓄積はサーバー側で行います。

☐ **VDI**
シンクライアントの画面転送型のひとつで、サーバー側で環境を起動し、ネットワーク越しに接続された端末へ画面情報を転送、キーボードやマウスなど入力情報を端末からサーバーへ返します。

14-6　リモートデスクトップ関連演習

リモートデスクトップ関連演習

演習内容
- 管理用リモートデスクトップの有効化
- 管理用リモートデスクトップモードでのリモート接続
- 最大解像度と同時表示色数を変更してリモートデスクトップ接続
- クライアントリソースのリダイレクト機能の設定

スライド 96：リモートデスクトップ関連演習

リモートデスクトップ関連演習

※　以下に、リモートデスクトップサービス関連演習において前提条件を示します。
1. Windows Server 2016 が 2 台起動してあること。
2. 各サーバーは同じネットワーク上に存在していること。
3. 本演習では W2K16SRV1 の IP アドレスを［192.168.0.11］とします。
4. 本演習では PC1 の IP アドレスを［192.168.0.12］とします。
5. ［W2K16SRV1］をリモートデスクトップサーバーとします。

※　以下に、リモートデスクトップ関連演習の構成図を示します。

演習 1　管理用リモートデスクトップの有効化

1. W2K16SRV1 に Administrator でログオンします。
2. ［スタート］を右クリックし、［システム］をクリックします。
3. ［システム］画面にて、［リモートの設定］をクリックし、［システムのプロパティ］画面を開きます。
4. ［リモート］タブが開かれるので、［リモートデスクトップ］項目の［このコンピューターにユーザーがリモートで接続することを許可する］のチェックボックスにチェックを入れます。
5. ［ネットワークレベル認証でリモートデスクトップを実行しているコンピューターからのみ接続を許可する］の

チェックを外す。

6.   ［リモートデスクトップ接続］画面にて、［OK］をクリックします。

7.   ［システムのプロパティ］画面に戻るので、［適用］-［OK］をクリックします。

以上で、「管理用リモートデスクトップの有効化」演習は終了です。

演習 2　管理用リモートデスクトップモードでのリモート接続

1.   PC1 に Administrator でログオンします。

2.   ［スタート］-［Windows システムツール］-［コマンドプロンプト］をクリックします。

3.   ［コマンドプロンプト］画面にて、"ping 192.168.0.11" と入力し［Enter］キーを押し、［192.168.0.11 からの応答：バイト数 =32 時間 < ○ ms TTL= ○○］と表示されることを確認し、［コマンドプロンプト］画面を閉じます。

4.   PC1 にて、［スタート］-［Windows アクセサリ］-［リモートデスクトップ接続］をクリックします。

5.   ［リモートデスクトップ接続］画面にて、［コンピューター］欄に "192.168.0.11" と入力し、［接続］をクリックします。

6.   ［Windows セキュリティ］画面にて、［ユーザー名］欄に［Administrator］、［パスワード］欄に Administrator のパスワードを入力し、［OK］をクリックします。

7.   ［このリモートコンピューターの ID を識別できません］画面にて、デフォルトのまま、［はい］をクリックします。

8.   サインインできることを確認し、［スタート］を右クリックし、［シャットダウンまたはサインアウト］-［サインアウト］をクリックします。リモートデスクトップ接続を終了します。

以上で、「管理用リモートデスクトップモードでのリモート接続」演習は終了です。

演習 3　最大解像度と同時表示色数を変更してリモートデスクトップ接続

1.   PC1 にて Administrator でログオンします。

2.   ［スタート］-［アクセサリ］-［リモートデスクトップ接続］をクリックします。

3.   ［リモートデスクトップ接続］画面にて、［コンピューター］欄に "192.168.0.11" が入力されていることを確認し、［オプション］をクリックします。

4.   ［リモートデスクトップ接続］画面にて、［画面］タブをクリックします。

5.   ［リモートデスクトップ接続］の［画面］タブ画面にて、下記の通り設定し［接続］をクリックします。
      - リモートデスクトップのサイズ：640 × 480 ピクセル
      - 画面の色　　　　　　　　　　：High Color（15 ビット）

6.   ［Windows セキュリティ］画面にて、［ユーザー名］欄に［Administrator］、［パスワード］欄に Administrator のパスワードを入力し、［OK］をクリックします。

7.   ［このリモートコンピューターの ID を識別できません］画面にて、デフォルトのまま、［はい］をクリックします。

8.   サインイン後、PC1 に表示されている［リモートデスクトップ］画面のサイズ、表示されているアイコン等の色の変化を確認します。

9.   変更点を確認後、［スタート］を右クリックし、［シャットダウンまたはサインアウト］-［サインアウト］をクリックします。

以上で、「最大解像度と同時表示色数を変更してリモートデスクトップ接続」演習は終了です。

演習 4　クライアントリソースのリダイレクト機能の設定

1.   PC1 に Administrator でログオンします。

2.   ［スタート］-［Windows アクセサリ］-［リモートデスクトップ接続］をクリックします。

3.   ［リモートデスクトップ接続］画面にて、［コンピューター］欄に "192.168.0.11" が入力されていることを確認し、［オプション］をクリックします。

4.   ［リモートデスクトップ接続］の［全般］タブ画面にて、［ローカルリソース］タブをクリックします。

5.   ［リモートデスクトップ接続］の［ローカルリソース］タブ画面にて、［ローカルデバイスとリソース］の詳細

を開き、[ドライブ] のチェックボックスにチェックを入れ、[OK] をクリック後、[接続] をクリックします。

6. [このリモート接続を信頼しますか] 画面にて、[接続] をクリックします。

7. [Windows セキュリティ] 画面にて、[ユーザー名] 欄に [Administrator]、[パスワード] 欄に Administrator のパスワードを入力し、[OK] をクリックします。

8. [このリモートコンピューターの ID を識別できません] 画面にて、デフォルトのまま、[はい] をクリックします。

9. サインイン後、PC1 に表示されている [リモートデスクトップ] 画面にて、[タスクバーの [エクスプローラー] をクリックします。

10. [エクスプローラー] 画面にて、[PC] を開き [PC1 の C]、[PC1 の D]、[PC1 の E] が表示されている事を確認します。

11. [エクスプローラー] 画面にて、[PC1 の C] をダブルクリックします。

12. [PC 1 の C] 画面にて、右クリックをし、[新規作成] - [テキストドキュメント] をクリックし、"test.txt" と言うファイル名でテキストファイルを作成します。

13. テキストファイル作成後、[リモートデスクトップ] 画面の右上にある [_] をクリックし最小化します。

14. PC1 にて、タスクバーの [エクスプローラー] をクリックします。

15. [エクスプローラー] 画面にて、[PC] - [ローカルディスク (C:)] をダブルクリックし、[test.txt] ファイルが存在している事を確認します。

16. ファイルの存在を確認後、[マイコンピューター] 画面を閉じ、タスクバーにある [192.168.0.11 －リモートデスクトップ] をクリックし、最小化していた [リモートデスクトップ] 画面を元のサイズに戻します。

17. [リモートデスクトップ] 画面にて、[スタート] を右クリックし、[シャットダウンまたはサインアウト] - [サインアウト] をクリックします。

以上で、[クライアントリソースのリダイレクト機能の設定] 演習は終了です。

Memo

Chapter 15

監視

15-1 章の概要

章の概要

この章では、以下の項目を学習します

- 監視の概要
- サーバーの監視ツール
- サーバーのイベント監視
- サーバーパフォーマンスの監視
- 監視関連演習

スライド 97：章の概要

Memo

15-2 監視の概要

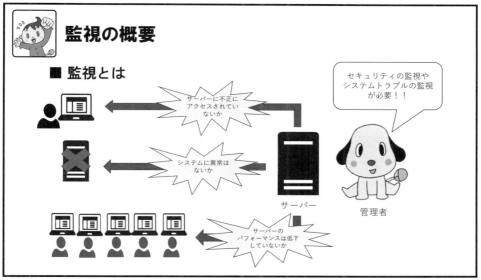

スライド98:監視の概要

監視とは

　Windowsサーバーはサーバーにアクセスしてくるユーザーに対して、メールやデータベース、業務システム等の機能を提供しています。

　多くの場合、サーバー障害によって機能提供が完全にダウンしてユーザーの業務に支障が出ないように、ネットワークやサーバーを冗長化したり、バックアップサイトを用意したり、クラスタリングやロードバランシングの技術を使ったりと、あらゆる対策を施します。

　ただし、単体のサーバーにおける障害は完全に防げるものではなく、何らかの異常が発生した場合は、その障害の程度に応じた時間内に復旧させる必要があります。この異常が発生したことやその予兆を発見するために監視を行います。

　例として、監視による予兆の検出には次のような観点があります。

- ユーザーやクライアントコンピューターの増加によってサーバーパフォーマンスは低下していないか、低下しそうな予兆はないか
- サーバー異常による故障の予兆はないか
- サーバーに不正アクセスされる可能性がある脆弱性を抱えていないか

　このような観点でサーバーパフォーマンスやセキュリティログ、システムの稼働状態を定期的に監視することで、異常を検知し迅速な復旧に努める必要があります。この章ではWindows Server 2016に組み込まれている、サーバーの異常検知やパフォーマンスのモニタリング、トラブルシューティングに活用できるツールについて学習します。

15-3 サーバーの監視ツール

サーバーの監視ツール

- ■ イベントビューアー
- ■ パフォーマンスモニター
- ■ リソースモニター
- ■ タスクマネージャー
- ■ サービス（サービス管理ツール）
- ■ サーバーマネージャー

スライド 99：サーバーの監視ツール

Windows Server 2016 には、次のような監視ツールが標準で組み込まれています。

- イベントビューアー
- パフォーマンスモニター
- リソースモニター
- タスクマネージャー
- サービス（サービス管理ツール）
- サーバーマネージャー

▌イベントビューアー

　イベントビューアーでは、Windows サーバー OS、アプリケーションやバックグラウンドで稼働しているサービスで発生した様々な事象を参照することができます。

　たとえば、ハードウェアやアプリケーションの稼働状態、ログオン等による認証要求と認可の状況、サーバーの起動や停止の状況など、様々な種類の事象がイベントとしてレベル付けをしたうえで記録されており、各イベントの内容を確認することができます。

　イベントビューアーは、いくつかのフォルダーの中に分類されたログファイルが保存されている形式をとっており、基本的には Windows ログおよびアプリケーションとサービスログの 2 種類のフォルダーに保存されたログを参照します。

　Windows ログには、「Application」、「セキュリティ」、「Setup」、「システム」、「転送されたイベント」が保存されています。またアプリケーションとサービスログには、Internet Explorer や Windows で動作している各種サービス、Microsoft Office、Windows PowerShell 等によるログが保存されています。

　なお、Windows サーバーにインストールしたアプリケーションによっては、ログファイルをそのアプリケーションが指定する別のディレクトリに保存することがあり、その場合はイベントビューアーからの確認ではなく、指定されたフォルダー内のログを参照します。

　イベントビューアーで参照できるログファイルは、「操作」画面から別ファイルとして保存することができます。マルウェア感染があったときや不正アクセスを受けたときなど、セキュリティの担当者へログファイルを提出するときに用います。

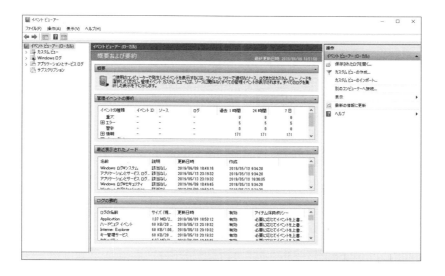

パフォーマンスモニター

パフォーマンスモニターでは、サーバー本体の現在のパフォーマンス（性能）が把握できます。現在のCPU（プロセッサ）、メモリ、ディスク、ネットワークの使用状況を把握し、どこにパフォーマンス低下の原因があるのか、その部位を特定することに利用します。

パフォーマンスモニターは、「モニターツール」、「データコレクターセット」、「レポート」から構成されています。パフォーマンスモニターはあくまで現在のサーバー本体の情報を確認するためのもので、起動の都度、モニターしたい項目を［カウンターの追加］という形で追加します。

データコレクターセットにより、モニターしたいカウンターを選択することや、モニターする日時を決めて一定期間データを取得することなど、必要なデータをユーザーが定義して取得するように設定することも可能です。

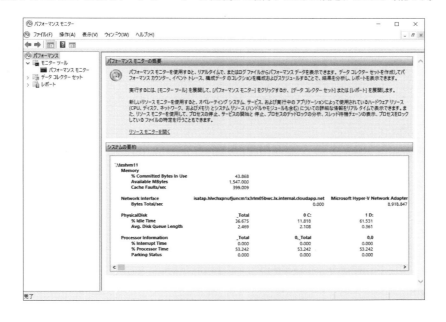

リソースモニター

パフォーマンスモニターが CPU やメモリ等のシステムを維持する機能単位でのパフォーマンスを確認する目的で作られていることに対し、リソースモニターは、CPU やメモリを消費しているアプリケーションやサービスは具体的に何かという視点で、動作しているアプリケーションやサービスをその負荷状況とともに表示し、サーバー全体のパフォーマンスに影響するリソースを明確にします。リソースモニターはパフォーマンスモニターと密接な関連があるため、パフォーマンスモニターから開くことができます。また、アイコンも同じです。

リソースモニターでは、CPU、メモリ、ディスク、ネットワークといった項目で、それぞれの中で動作しているアプリケーションやサービスをリスト表示します。またそれぞれのアプリケーションやサービスが実行中か停止中かといった情報や、CPU やメモリをどのくらい消費しているのかというような情報を数値で表示します。

CPU やメモリ全体でのリソース消費状況も、このリソースモニターの中のグラフで表示しますので、運用中にサーバーが重く特定のサービスを特定したいようなときには、リソースモニターのみで全体の負荷状況まで確認することができます。

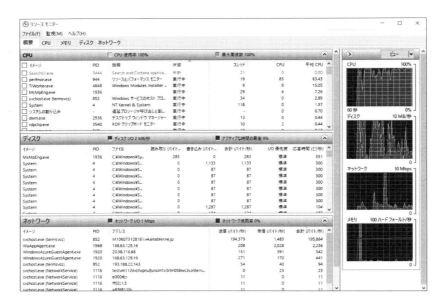

タスクマネージャー

タスクマネージャーはサーバーで動作しているプロセスやサービスを管理するためのツールですが、サーバーパフォーマンスをグラフ表示で確認することができます。

タスクマネージャーの「パフォーマンス」タブからは、より詳細な状況を確認するために「リソースモニター」へアクセスできるようにリンクが張られています。

標準で立ち上がる画面には、ディスクの項目が表示されません。そのため、一度タスクマネージャーを閉じ、管理者として実行したコマンドプロンプトで［diskperf -V］を実行、再度タスクマネージャーを起動します。

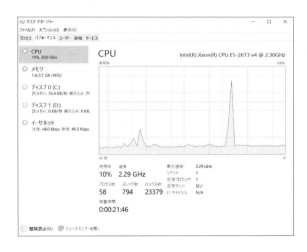

サービス（サービス管理ツール）

サービスとは、サーバーのバックグラウンドで実行されているアプリケーションのことを指します。サービス管理ツールの画面では、サービスの確認・変更などを行うことができます。

たとえば、サーバーの起動時に、自動で開始するサービスか、手動で起動することで開始するサービスか、無効とするサービスかを設定できます。また、実行中のサービスを一時停止したり、再開することができます。

後述しますが、タスクマネージャーの「サービス」タブの下部にある［サービス管理ツールを開く］をクリックすると、ここで説明するサービスが立ち上がります。

サービスを停止 / 再起動するときは、停止 / 再起動したいサービスを選択すると表示される画面左上の ［サービスの停止］ / ［サービスの再起動］ リンクをクリックするか、右クリックで表示されるメニューから ［停止］ / ［再起動］を選択します。

また、サーバーを起動したときの起動状態（スタートアップの種類）を変えたい場合、［プロパティ］を開くことで変更できます。

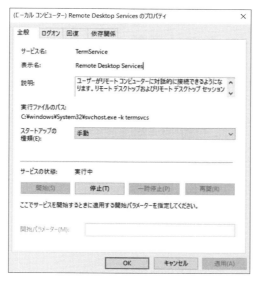

■ サーバーマネージャー

　サーバーマネージャーは、サーバーにログオンすると自動的に起動する管理アプリケーションです。ダッシュボードにはサーバーの管理状態がわかりやすく表示され、たとえばエラーが発生していることが一目でわかるようになっています。ログオンしたサーバー本体とネットワーク上の他のサーバーも同じ画面で管理することができます。

　ログオンしたサーバーの管理は、ローカルサーバーから行います。「プロパティ」、「イベント」、「サービス」、「ベストプラクティスアナライザー」、「パフォーマンス」、「役割と機能」の各項目を確認できます。「イベント」、「サービス」、「パフォーマンス」は、これまでに紹介してきた機能をこの画面から利用できるということになります。

　そのほか、「プロパティ」ではコンピューター名等のシステム設定や、Windows Update の更新状況の確認が行えます。「ベストプラクティスアナライザー」では、インストールされている役割を認識して、その役割におけるサーバー構成が望ましい設定（ベストプラクティス）に準拠しているかどうかを確認できます。「役割と機能」では、ログオンしているサーバーの役割と機能が確認できます。

　なお、サーバーマネージャーの［ツール］からは、「イベントビューアー」や「パフォーマンスモニター」、「PowerShell」等の管理ツールを直接起動させることができます。

15-4 サーバーのイベント監視

サーバーのイベント監視

- ■ イベントログの種類
- ■ イベントの種類
- ■ イベントログの保存と削除
- ■ イベントログのサイズ
- ■ イベントのフィルター

スライド100：サーバーのイベント監視

Windowsサーバーで発生する事象（イベント）は、サーバーの起動時に自動で開始し、バックグラウンドで稼働しているイベントログサービスにより、独自フォーマットのイベントログとしてログファイルへ記録されます。そして、記録されたログは「イベントビューアー」で参照することができます。ここでは、「イベントビューアー」で参照できるログからどのような情報が得られるのか、ログを監視するためにどう活用できるのか、という点を説明します。

イベントログの種類

Windows Server 2016 をインストール後、特に役割を持たせずに起動させたサーバーの「イベントビューアー」で参照できるイベントログには、次のような種類があります。
「Windowsログ」配下には、Windowsに関連したイベントログが格納されます。

- ☐ **Application**
  Windows上で動作するアプリケーションソフトに関するイベントが格納されています。

- ☐ **セキュリティ**
  セキュリティ監査イベントに関するイベントが格納されています。

- ☐ **Setup**
  セットアップ関連のイベントが格納されています。

- ☐ **システム**
  OSとドライバー、またはその他のWindowsに関するイベントが格納されています。

- ☐ **転送されたイベント**
  ネットワーク上の他のサーバーから送られたイベントが格納されています。

ログファイルのパスは、「C:¥Windows¥System32¥winevt¥Logs」です。このパスは、確認したいログ名の上で右クリックして表示されるメニューから［プロパティ］を選択することで確認できます。

「アプリケーションとサービスログ」配下には、アプリケーション単体やサービスに関連したイベントログが格納されています。

- **Internet Explorer**
  Internet Explorer に関連したイベントが格納されています。

- **Windows PowerShell**
  Windows PowerShell に関連したイベントが格納されています。

- **キー管理サービス**
  キー管理サービス（KMS：Key Management Service）に関連したイベントが格納されています。

  KMS とは、KMS をインストールしたサーバーへ到達可能なネットワーク内に存在するマイクロソフト製の OS やアプリケーションに対して、ネットワーク経由でライセンス認証を実施できる仕組みのことです。OS やアプリケーション単位でライセンスキーを入力する作業を省略することができます。

- **ハードウェア イベント**
  電源、温度、CPU 等のハードウェア（BMC：baseboard management controller）から通知されるイベントが格納されています。

また Microsoft フォルダーがあり、その配下に階層をともなったイベント格納先があります。ここには Windows の各機能に応じたイベントが格納されるようになっています。

なお、役割を構成した Windows Server 2016 では、上記の他にイベントログの種類が生成される場合があります。たとえば、ディレクトリサービス、DNS サーバー、ファイルレプリケーションサービスといった種類が追加されます。

このように、記録されるログの種類によって参照先が異なるため、どこのログにエラーや警告が記録されているかによって、問題が発生している場所がハードウェアなのか、アプリケーションソフトなのかといったレベルで大まかに特定することができます。

▌イベントの種類

「イベントビューアー」には、それぞれのイベントログの重要度や内容に応じてレベルやキーワードがついています。「Application」、「Setup」、「システム」、「転送されたイベント」（ネットワーク上の他のサーバーから送られた「Application」、「Setup」、「システム」）のログでは次のように表示されます。

- **重大**
  コンピューターが正常にシャットダウンをすることなく異常終了により再起動するなど、アプリケーションもしく

はシステムに重大な失敗や停止が発生し、システム管理者がすぐに対処する必要があるイベントです。

□ **エラー**
サーバー起動時にサービスを読み込めなかった、デバイスドライバーが異常終了したなどの深刻な問題があることを示すイベントです。すぐに対処しなくてよい場合もありますが、何が起きているのか調査が必要です。

□ **警告**
ディスクの空き容量が少ないなど、データの欠損を伴わない軽度の問題があることを示すイベントです。すぐに対処する必要はありませんが、潜在的な問題があり放置すると重大なエラーにつながる場合があることを事前に警告しているため、調査が必要です。

□ **情報**
Windows サービスの開始や停止など、何らかの動作が行われたことを参考情報としてシステム管理者へ提供するイベントです。参考情報なので、必要に応じて参照します。

レベル	日付と時刻	ソース	イベント ID	タスクのカテ...
Application	イベント数: 320			
① 情報	2019/06/09 19:33:18	Security-SPP	900	なし
① 情報	2019/06/09 19:20:41	Defrag	258	なし
① エラー	2019/06/09 19:20:26	Defrag	257	なし
① 情報	2019/06/09 19:20:25	Defrag	258	なし
① エラー	2019/06/09 19:20:25	Defrag	257	なし
① 情報	2019/06/09 19:20:23	CAPI2	4111	なし
① エラー	2019/06/09 19:20:16	Defrag	257	なし
① 情報	2019/06/09 19:19:21	ESENT	326	全般
① 情報	2019/06/09 19:19:20	ESENT	105	全般
① 情報	2019/06/09 19:19:20	ESENT	302	Logging/R...
① 情報	2019/06/09 19:19:19	ESENT	301	Logging/R...
① 情報	2019/06/09 19:19:16	ESENT	301	Logging/R...

セキュリティのログでは次のように表示されます。転送されたイベントにおけるネットワーク上の他のサーバーから送られたセキュリティのログも同様の表示です。

□ **成功の監査**
ログオンの成功、特権の割り当てが行われたなど、セキュリティ監査上重要なイベントが成功したことを示します。

□ **失敗の監査**
ログオンの失敗、特権の割り当てを拒否した、ファイルサーバーへのアクセスに失敗したなど、セキュリティ監査上重要なイベントが失敗したことを示します。

キーワード	日付と時刻	ソース	イベント ID	タスクのカテゴリ
セキュリティ	イベント数: 6,341			
🔍 成功の監査	2019/06/09 19:32:58	Microsoft W...	4798	ユーザー アカウ...
🔒 失敗の監査	2019/06/09 19:32:56	Microsoft W...	4625	ログオン
🔍 成功の監査	2019/06/09 19:32:33	Microsoft W...	4672	特殊なログオン
🔍 成功の監査	2019/06/09 19:32:33	Microsoft W...	4624	ログオン
🔍 成功の監査	2019/06/09 19:21:43	Microsoft W...	4798	ユーザー アカウ...
🔍 成功の監査	2019/06/09 19:20:56	Microsoft W...	4672	特殊なログオン
🔍 成功の監査	2019/06/09 19:20:56	Microsoft W...	4624	ログオン
🔍 成功の監査	2019/06/09 19:20:25	Microsoft W...	4907	ポリシーの変...
🔍 成功の監査	2019/06/09 19:20:25	Microsoft W...	4907	ポリシーの変...
🔍 成功の監査	2019/06/09 19:20:25	Microsoft W...	4907	ポリシーの変...
🔍 成功の監査	2019/06/09 19:20:25	Microsoft W...	4907	ポリシーの変...

セキュリティ監査については、いずれもイベントのレベルは「情報」です。セキュリティのログへの記録は、まず、サーバーのセキュリティ管理上どういった記録を残しておく必要があるかを、セキュリティ担当者と確認します。そのうえで、

グループポリシーを設定し、詳細に記録する内容を決めます。

なお、ログオンしているサーバーにおいて、何を記録するように設定されているかを調べるためには、管理者として実行したコマンドプロンプトか Windows PowerShell で次のコマンドを実行します。

[auditpol /get /category:*]

イベントログの保存と削除

イベントログはバイナリー形式、テキスト形式、XML 形式、CSV 形式のいずれかで保存ができます。コンソールツリーで保存したいログをクリックして選択し、メニューバーの［操作］もしくは右側ペインから保存します。

「イベントビューアー」からログを消去してディスクの空き領域を確保することができます。消去は、メニューバーの［操作］もしくは右ペインの［ログの消去...］から行います。

イベントログのサイズ

　日々サーバーを運用しているとイベントログのサイズは無限に増えていきます。一方でログを保存するディスクの容量には制限があるため、最大サイズを設定しておき、古いログは外部メディア等に退避させるか上書きして消していく必要があります。

　「イベントビューアー」では、ログが最大サイズに到達したときの動作を設定することができます。設定を変更したいときは、設定変更したいログのプロパティから変更します。

　イベントログサイズが最大に達したときの選択肢の動作は、それぞれ次のようになります。

- **必要に応じてイベントを上書きする（最も古いイベントから）**
  標準ではこの動作が選択されています。ログが最大ログサイズに達すると、古いログから上書きされ、上書き前の古いログは消去されます。重大やエラーとして記録されたログも消去され、残す選択肢はありません。ログが上書きされるタイミングがわからないため、記録としては充分ではなく、ログの取得があまり重要視されないサーバーで使います。

- **イベントを上書きしないでログをアーカイブする**
  ログが最大ログサイズに達すると自動的にアーカイブされ、ファイルを残すことができます。ログは新しいファイルへ記録されます。たとえばログの保管期限が定められている場合はこの選択肢を選び、アーカイブを残すとよいでしょう。ただし、放置すると無制限にファイルが増えるため、定期的に古いファイルを外部ドライブへ保存するなどして削除する運用が必要です。

- **イベントを上書きしない（ログは手動で消去）**
  最大ログサイズに達したときに、イベントの記録を停止します。その後は新しいイベントが発生しても記録されないため、サーバーで起きている事象を把握できなくなります。ログの記録を停止するタイミングがわからないため、比較的短いサイクルでログファイルのバックアップを取得し、ログの削除をする運用が必要です。

イベントのフィルター

ログを調べるときに、この期間に発生したシステムのエラーイベントのみを抽出したい、このイベント ID のログを抽出したい、特定のキーワードが含まれているイベントのみを抽出したい、というような場合のために、フィルタリング機能が用意されています。

15-5 サーバーパフォーマンスの監視

サーバーパフォーマンスの監視

- ■ パフォーマンスモニター
- ■ パフォーマンスカウンター
- ■ タスクマネージャーを使用したリアルタイム監視
- ■ リソースモニター

スライド101：サーバーパフォーマンスの監視

サーバーを構成するCPU、メモリ、ディスク等がどのくらい使われているのかを把握しておくと、サーバーが提供しているサービスの処理速度が低下した場合に発生するユーザビリティの悪化を事前に防ぐことができます。

パフォーマンスモニター

パフォーマンスモニターでは、CPU、メモリ、ディスク、ネットワークインターフェースの利用可能な容量、リアルタイムでの使用量、ディスクのアイドル時間等のハードウェアリソースの使用状況が確認できます。モニターツールとデータコレクターセット、そしてレポートから構成されています。

- □ モニターツール

    パフォーマンスモニターウィンドウの左ペインから［モニターツール］-［パフォーマンスモニター］をクリックして選択します。標準で表示される画面は、Processor Informationというオブジェクトに含まれているProcessor Timeです。これは現在のサーバー全体におけるCPU使用率です。

    グラフ表示の下部にこのグラフの凡例があり、このうち「カウンター」と「オブジェクト」に、カウンターの名称と、そのカウンターが含まれているオブジェクトの名称が、表示されています。主な項目の意味は次の通りです。

    - カウンター
      パフォーマンスを監視および表示する対象のデータ項目です。

    - オブジェクト
      監視するリソースに関するデータ項目の集合体です。CPU、メモリ、ディスク、サービスなどに分類されています。

    - インスタンス
      カウンターでデータの取得ができますが、同じ機能でハードウェアが複数搭載されているような場合（たとえばプロセッサが複数搭載されているような場合）、特定の1プロセッサのみのデータを表示できます。

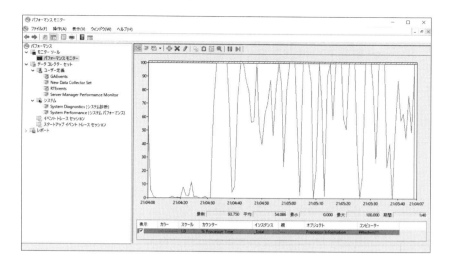

パフォーマンスモニターに他のリソースのパフォーマンス状況を追加してグラフを重ねてみたい場合は、メニューバーの［操作］-［プロパティ］で表示される「パフォーマンスモニターのプロパティ」ウィンドウの［データ］タブから追加できます。

□ データコレクターセット

モニターツールで確認できるパフォーマンスは、現在の使用状況を把握することができます。一方で、パフォーマンスをモニターしたいという要求が出る状況においては、ある程度の期間のデータを取得して、サーバーパフォーマンスの傾向を把握することで原因がわかり、対処できる場合があります。このようなときのために、ある期間のデータを収集してレポートする機能が「データコレクターセット」です。

「データコレクターセット」には、「ユーザー定義」と「システム」の2種類が用意されています。このうち「システム」には「System Diagnostics」と「System Performance」というあらかじめ定義されたセットがあります。「ユーザー定義」は、自分で取得したいデータを選択することができるカスタマイズ用のセットです。

「データコレクターセット」は、セットの中に定義した複数のカウンターを同時に同じ期間収集することができます。また、定義を必要な時に繰り返し再利用することができるため、定期的なパフォーマンスチェックに有効です。

「データコレクターセット」の実行ユーザーは、標準では［< 既定 >］となり System で実行します。

「データコレクターセット」を定義するときは、「ユーザー定義」から作成します。

「データコレクターセット」の「プロパティ」では、次のような設定をすることができます。

- 「全般」タブ
  ［キーワード：］を修正します。たとえばテンプレートで設定済みのキーワードから必要なキーワードを残

して削除したり、[追加]ボタンから新たなキーワードを設定したりします。追加する場合は、キーワードを手動で入力するため、収集したいデータにはどのようなキーワードを入力したらよいかを事前に調べておく必要があります。

- 「ディレクトリ」タブ
  データを保存するディンクトリやサブディレクトリ名のフォーマットを指定します。通常はサーバーが指定する標準ディレクトリになっているので変更する必要はありません。

- 「セキュリティ」タブ
  アクセス許可を設定する画面です。通常変更する必要はありませんが、特定のユーザーに実行するデータコレクターセットの権限を付けておきたいときなどに設定を変更します。

- 「スケジュール」タブ
  スケジュールを設定します。[追加]ボタンをクリックして実行スケジュールを設定します。

- 「停止条件」タブ
  データコレクターセットを停止する条件を設定します。期間の制限やファイルサイズの制限をつけて、制限値に達するとデータ収集を止めることができます。

- 「タスク」タブ
  データコレクターセットを停止したときに実行するタスクを指定できます。

☐ レポート
データコレクターセットが終了するとレポートが生成されます。データコレクターセットで実行した名称と同じフォルダー内にレポートが生成されています。クリックすることで参照できます。ファイルに保存したい場合は、ファイル名を右クリックして表示されるメニューから[印刷]を選択すると、PDFやXPS等のファイルフォーマットで出力することができます。

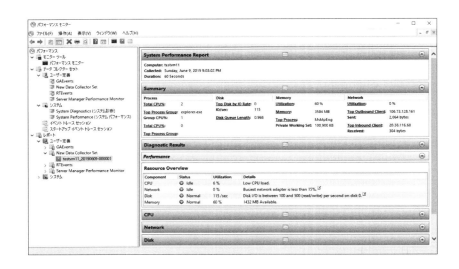

▍パフォーマンスカウンター

パフォーマンスを監視するときに設定します。監視するとサーバーのパフォーマンス評価に役立つ主要なカウンターをいくつか紹介します。

- □ **CPU（プロセッサ）関連**
    - Processor¥% Processor Time
      プロセッサの動作状況に関するパフォーマンスカウンターです。
      プロセッサが処理を実行した時間の割合をパーセントで表示するカウンターです。75％を超えるとプロセッサに負荷がかかっている状態です。

    - System¥Processor Queue Length
      プロセッサが受ける命令の処理に関するパフォーマンスカウンターです。
      プロセッサで命令が処理できずに待ち行列へ格納されている数を表示します。長時間にわたりこの値がCPU数の2倍を超える場合は、サーバーで使用されているプロセッサの処理能力が十分ではないことを示します。

- □ **メモリ関連**
    - Memory¥ Available Mbytes
      メモリの空き容量に関するパフォーマンスカウンターです。
      実行中のプロセスに利用可能な物理メモリのサイズをメガバイト単位で測定します。この値が、実装している物理的なRAM全体の5％を下回るとメモリが不足していると読み取れます。

    - Memory¥Pages/Sec
      メモリのページングに関するパフォーマンスカウンターです。
      ディスク上のページフォルトによりディスクから読み書きされた数を表示するカウンターです。

      ページフォルトとは、OSがメモリを確保するためにディスク上にスワップ領域（ページファイル）と呼ばれる専用の領域を用意して、メモリ容量が不足してきたら使われていないメモリ領域の内容を一時的にディスクへ退避させ、必要に応じてメモリに書き戻す機能（ページング）のことです。ページフォルト（ページング）によりディスク上に確保された、物理的なメモリ容量を超えるメモリ領域のことを仮想メモリといいます。

- □ **ディスク関連**
    - PhysicalDisk¥% Disk Time

ディスクに関するパフォーマンスカウンターです。
読み取りと書き込みを問わず、ディスクアクセスするときにビジー状態だった割合をパーセントで表示します。ディスクアクセスが過多の場合にこの数値が大きくなります。

- PhysicalDisk¥Avg.Disk Queue Length
  ディスクに関するパフォーマンスカウンターです。
  物理ドライブごとのディスクの読み取りや書き込みを待つリクエストの平均の数を表示します。ディスクに処理を要求しているとき、その処理に待ち状態が発生していることがわかります。2 を超えるような状態では、ディスク自体がボトルネックになっている可能性があります。

- LogicalDisk¥% Free Space
  論理ディスクに関するパフォーマンスカウンターです。
  選択した論理ディスクドライブの空き領域の割合をパーセントで表示します。15％を下回る場合、Windows がファイルを格納するための空き領域が不足していると読み取れます。

- Server¥Bytes Total/sec
  ネットワークに関するパフォーマンスカウンターです。サーバーのビジー状態を判断するときに利用できます。

  サーバーが Windows サーバーのサービスによって送受信したデータ量を 1 秒あたりのバイト数で表示します。Windows サーバーサービスではない http、ftp、ssh 等による通信はカウントされません。最大転送速度を上限とし、数字が大きいほど送受信しているデータ量が多いことになります。

- Network Interface¥Bytes Total/sec
  ネットワーク通信量に関するパフォーマンスカウンターです。
  指定のネットワークアダプターを通じて送受信したトータルのデータ量を 1 秒あたりのバイト数で表示します。上記の Server¥Bytes Total/sec にカウントされる通信も含まれます。最大転送速度を上限とし、数字が大きいほど送受信しているデータ量が多いことになります。

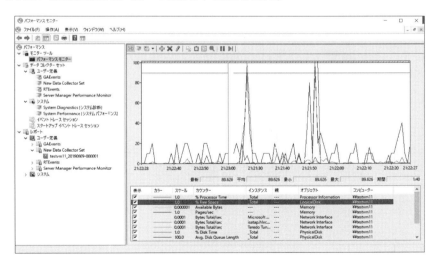

タスクマネージャーを使用したリアルタイム監視

タスクマネージャーでも、現在のサーバーパフォーマンスをグラフ表示で確認できます。
タスクマネージャーを起動すると、「プロセス」「パフォーマンス」「ユーザー」「詳細」「サービス」のタブが表示されます。

- **プロセス**
実行中のプロセスの CPU、メモリ、ディスク、ネットワークの使用量を確認することができます。使用量の表示は、実際に利用している値での表示とパーセントでの表示を切り替えることができます。

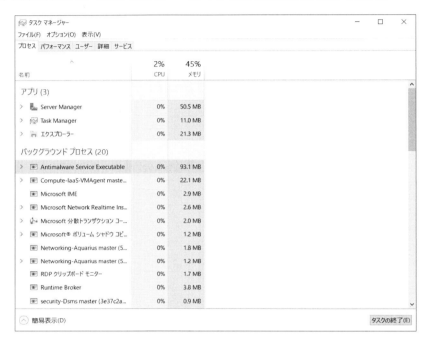

また、CPU やメモリの消費が多く、サーバーに負荷を与えている場合などは、個別に停止することができます。プロセスを終了させたい場合は、停止させたいプロセスをクリックし、右下の[タスクの終了]ボタンをクリックします。ボタンをクリックするとすぐ終了してしまうので、この手順で終了する場合は対象のプロセスを終了させることによって、重大な影響が発生することがないかを十分確認してからにします。

- **パフォーマンス**
現在の直近 60 秒間における CPU、メモリ、ディスク、ネットワークの利用状況が視覚的にわかります。また構成や現状使われているリソースが数字で提供されます。

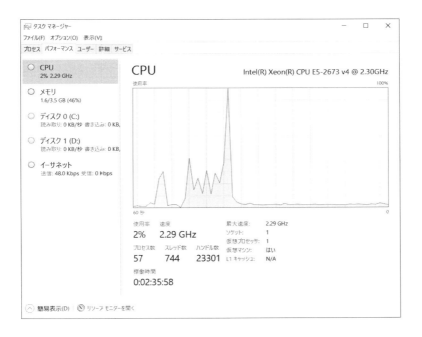

パフォーマンスタブで表示されるグラフへのディスクに関するパフォーマンス表示を有効化 / 無効化するために、以下のコマンドを使うことができます。以下のコマンドは、タスクマネージャーを閉じたあとに、コマンドプロンプトを管理者として実行で起動して実行します。

- diskperf -Y
  すべてのディスクパフォーマンスカウンターを有効化します。実行後、タスクマネージャーを開くと表示されます。

- diskperf -YD
  物理ドライブのディスクパフォーマンスカウンターを有効化します。実行後、タスクマネージャーを開くと表示されます。

- diskperf -YV
  論理ドライブあるいは記憶域ボリュームのディスクパフォーマンスカウンターを有効化します。実行後、タスクマネージャーを開くと表示されます。

- diskperf -N
  すべてのディスクパフォーマンスカウンターを無効化します。実行後、タスクマネージャーを開くと非表示になります。

- diskperf -ND
  物理ドライブのディスクパフォーマンスカウンターを無効化します。実行後、タスクマネージャーを開くと非表示になります。

- diskperf -NV
  論理ドライブあるいは記憶域ボリュームのディスクパフォーマンスカウンターを無効化します。実行後、タスクマネージャーを開くと非表示になります。

また、パフォーマンスタブからリソースモニターへアクセスすることができます。左下の［リソースモニターを開く］をクリックします。パフォーマンスタブは確認のみが可能なため、使用量を確認したのちリソースを圧迫しているプロセスを特定して停止する場合は、リソースモニターへ移動して行います。

273

☐ **ユーザー**

コンソールもしくはリモートデスクトップ接続によってログオンしているユーザー名とそのユーザーが使用しているCPU、メモリ、ディスク、ネットワークの利用量が表示されます。

ユーザー名の左側にある矢印マークを展開すると、そのユーザーが使用しているアプリケーションが表示され、どのアプリケーションがどのくらいのリソースを使用しているのかがわかります。

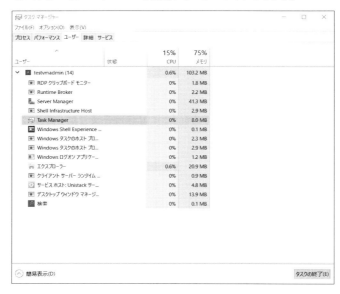

また、ユーザー名をクリックし、右下の［切断］ボタンをクリックすると、そのユーザーを切断状態にすることができます。

☐ **詳細**

実行しているプロセスのリストが、PID、状態、ユーザー名、CPU、メモリ、説明と共に表示されます。CPUやメモリの使用量、ユーザー名、PID等の項目欄をクリックすることで、その項目でソートした表示に切り替えることができます。

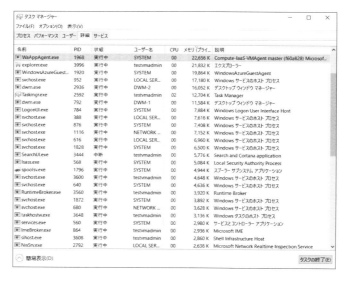

なお、プロセスタブの表示内容の任意の場所で右クリックして表示されるメニューから、［詳細の表示］をクリックすることで、このタブの内容を表示させることができます。

☐ サービス

サービスの実行状態がわかります。名前、PID、状態、グループ等の項目をクリックすることで、その項目でソートした表示に切り替えることができます。

このタブからはサービス管理ツールへアクセスできます。左下にある［サービス管理ツールを開く］をクリックします。サービスタブは確認のみが可能なため、サービスを停止する、スタートアップ時の実行を停止する等の対応をする場合は、サービス管理ツール（サーバーの監視ツールの章で紹介した「サービス」）へ移動して行います。

リソースモニター

CPU、メモリ、ディスク、ネットワーク等のハードウェアリソースと、モジュールやサービスによるシステムリソースの利用状況についての詳細情報をリアルタイムで確認することができます。また、プロセスの停止やサービスの開始/停止等も行うことができます。各リソース上で動作しているプロセスの表とグラフの表によるリソース利用状況が確認できます。

☐ 概要

CPU、メモリ、ディスク、ネットワークの各タブの内容をひとつのビューにまとめたものです。この概要タブで、各リソース上で動作しているプロセスを、各機能の総合的な利用量とともに確認できます。詳細に調べる場合は、各リソースのタブを参照します。

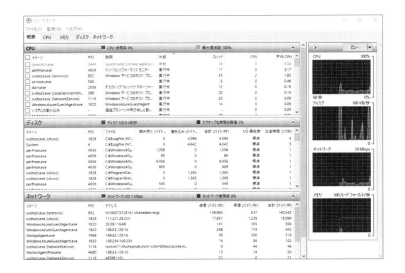

- **CPU**

  搭載している CPU 全体での使用率、サービスが利用している CPU 使用率、各 CPU の使用率が、直近 60 秒の状態としてウィンドウの右側にグラフ表示されます。また、プロセスとサービスを、スレッド数、CPU 使用率と併せてリストで表示します。「関連付けられたハンドル」の検索窓にプロセス名を入力するか、プロセス欄に表示されている調べたいプロセスのチェックボックスにチェックを入れることで、そのプロセスに関連付けられたハンドルと関連付けられたモジュールを調査することができます。

  ハンドルとは、あるプロセスが利用している他のプロセス等を参照することを指します。たとえば、終了させたいプロセスが別のプログラムでも利用されていて終了できないような場合、この関連付けられたハンドルでどのプログラムが関連しているのかを調べ、併せて停止させることができます。

  また、モジュールとは、ダイナミックリンクライブラリ（DLL）ファイルや実行ファイル等のプログラムのことです。関連付けられたモジュールには、そのプログラムへのパスが［完全なパス］に表示されます。

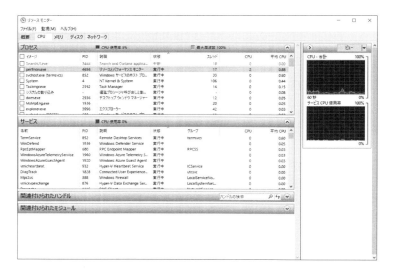

- [ ] メモリ
  各プロセスが利用している容量を確認できます。また、物理メモリの空き容量を確認できます。

  右側のグラフには、通常の物理メモリの利用量のグラフのほかに、コミットチャージとハードフォールト/秒というグラフがあります。

  - コミットチャージ
    プロセスが動作中に必要とするメモリ容量のことで、物理メモリと仮想メモリを合わせた容量を指します。コミットチャージが物理メモリの容量を上回る場合は、仮想メモリへのアクセスが増加し、動作が遅くなります。

  - ハードフォールト/秒
    ページフォルトによる仮想メモリへのスワップや、割り当てられていないページへのアクセスが1秒当たりに発生した回数であり、この数値が大きいと著しい物理メモリ不足の状態といえます。

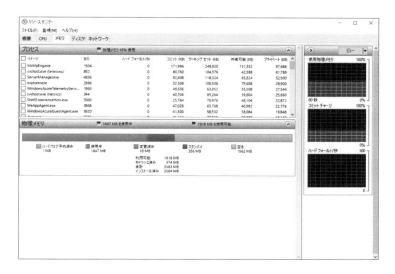

- [ ] ディスク
  ディスクの操作に関連する各プロセスの、読み取り、書き込み、I/Oの応答時間、利用可能な容量等を確認できます。特に、どのプロセスがディスクとのアクセスを頻繁に行っているかを調べることができます。

  右側のグラフには、ディスクへの読み書き速度の他、ディスクキューの長さが表示されます。これはI/O待ちのキューの長さを表示しており、数字が大きいほど処理が滞っていることを示すので、ディスクアクセスが関係するプロセスの処理が遅くなります。

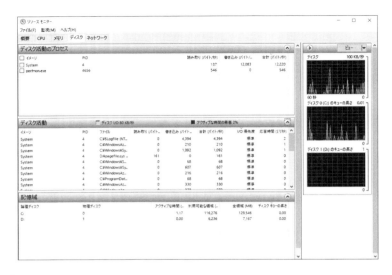

- ネットワーク
  ネットワークリソースを利用するプロセスの送受信量、利用ポート番号やパケットの損失率、潜在期間（外部リソースへのアクセスにかかる往復の時間）、リッスンしているポートなどがわかります。

  右側には通信ができるリソースごとにグラフが表示されます。イーサネットポートが複数ある場合は複数のイーサネットのグラフが表示されます。また TCP 接続数もグラフとして用意されており、急な接続数増加による異常に気付くことができます。

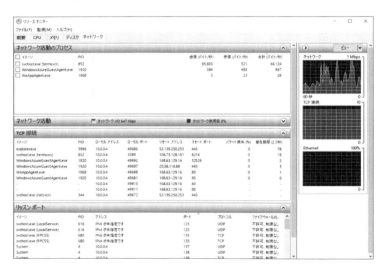

15-6 監視関連演習

監視関連演習
監視関連演習
■ イベントビューアー画面の操作
■ ユーザーログオンの監査と確認
■ サーバーパフォーマンスの測定と確認

スライド 102：監視関連演習

監視関連演習

※ 以下に、監視関連演習の前提条件を示します。
1. OS は Windows Server 2016 を使用します。
2. アカウントは Administrator を使用します。
3. サーバーのコンピューター名を［W2K16SRV1］とします。
4. W2K16SRV1 の IP アドレスを［192.168.0.11］とします。
5. ［ローカルディスク（C:）］上に［test］フォルダーを作成します。
6. 本手順では、イベントログの採取は、「アプリケーション」ログのみとし、evtx ファイルで取得します。
7. 本手順では、システムモニターを使用したパフォーマンス測定は「カウンタログ」のみとします。
8. 本手順では、取得するカウンタログのファイル名を［performance_000001.htm］とし、[test］フォルダーに保存します。

※ 以下に、監視関連演習の構成図を示します。

Windows Server 2016
コンピューター名：W2K16SRV1
IP アドレス：192.168.0.11

演習1　イベントビューアー画面の操作

1. ［スタート］-［Windows 管理ツール］-［イベントビューアー］をクリックします。
2. ［イベントビューアー］の画面にて、［Windows ログ］-［Application］をクリックします。
3. ［Application］に関するイベントが表示されることを確認します。

イベントのフィルタリングと設定の解除
1. 右ペインの［操作］欄にある、［現在のログをフィルター］をクリックします。
2. ［現在のログをフィルター］の画面にて、［イベントレベル］の［警告］チェックボックスにチェックを入れ、［OK］をクリックします。
3. フィルターが適用され、「警告」レベルのみのイベントが表示されます。

イベントログの保存と確認
1. 任意のイベントログを右クリックし、［選択したイベントの保存］をクリックします。
2. ［名前を付けて保存］の画面にて、保存場所に［C:¥Test］フォルダーを指定しファイル名を［app］と入力し、［保存］をクリックします。
3. ［イベントビューアー］の画面にて、［イベントビューアー（ローカル）］を右クリックし、［保存されたログを開く］をクリックします。
4. ［保存されたログを開く］の画面にて、［C:¥Test］フォルダーに移動しファイル［app.evtx］を選択し、［開く］をクリックします。
5. ［保存されたログを開く］の画面にて、［保存されたログ］-［OK］をクリックします。
6. 保存されたログが表示されます。

以上で、「イベントビューアー画面の操作」演習は終了です。

演習2　ユーザーログオンの監査と確認

1. ［スタート］-［Windows 管理ツール］-［ローカルセキュリティポリシー］をクリックします。
2. ［ローカルセキュリティポリシー］画面にて、左ペインの［ローカルポリシー］-［監査ポリシー］と展開します。
3. 右ペインの［アカウントログオンイベントの監査］をダブルクリックします。
4. ［アカウントログオンイベントの監査のプロパティ］の画面の［ローカルセキュリティの設定］タブにて、［失敗］チェックボックスをチェックし、［適用］-［OK］をクリックします。
5. サーバーのデスクトップ画面にて、［ALT］+［F4］キーを押し、［Windows のシャットダウン］の画面を開きます。
6. ［Windows のシャットダウン］の画面にて、［次の中から選んでください］を選択し、［サインアウト］を選び、［OK］をクリックします。
7. ロック画面にて、［Ctrl］+［Alt］+［Delete］キーを押し、パスワード入力画面を入力します。
8. ここで意図的に数回、正しくないパスワードを入力します。
9. 正しいパスワードを入力し、Windows にログオンします。
10. ［スタート］-［Windows 管理ツール］-［イベントビューアー］をクリックします。
11. ［イベントビューアー］の画面にて、［Windows ログ］-［セキュリティ］をクリックします。
12. ［失敗の監査］が記録されていることを確認します。
13. 現在の時刻を確認し、Windows からログアウトします。
14. 正しいパスワードでログインします。
15. ［スタート］-［Windows 管理ツール］-［イベントビューアー］をクリックします。
16. ［イベントビューアー］の画面にて、［Windows ログ］-［セキュリティ］をクリックします。
17. ［成功の監査］のログがログイン時に確認した時刻であることを確認します。

以上で、「ユーザーログオンの監査と確認」演習は終了です。

演習 3　サーバーパフォーマンスの測定と確認

1.　　［スタート］-［Windows 管理ツール］-［パフォーマンスモニター］をクリックします。
2.　　［パフォーマンスモニター］の画面にて、［モニターツール］-［パフォーマンスモニター］をクリックします。
3.　　画面右にリアルタイム監視画面が表示されます。
4.　　リアルタイム監視画面の左上にある［+（追加（Ctrl + N））］ボタンをクリックします。
5.　　［カウンターの追加］画面にて、以下の項目を順に追加します。

　　（ア）　［Processor］-［% Processor Time］
　　（イ）　［Memory］-［Avabile Bytes］
　　（ウ）　［PhysicalDisk］-［% Disk Time］
　　（エ）　［Server］-［Bytes Total/sec］

6.　　［追加されたカウンター（C）］に、［Memory］、［PhysicalDisk］、［Processor］、［Server］の項目が追加された事を確認し、［OK］をクリックします。
7.　　カウンター追加後、自動的にリアルタイム監視が始まり、しばらく待機します。
8.　　リアルタイム監視画面の下に表示されている、カウンター項目が 4 つ選択されていることを確認し、［Avabile Bytes］を右クリックし、［設定を保存］をクリックします。
9.　　［名前を付けて保存］の画面にて、［C:¥Test］フォルダーに移動し、ファイル名に［Performance］、形式に［Web ページ］を選択し、［保存］をクリックします。
10.　　Windows エクスプローラーで、［C:¥Test］フォルダーに移動し、［Performance］を Internet Explorer で開きます。
11.　　Internet Explorer の画面にて［この Web ページはスクリプトや ActiveX コントロールを実行しないように制限されています。］と表示されるため、［ブロックされているコンテンツを許可］をクリックします。
12.　　保存したリアルタイム監視状態の内容を確認します。
以上で、「サーバーパフォーマンスの測定と確認」演習は終了です。

Memo

Chapter 16

コマンドプロンプト

16-1　章の概要

章の概要

この章では、以下の項目を学習します

■ コマンド概要
■ コマンドプロンプトの基本操作
■ リダイレクト
■ パイプ
■ ワイルドカード
■ バッチファイル
■ バッチプログラミング
■ コマンドプロンプトとバッチファイル関連演習

スライド 103：章の概要

Memo

16-2 コマンド概要

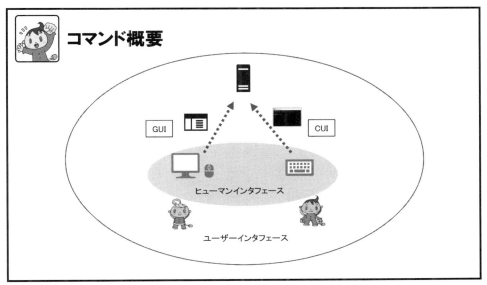

スライド104：コマンド概要

▌コマンドとは

　コマンドとは、ソフトウェアやハードウェアの機能を実行するためにコンピューターに与えられる命令のことです。コンピューターに与えられるあらゆる命令をコマンドと呼ぶことができますが、単にコマンドという場合はキャラクターユーザーインターフェース（CUI）から与えられる命令を指すのが一般的です。

　なお、コマンドを使用してコンピューターを操作することを、コマンド操作、コマンドライン操作といいます。

　Windows Server 2016 では CUI を使用する方法のひとつに、PowerShell があります。PowerShell については、「17章 PowerShell」で説明します。

　この章では、PowerShell 以外のコマンドについて解説します。

> ### ✅ GUI と CUI
>
> 　コンピューターの世界では、インターフェースという言葉が頻繁に使われます。インターフェースは、あるものとあるものとの間に入り、その中継を行うもののことをいいます。なかでも、コンピューターとコンピューターを使う人（ユーザー）とのインターフェースのことをユーザーインターフェースと呼びます。
>
> 　マウス、キーボード、ディスプレイなどの物理的な要素は特にヒューマンインターフェースと呼ばれます。GUI（グラフィカルユーザーインターフェース）、CUI（キャラクターユーザーインターフェース）という分類は、ヒューマンインターフェースを通して、私たちが操作を行う「画面」の表現方法の分類です。
>
> 　CUI は文字＝コマンドを主体とした表現であるのに対し、GUI はボタンやチェックボックスのような視覚的表現を用います。
>
> 　Windows 系 OS は、その GUI の使いやすさが世界中のユーザーに支持され、今日の地位を築いたといえるでしょう。

▌コマンド操作の必要性

　Windows 系 OS はマウスを使った GUI 環境による操作が一般的です。クライアント PC で「ワードやエクセルでファイルを作成する」、「インターネット上の Web サイトを閲覧する」、「電子メールの送受信をする」、というような操作を

する上でコマンド操作が必要となることはほとんどありません。

　しかし、Windows にはコマンド操作を前提として作られたツールが多数存在します。その典型的なものがネットワーク情報を取得するためのコマンドであり、そういった GUI 環境をもたないツールを使用することこそコマンド操作が必要とされる最大の理由といえます。

　そのほかにもコマンド操作には様々な利点があります。上記を含め、主に次のようなものがあります。

- □　コマンド操作を前提とするツール、アプリケーションを実行できる。
- □　ネットワークに関連する詳細な情報取得ができる。
- □　「ワイルドカード」を使用することで、複数のファイル操作を一度に実行できる。
   - ※　詳細については、「16-6 ワイルドカード」を参照。
- □　「バッチファイル」を作成することで、単純な繰り返し処理を自動化できる。
   - ※　詳細については、「16-7 バッチファイル」を参照。
- □　一連のコマンドを保存しておくことで、連続した処理を他のコンピューターでも実行できる。
- □　Windows が起動しなくなった場合に、「回復コンソール」が使用できる。
   - ※　回復コンソールは、ハードウェアまたはソフトウェアに障害が発生し、Windows が起動しなくなった場合に修復するためのツールです。回復コンソールを使用すれば、Windows が起動していない状態でもハードディスク上のファイルを操作することができます。

　なお、Windows Server 2016 では Server Core（サーバーコア）と呼ばれるインストール形態が用意されています。

　Server Core とは、その名の通りサーバーのコア（中核）となる機能以外を一切切除した構成で、エクスプローラーや MMC（Microsoft 管理コンソール）といった基本的な GUI 環境すらも使用できなくなります。このように Windows を構成すると、無駄な機能によるリソースの消費をおさえられるばかりでなく、不要なサービスが動くことによるセキュリティ上の脆弱性を最小限にすることができます。Server Core を選択した場合、サーバー管理者には必然的にコマンド操作のスキルが要求されます。

　このような側面からも、Windows サーバーエンジニアにとってコマンド操作は是非とも習得しておきたいスキルといえるでしょう。

16-3 コマンドプロンプトの基本操作

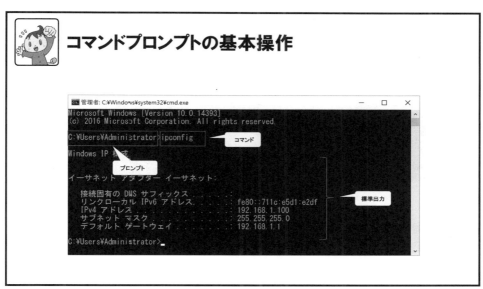

スライド 105：コマンドプロンプトの基本操作

▌コマンドプロンプトとは

コマンドプロンプトは、Windows に標準で搭載されているコマンド操作用のインターフェースです。コマンドプロンプトに文字列を入力し、[Enter] キーを押すことで Windows のコマンド操作が実行されます。

▌コマンドプロンプトの起動方法

コマンドプロンプトを起動するには、下記の手順を実施します。

1. 「スタート」メニューから、「ファイル名を指定して実行」をクリックします。
2. 「名前」欄に "cmd" と入力し、「OK」をクリックします。

287

3. コマンドプロンプトが起動します。

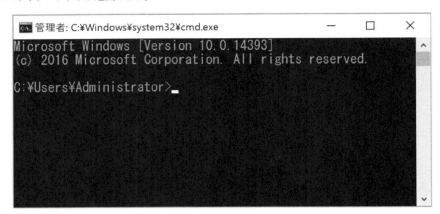

コマンドの実行方法

コマンドプロンプトを起動すると、下記のような画面が開き、「C:¥Users¥Administrator>」のように表示されます。起動直後のこの表示はOSのバージョン、ログオンユーザーによって変わりますが、この「〜 >」という形式の表示をプロンプトといいます。プロンプトの右側に文字列を入力し、[Enter]キーを押すことでコマンドが実行されます。

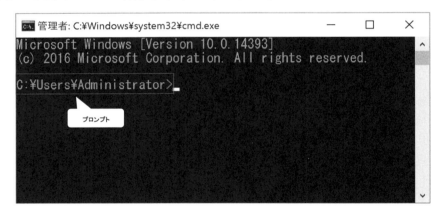

コマンドを実行すると実行結果がコマンドプロンプト上に出力（表示）されます。この表示のことを標準出力といいます。

以下は、「ipconfig」というコンピューターのTCP/IPの設定を表示させるコマンドを実行した場合の例です。コマンドを実行すると、「IPアドレス」、「サブネットマスク」、「デフォルトゲートウェイ」等の情報がコマンドプロンプト上に、標準出力として表示されます。

コマンドの実行が完了すると、再びプロンプトが表示され、コマンドを入力できるようになります。

オプションとパラメーター

コマンドを実行する際に、オプションとパラメーターを入力することがあります。オプションとは、コマンドの機能を拡張または制限するための機能です。一方、パラメーターはコマンドが処理する対象物のことです。

次ページの図は「192.168.10.1」という IP アドレスのコンピューターに対し、「-t」というオプションをつけて「ping」コマンドを実行した例です。「ping」コマンドは、指定した IP アドレスまたはコンピューターに対してパケットを送信することで、コンピューター間の通信状態を確認することができます。この例ではパケットの送信先である「192.168.10.1」がパラメーターに該当します。

「ping」コマンドはオプションを指定しない場合、パケットを 4 回送信します。しかし、[-t] オプションをつけることで、コマンドを強制終了させない限り、パケットを送信し続けることができます。このようにオプションを使って、コマンドの機能を拡張させることができます。なお、パラメーターのことを日本語で引数（ひきすう）といいます。

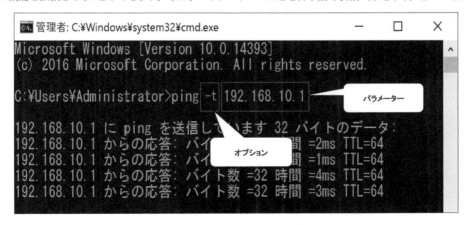

コマンドの強制終了

実行中のコマンドを強制終了させたい場合は、[Ctrl] + [C] キーを押します。

環境変数

ここで以降の話をする前提として、環境変数について説明します。環境変数とは、システムやアプリケーションが参照する情報を格納する場所で、Windows では「%環境変数名%」で表されます。

例えば、Windows のインストールフォルダーは「%WINDIR%」という環境変数に格納されます。

アプリケーションが Windows のインストールフォルダーを参照する場合は、「C:¥WINDOWS」を直接参照するの

ではなく、「%WINDIR%」に格納されている値を参照するようにプログラムを作成します。こうすることで、仮にWindowsのインストールフォルダーが「C:¥WINDOWS」以外であってもアプリケーションは正しい値を参照することができるようになります。

環境変数は、アプリケーション開発やバッチファイルでは、非常に重要な要素ですが、普段私たちがWindowsを操作する上で環境変数を意識する機会はそう多くはありません（バッチファイルの詳細については、「16-7 バッチファイル」を参照）。ただし、「%PATH%」という環境変数については、コマンド操作をする上で、とても大きな意味をもつので注意が必要です。「%PATH%」については、後ほど説明します。

次の表は、本章で登場する環境変数です。これ以外にも環境変数はたくさんあります。現在設定されている環境変数の一覧を表示させたい場合は、「set」コマンドをオプション・パラメーター無しで実行します。

環境変数名（箱の名前）	値（箱に格納されている情報）
%WINDIR%	Windowsのインストールディレクトリ。
%HOMEPATH%	ユーザーのホームディレクトリ。 ホームディレクトリとは、ユーザーごとの専用ディレクトリのことで、例えば「ドキュメント」や、「ピクチャ」などはこのディレクトリ以下に置かれています。
%PATH%	コマンドサーチパス。詳細については後述します。
%DATE%	現在の日付。
%TIME%	現在の時刻。
%ERRORLEVEL%	直前に実行したコマンドのエラーレベル。 エラーレベルとは、コマンドの実行結果を表す数字で、「0」が正常終了、「0」以外は異常終了を表します。

パスとディレクトリ

Windows上にあるファイルやフォルダーの場所は、パス（PATH）と呼ばれる情報で識別されます。パスはファイルやフォルダーの住所のようなもので、Windowsでは「C:¥WINDOWS¥System32¥cmd.exe」（コマンドプロンプトの本体プロンプトのパス）、「C:¥Program Files¥Internet Explorer¥iexplore.exe」（Internet Explorerの本体プログラムのパス）などのように、先頭に「ドライブ名:」をつけて、ファイルやフォルダーを「¥」（円マーク）※　で区切って表します。

パスの考え方はGUIでもCUIでも変わりはありません。しかし、コマンド操作をするときは、フォルダーのことを「ディレクトリ」と呼びます。

コマンドプロンプトを起動すると、プロンプト（「〜>」）には、コマンドプロンプトが現在作業対象としているディレクトリのパスが表示されます。このディレクトリのことをカレントディレクトリと呼びます。カレント(current)というのは、「現在の」という意味です。下記の例では、「C:¥Users¥Administrator」がカレントディレクトリです。なお、コマンドプロンプトを起動した直後のカレントディレクトリは、環境変数「%HOMEPATH%」の値となります。

> ※　ディレクトリの区切り文字は、本来「¥」（バックスラッシュ）を使いますが、日本語のWindowsでは「¥」で表示されます。

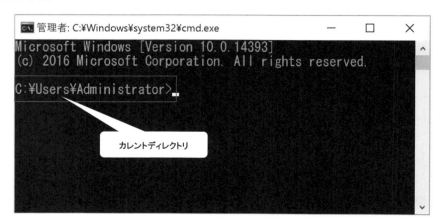

コマンドプロンプトは、原則としてカレントディレクトリに存在するコマンドやアプリケーション、ファイルを処理の対象とします。ただし、次の場合はカレントディレクトリ以外のものを対象とすることができます。

☐ **ファイルやアプリケーションの正確なパスを指定する**

例えば、コマンド操作によりInternet Explorer を起動させるとします。カレントディレクトリが「C:¥Users¥Administrator」の状態で、Internet Explorer の本体プログラムである「iexplore.exe」と入力し、［Enter］キーを押してもInternet Explorer は起動しませんが、「"C:¥Program Files¥Internet Explorer¥iexplore.exe"」と入力して［Enter］キーを押せば、Internet Explorer が起動します。ただしこの場合、入力するコマンドを「ダブルクォーテーション（""）」で囲む必要があります。

> ### ✅ 何故「""」で囲むのか？
>
> 「C:¥Program Files¥Internet Explorer¥iexplore.exe」を実行する場合、なぜ「""」で囲む必要があるのでしょうか？これはディレクトリやファイル名にスペースが入っていることに理由があります。上記のコマンドを「""」で囲まないで実行した場合、コマンドプロンプトはスペースの後ろの文字列をオプションやパラメーターとして理解します。これにより「C:¥Program」コマンドを実行しようとしますが、そのようなコマンドは存在しないため、コマンドは失敗します。

☐ **コマンドサーチパスに定義されているディレクトリにある**

コマンドサーチパスとは、コマンドプロンプトがコマンドやアプリケーションがあるかどうかを探しに行く対象となるディレクトリのことです。例えば、「ipconfig」コマンドの実体は、「C:¥WINDOWS¥system32¥ipconfig.exe」というEXE ファイルです。本来であればカレントディレクトリを「C:¥WINDOWS¥system32」に変更するか、「C:¥WINDOWS¥system32¥ipconfig.exe」という入力をしなければコマンドは実行できません。しかし、実際には「C:¥WINDOWS¥system32」がコマンドサーチパスとして登録されているために、コマンドプロンプトが「C:¥WINDOWS¥system32」の中を探しに行き、コマンドを実行することができます。コマンドサーチパスは環境変数「%PATH%」に定義されています。「path」コマンドをオプション、パラメーター無しで実行すると現在の「%PATH%」の値が表示されます。

このように「%PATH%」に登録されているためにパスを指定しなくてもコマンドを実行できる状態のことを「パスが通っている」、「パスが切ってある」ということがあります。

☐ **コマンドプロンプトの内部コマンドである**

内部コマンドとは、コマンドプロンプトというプログラムの中に元々組み込まれているコマンドのことです。コマンドプロンプトが起動していれば、パスを指定していなくてもコマンドを実行することができます。内部コマンドの代表的なものとしては、後ほど説明する「cd」コマンド、「dir」コマンドがあります。また、「path」コマンドも内部コマンドの1つです。

これに対し、「ipconfig」コマンドのようにEXE ファイルとして存在しているコマンドのことを外部コマンドといいます。

■ カレントディレクトリの変更

カレントディレクトリの変更は、コマンド操作において最も頻繁に行われる操作といえます。カレントディレクトリを変更するには、「cd」コマンドを「cd［変更先のディレクトリのパス］」の書式で使用します。ただし、カレントディレクトリ内のディレクトリへ変更する場合は、ディレクトリ名のみを指定すればよく、パスを正確に指定する必要はありません。理由は、カレントディレクトリ内のファイルやアプリケーションを操作する際に、パスの指定が不要であることと同じです。また、ドライブを変更する場合は、「cd」は使用せずに「ドライブ名:」と入力します。

```
□  コマンド例＜カレントディレクトリの変更＞
C:¥Users¥Administrator>cd "c:¥program files"
                        ↑「c:¥program files」に変更する
C:¥Program Files>cd temp                    ←カレントディレクトリに「temp」というディレクトリがないため、変更できない
指定されたパスが見つかりません。
C:¥Program Files>cd c:¥      ←「c:¥」に変更する
C:¥>cd temp                  ←カレントディレクトリに「temp」というディレクトリがあるので変更できる
C:¥temp>d:                   ← C ドライブから D ドライブへ変更する
D:¥>                         ← D ドライブルートがカレントディレクトリとなる
```

絶対パスと相対パス

コマンド操作でファイルやディレクトリのパスを指定する場合、2 通りの指定方法があります。1 つは、絶対パスまたはフルパスと呼ばれる指定方法で、ドライブ名からすべての道筋を指定するという通常の方法です。「C:¥WINDOWS¥system32」のような指定方法は、絶対パスによる指定方法となります。もう 1 つは、相対パスと呼ばれ、カレントディレクトリからの道筋を指定する方法です。

相対パスは以下の 2 つの特殊なディレクトリを使って指定します。

特殊なディレクトリ	説明
.（ドット）	カレントディレクトリを意味するディレクトリです。実際には省略可能です。
..（ドットドット）	カレントディレクトリの 1 つ上のディレクトリを意味するディレクトリです。2 つ上のディレクトリは「1 つ上の 1 つ上」のディレクトリとなるので、「..¥..¥」と表すことができます。

下の例は①「D:¥01¥02¥03¥04¥05」→②「D:¥01¥02¥03」→③「D:¥01¥02¥03¥04¥05」とカレントディレクトリを変更する様子を、相対パスによる指定と絶対パスによる指定の 2 通りで表しています。

```
□  コマンド例＜相対パスによるディレクトリ指定＞
D:¥01¥02¥03¥04¥05>cd ..¥..¥      ←「D:¥01¥02¥03¥04¥05」の 2 つ上のディレクトリを指定
D:¥01¥02¥03>cd .¥04¥05           ←カレントディレクトリにある「04」ディレクトリ以下を指定
D:¥01¥02¥03¥04¥05>
```

```
□  コマンド例＜相対パスによるディレクトリ指定＞
D:¥01¥02¥03¥04¥05>cd D:¥01¥02¥03        ←絶対パスで「D:¥01¥02¥03」を指定
D:¥01¥02¥03>cd D:¥01¥02¥03¥04¥05        ←絶対パスで「D:¥01¥02¥03¥04¥05」を指定
D:¥01¥02¥03¥04¥05>
```

非常に深い階層のディレクトリから 1 つか 2 つ上位のディレクトリを指定する場合などは、相対パスによる指定は非常に便利です。しかし、慣れるまでは間違いやすいという欠点もあるので、無用のトラブルを起こさないためにも、絶対パスによる指定が基本であることを認識しておいてください。

コマンドプロンプトの終了

コマンドプロンプトを終了するには、コマンドプロンプト上で「exit」と入力し、［Enter］キーを押します。

```
□  コマンド例＜相対パスによるディレクトリ指定＞
C:¥Users¥Administrator>exit
```

コマンドラインリファレンス

その他 Windows Server 2016 で使用できるコマンドや、利用方法については Microsoft 社のサイトに Windows Server で利用できるコマンドラインリファレンスが記載されています。

□　**Windows コマンド , Microsoft Docs**
　　https://docs.microsoft.com/ja-jp/windows-server/administration/windows-commands/windows-commands

16-4 リダイレクト

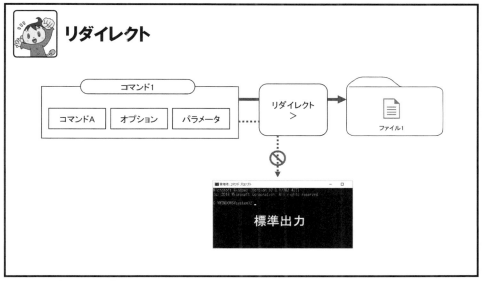

スライド106：リダイレクト

▌リダイレクト

コマンドの実行結果は、標準出力としてコマンドプロンプト上に表示されることは「ipconfig」コマンドを例にとって説明しました。「ipconfig」コマンドの場合、表示される情報量はさほど多くないため特に問題はありませんが、コマンドによっては非常に多くの情報が標準出力される場合があります。

例えば、「C:¥WINDOWS」配下に存在するファイルの一覧を表示したい場合、「dir」コマンドが非常に役に立ちます。しかし、実際に「C:¥WINDOWS」にカレントディレクトリを変更し、「dir」コマンドを実行すると、標準出力にファイル名が大量に表示され、すべての情報を表示させることができません。

このような場合に便利なのがリダイレクトの機能です。リダイレクトは、リダイレクト演算子と呼ばれる記号をコマンドの後に入力し、続いてファイル名を指定することで、標準出力をファイルへの出力に切り替えることができます。ファイルに出力することで、コマンド実行後にゆっくりと内容を確認することができます。

▌リダイレクトの使用方法

次の表は、コマンドプロンプトで使用される代表的なリダイレクトの使い方をまとめたものです。「>」、「>>」、「<」などがリダイレクト演算子と呼ばれる記号です。

ここで補足として標準エラー出力について説明しておきます。実はコマンドの出力結果は、すでに説明した標準出力と標準エラー出力の2通りに分かれています。通常は、どちらもコマンドプロンプト上に表示されるため意識することはありませんが、リダイレクトを使用すると明確な違いが出てきます。

標準エラー出力は、コマンドが失敗した場合に表示されるメッセージのことで、例えば「dir」コマンドで存在しないディレクトリをパラメーターとして指定した場合に「ファイルが見つかりません」と画面上に表示されますが、このメッセージが標準エラー出力です。このメッセージは標準出力をリダイレクトしていても、コマンドプロンプトに表示されるため、エラーが発生したことがすぐに見て取れます。もし、標準エラー出力もリダイレクトしたい場合は、次の表にあるように標準出力と標準エラー出力をマージ（融合すること）する必要があります。

書式	説明
コマンド > ファイル名	標準出力の代わりに、「>」の後に指定したファイルに書き込みます。この場合、標準エラー出力はリダイレクトされません。
コマンド >> ファイル名	「>」と似ていますが、すでにファイルに書き込まれている情報を削除しないで、ファイルの最後に出力を追記します。追記するファイルがない場合は、新たにファイルを作成します。
コマンド 2> ファイル名	標準エラー出力を指定したファイルに書き込みます。この場合、標準出力はリダイレクトされません。
コマンド > ファイル名 2>&1	標準出力に標準エラー出力をマージします。つまり、標準出力のリダイレクト先に、あわせて標準エラー出力も書き込まれます。
コマンド < ファイル名	コマンドの入力を標準入力（キーボード）の代わりに、指定したファイルから読み取ります。

□　コマンド例 < リダイレクト >

```
C:¥WINDOWS>dir > C:¥temp¥file_list.txt        ←標準出力を「C:¥temp¥file_list.txt」に切り替える
                                               ←標準出力にはなにも表示されない
C:¥WINDOWS>                                    ←ファイルへの出力が完了すると、プロンプトが表示される
C:¥WINDOWS>dir system32 >> C:¥temp¥file_list.txt

                                               ↑標準出力を「C:¥temp¥file_list.txt」に追記する
                                               ←標準出力にはなにも表示されない
C:¥WINDOWS>
C:¥WINDOWS>dir system99 >> C:¥temp¥file_list.txt

                                               ↑存在しないディレクトリを dir のパラメーターとして指定
ファイルが見つかりません                        ←標準エラー出力が表示される
C:¥WINDOWS>dir system99 >> C:¥temp¥file_list.txt 2>&1
                                               ↑標準出力と標準エラー出力をマージする
                                               ←標準エラー出力もファイルに書き込まれたため、何も表示されない
C:¥WINDOWS>
```

16-5 パイプ

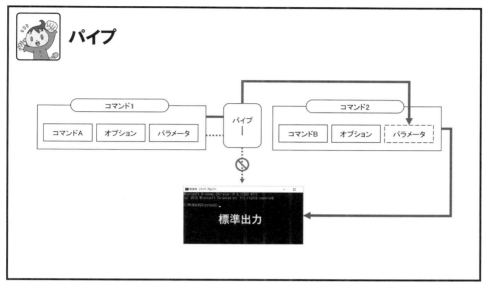

スライド 107：パイプ

▌パイプ

パイプは「|」という特殊文字で表され、コマンドの実行結果を別のコマンドに渡す機能をもっています。

例えば、「more」というコマンドがあります。これはパラメーターとして指定したファイルの内容を 1 画面ずつ表示させるコマンドです。先ほどのリダイレクトの例では画面に出力しきれないコマンド結果をファイルに保存しました。パイプを使うと「dir」コマンドの出力結果を、「more」コマンドのパラメーターとして渡すことができます。これにより「dir」コマンドの出力結果が、1 画面ずつ表示されます。

□ コマンド例 <more とパイプ>	
C:¥WINDOWS¥system32>dir	more	←「dir」の標準出力を「more」のパラメーターとして渡す
ドライブ C のボリュームラベルがありません。	
ボリュームシリアル番号は ACBA-7C00 です	
C:¥WINDOWS¥system32 のディレク～リ	
2018/01/01 08:49 <DIR> .	
2018/01/01 08:49 <DIR> ..	
2018/02/02 20:00 0 0.log	
2018/03/03 15:30 200 cmsetacl.log	
2018/03/03 15:30 18,274 cmsetup.log	
-- More --	←画面の一番下には「-- More --」と表示される

画面の一番下には「-- More --」と表示されます。次の画面を見たい場合は、スペースキーを、次の 1 行のみを見たい場合は［Enter］キーを押します。

もしパイプを使用せずに「dir」コマンドの出力結果を 1 画面ずつ表示させたければ、「dir>system32-dir.txt」のように一度ファイルにリダイレクトし、続いて「more system32-dir.txt」としなければなりません。パイプを利用すれば、これらの操作を 1 回で行うことができるようになります。

もう一つ、パイプの典型的な使い方を紹介します。「find」というコマンドと一緒に使う場合です。「find」は「find [" 文字列 "]［ファイル名］」の書式で使用すると、2 つ目のパラメーターとして指定したファイルから、1 つ目のパラメーターに指定した文字列が含まれる行のみを標準出力に表示できます。パイプを使用し、「dir | find "exe"」のようにコマンドを連結させると、「dir」の出力結果を「find」の 2 つ目のパラメーターとして渡すことができます。こうすることで "exe" の文字列が含まれる行だけをピックアップして画面に表示させることができるようになります。出力結果は、

人により若干異なるかもしれませんが、おなじみのエクスプローラー（explorer.exe）やメモ帳（notepad.exe）があるのがわかると思います。

□ コマンド例 <find とパイプ>

```
C:¥WINDOWS>dir | find "exe"        ←「dir」の標準出力を「find」の第 2 パラメーターとして渡す
2018/03/22 22:10      54,222  dialer.exe
2019/05/11 13:38     199,580  hoge.exe
2018/03/22 22:10   1,055,893  explorer.exe   ←エクスプローラーの本体プログラム
2018/03/22 22:10      67,052  notepad.exe    ←メモ帳の本体プログラム
2018/03/22 21:05     254,675  winhelp.exe
2018/03/22 22:11     278,065  winhlp32.exe
C:¥WINDOWS>
```

16-6 ワイルドカード

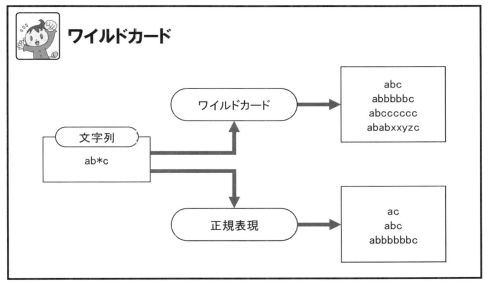

スライド 108：ワイルドカード

ワイルドカード

ワイルドカードとは、メタキャラクターと呼ばれる特殊文字を使用して文字列を表現する手法の一つです。難しいルールはなく、誰でも簡単に使えることができ便利であるため、ファイル名の検索や複数のファイルを一度に指定する際によく使われます。

ワイルドカードの使用方法

Windowsでは、次の2つのメタキャラクターをワイルドカードとして使用できます。

- **アスタリスク（*）**
  アスタリスクは、「0 個以上の任意の文字」の代用として使用できます。例えば、ファイルを検索する際に、ファイル名の先頭が「test」で始まることがわかっていて、その残りを覚えていない場合は、「test*」と入力します。この検索結果では、ファイルの種類に関係なく、「test1.txt」、「test2.docx」、「testy.docx」、「test 結果 .xlsx」などが表示されます。
  特定のファイルの種類で検索を絞り込むためには、例えば、「test*.docx」のように入力します。この検索結果では、「test」で始まるファイルで、「test2.docx」、「testy.docx」などファイル拡張子に「.docx」を持つすべてのファイルが表示されます。

- **疑問符（?）**
  疑問符は、「任意の 1 文字」の代用として使用できます。例えば、ファイルを検索する際に、名前の先頭が「test」で始まることがわかっていて、その次の 1 文字を覚えていない場合には、「test?.docx」と入力します。この検索結果では、「test2.docx」、「testy.docx」は表示されますが、「test1.txt」、「test 結果 .xlsx」は表示されません。

✅ ワイルドカードと正規表現

ワイルドカードと正規表現はしばしば混同されることがあります。どちらもメタキャラクター（特殊文字）を使った文字列表現方法ですが、メタキャラクターの意味が異なります。

例えば、アスタリスク（*）は、ワイルドカードでは「0個以上の任意の文字」を意味しますが、正規表現では、「直前の文字の0個以上の繰り返し」を意味します。

これを「ab*c」という文字列で比較した場合、パターンがマッチする文字列には以下のような違いがでてきます。

- ワイルドカード　　abc,abbbbbc,abcccc,abababc
- 正規表現　　　　　ac,abc,abbbbc

正規表現は、それだけで1冊の本ができてしまうほど複雑かつ高度な表現方法です。本書では詳しく取り扱いませんが、ワイルドカードと正規表現が異なるものであることを認識しておいてください。

なお、コマンドの中には「findstr」コマンドのようにメタキャラクターを正規表現として扱うものもあります。

16-7　バッチファイル

バッチファイル

- ■ バッチファイルとは
- ■ バッチファイルの実行方法
- ■ バッチファイルの基本文法
- ■ バッチファイル関連コマンド
- ■ バッチパラメーター

MyBatch.txt
テキスト ドキュメント
17 バイト

MyBatch.bat
Windows バッチ ファイル
17 バイト

スライド 109：バッチファイル

バッチファイルとは

　Windowsにはテキストファイルに記述したコマンドを順次実行する機能があります。テキストファイルにコマンドを実行させたい順番で記述し、ファイルの拡張子を「.bat」または「.cmd」として保存したものをバッチファイルといいます。
　バッチファイルを実行すると、コマンドプロンプトがファイルに記述されているコマンドを上から順番に実行していきます。複数のコマンドを一度の操作で実行でき、かつ繰り返し利用することができるので非常に便利です。さらに、あまり複雑なことはできませんが、条件分岐や繰り返し処理等のプログラミングの基本的な制御命令も使えるため、簡易なプログラムとして頻繁に使用されます。

バッチファイルの実行方法

　バッチファイルは様々な方法で実行することができます。代表的なものは次の3つの方法です。それぞれにメリットがあるので、用途・場面に応じて使い分けます。

- □ **「.bat」ファイルをダブルクリックする**
  エクスプローラー等でファイルを表示し、アイコンをダブルクリックすることで実行できます。この場合、出力結果はコマンドプロンプト上に表示されますが、最後のコマンドの実行が完了するとコマンドプロンプトは閉じられてしまいます。出力結果を確認したい場合は、バッチファイルの中でリダイレクトを使用します。

- □ **コマンドラインから実行する**
  コマンドプロンプトを起動し、コマンド操作により実行することができます。コマンドラインからバッチファイルを実行する場合は、コマンド入力の際に「.bat」を省略することができます。また、バッチ パラメーターを使用することができます。詳細については、『16-7 バッチパラメーター』を参照してください。

- □ **タスクスケジューラにて実行する**
  タスクスケジューラに登録することで、自動かつ定期的なバッチファイルの実行が可能となります。ファイルをバックアップするためのバッチファイルを使用する際に便利です。タスクスケジューラで実行した場合も、バッ

チパラメーターが使用できます（タスクスケジューラの詳細については、「18 章タスクスケジューラ」を参照）。

> ✅ **バッチファイルのファイル名**
>
> バッチファイルにつけるファイル名については、特に決まりはありません。バッチファイルの概要が一目でわかるようなファイル名を付けるのが良いでしょう。ただし、バッチファイルの中に記述されているコマンドと同一のファイル名を付けることは避けるべきです。
>
> 例えば、複数のコンピューターへの疎通を確認するために以下のようなバッチファイルを作成し、「ping.bat」というファイル名で保存したとしましょう。
>
> 　　　ping 192.168.1.1
> 　　　ping 192.168.1.2
> 　　　ping 192.168.1.3
>
> このバッチファイルを実行すると、1 行目の "ping 192.168.1.1" が標準出力に延々と出続ける結果となります。これは、1 行目の「ping」コマンドが、本来の「C:¥WINDOWS¥system32¥ping.exe」ではなく、「ping.bat」自身を実行するために発生します。そして再度実行された「ping.bat」がさらに「ping.bat」を実行するため、無限に繰り返される結果となります。
>
> このような結果を避けるために、「コマンド名 .bat」という名前は付けないようにしてください。
>
> また、日本語に代表される 2 バイト文字もファイル名には使用すべきではありません。コマンドライン操作は、半角英数を前提とするからです。

バッチファイルの基本文法

バッチファイルの基本文法として、下記のようなものがあります。

☐ **1 行に 1 コマンド**
　原則として、1 行に 1 つのコマンドを記述します。ただし、パイプ等によりコマンドを連結させた場合や、「if」コマンドや「for」コマンドによる制御を行う場合は、1 行に 2 つ以上のコマンドを記述することがあります（「if」コマンドや「for」コマンドの詳細については、「16-8 バッチプログラミング」を参照）。

☐ **大文字・小文字を区別しない**
　バッチファイルでは、大文字と小文字を区別しません。これはバッチファイルに限らず、Windows のコマンド操作全般にいえることです。ただし例外的に、パスワードや検索対象に指定されたキーワードは大文字と小文字を区別します。しかし、区別が無いからといって 1 つのバッチファイル内で無秩序に大文字と小文字が使われるのは、非常に読みづらくなるためよくありません。「環境変数は大文字で定義する」、「コマンドは小文字で記述する」、「ホスト名は大文字で記述する」等、一定のルールを作って記述するようにしてください。

☐ **1 行あたりの最大文字数の制限はなし**
　現在のコマンドプロンプトでは、1 行あたりの最大文字数の制限はありません。

☐ **空行は無視される**
　バッチファイルにおいて、空行は無視されます。

バッチファイル関連コマンド

次に挙げるコマンドは、バッチファイルで頻繁に使用されるコマンドです。もっとも、コマンドプロンプトからも使用できるため、バッチファイル専用のコマンドというわけではありませんが、いずれもバッチファイルを「わかりやすく」記述するために欠かせないコマンドです。

☐ **echo**
　任意のメッセージを表示させるコマンドです。「echo［文字列］」の書式で使用し、文字列を標準出力に表示させることができます。「echo %環境変数名%」とすれば、環境変数の値を表示させることもできます。また、「echo

off」、「echo on」のように使用することで、コマンドエコーの表示/非表示を切り替えることができます。コマンドエコーは、バッチファイルを実行したときに表示されるコマンド行そのもののことで、初期設定ではオン（表示）になっています。バッチファイルではファイルの1行目に「@echo off」と記述し、コマンドエコーをオフ（非表示）にするのが一般的です。

□ rem

バッチファイル内にコメント（注釈）を入れるコマンドです。「rem［コメント］」の書式で使用します。行頭に「rem」の記述のある行はバッチファイルの実行時にコメントとして扱われ、無視されます。ちなみに、このようなプログラムやプログラムが読み込む設定ファイル内の記述を、コメントとして扱わせ無効化することをコメントアウトといいます。

□ set

「set 環境変数名 = 値」の書式で使用することで、バッチファイル内で任意の環境変数を設定することができます。バッチファイル内で設定した環境変数は、そのバッチファイル内で一時的に有効となります。コマンドプロンプト が終了すると設定は解除されます。

□　Sample_echo.bat	
@echo off	←コマンドエコーを表示させない
rem #################################	←コメントとして無視される
rem #　Sample_echo.bat Update:yyyy./mm/dd　#	←コメントとして無視される
rem #################################	←コメントとして無視される
	←空行は無視される
rem 日付を表示させる	←コメントとして無視される
echo ###### It is %DATE%.today. ######	←今日の日付を表示させる
	←空行は無視される
rem コマンドエコーを表示させる	←コメントとして無視される
echo on	←コマンドエコーを表示させる
echo ###### Now command echo is ON. ######	← echo 以下が表示される
■　実行結果	
C:¥Test>Sample_echo.bat	
echo ###### It is yyyy/mm/dd.today. ######	← echo により表示される
C:¥Test>echo ###### Now commanc echo is ON. ######	←コマンドエコーが表示されている
###### Now command echo is ON. #¥####	← echo により表示される
C:¥Test>	

□　Sample_set.bat
@echo off
rem PING 対象ホストの設定
set TARGET_HOST=192.168.0.1
rem PING 送信回数の設定（回数）
set PING_COUNT=5
rem タイムアウト値の設定（1/1000 秒）
set TIME_OUT=1000
ping -n %PING_COUNT% -w %TIME_OUT% %TARGET_HOST%
■　実行結果
C:¥Test>Sample_set.bat
Pinging 192.168.0.1:bytes=32time<1ms TTL=128
（省略）
C:¥Test>

301

■ バッチパラメーター

　バッチファイルをコマンドライン（またはタスクスケジューラ）から実行する場合、バッチファイルにパラメーターを指定することができます。コマンドやアプリケーションに対して処理の対象物としてパラメーターを指定するのと同じように、バッチファイルに対してもパラメーターを指定することで、いつも決まったファイル名やディレクトリ名ではなく「その時々で処理を切り替える」といった使い方が可能になります。

　例えば、「xcopy」というコマンドがありますが、これは「xcopy［コピー元］［コピー先］」という書式で使われ、ファイルやフォルダー（中のファイルを含む）をコピーすることができます。これを使って、「D:¥Data1」フォルダーを「E:¥Data1Bk」フォルダーにコピーするバッチファイルを作ると、次のようになります。

☐ Sample_xcopy1.bat
@echo off xcopy D:¥Data1 E:¥Data1Bk >> E:¥Backup.log

　しかし、Sample_xcopy1.bat のようにバッチファイルを記述した場合、コピー元・コピー先あるいはその両方を変更したい場合は、バッチファイルの記述を変更しなくてはなりません。コピー元やコピー先が変わるたびにファイルを書き換えるのは、手間が掛かる上に、間違いのもとにもなります。

　これに対し、バッチパラメーターを使用してバッチパラメーターを作成すると、次のようになります。

☐ Sample_xcopy2.bat
@echo off xcopy %1 %2 >> E:¥Backup.log

　バッチファイルの中の「%1」、「%2」がそれぞれ「Sample_xcopy2.bat」に渡される1つ目のパラメーター、2つ目のパラメーターに置き換わります。このように「%n」（n は1から9までの整数）を記述すると、バッチファイルに渡される n 番目のパラメーターを置き換えることができます。

　このバッチファイルを使って「D:¥Data1」フォルダーを「E:¥Data1Bk」フォルダーにコピーする場合は、「Sample_xcopy2 D:¥Data1 E:¥Data1Bk」と入力します。こうすることで、バッチファイルの記述を書き換えることなく、「Sample_xcopy2 D:¥Data2 E:¥Data2Bk」と入力することで、「D:¥Data2」フォルダーを「E:¥Data2Bk」フォルダーにコピーすることができます。

16-8　バッチプログラミング

バッチプログラミング

- ■「if」コマンド
- ■「for」コマンド
- ■「goto」コマンド
- ■ その他の関連コマンド

スライド 110：バッチプログラミング

▍バッチプログラミング

　バッチファイルでは、ファイルの先頭から 1 行ずつ下の行に向かってコマンドが実行されるのが原則です。しかし、特殊なコマンドを使用することで、「一部の行を飛ばす」、「特定の行を何度も実行する」、「下の行から上の行へ戻る」といったようなプログラミングで使われる命令制御が可能となります。

　このようにバッチファイルを使用して簡易なプログラムを作ることを、バッチプログラミングといいます。バッチプログラミングで使われる代表的なコマンドとして「if」コマンド、「for」コマンド、「goto」コマンドがあります。これらのコマンドは、通常のコマンドと比べるとかなり複雑な構文となっているため、本書では詳しくは扱わず、簡単な例を紹介するだけにとどめます。詳しく知りたい方は、コマンドラインリファレンスや専門書をあたってみると良いでしょう。

▍「if」コマンド

　「if」コマンドを使用すると、バッチファイル内に、ある条件を設定しておくことで「その条件が満たされた場合のみ指定したコマンドを実行させる」といった処理が可能です。この場合、条件が満たされない場合は指定したコマンドは実行されず、次に記述されているコマンドが実行されることになります。このような処理の仕組みを「条件分岐」といいます。

☐   Sample_if.bat
@echo off if exist %1 echo ###### %1 is found. ###### 　　　　　　　　　　　　　　　　　↑指定したファイルが存在していたら、echo 以下を表示させる
■ 実行結果① ＜パラメーターで指定した「D:¥Miracle.txt」ファイルが存在する場合＞
C:¥Test>Sample_if.bat D:¥Miracle.txt ###### D:¥Miracle.txt is found. ######　　　　　← echo により表示される C:¥Test>
■ 実行結果② ＜パラメーターで指定した「D:¥Miracle.txt」ファイルが存在しない場合＞
C:¥Test>Sample_if.bat D:¥Miracle.txt 　　　　　　　　　　　　　　　　　←何も表示されない C:¥Test>

「for」コマンド

「for」コマンドを使うと、「do」以下で指定したコマンドを繰り返し実行することができます。このように同じ処理を繰り返して実行させることを、「繰り返し処理」または「ループ処理」といいます。

☐   Sample_for.bat
@echo off　　　　　　　　　　　　　　　←コマンドエコーを表示させない set PRE_FIX=Miracle　　　　　　　　　　← PRE_FIX という変数に Miracle を設定する for %%a in（1 2 3 4 5）do mkdir %PRE_FIX%_%%a　←5回下記の繰り返しを行う 　　　　　　　　　　　　　　　　　　　　　変数 PRE_FIX と _ と回数を組み合わせたフォルダーを作成する。
■　実行結果
C:¥Test>Sample_for.bat C:¥Test>dir 　　↑「dir」で表示させると、「Miracle_1」から「Miracle_5」までのディレクトリが作成されている （省略） 2018/12/06 10:06 <DIR> Miracle_1 2018/12/06 10:06 <DIR> Miracle_2 2018/12/06 10:06 <DIR> Miracle_3 2018/12/06 10:06 <DIR> Miracle_4 2018/12/06 10:06 <DIR> Miracle_5 （省略） C:¥Test>

「goto」コマンド

「goto」コマンドは、「: [ラベル名]」として定義したラベルへ処理をジャンプさせるコマンドです。

☐　Sample_for.bat

```
@echo off
ping %1                              ←パラメーターで指定したホストに「ping」を実行
if %errorlevel% neq 0 goto error     ←正常終了しない場合、「:error」へジャンプする
echo ###### HOST %1 is alive. ######  ←正常終了した場合「if」に該当せず、実行される
goto end                             ←正常終了した場合、「:end」へジャンプする
:error                               ←「:error」ラベル
echo ###### HOST %1 is not alive!!! ######  ←「:error」へジャンプすると、この行から実行される
:end                                 ←「:end」ラベル
```

■ 実行結果① < ホスト名「Miracle01」からの応答がある場合 >

```
C:\Temp>Sample_goto Miracle01
###### HOST %1 is alive. ######       ← echo により表示される

C:\Test>
```

■ 実行結果② < ホスト名「Miracle01」からの応答がない場合 >

```
C:\Temp>Sample_goto Miracle01
###### HOST %1 is not alive!!! ######  ← echo により表示される

C:\Test>
```

その他の関連コマンド

☐　**pause**
　　バッチファイルの実行を一時停止する。

☐　**shift**
　　バッチパラメーターを左にシフトする。

☐　**call**
　　バッチファイルの中から他のバッチファイルを呼び出す。

16-9　コマンドプロンプトとバッチファイル関連演習

コマンドプロンプトとバッチファイル関連演習

演習内容
- 「taskkill」によるプロセスの強制終了
- 「xcopy」を使ったバックアップ用バッチファイル

スライド 111：コマンドプロンプトとバッチファイル関連演習

コマンドプロンプトとバッチファイル関連演習

※　以下に、コマンドプロンプトとバッチファイル関連演習において前提条件を示します。
1. OS は Windows Server 2016 を使用します。
2. アカウントは Administrator を使用します。
3. C ドライブに［C:¥Temp］ディレクトリを作成します。
4. データ用ディレクトリとして、任意のディレクトリを作成します。
   例［C:¥Data］
5. データ用ディレクトリに適当なファイルを保存しておきます。
6. バックアップ用ディレクトリとして任意のディレクトリを作成します。
   ※　適切なアクセス権のあるネットワーク上の共有フォルダーでも問題ありません。
   例［C:¥DataBackup］

※　以下に、コマンドプロンプトとバッチファイル関連演習の構成図を示します。

Windows Server 2016

演習1 「taskkill」によるプロセスの強制終了

以下の操作をコマンドプロンプトにて行います。

- ☐ **操作内容**
    - 「メモ帳」をコマンドラインから実行
    - プロセスのリストを出力
    - 「メモ帳」のプロセスを強制終了

1. ［スタート］を右クリック後、［ネットワーク接続］をクリックします。
2. ［コマンドプロンプト］画面にて、以下の［コマンド例］を入力し、［Enter］を押下します。

    ◆コマンド例
    C:\Users\Administrator>notepad.exe
    C:\Users\Administrator>tasklist /FI "IMAGENAME eq notepad.exe"　←　notepad.exe の PID を取得
    C:\Users\Administrator>taskkill /PID < 取得した PID>

以上で、「「taskkill」によるプロセスの強制終了」演習は終了です。

演習2 「xcopy」を使ったバックアップ用バッチファイル

以下の機能を持つバッチファイルを作成します。
- ☐ **実現したい機能**
    - データ用ディレクトリ配下にあるファイルをバックアップ用ディレクトリにコピーする。
    - バックアップの開始時刻と終了時刻を表示させる。
    - コピー元ディレクトリ、コピー先ディレクトリは環境変数で指定する。
    - コピー先ディレクトリにあるファイルよりも新しいファイルのみをコピーする。
    - すべてのサブ ディレクトリをコピーする。
    - 既にコピー先にあるファイルを上書きするかどうかを確認しない。
    - 読み取り専用ファイルをコピーする。

- ☐ **補足**
    - 「xcopy」のオプションはコマンドラインリファレンスを参照する。

1. ファイル名が［IncreBackup.bat］のバッチファイルに作成します。
2. ［IncreBackup.bat］に以下を記述し、保存します。

```
IncreBackup.bat

@echo off

rem バックアップ元ディレクトリ
set SRC_DIR=C:¥Data

rem バックアップ先ディレクトリ
set DEST_DIR=C:¥DataBackup

echo ###### %DATE% %TIME% Backup Started. ######

rem バックアップの実行
xcopy %SRC_DIR% %DEST_DIR% /d /e /y /r

rem エラーチェック
if %ERRORLEVEL% neq 0 goto error

rem 正常終了
echo ###### %DATE% %TIME% Backup Ended. ######
goto end

rem 異常終了
:error
echo ###### %DATE% %TIME% Backup ABORTED!!! ######
:end
```

3. ［スタート］-［Windows システムツール］-［コマンドプロンプト］とクリックします。
4. ［コマンドプロンプト］画面にて、"cd C:¥temp" と入力し［Enter］を押下します。
5. 続いて、"IncreBackup.bat △ >> △ Backup.log △ 2>&1" を入力し［Enter］を押下します。
   ※ △は半角スペースを意味しています。
6. タスクバーの［エクスプローラー］を開き、［PC］-［ローカルディスク（C:)］-［DataBackup］とクリックします。
7. バックアップ用ディレクトリ［DataBackup］フォルダーに、データ用ディレクトリである［Data］フォルダー内のファイルが存在することを確認します。

以上で、「「xcopy」を使ったバックアップ用バッチファイル」演習は終了です。

Chapter 17
PowerShell

17-1 章の概要

章の概要

この章では、以下の項目を学習します。

- PowerShell の概要
- Windows PowerShell の起動とウインドウ操作
- Windows PowerShell の基本操作
- PowerShell をシステム管理に使う
- 実行結果の出力処理
- 変数
- スクリプトの作成と実行
- PowerShell とセキュリティ
- PowerShell 関連演習

スライド 112：章の概要

Memo

17-2　PowerShell の概要

PowerShell の概要

- コマンドラインによるシステム管理を実現する PowerShell
- コマンドレットとは
- PowerShell の種類
- Windows PowerShell のバージョンと必要要件
- 統合開発環境（Windows PowerShell ISE）について
- Visual Studio Code について

スライド 113：PowerShell の概要

▍コマンドラインによるシステム管理を実現する PowerShell

　PowerShell は、マイクロソフトが開発した .NET を基盤としたシェルです。またスクリプト言語でもあります。
　Windows にはもともと CUI によるコマンドを実行できるコマンドプロンプトがありますが、GUI（Graphical User Interface）で実行できるコマンドをすべて代替できるほどの機能はありませんでした。システム管理を行う時には GUI とコマンドプロンプトの両方を行き来しながら行う必要があり、自動処理を行いたいようなケースでは不便さが伴いました。
　そのため開発されたのが PowerShell です。Windows7 SP1、Windows Server 2008 R2 SP1 以降のすべての Windows に標準搭載されています。そして PowerShell を使うことで、マウスで GUI を操作することなく、CUI によるコマンドレットの実行で Windows のシステム管理が可能になります。また一部の PowerShell はオープンソース化され、Linux や macOS でも利用できるようになりました。
　なお、PowerShell コマンドレットの実行結果は、一般的なスクリプト言語とは異なりオブジェクト（データの集合体）で出力されます。そのため特定のデータをアウトプットの中から抽出するようなテキスト処理を実行する必要がなく、データが含まれているオブジェクトのプロパティとして得ることができます。これが最大の特徴となっています。

- **シェル**
  コンピューターのコアにあたるカーネルを操作するインターフェースを提供するソフトウェアのことです。

- **スクリプト言語**
  比較的単純なプログラムを記述するためのコンピューター言語をさします。記述した順に処理をしていきます。スクリプト言語はその言語を使えるシェルに制限があり、ここでは PowerShell というシェルで使うことができるスクリプト言語としての PowerShell について説明をしています。

- **コマンド**
  コマンドとは、ソフトウェアやハードウェアの機能を実行するために、コンピューターへ与える命令のことです。

- **オブジェクト**
  オブジェクトとは、メソッドとプロパティという複数の値からなる集合体です。また、メソッドとプロパティを合

わせてメンバーといいます。メソッドは、そのオブジェクトが持っているデータを処理する操作のことをいいます。プロパティは、オブジェクトが持つ性質や属性を表すデータのことをいいます。

コマンドレットとは

コマンドレットとは、PowerShell で実行することができるコマンド群のことです。コマンドプロンプトにおけるコマンドに相当するものです。ただし、コマンドプロンプトのコマンドよりも機能が豊富で強力です。
PowerShell で利用できるコマンドにはいくつかの種類があります。

☐ **コマンドレット（Cmdlet）**
PowerShell が内蔵しているコマンド群です。

☐ **エイリアス（Alias）**
コマンドレットや関数、スクリプトをより便利に利用するために、正しいコマンドレット等に対して文字列が短い簡単な名称を定義したものです。

☐ **関数（Function）**
何かしらの入力値を処理して結果を出力するように作られた実行プログラムのことです。あらかじめ用意されている関数がありますが、自分で作成することもできます。

☐ **スクリプト（Script）**
コマンドレットを組み合わせて連続した処理を行えるようにした処理機能です。複数のコマンドレットを一連の流れで実行するような処理をする場合、スクリプトにすることで、1 回の実行で処理を行うことができます。

PowerShell の種類

PowerShell にはいくつかの種類が存在します。Windows PowerShell と PowerShell Core は物理サーバーと仮想サーバーの両方の Windows 上で利用できます。

☐ **Windows PowerShell**
Windows 上で動作するベーシックな PowerShell です。.NET Framework を必要要件とするため、Windows 上でのみ動作します。Windows Server 2016 ではバージョン 5.1 が標準搭載となっています。

☐ **PowerShell Core**
オープンソースプロジェクト化しており、GitHub 上で公開されています。Windows、Linux、macOS へインストールして使うことができます。実行環境として .NET Core を使用します。また試験段階ですが、組み込みシステムを制御する一部の ARM（ARM 社が設計した組み込み機器用プロセッサ）向けにも提供されています（2019 年 5 月現在）。

Windows PowerShell のバージョンと必要要件

Windows Server 2016 には、既定で Windows PowerShell 5.1 がインストールされています。また PowerShell のシステム要件として Microsoft .NET Framework が必要で、Windows PowerShell 5.1 には Microsoft .NET Framework 4.5 がフルインストールされていなければなりません。OS のバージョンアップを行った際には、念のためバージョンを確認しておきましょう。

Windows PowerShell は通常 CUI で使うため GUI は不要ですが、次のような一部の項目やコマンドレットを使う場合に GUI を必要とします。

☐ **コマンドレット**
Out-GridView、Show-Command、Show-ControlPanelItem、Show-EventLog

312

☐ パラメーター
Get-Help コマンドレットの ShowWindow、Register-PSSessionConfiguration および Set-PSSessionConfiguration
コマンドレットの ShowSecurityDescriptorUI

☐ **統合開発環境**
Windows PowerShell ISE（Integrated Scripting Environment）あるいは Visual Studio Code

（参考）マイクロソフト Docs「Windows PowerShell のシステム要件」
https://docs.microsoft.com/ja-jp/powershell/scripting/install/windows-powershell-system-
requirements?view=powershell-6#graphical-user-interface-requirements

統合開発環境（Windows PowerShell ISE）について

Windows PowerShell の開発環境として、Windows PowerShell ISE が標準で利用できます。スクリプトの開発と
デバッグに利用できる環境で、Windows Server 2016 の場合は標準で利用できる Windows PowerShell バージョン
5.1 で利用できます。しかしながらすでにリリースされている Windows PowerShell バージョン 6 以降では使えず、今
後は Visual Studio Code へ移行することになっています。

Visual Studio Code について

オープンソースのコードエディターで、PowerShell だけではなく、他のプログラム言語の開発環境としても利用可
能です。Windows PowerShell ISE の後継環境としてスクリプトの開発とデバッグに利用できます。PowerShell バージョ
ン 3 以降に対応しています。OS には付属していないため、マイクロソフトのサイトからダウンロードしてインストール
します。

17-3　Windows PowerShell の起動とウインドウ操作

Windows PowerShell の起動とウインドウ操作

- Windows PowerShell の起動方法
- Windows PowerShell ウインドウの使い方

スライド 114：Windows PowerShell の起動とウインドウ操作

Windows PowerShell の起動方法

　Windows Server 2016 には Windows PowerShell 5.1 が既定でインストールされています。
［スタート］-［Windows PowerShell］-［Windows PowerShell］をクリックすると起動します。この場合はサーバーへログオンしているユーザーの権限で起動します。

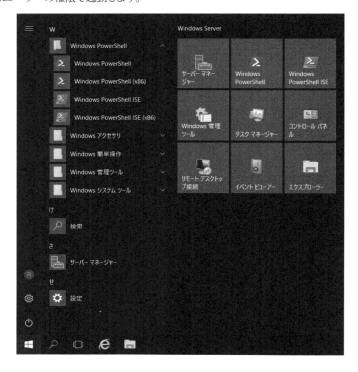

ウインドウのタイトルが［Windows PowerShell］、プロンプトが［PS C:¥Users¥username>］となっていることを確認します。

Windows PowerShell を終了するときは、［exit］により終了できます。

　また、管理者としてスクリプトを実行する、実行に管理者権限が必要なアプリケーションを使うといった目的のために Windows PowerShell を起動したいときは、管理者権限で起動させておくと便利です。この場合、Windows PowerShell のアイコンを右クリックして表示されるメニューから［Run as Administrator］を選択します。

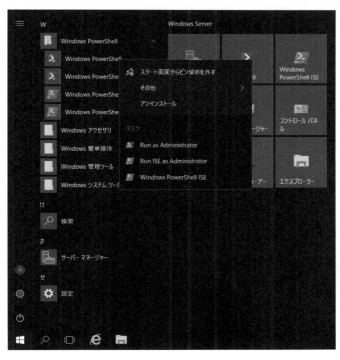

ユーザーでログオンしている場合は、Administrator としての認証が要求されます。

起動後、ウインドウのタイトルが［Administrator: Windows PowerShell］、プロンプトが［PS C:¥Windows¥system32>］となります。

また、すでに起動している Windows PowerShell がある場合は、次のコマンドレットによって管理者権限の Windows PowerShell を起動できます。
［Start-Process powershell -Verb runas］

管理者権限の Windows PowerShell を終了するときも［exit］により終了できます。

Windows PowerShell ウインドウの使い方

まず、Windows PowerShell をたちあげたウインドウの機能を覚えておきます。次の 2 つはぜひ覚えておきたい機能です。

☐ **コピー＆ペースト**

Windows PowerShell ウインドウ内でコピー＆ペーストができます。そのときにコピーする範囲を指定することができます。

1）コピーしたい範囲をマウスで選択し、右クリックします。クリックのみでコピーします。
2）ペーストしたい場所へカーソルをあわせ、右クリックするとペーストされます。

また、他のウインドウでコピーした文字列を Windows PowerShell ウインドウ内にペーストすることもできます。

☐ **履歴機能の活用**

以前に実施したコマンドレットを再度使いたい場合には、上矢印キーを押すことで表示できます。例えば 5 回前に使ったコマンドであれば、上矢印キーを 5 回押すことで表示できます。
また、再度使いたいコマンドレットを表示させ、一部の文字列を修正して似ているコマンドレットへ変更したり、パラメーターを編集したりすることができます。この場合は、左矢印キーを押すことで一文字ずつ左へ移動させ、文字列を修正できます。

17-4　Windows PowerShell の基本操作

```
       Windows PowerShell の基本操作

  ■ Windows PowerShell の基本
  ■ 最初に知っておくべきコマンドレット
  ■ パイプラインの使い方
```

スライド 115：Windows PowerShell の基本操作

　Windows Server をどういう用途に使うかによってシステム管理の範囲も様々ですが、一般的にはそのほとんどの作業を GUI で行います。サーバーが数台であればマウスを使い GUI のメニューをクリックする作業を繰り返してもよいですが、必ずサーバーの前もしくはリモートデスクトップを使って 1 台ずつ作業をしないといけません。大量のサーバーを維持管理する必要がある場合、また定期的な作業をユーザーの少ない夜間帯に行う必要がある場合は大変非効率です。
　そのため、定期的に繰り返し実行する作業や作業手順が決まっている作業は、できるだけサーバーが自動に行えるように設定して実行結果が通知されるようにしておきます。自動処理するように設定することでシステム管理の手間を減らし、その分を次のシステム導入の企画や構築の仕事へ時間をあてることができます。この定期的に繰り返し実行する作業や作業手順が決まっている作業をサーバーへ指示するために PowerShell を使います。
　次から Windows Server 2016 にデフォルトでインストールされている Windows PowerShell 5.1 を使い、PowerShell を使うことで具体的にどういうことができるのかを見てみます。

Windows PowerShell の基本

　Windows PowerShell を使いこなすためには、知っているコマンドレットを増やすことが近道です。ただし数多く存在するコマンドレットを、そのオプションも含めてすべて覚えることは現実的ではありません。
　そこで、コマンドレットを扱うためには、次のような規則で作られていることを理解しておくと、実行したいことをどのコマンドレットで行えばよいかの見当がつきやすく、また調べるときにも便利です。

- □ **コマンドレットには命名規則がある**
  英語の標準的な動詞と名詞の組み合わせによる「動詞 - 名詞」の表現で統一されている。

- □ **パラメーターは常に［-］から始まる**
  ［コマンドレット - パラメーター名 パラメーター値 - パラメーター名 パラメーター値…］のように記述する。

- □ **パイプラインが使える**
  パイプライン［|］でコマンドレットをつなぐことによって、コマンドレットの出力を次のコマンドレットの入力とすることができる。

- ☐ **コマンドには実装の違いによっていくつか種類がある**
  コマンドレット（cmdlet）、関数（function）、エイリアス（Alias）、アプリケーション（Application）の4種類が存在する。

- ☐ **ヘルプ機能がある**
  コマンドレットの使い方を調べたいときは、コマンドレットにパラメーターとして［-?］を付与するとヘルプを表示できる。

- ☐ **大文字と小文字を区別しない**
  一般的に最初の文字が大文字から始まる表記となっているが、コマンドレットの実行において、大文字と小文字の区別はない。

- ☐ **スクリプトの実行**
  デフォルトの実行ポリシーは［Restricted］（すべてのスクリプトが実行禁止）となっているため、利用する場合は実行ポリシーを変更する必要がある。

最初に知っておくべきコマンドレット

最初はWindows PowerShellを立ち上げても、表示されているプロンプトに何を入力してよいかわからないと思います。使い方に慣れるためにも、まず以下のコマンドを使ってみましょう。

- ☐ **ヘルプを参照する**
  - ［Get-Help］
    コマンドレットのヘルプファイルを表示させるためのコマンドレットの使い方がわかります。また、このコマンドレットの引数として調べたいコマンドレットを記述すると、調べたいコマンドレットのヘルプを表示できます。

  - ［Get-Help <コマンドレット名>］
    サーバー内のヘルプファイルを表示。

  - ［Get-Help <コマンドレット名> -Online］
    オンラインヘルプを表示。

  - ［Get-Help <keyword>］
    ヘルプファイルすべてを対象にキーワードで検索。

  - ［Get-Help *process*］
    Processという文字列が含まれているヘルプを検索。

※ ワイルドカード（*）を文字列の前後につけることで、processの前後にどういう文字が付加されていても、processを含むすべてのヘルプを抽出してくれます。

- ☐ **使用可能なエイリアス一覧を表示させる**
  ［Alias］もしくは［Get-Command -CommandType Alias］
  エイリアスとして定義されているコマンドレットや関数の一覧を表示します。

```
PS C:\Users\testvmuser> Get-Command -CommandType Alias

CommandType     Name                                               Version    Source
-----------     ----                                               -------    ------
Alias           % -> ForEach-Object
Alias           ? -> Where-Object
Alias           ac -> Add-Content
Alias           Add-AdlAnalyticsDataSource                         1.0.0      Az.DataLakeAnalytics
Alias           Add-AdlAnalyticsFirewallRule                       1.0.0      Az.DataLakeAnalytics
Alias           Add-AdlStoreFirewallRule                           1.2.0      Az.DataLakeStore
Alias           Add-AdlStoreItemContent                            1.2.0      Az.DataLakeStore
Alias           Add-AdlStoreTrustedIdProvider                      1.2.0      Az.DataLakeStore
Alias           Add-AdlStoreVirtualNetworkRule                     1.2.0      Az.DataLakeStore
Alias           Add-AzAccount                                      1.5.2      Az.Accounts
Alias           Add-AzApplicationGatewayBackendHttpSettings        1.8.0      Az.Network
```

□ **使用可能なコマンドレット一覧**
[Get-Command -CommandType Cmdlet]
コマンドレットの一覧を表示します。

```
PS C:\Users\testvmuser> Get-Command -CommandType Cmdlet

CommandType     Name                                               Version    Source
-----------     ----                                               -------    ------
Cmdlet          Add-AppvClientConnectionGroup                      1.0.0.0    AppvClient
Cmdlet          Add-AppvClientPackage                              1.0.0.0    AppvClient
Cmdlet          Add-AppvPublishingServer                           1.0.0.0    AppvClient
Cmdlet          Add-AppxPackage                                    2.0.0.0    Appx
Cmdlet          Add-AppxProvisionedPackage                         3.0        Dism
Cmdlet          Add-AppxVolume                                     2.0.0.0    Appx
Cmdlet          Add-AzADGroupMember                                1.3.1      Az.Resources
Cmdlet          Add-AzAnalysisServicesAccount                      1.1.0      Az.AnalysisServices
Cmdlet          Add-AzApiManagementApiToProduct                    1.0.0      Az.ApiManagement
Cmdlet          Add-AzApiManagementProductToGroup                  1.0.0      Az.ApiManagement
Cmdlet          Add-AzApiManagementRegion                          1.0.0      Az.ApiManagement
Cmdlet          Add-AzApiManagementUserToGroup                     1.0.0      Az.ApiManagement
Cmdlet          Add-AzApplicationGatewayAuthenticationCertificate  1.8.0      Az.Network
Cmdlet          Add-AzApplicationGatewayBackendAddressPool         1.8.0      Az.Network
Cmdlet          Add-AzApplicationGatewayBackendHttpSetting         1.8.0      Az.Network
```

□ 使用可能な関数一覧
[Get-Command -CommandType Function]
コマンドとして実行できる関数の一覧を表示します。

```
PS C:\Users\testvmuser> Get-Command -CommandType Function

CommandType     Name                                               Version    Source
-----------     ----                                               -------    ------
Function        A:
Function        Add-BCDataCacheExtension                           1.0.0.0    BranchCache
Function        Add-BitLockerKeyProtector                          1.0.0.0    BitLocker
Function        Add-DnsClientNrptRule                              1.0.0.0    DnsClient
Function        Add-DtcClusterTMMapping                            1.0.0.0    MsDtc
Function        Add-EtwTraceProvider                               1.0.0.0    EventTracingManagement
Function        Add-InitiatorIdToMaskingSet                        2.0.0.0    Storage
Function        Add-MpPreference                                   1.0        Defender
Function        Add-NetEventNetworkAdapter                         1.0.0.0    NetEventPacketCapture
Function        Add-NetEventPacketCaptureProvider                  1.0.0.0    NetEventPacketCapture
```

□ コマンドレットのメンバーを調べる
[< コマンドレット名 > | Get-Member]
コマンドレットのメンバーであるメソッドとプロパティを参照します。
コマンドレット名の代わりに、配列などのオブジェクトを入力とすることもできます。

```
PS C:\Users\testvmuser> Get-Process | Get-Member


   TypeName: System.Diagnostics.Process

Name                MemberType     Definition
----                ----------     ----------
Handles             AliasProperty  Handles = Handlecount
Name                AliasProperty  Name = ProcessName
NPM                 AliasProperty  NPM = NonpagedSystemMemorySize64
PM                  AliasProperty  PM = PagedMemorySize64
SI                  AliasProperty  SI = SessionId
VM                  AliasProperty  VM = VirtualMemorySize64
WS                  AliasProperty  WS = WorkingSet64
Disposed            Event          System.EventHandler Disposed(System.Object, System.EventArgs)
ErrorDataReceived   Event          System.Diagnostics.DataReceivedEventHandler ErrorDataReceived(System.Objec...
Exited              Event          System.EventHandler Exited(System.Object, System.EventArgs)
OutputDataReceived  Event          System.Diagnostics.DataReceivedEventHandler OutputDataReceived(System.Obje...
BeginErrorReadLine  Method         void BeginErrorReadLine()
BeginOutputReadLine Method         void BeginOutputReadLine()
CancelErrorRead     Method         void CancelErrorRead()
```

ここで使用している [|] という記号をパイプラインと呼びます。実行したコマンドレットの結果を次のコマンドレットの入力として処理してくれます。次の節で説明します。

▌ パイプラインの使い方

先に紹介した「使用可能なエイリアス一覧を表示させる」の出力結果を見やすくしてみます。今のままでは、実行後に結果が大量に画面を流れていってしまいますが、次のようにコマンドレットを実行してみましょう。

パイプライン [|] を使って 1 番目のコマンドレットの実行結果を 2 番目のコマンドレットに入力します。

[Get-Command -CommandType Alias | Select-Object Name, Definition | Out-Host -Paging]

この結果は、エイリアスとコマンドレットの紐づけを一覧として表示してくれます。

[Get-Command] コマンドレットの実行結果を、パイプラインを使って [Select-Object] というコマンドレットへ渡し、[Name]（エイリアス名）と [Definition]（コマンドレット）を抽出、使用可能なエイリアスの一覧として表示させています。

また、[Out-Host -Paging] というコマンドレットへ渡すことにより、実行結果をすべて一度に表示させず、画面に表示された部分で一度停止させることができます。

[Select-Object] は、指定したプロパティを抽出して出力するコマンドレットです。この引数に指定している [Name]、[Definition] というパラメーターは、[Get-Command] コマンドレットが出力するオブジェクトのプロパティ名です。

一つ一つのプロパティの値は、次のコマンドレットを実行することでも得られます。

[（Get-Command -CommandType alias）.Name]
[（Get-Command -CommandType alias）.Definition]

これらのコマンドレットで実行した結果が、Select-Object コマンドレットでオブジェクトのプロパティをリストにして表示している結果の一部であることがわかります。

なお、上記で確認したコマンドレットではプロパティの値を確認したいコマンドレットを（）で括っていますが、この記述により [-CommandType] オプションを含めた実行結果のオブジェクトのプロパティを参照することができます。

同様に、次のコマンドレットもコマンドレットや関数を一覧として表示してくれます。

321

［Get-Command -CommandType Cmdlet | Select-Object Name | Out-Host -Paging］
［Get-Command -CommandType Function | Select-Object Name | Out-Host -Paging］

オブジェクトを操作する［Select-Object］コマンドレットについては、別の節で改めて説明します。

17-5　PowerShellをシステム管理に使う

PowerShellをシステム管理に使う

- ■ システム管理でよく使うエイリアス
- ■ システム管理で使う頻度が高いコマンドレット
- ■ リモートによるサーバー管理

スライド116：PowerShellをシステム管理に使う

システム管理でよく使われるコマンドレットについて説明します。

システム管理でよく使うエイリアス

コマンドプロンプトでもよく使うコマンドが、PowerShellのコマンドレットのエイリアスとして定義されています。これらを知っておくとWindows Serverのディレクトリを参照・作成することや、ファイルのコピー、削除、ファイル名の変更等が便利に行えます。

例えば次のようなコマンドがコマンドレットのエイリアスとして定義されています。

- ☐ dir
　　ディレクトリにあるファイルのリストを表示します。
　　［Get-ChildItem］コマンドレットが実行されます。

- ☐ cd（chdir）
　　ディレクトリを変更します。
　　［Set-Location］コマンドレットが実行されます。

☐ copy

ファイルをコピーします。

[Copy-Item] コマンドレットが実行されます。

```
PS C:\Users\testvmuser\Documents> copy file.txt file2.txt
PS C:\Users\testvmuser\Documents>
```

☐ del

ファイルを削除します。

[Remove-Item] コマンドレットが実行されます。[Confirm] オプションをつけると、本当に実行してよいかどうか確認をするダイアログが表示されます。

```
PS C:\Users\testvmuser\Documents> del file2.txt -Confirm

Confirm
Are you sure you want to perform this action?
Performing the operation "Remove File" on target "C:\Users\testvmuser\Documents\file2.txt".
[Y] Yes  [A] Yes to All  [N] No  [L] No to All  [S] Suspend  [?] Help (default is "Y"): y
PS C:\Users\testvmuser\Documents>
```

☐ ren

ファイル名を変更します。

[Rename-Item] コマンドレットが実行されます。

```
PS C:\Users\testvmuser\Documents> ren file.txt file1.txt
PS C:\Users\testvmuser\Documents>
```

☐ cls

開いている画面上の文字列を消去して、プロンプト 1 つのみにします。

[Clear-Host] コマンドレットが実行されます。

☐ ps

稼働しているプロセスのリストとメモリや CPU への負荷状態を表示します。[Get-Process] コマンドレットが実行されます。

```
PS C:\Users\testvmuser> ps

Handles  NPM(K)    PM(K)      WS(K)   CPU(s)     Id  SI ProcessName
-------  ------    -----      -----   ------     --  -- -----------
     94       7     1320       5480             2384   0 conhost
     83       7     1140       5016             3844   0 conhost
     84       7     1144       5132             3900   0 conhost
    234      16     4516      20288     4.42    3916   2 conhost
    297      13     1880       4080              384   0 csrss
    119       9     1368       3624              452   1 csrss
    216      11     1788       4212             2436   2 csrss
    314      18    13312      29144              804   1 dwm
    341      29    17296      56948             2908   2 dwm
   1304      57    28440     120100     2.44    2056   2 explorer
```

☐ help

ヘルプを表示します。

[Get-Help] コマンドレットが実行されます。

```
PS C:\Users\testvmuser> help

TOPIC
    Windows PowerShell Help System

SHORT DESCRIPTION
    Displays help about Windows PowerShell cmdlets and concepts.

LONG DESCRIPTION
    Windows PowerShell Help describes Windows PowerShell cmdlets,
    functions, scripts, and modules, and explains concepts, including
    the elements of the Windows PowerShell language.

    Windows PowerShell does not include help files, but you can read the
```

システム管理で使う頻度が高いコマンドレット

システム管理には次のコマンドレットを知っておくと便利です。

☐ **Restart-Computer**

再起動を行うためのコマンドレットです。管理者権限で実行します。

[Restart-Computer] を実行するだけでログオンしているサーバーを再起動します。[Restart-Computer -Force] とすると強制再起動です。

```
PS C:\windows\system32> Restart-Computer
```

- ☐ **Test-Connection**
  ネットワークが使える状態か、通信したい相手と疎通があるかどうかを確認します。

  [Test-Connection -ComputerName <hostname>] とすることで、hostname への ping 応答を確認することができます。

- ☐ **Get-Service**
  サービスの実行状況を確認できます。コマンドレットの後に何も記述しないと一覧が表示され、コマンドレットのあとにサービス名を記述するとそのサービスについての情報が表示されます。

  [Get-Service] と実行すると、ログオンしているサーバー上で稼働可能なサービスが一覧表示され、各サービスが実行しているのか、停止しているのかが確認できます。

  また、サービス名を指定して、例えば [Get-Service -Include WlanSvc] を実行すると、無線 LAN を使うためのサービスが実行状態にあるかどうかを確認できます。

- ☐ **Get-Process**
  動作しているプロセスの状況を CPU の実行時間やメモリの負荷状況と合わせて確認できます。コマンドレットのあとにサービス名を記述するとそのプロセスについての情報が表示されます。

  [Get-Process] と実行すると、ログオンしているサーバー上で稼働しているプロセスが一覧表示されます。

  プロセス名を指定して、例えば [Get-Process -Name powershell] を実行すると、Windows PowerShell が使っている CPU やメモリ、プロセスの ID が確認できます。

- ☐ **Stop-Process**
  プロセスを停止するコマンドレットです。管理者権限で実行します。
  たとえば必要ではないのに負荷を上げているようなプロセスの ID を [Get-Process] で確認し、[Stop-Process] で停止します。

  [Stop-Process -Id 5044 -Confirm] を実行すると、id が 5044 のプロセスを停止します。また [Comfirm] オプションを付与することで、本当に停止してよいかどうかの確認を経て実行を停止することができます。

- [ ] **Get-EventLog**
  イベントログを参照するコマンドレットです。

  ［Get-EventLog -LogName Application -EntryType Error | Out-Host -Paging］のように使います。これはアプリケーションログに残るエラーメッセージを1ページずつ表示させます。パイプラインを使って［Out-Host -Paging］コマンドを付与しないと、ファイル全体を表示してしまいますので注意が必要です。［Out-Host -Paging］の代わりに［more］を使っても同じ動作となります。

  ［Out-Host -Paging］で表示した画面では、1ページ目を表示したときに「<SPACE> next page; <CR> next line; Q quit」と表示されます。ここで、次のページを表示させたい場合は、［スペース］キーを、今の表示で終了させコマンドラインに戻りたい場合は、［q］を押下します。

  セキュリティログを取得するには管理者権限が必要なため、Windows PowerShellを［管理者として実行］して次のようなコマンドレットを実行します。

  ［Get-EventLog -LogName Security -EntryType SuccessAudit | Out-Host -Paging］

  なお、EntryTypeにはイベントログのエントリータイプである次の文字列を指定します。

  - Error　　　　　　エラー
  - Warning　　　　　警告
  - Information　　　情報
  - SuccessAudit　　 成功した監査
  - FailureAudit　　 失敗した監査

- [ ] **Start-Transcript**
  操作の証跡をテキストで残すことを開始するコマンドレットです。ユーザーが入力するすべてのコマンドやコンソールに表示されるすべての出力の記録を開始します。

  ［Start-Transcript］を実行すると開始します。出力ファイルを指定しない場合、保存先のディレクトリが開始したときに画面に表示されます。実行したユーザーのドキュメントディレクトリに保存されます。

- [ ] **Stop-Transcript**
  操作の証跡を残すことを停止するコマンドレットです。実行後、証跡の取得を停止します。

  ［Stop-Transcript］を実行すると停止します。

- [ ] **Out-File**
  ファイル出力をするコマンドレットです。

  たとえば、イベントログの［System］で［Error］となっているログのみを抽出し、ファイルへ出力したい場合は次のように実行します。

［Get-EventLog -LogName System -EntryType Error | Out-File -FilePath C:¥Users¥testvmuser¥Documents¥SystemError.txt -NoClobber］

［-noclobber］は、同じファイル名があったときに上書きをしないようにするオプションです。同じファイル名があったときは保存しません。

```
PS C:\Users\testvmuser> Get-EventLog -LogName System -EntryType Error | Out-File -FilePath C:\Users\testvmuser\Documents
\SystemError.txt -NoClobber
PS C:\Users\testvmuser> dir .\Documents\

    Directory: C:\Users\testvmuser\Documents

Mode                LastWriteTime     Length Name
----                -------------     ------ ----
d-----        2019/05/13     18:06            WindowsPowerShell
-a----        2019/06/17     17:08          0 file1.txt
-a----        2019/06/17     17:47        862 PowerShell_transcript.testvm11.q7C8v5rD.20190617174648.txt
-a----        2019/06/17     17:51      14292 SystemError.txt

PS C:\Users\testvmuser>
```

□ **Export-Csv**
  CSV ファイル形式で出力するコマンドレットです。
  たとえば、イベントログの［System］で［Error］となっているログのみを抽出し、ファイルへ出力したい場合は次のように実行します。

［Get-EventLog -LogName System -EntryType Error | Export-Csv -Path C: ¥Users¥testvmuser¥Documents¥SystemError.csv -Encoding Unicode -NoClobber］

［-Encoding Unicode］は、出力したファイルのエンコード方式を指定するオプションです。規定値の ASCII で出力するとメッセージ内容が文字化けをおこす場合があるため、この例では Unicode で出力するようにしています。

```
PS C:\Users\testvmuser> Get-EventLog -LogName System -EntryType Error | Export-Csv -Path C:\Users\testvmuser\Documents\S
ystemError.csv -Encoding Unicode -NoClobber
PS C:\Users\testvmuser> dir Documents

    Directory: C:\Users\testvmuser\Documents

Mode                LastWriteTime     Length Name
----                -------------     ------ ----
d-----        2019/05/13     18:06            WindowsPowerShell
-a----        2019/06/17     17:08          0 file1.txt
-a----        2019/06/17     17:47        862 PowerShell_transcript.testvm11.q7C8v5rD.20190617174648.txt
-a----        2019/06/17     17:55      74370 SystemError.csv
-a----        2019/06/17     17:51      14292 SystemError.txt

PS C:\Users\testvmuser>
```

どのコマンドレットを使うとどういう情報が収集でき、どういう操作ができるのか、PowerShell を使ってシステムを管理するシナリオがマイクロソフトのドキュメントとして整備されています。ここまでに出てきたコマンドレットに慣れてきたら調べて試してみましょう。ただし検証環境など、本番稼働していないサーバーでまず確認をして、実行したときに意図しない結果となり障害を引き起こすようなことがないようにしましょう。

（参考）マイクロソフト Docs「システム管理のサンプル スクリプト」
https://docs.microsoft.com/ja-jp/powershell/scripting/samples/sample-scripts-for-administration?view=powershell-5.1

┃ リモートによるサーバー管理

　Windows PowerShell を使い、同じネットワークセグメント上にあるサーバー上の情報を、現在ログオンしているサーバーから取得できます。またリモートログオンをすることができます。具体的な設定例を使って説明します。
　アクセス元のサーバーとして testvm11、リモートで接続するアクセス先のサーバーとして testvm12 が同じセグメント上にあるとします。ログオンしているサーバーは testvm11 です。testvm11 から testvm12 の修正プログラムの適用状況を確認します。

この場合にリモートアクセスするための環境は次のように構築します。

- アクセス先：testvm12
  管理者権限で PowerShell を起動し、［Enable-PSRemoting］を実行します。

- アクセス元：testvm11
  管理者権限で PowerShell を起動し、［Enable-PSRemoting］を実行します。

　アクセス元である testvm11 上で［Set-Item］コマンドレットを使い、信頼できるホストとして、アクセス先である testvm12 を登録します。実行してよいかどうか確認されるので Y を選択します。

［Set-Item WSMan:¥localhost¥client¥TrustedHosts -Value testvm12］

設定した内容は、［Get-Item］コマンドレットを testvm11 上で実行することで確認できます。

［Get-Item WSMan:¥localhost¥Client¥TrustedHosts］

これで設定が終わりました。［Invoke-Command］コマンドレットを使って testvm12 の修正プログラムの適用状況を確認します。

［Invoke-Command -ComputerName testvm12 -ScriptBlock ｛Get-HotFix｝］

また、testmv12 へリモート接続することもできます。［Enter-PSSession］コマンドレットを実行します。

［Enter-PSSession -ComputerName testvm12 -Credential testvmadmin］

認証ダイアログが表示されるのでパスワードを入力します。

ログオンできました。ホスト名が testvm12 であることがわかります。

```
PS C:\windows\system32> Enter-PSSession -ComputerName testvm12 -Credential testvmadmin
[testvm12]: PS C:\Users\testvmadmin\Documents>
```

アクセス先での作業が終わったら［Exit-PSSession］コマンドレットを使ってログオフします。

```
[testvm12]: PS C:\Users\testvmadmin\Documents> Exit-PSSession
PS C:\windows\system32>
```

（参考）マイクロソフト Docs「リモートコマンドの実行」

https://docs.microsoft.com/ja-jp/powershell/scripting/learn/remoting/running-remote-commands?view=powershell-5.1

17-6　実行結果の出力処理

実行結果の出力処理
- オブジェクトの操作
- 出力ビューの制御

スライド 117：実行結果の出力処理

オブジェクトの操作

PowerShell のコマンドレットは、結果をオブジェクトで出力します。そのため、出力されたオブジェクトから値を取り出したり操作したりするコマンドレットがあります。パイプラインを使って他のコマンドの出力結果を入力することで、欲しいデータのみを出力させることができます。

- **Select-Object**
  オブジェクトからオプションで指定したプロパティのみを出力します。

  例 1）コマンドレットのリストから Name プロパティのみを抽出します。

  ［Get-Command -CommandType Cmdlet | Select-Object -Property Name］

  ```
  PS C:\Users\testvmuser> Get-Command -CommandType Cmdlet | Select-Object -Property Name

  Name
  ----
  Add-AppvClientConnectionGroup
  Add-AppvClientPackage
  Add-AppvPublishingServer
  Add-AppxPackage
  Add-AppxProvisionedPackage
  Add-AppxVolume
  ```

  例 2）実行しているプロセスの出力結果から最初の 5 行分を抽出します。

  ［Get-Process | Select-Object -First 5］

  ```
  PS C:\Users\testvmuser> Get-Process | Select-Object -First 5

  Handles  NPM(K)    PM(K)    WS(K)   CPU(s)     Id  SI ProcessName
  -------  ------    -----    -----   ------     --  -- -----------
       94       7     1320     5480             2384   0 conhost
       83       7     1140     5016             3844   0 conhost
      232      16     4412    20272     7.83    3916   2 conhost
      206      16     4304    20068     2.00    4732   2 conhost
      270      12     1900     4084              384   0 csrss

  PS C:\Users\testvmuser>
  ```

- **Sort-Object**
  オブジェクトの並び順を指定した順に並べる（ソートする）ことができます。

例 1）実行しているプロセスを CPU 負荷の高い順にソートして出力します。

［Get-Process | Sort-Object -property CPU -Descending | Out-Host -Paging］

例 2）実行しているプロセスの出力結果から CPU 負荷が高い順に 5 件抽出します。

［Get-Process | Sort-Object -Property CPU -Descending | Select-Object -First 5］

このように、［Sort-Object］を実行したあと、さらにパイプラインで［Select-Object］へ渡すこともできます。

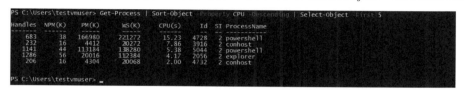

- **Where-Object**
オブジェクトから条件に合致したデータを抽出します。条件は波括弧（{}）で囲んだスクリプトブロック部分に記述し、条件を抽出する際に比較演算子を使用します。

算術演算子	意味
-lt	より小さい、未満（＜）
-le	以下（≦）
-gt	より大きい（＞）
-ge	以上（≧）
-eq	等しい（＝）
-ne	等しくない（≠）
-like	含む（ワイルドカード＊を併用して検索）
-match	一致する（正規表現を使って検索）

以下の論理演算子を使うことで、2 つの条件式を関連付けることができます。

論理演算子	意味
-and	論理積（A AND B：A かつ B）
-or	論理和（A OR B：A または B）
-xor	排他的論理和（A XOR B：A と B いずれかが真）
-not または !	否定（NOT A：A ではない）

また、PowerShell 上で利用できる自動変数［$_］を使います。これはパイプラインを通して渡されたオブジェクトを表します。

［Get-Process］からパイプラインで［Where-Object］へ渡された場合は、［Get-Process］の出力が［$_］に格納されています。そのためオブジェクトに含まれているプロパティは、［$_.ProcessName］のように表現できます。

例 1）仮想メモリを 1GB 以上使用しているプロセスを抽出します。

［Get-Process | Where-Object -FilterScript {$_.PM -gt 100MB}］

```
PS C:\Users\testvmuser> Get-Process | Where-Object -FilterScript {$_.PM -gt 100MB}

Handles  NPM(K)    PM(K)      WS(K)     CPU(s)     Id  SI ProcessName
-------  ------    -----      -----     ------     --  -- -----------
    575      65   143028     121016              4088   0 MsMpEng
    772      38   167916     222228     15.61    4728   2 powershell
   1141      44   113184     138280      5.38    5044   2 powershell

PS C:\Users\testvmuser>
```

例 2）指定のディレクトリにある実行ファイル（exe ファイル）を抽出します。

[Get-ChildItem C:¥Users¥testvmuser¥Downloads | Where-Object -FilterScript {$_.Name -like "*.exe"}]

```
PS C:\Users\testvmuser> Get-ChildItem C:\Users\testvmuser\Documents\ | Where-Object -FilterScript {$_.Name -like *.txt
}

    Directory: C:\Users\testvmuser\Documents

Mode                LastWriteTime       Length Name
----                -------------       ------ ----
-a----        2019/06/17     17:08           0 file1.txt
-a----        2019/06/17     17:47         862 PowerShell_transcript.testvm11.q7C8v5rD.20190617174648.txt
-a----        2019/06/17     17:51       14292 SystemError.txt

PS C:\Users\testvmuser>
```

☐　**ForEach-Object**
　　パイプラインで渡されたオブジェクトを、[ForEach-Object] で記述したコマンドへ順番に渡して繰り返し実行します。Where-Object と同様に波括弧 [{}] と [$_] を使用します。

　　例）指定のディレクトリにある実行ファイル（exe ファイル）を抽出し、ディレクトリパスを含めたリストとして表示します。[Write-Host]、画面に表示をするコマンドレットです。

[Get-ChildItem C:¥Users¥testvmuser | Downloads | Where-Object -FilterScript {$_.Name -like "*.exe"} | ForEach-Object -Process {Write-Host $_.FullName}]

```
PS C:\Users\testvmuser> Get-ChildItem C:\Users\testvmuser\Documents\ |
>> Where-Object -FilterScript {$_.Name -like *.txt} |
>> ForEach-Object -Process {Write-Host $_.FullName}
C:\Users\testvmuser\Documents\file1.txt
C:\Users\testvmuser\Documents\PowerShell_transcript.testvm11.q7C8v5rD.20190617174648.txt
C:\Users\testvmuser\Documents\SystemError.txt
PS C:\Users\testvmuser>
```

※　[FullName] は、[Get-ChildItem] コマンドレットが出力するオブジェクト（FileInfo オブジェクト）に含まれている絶対パスの値を持つプロパティです。そのため、[$ (Get-ChildItem "*.exe").FullName] でも取得できます。
※　コマンドが長い場合、パイプラインの最後 1 行の記述を終えると、次の行もコマンドが入力されるものと PowerShell が自動的に判断し、「>>」というプロンプト記号が表示されます。そのためパイプラインを引き継ぐ次のコマンドを 2 行目に記述することができます。

☐　**Group-Object**
　　指定したプロパティに含まれるアイテム数をカウントします。

　　例 1）サービスの情報を取得して、実行しているサービスの数と停止しているサービスの数をカウントします。Status は Get-Service に含まれているプロパティで、サービスの状態を格納しています。

[Get-Service | Group-Object -Property Status]

```
PS C:\Users\testvmuser> Get-Service | Group-Object -Property Status

Count Name                      Group
----- ----                      -----
  104 Stopped                   {AJRouter, ALG, AppIDSvc, AppMgmt...}
   87 Running                   {Appinfo, BFE, BITS, BrokerInfrastructure...}

PS C:\Users\testvmuser>
```

　　例 2）System に関するイベントログの直近 100 個のログから、Error/Warning/Information の各タイプの数をカウントします。[EntryType] は [Get-EventLog] のプロパティで、Error/Warning/Information のラベルを格納しています。

［Get-EventLog -LogName system -Newest 100 | Group-Object -Property EntryType］

```
PS C:\Users\testvmuser> Get-EventLog -LogName system -Newest 100 | Group-Object -Property EntryType

Count Name                      Group
----- ----                      -----
   95 Information               {System.Diagnostics.EventLogEntry, System.Diagnostics.EventLogEntry, System.Diagnost...
    5 Error                     {System.Diagnostics.EventLogEntry, System.Diagnostics.EventLogEntry, System.Diagnost...

PS C:\Users\testvmuser>
```

▌出力ビューの制御

　出力結果は見やすいように整形されて出力されると内容を把握しやすくなり、作業効率があがります。ここでは出力ビューを変更するコマンドレットを紹介します。

□　**Format-List**
　パイプラインを通して渡されたオブジェクトの内容をリストの形式で表示します。プロパティはラベル付けされて、それぞれ行を変えて表示します。

　例）powershell プロセスをリスト形式で表示します。

［Get-Process -Name powershell | Format-List］

```
PS C:\Users\testvmuser> Get-Process -Name powershell | Format-List

Id      : 4728
Handles : 746
CPU     : 16.390625
SI      : 2
Name    : powershell

Id      : 5044
Handles : 1128
CPU     : 5.375
SI      : 2
Name    : powershell

PS C:\Users\testvmuser>
```

□　**Format-Wide**
　オブジェクトの既定のプロパティのみを表示します。プロパティ値は既定以外を指定することができますが、一度に表示できるのは 1 つのプロパティのみです。

　例）サーバー上のサービスを DisplayName のみ、1 行 1 要素のリストで表示します。1 行 1 要素のリストにするオプションが［Column］です。

［Get-Service | Format-Wide -Property DisplayName -Column 1 | Out-Host -Paging］

```
PS C:\Users\testvmuser> Get-Service | Format-Wide -Property DisplayName -Column 1 | Out-Host -Paging

AllJoyn Router Service
Application Layer Gateway Service
Application Identity
Application Information
Application Management
App Readiness
Microsoft App-V Client
AppX Deployment Service (AppXSVC)
Windows Audio Endpoint Builder
Windows Audio
ActiveX Installer (AxInstSV)
Bitlocker Drive Encryption Service
Base Filtering Engine
Background Intelligent Transfer Service
Background Tasks Infrastructure Service
```

□　**Format-Table**
　表形式で出力します。［Format-Table］でプロパティ名を指定せずに出力する場合、コマンドレットを単独で実行した場合と出力ビューは同じです。プロパティ名を指定すると必要な情報だけを表示できます。また同じプロパティの値でグルーピングすることができます。

　例）稼働しているプロセスを、5 つのプロパティのみ、表形式で表示させます。またプロセスを稼働させているアプリケーションの会社名でグルーピングします。

333

[Get-Process | Format-Table -Property Path,Name,CPU,ID,Company -GroupBy Company | Out-Host -Paging]

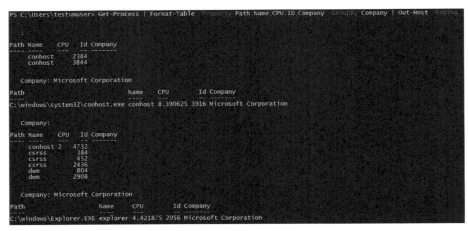

17-7 変数

変数
■ 変数の種類
■ 変数の使い方

スライド118:変数

スクリプト上で値を格納したり、格納した値を処理して別のコマンドへ引き渡したりするときに変数を使います。

変数の種類

変数には、自分で使いたいときに設定できる変数と、PowerShellによって自動的に設定されている変数(自動変数)、環境変数があります。

自分で変数を設定し値を代入したい場合、あらかじめ宣言をする必要はありません。使いたい時に作成した文字列の変数に対して値を入力すれば、その値を保持します。変数名は、次の規則に従って決めます。

- 「$」から始まること
- 「$」の次の文字以降は、英数字もしくはアンダースコア(_)を使うこと

なお、変数名は自由に命名できますが、スクリプトを読むときにどういう値を格納しているかがわかるような名称にすることをお勧めします。

□ 自動変数

自動変数の一覧は、[Get-Variable]コマンドレットを実行することで参照できます。変数の値を確認するときは、[$自動変数名]で参照できます。

例えば、[$PSVersionTable]のみを実行すると、PowerShellのバージョンに関するオブジェクト(変数に格納されている値)を確認できます。同じ値は、[Get-Variable]の結果からも確認できます。

```
PS C:\Users\testvmuser> $PSVersionTable

Name                           Value
----                           -----
PSVersion                      5.1.14393.2879
PSEdition                      Desktop
PSCompatibleVersions           {1.0, 2.0, 3.0, 4.0...}
BuildVersion                   10.0.14393.2879
CLRVersion                     4.0.30319.42000
WSManStackVersion              3.0
PSRemotingProtocolVersion      2.3
SerializationVersion           1.1.0.1

PS C:\Users\testvmuser>
```

また、[$Error] のみを実行すると発生したエラーが確認できます。配列で保管されているため、[$Error［2］] を実行すると直近のエラーから 3 つ前に発生したエラーが表示されます。最新のエラーは［$Error［0］］に格納されています。

```
PS C:\Users\testvmuser> $Error
The command was stopped by the user.
At line:1 char:1
+ Get-Service | Format-Table -Property Path,Name,CPU,ID,Company -GroupB ...
+ ~~~~~~~~~~~~~~~~~~~~~~~~~~~~~~~~~~~~~~~~~~~~~~~~~~~~~~~~~~~~~~~~~~~~~~~~~
    + CategoryInfo          : OperationStopped: (:) [], HaltCommandException
    + FullyQualifiedErrorId : System.Management.Automation.HaltCommandException

The command was stopped by the user.
At line:1 char:1
+ Get-Process | Format-Table -Property Path,Name,CPU,ID,Company -GroupB ...
+ ~~~~~~~~~~~~~~~~~~~~~~~~~~~~~~~~~~~~~~~~~~~~~~~~~~~~~~~~~~~~~~~~~~~~~~~~~
    + CategoryInfo          : OperationStopped: (:) [], HaltCommandException
    + FullyQualifiedErrorId : System.Management.Automation.HaltCommandException

The command was stopped by the user.
At line:1 char:1
+ Get-Process | Format-Table -Property Path,Name,CPU,ID,Company -GroupB ...
+ ~~~~~~~~~~~~~~~~~~~~~~~~~~~~~~~~~~~~~~~~~~~~~~~~~~~~~~~~~~~~~~~~~~~~~~~~~
    + CategoryInfo          : OperationStopped: (:) [], HaltCommandException
    + FullyQualifiedErrorId : System.Management.Automation.HaltCommandException
```

□ **環境変数**

環境変数の一覧は、[Get-ChildItem env:] コマンドレットを実行することで参照できます。

```
PS C:\Users\testvmuser> Get-ChildItem env:

Name                           Value
----                           -----
ALLUSERSPROFILE                C:\ProgramData
APPDATA                        C:\Users\testvmuser\AppData\Roaming
CLIENTNAME                     ANGEL3
CommonProgramFiles             C:\Program Files\Common Files
CommonProgramFiles(x86)        C:\Program Files (x86)\Common Files
CommonProgramW6432             C:\Program Files\Common Files
COMPUTERNAME                   testvml1
ComSpec                        C:\windows\system32\cmd.exe
HOMEDRIVE                      C:
HOMEPATH                       \Users\testvmuser
LOCALAPPDATA                   C:\Users\testvmuser\AppData\Local
```

変数の値を確認するときは、[$env: 環境変数名] で参照できます。例えば、[$env:SystemRoot] を実行すると、環境変数［%SystemRoot%］に書かれている Windows OS のルートディレクトリ名を返します。

□ **環境変数の扱い方**

環境変数とは、システムやアプリケーションが使うコマンドがあるディレクトリへの PATH や、参照する情報を保管しています。他のアプリケーションなどでは［% 環境変数名 %］という記述をします。

変数の使い方

スクリプトの作成等で変数を用意し値を格納、なんらかの処理をして別のプログラムで参照するという使い方をします。

例 1）コマンドレットの結果を入力
現在のディレクトリを［$loc］に格納します。コマンドレットの実行結果は画面に表示されません。

［$loc = Get-Location］

出力結果が複数行にわたるようなコマンドレットの結果も格納できます。現在のプロセス稼働状況を「$procs」に格納します。

［$procs = Get-Process］

なお、格納後に［$procs［2］］を実行すると、Get-Process を実行したときの 3 行目を表示します。1 行目は［0］とインデックスされるため、［2］には 3 番目に格納されている値が保管されています。

```
PS C:\Users\testvmuser> $procs = Get-Process
PS C:\Users\testvmuser> $procs[2]

Handles  NPM(K)    PM(K)     WS(K)     CPU(s)     Id  SI ProcessName
-------  ------    -----     -----     ------     --  -- -----------
     94       7     1320      5430               2384   0 conhost

PS C:\Users\testvmuser> Get-Process | Out-Host -Paging

Handles  NPM(K)    PM(K)     WS(K)     CPU(s)     Id  SI ProcessName
-------  ------    -----     -----     ------     --  -- -----------
     37       4     1572      2834       0.00   4524   2 cmd
    220      15     6628     22448       0.11    260   2 conhost
     94       7     1320      5430               2384   0 conhost
```

例 2）文字列を入力

「Hello World!」という文字列を「$str」に格納します。文字列は、""（ダブルクォーテーション）で囲みます。

［$str = "Hello World!"］

変数の型は、入力によって自動的に識別されるため意識する必要はありません。入力が数字だった場合は自動的に数字として認識されます。

［$str = "Hello World!"］
［$str = $str + "Windows PowerShell"］

この 2 行を実行することで、「Windows PowerShell」という文字列を［$str］に追加して再度［$str］に格納します。これにより、もともとの入力値「Hello World!」が「Hello World! Windows PowerShell」に置き換わります。

```
PS C:\Users\testvmuser> $str = "Hello World!"
PS C:\Users\testvmuser> $str = $str + "Windows PowerShell"
PS C:\Users\testvmuser> $str
Hello World!Windows PowerShell
PS C:\Users\testvmuser>
```

例 3）計算結果を入力

算術演算子を記述することで計算結果を保管します。算術演算子は、「+」で足し算、「-」で引き算、「*」で掛け算、「/」で割り算、「%」で割り算した余りを返します。次の場合、［$i］に 3+5 の結果が格納されます。

［$i = 3 + 5］

```
PS C:\Users\testvmuser> $i = 3+5
PS C:\Users\testvmuser> $i
8
PS C:\Users\testvmuser>
```

例 4）配列の入力

コマンドレットの入力が可能なことからわかるように、配列も格納できます。

［$array = @（1,2,3,4,5）］

この場合、［$array［4］］を実行すると、5 番目の数字である「5」を表示します。

```
PS C:\Users\testvmuser> $array = @(1,2,3,4,5)
PS C:\Users\testvmuser> $array[4]
5
PS C:\Users\testvmuser>
```

17-8 スクリプトの作成と実行

スクリプトの作成と実行
- ■ スクリプトの実行
- ■ スクリプトを記述する
- ■ ステートメント

スライド 119：スクリプトの作成と実行

　スクリプトは、PowerShell 画面で順番にコマンドを入力するか、入力するコマンドをテキストファイルに改行して並べ、PowerShell スクリプトであることを示す「.ps1」という拡張子で保存することで作成できます。

スクリプトの実行

　Windows PowerShell は、処理したい順にコマンドレットをテキストで記述したファイルに「.ps1」という拡張子をつけることで実行できます。ただしデフォルトの設定では実行がログオンしているサーバー（ローカルコンピューター）のみに制限されている設定となっています。
　これはサーバー機能を操作できる CUI であり、コマンドの投入を文字列で行えばあらゆる機能をリモートでも実行できる可能性を秘めているため、セキュリティ対策上安易に実行できないようにという配慮からです。設定によっては、認証機関が発行する証明書か、自社運用のローカル認証局が発行する証明書が必要です。

スクリプトが実行できる設定かどうかを確認してみます。

［Get-ExecutionPolicy］

```
PS C:\Users\testvmuser> Get-ExecutionPolicy
RemoteSigned
PS C:\Users\testvmuser>
```

　Windows Server のデフォルト設定では、［RemoteSigned］と返します。［Get-ExecutionPolicy］は設定状況により次のいずれかの結果を返します。

- □ **Restricted**
  Windows クライアントコンピューターにおけるデフォルトの実行ポリシーです。すべてのスクリプトの実行を禁止します。セキュリティ上最も強固な設定です。

- □ **AllSigned**
  信頼できる発行元によるデジタル署名のあるスクリプトのみを実行することができます。スクリプトを実行する前に、発行元が信頼済みか未信頼かを確認するメッセージを表示します。認証機関が発行する証明書か、自

社運用のローカル認証局が発行する証明書が必要です。

☐ **RemoteSigned**
Windows Server コンピューターのデフォルトの実行ポリシーで、ローカルコンピューター上で作成、保存した
スクリプトを実行することができます。インターネットからダウンロードされるスクリプトを実行する場合には、
信頼できる発行元のデジタル署名が必要です。

☐ **Unrestricted**
すべてのスクリプトを実行することができます。ただし、インターネットからダウンロードされたスクリプトを実
行する前にユーザーに警告し、ユーザーが明示的に許可した場合のみ実行します。

☐ **Bypass**
何もブロックされず、警告やプロンプトも表示されません。実行ポリシーとしてはセキュリティ上最も弱い設定
です。Windows PowerShell スクリプトが、他でセキュリティ対策を取っている大規模なアプリケーションに組
み込まれている場合や、独自のセキュリティ対策を別途行っているプログラムの場合に使われます。

☐ **Default**
デフォルトの実行ポリシーを設定します。Windows Server に対しては RemoteSigned の扱いです。

☐ **Undefined**
この状態の場合は実行ポリシーが設定されていません。すべてのスコープの実行ポリシーが未定義の場合、
有効な実行ポリシーは［Restricted］になります。
実行ポリシーを変更するに［Set-ExecutionPolicy］コマンドレットを使います。実行ポリシーを変更する範
囲は、LocalComputer、CurrentUser、Process 等に絞ることができます。
例えば、現在ログオンしているユーザーのみに署名付きのスクリプトの実行を許可する場合、次のようなコマ
ンドレットを実行します。

［Set-ExecutionPolicy -ExecutionPolicy AllSigned -Scope CurrentUser］

▌ スクリプトを記述する

スクリプトは、コマンドレットを実行したい順に並べたものです。
例えば、サーバーのリソースを最も使用しているプロセスを確認するためのスクリプトを作ります。まず以下のよう
な内容のテキストファイルを、［testscript.ps1］として用意します。メモ帳で作成し、ログオンユーザーのドキュメント
フォルダに保存します。
なお、デスクトップ上で［testscript.ps1］を編集しようとした場合、統合開発環境である Windows PowerShell
ISE が起動します。メモ帳で簡単に修正したい場合は、［プログラムで開く］からメモ帳を起動してください。

```
1   get-date >> checkprocess.txt
2   $process = Get-Process | Sort-Object -Property CPU -Descending
3   $process[0] >> checkprocess.txt
```

［Get-ExecutionPolicy］を実行して実行ポリシーを確認します。ここでは単独のサーバーで実行させるだけなので、ロー
カルでの実行に証明書が不要な RemoteSigned か Unrestricted であることを確認します。もし異なる場合は、［Set-
ExecutionPolicy］ で設定を変更します。

PS C:¥Users¥testvmuser> .¥testscript.ps1
PS C:¥Users¥testvmuser>

実行して作成されたファイルの内容を確認します。タイムスタンプ付きでスクリプトを実行したときに最も CPU を消
費しているプロセスが記載されています。

［Get-Content checkprocess.txt］

```
PS C:\Users\testvmuser\Documents> Get-Content .\checkprocess.txt
2019□6□17□ 21:05:24

Handles  NPM(k)    PM(K)     WS(K)   CPU(s)     Id  SI ProcessName
-------  ------    -----     -----   ------     --  -- -----------
    690      39   173368    226344    18.67   4728   2 powershell
2019□6□17□ 21:09:15

Handles  NPM(k)    PM(K)     WS(K)   CPU(s)     Id  SI ProcessName
-------  ------    -----     -----   ------     --  -- -----------
    932      40   173848    226844    18.72   4728   2 powershell
PS C:\Users\testvmuser\Documents> _
```

▌ステートメント

PowerShell にはいくつかのステートメントがあります。これらを使うことで、単純に 1 行目から順に実行していくスクリプトだけではなく、繰り返し処理や分岐を行うことができます。条件式には算術演算子や論理演算子が使えます。

□　**if、if 〜 elseif 〜 else**
　条件が満たされた場合にコマンドを実行するような条件分岐を行います。

　if（条件式 1）{条件式 1 を満たしたときの処理}
　elseif（条件式 2）{条件式 2 を満たしたときの処理}
　else {上記の条件を満たさなかったときの処理}

　if で 1 つめの条件判断に合致した処理を行い、条件を満たさないときに elseif で 2 つめの条件判断を行い条件に合致した処理を行い、else でいずれの条件にもあっていない場合の処理を行います。

　※　elseif はなくてもよいし数回繰り返し使ってもよい。

　例）カレントディレクトリ内に拡張子が log のファイルがあればメッセージを表示、拡張子が csv のファイルがあればメッセージを表示、いずれのファイルもなければ両方ともないというメッセージを表示します

```
1  if($(Get-ChildItem "*.log"))
2     {Write-host "log file exists."}
3  elseif($(Get-ChildItem "*.csv"))
4     {Write-Host "csv file exists."}
5  else
6     {Write-Host "no log file and ps1 file are exists."}
7
```

　実行結果

```
PS C:\Users\testvmuser\Documents> ./testscript2.ps1
csv file exists.
PS C:\Users\testvmuser\Documents> _
```

□　**for**
　繰り返し処理を行います。条件式が真の場合に処理を行います。

　for（繰り返し条件式）{処理}
　条件式が真であれば処理、真でなくなると繰り返し処理から抜けます。

　例）拡張子が txt であるファイルを 11 個作成します。

　スクリプト

```
1  for ($i=0; $i -le 10; $i++){
2     New-Item -Path C:\Users\testvmuser\test[$i].txt -ItemType file -Force}
3
```

340

実行結果

```
PS C:\Users\testvmuser\Documents> ./testscript3.ps1

    Directory: C:\Users\testvmuser

Mode                 LastWriteTime         Length Name
----                 -------------         ------ ----
-a----        2019/06/17     21:42              0 test[0].txt
-a----        2019/06/17     21:42              0 test[1].txt
-a----        2019/06/17     21:42              0 test[2].txt
-a----        2019/06/17     21:42              0 test[3].txt
-a----        2019/06/17     21:42              0 test[4].txt
-a----        2019/06/17     21:42              0 test[5].txt
-a----        2019/06/17     21:42              0 test[6].txt
-a----        2019/06/17     21:42              0 test[7].txt
-a----        2019/06/17     21:42              0 test[8].txt
-a----        2019/06/17     21:42              0 test[9].txt
-a----        2019/06/17     21:42              0 test[10].txt

PS C:\Users\testvmuser\Documents>
```

☐ **foreach**
　配列があり、その配列から要素を取り出して繰り返し処理を行います。

　foreach（要素 in 配列）｛処理｝　配列にある要素を 1 つずつ処理します。
　配列分の処理を終了すると、foreach の繰り返し処理から抜けます。

　例）稼働しているプロセスから［ProcessName］のみ表示します。

　スクリプト

```
1  $lists = @(Get-Process)
2  foreach($process in $lists)
3 ⊟{
4     Write-Host $process.ProcessName
5  }
6
```

　実行結果

```
PS C:\Users\testvmuser\Documents> ./testscript4.ps1
cmd
conhost
conhost
conhost
conhost
conhost
csrss
csrss
csrss
dwm
dwm
explorer
```

　以下のステートメントは、上記のステートメントと同じような処理を行うことができます。参考までに記述方法のみ
説明します。

☐ **while**
　for と同様に繰り返し処理を行います。条件を満たすまで繰り返し処理を行います。

　while（繰り返し条件式）｛処理｝

☐ **do while**
　for や while と同様、これも繰り返し処理を行います。

　do ｛処理｝ while（繰り返し条件式）
　処理を先に行い、処理の後で繰り返すかどうかの条件式を確認します。条件式が真でなければ繰り返し処理
　は行いません。

☐ **switch ～ case**
　if ～ elseif ～ else のように条件分岐を行う処理を行います。

　switch（条件分岐させる入力値）｛
　（条件式 1）｛処理 1;break╵

341

（条件式 2）｛処理 2;break｝
default｛処理 3｝｝

条件判断をさせる値を入力したのちに条件式に当てはまれば処理をしていきます。いずれかの分岐で 1 回処理をしたら switch の条件分岐を抜けます。最後にどの条件式にも当てはまらない場合の処理を記述します 。

17-9　PowerShell とセキュリティ

PowerShell とセキュリティ

■ PowerShell とセキュリティ

スライド 120：PowerShell とセキュリティ

PowerShell とセキュリティ

　これまで見てきた通り、PowerShell は管理者権限の元でサーバー管理の目的であらゆる機能へアクセスできます。また設定次第ではリモートで実行できる状態にあります。

　一方、セキュリティの脆弱性を狙う攻撃は巧妙になってきており、従来のようなファイルに悪意のあるコードを組み込んで送り込むことをせずに、ファイルレスマルウェアという形で Windows Server に標準で装備されている機能そのものを使って攻撃を行う方法が検知されるようになってきています。

　このファイルレスマルウェア攻撃に PowerShell が利用される場合があり、悪用された場合、被害は甚大です。

　Windows Server 本体のネットワーク的なアクセスを絞ることとあわせ、PowerShell の利用を第三者へ許すことがないようにグループポリシー等の活用で権限管理を行い、またスクリプトの実行権限を必要最小限にとどめるようにしましょう。

17-10　PowerShell 関連演習

PowerShell 関連演習

- Windows PowerShell でのサービス確認と起動
- Windows PowerShell でのファイル操作
- Windows PowerShell を用いたバックアップ用スクリプトファイル

スライド 121：PowerShell 関連演習

PowerShell 関連演習

※　以下に、PowerShell 関連演習の前提条件を示します。
1.　アカウントは Administrator を使用します。
2.　C ドライブ（C:¥）に［C:¥PSTemp］フォルダーを作成します。
3.　データ用ディレクトリとして C ドライブ（C:¥）に［C:¥PSData］フォルダーを作成します。
4.　バックアップ用ディレクトリとして C ドライブ（C:¥）に［C:¥PSDataBackup］フォルダーを作成します。

※　以下に、PowerShell 関連演習の構成図を示します。

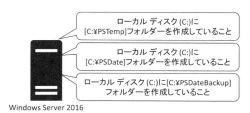

演習 1　Windows PowerShell でのサービス確認と起動

以下の操作を Windows PowerShell にて行います。

☐　**操作内容**
- サーバー上のサービスのリストを取得する。
- サーバー上のサービスから、スタートアップの種類が［自動］かつステータスが「実行中」でないサービスのみを取得する。

- ［スタートアップの種類］が［自動］かつ［実行中］でないサービスを手動実行する。

1. ［スタート］‐［Windows PowerShell］‐［Windows PowerShell］を右クリックし、［管理者として実行］を
   クリックします。
2. ［Windows PowerShell］画面にて、「PS C:¥Users¥Administrator>」というプロンプトが表示されている状
   態を確認し、以下のコマンド例を入力し［Enter］を押下します。

コマンド例	
Get-Service | Out-Host -Paging	←コンピューター上のサービスを1ページずつ表示する。
Get-Service | Where-Object {$_.Status -ne "Running" -and $_.StartType -eq "Automatic"}	←スタートアップの種類が［自動］かつ状態が［実行中］ではないサービスを取得する。
Get-Service | Where-Object {$_.Status -ne "Running" -and $_.StartType -eq "Automatic"} | Start-Service	←スタートアップの種類が［自動］かつ状態が［実行中］ではないサービスに対して［Start-Service］を実行する。

以上で、「Windows PowerShell でのサービス確認と起動」演習は終了です。

演習2　Windows PowerShell でのファイル操作

以下の操作を Windows PowerShell にて行います。

□　**操作内容**
- データ用ディレクトリに、作成時の日付が書き込まれた「Miracle1txt 〜 Miracle100.txt」ファイルを作
  成する。
- 作成されたファイルの中身を表示する。
- 作成されたファイル数を集計する。
- データ用ディレクトリ内のファイル情報を CSV ファイルに出力する。

1. ［スタート］‐［Windows PowerShell］‐［Windows PowerShell］を右クリックし、［管理者として実行］をクリックし
   ます。
2. ［Windows PowerShell］画面にて、「PS C:¥Users¥Administrator>」というプロンプトが表示されている状
   態を確認し、以下のコマンド例を入力し［Enter］を押下します。

コマンド例	
cd "C:¥PSData¥"	←カレントディレクトリを「¥PSData¥」に移動する。

3. ［PS C:¥PSData>」というプロンプトが表示されている状態を確認し、下記コマンドを入力し［Enter］を押下
   します。

コマンド例	
1..100 | ForEach-Object {New-Item -Name "Miracle$_.txt" -ItemType File -Value（Get-Date）}	←［Get-Date］の結果が書き込まれたファイル「Miracle1.txt」〜「Miracle100.txt」を作成する。
Get-Content -Path "C:¥PSData¥Miracle1.txt"	←作成されたファイル「Miracle1.txt」の内容を表示する。
Get-ChildItem -Path "C:¥PSData¥" | Measure-Object	←データ用フォルダーに作成したファイル数を表示する。
Get-ChildItem -Path "C:¥PSData¥" | Select-Object FullName,CreationTime,LastWriteTime | Export-Csv -Path "C:¥PSTemp¥FileList.csv" -NoTypeInformation	←作成したファイルのフルパス、作成日時、最終更新日時が書き込まれた CSV ファイルを作成する。

4. ［C:¥PSTemp］に出力された CSV ファイルに正しい情報が書き込まれていることを確認します。

以上で、「Windows PowerShell でのファイル操作」演習は終了です。

演習 3　Windows PowerShell を用いたバックアップ用スクリプトファイル

以下の機能を持つ PowerShell スクリプトファイルを作成します。

□　**操作内容**
- データ用ディレクトリ配下にあるファイルをバックアップ用ディレクトリにコピーする。
- バックアップの開始時刻と終了時刻を表示させる。
- コピー元ディレクトリ、コピー先ディレクトリは変数で指定する。
- コピー先ディレクトリにあるファイルよりも新しいファイルのみをコピーする。
- すべてのサブディレクトリをコピーする。
- すでにコピー先にあるファイルを上書きするかどうかを確認しない。
- 読み取り専用ファイルをコピーする。
- コピーに失敗したファイルを表示する。

1.　ファイル名が［IncreBackup.ps1］のスクリプトファイルを作成します。
2.　［IncreBackup.ps1］に以下を記述し、［C:¥PSTemp］フォルダーに保存します。

IncreBackup.ps1

```
# バックアップ元ディレクトリ
$srcDir = "C:¥PSData¥"

# バックアップ先ディレクトリ
$destDir = "C:¥PSDataBackup¥"

Write-Output " [$ ($ (Get-Date) .ToString ("yyyy/MM/dd HH:mm:ss"))] Backup started."

$fail=0

# バックアップの実行

# バックアップ対象を全て取得
$srcItems = Get-ChildItem -Path $srcDir -Recurse
foreach ($Item in $srcItems) {
  $destItem = $Item.FullName.Replace ($srcDir,$destDir)
  # コピー先ファイルの有無を確認
  if (Test-Path ($destItem)) {
    # コピー先ファイルが存在する場合、更新日付を比較
    if (Test-Path $destItem -OlderThan $Item.LastWriteTime) {
      try {
        # コピーの実行
        Copy-Item $Item.FullName -Destination $destItem -Force -Recurse -ErrorAction Stop
      } catch {
        # コピーに失敗した場合対象のファイルパスを表示し、変数 $fail に加算
        Write-Output "$ ($Item.FullName) Failed to copy."
        $fail++
      }
    }
  } else {
    try {
      # コピーの実行
      Copy-Item $Item.FullName -Destination $destItem -Force -Recurse -ErrorAction Stop
    } catch {
      # コピーに失敗した場合対象のファイルパスを表示し、変数 $fail に加算
      Write-Output "$ ($Item.FullName) Failed to copy."
      $fail++
    }
  }
}

# コピーに失敗したファイルがある場合、ファイル数を表示
if ($fail -gt 0) {
  Write-Output "$fail Item (s) Failed to copy."
}

Write-Output " [$ ($ (Get-Date) .ToString ("yyyy/MM/dd HH:mm:ss"))] Backup ended."
```

3. ［スタート］-［Windows PowerShell］-［Windows PowerShell］を右クリックし、［管理者として実行］を
   クリックします。
4. ［Windows PowerShell］画面にて、以下のコマンドを入力し、［Enter］を押下します。

コマンド例
cd "C:¥PSTemp¥"   ←カレントディレクトリを「¥PSTemp¥」に移動する。

5. ［PS C:¥PSTemp>］というプロンプトが表示されている状態を確認し、下記コマンドを入力し［Enter］を押
   下します

コマンド例
.¥IncreBackup.ps1 >> Backup.log   ←スクリプトファイル「IncreBackup.ps1」を実行し、標準 出力結果を「Backup.log」ファイルに追記する。

6. バックアップ用ディレクトリ［PSDataBackup］に、データ用ディレクトリである［PSData］フォルダー内のファ
   イルが存在することを確認します。
7. ［PSTemp］フォルダー内の［Backup.log］をダブルクリックします。
8. ファイルの最終行に［(yyyy/MM/dd HH:mm:ss] Backup ended.］と書かれていることを確認します。

以上で、「PowerShell を用いたバックアップ用スクリプトファイル」演習は終了です。

Memo

Chapter 18

タスクスケジューラ

18-1 章の概要

章の概要

この章では、以下の項目を学習します

- タスクスケジューラの概要
- タスクの管理
- タスクスケジューラ関連演習

スライド 122：章の概要

Memo

18-2 タスクスケジューラの概要

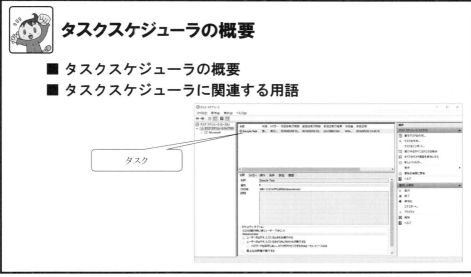

スライド 123：タスクスケジューラの概要

タスクスケジューラの概要

タスクスケジューラは、設定したプログラムをあらかじめ決められた日付や時間になると自動的に実行する機能です。
例えば、システムやデータのバックアップ、データやシステム状態の同期、定期的な動作状況のレポート作業、ログファイルの整理（古いログの削除や移動）などの様々な場面で利用することができ、定期的に手動で同じ作業をする必要がなくなるというメリットがあります。この他にも、アンチウィルスソフトウェアで定期的な更新のチェックなどに利用される場合もあります。

タスクスケジューラに関連する用語

□ **タスク**
タスクスケジューラで作成することができる、一連の動作をタスクと呼びます。プログラムやスクリプトの指定、トリガーの指定をすることができます。

□ **トリガー**
タスクを開始するための条件をトリガーと呼びます。毎日・毎週などの定期的な実行や、ログイン時のような特定の操作に応じて、タスクの開始を指定することができます。

□ **タスクスケジューラライブラリ**
複数のタスクを保管して管理することができます。タスクの一覧から設定を変更したり、タスクの実行状況を確認したりすることが可能です。

18-3 タスクの管理

タスクの管理
- ■ タスクの設定
- ■ タスクのインポートとエクスポート

スライド 124：タスクの管理

❚ タスクの設定

□ 「全般」タブ

「全般」タブでは、タスクの名前、タスク実行時のアカウントを設定することができます。

「セキュリティオプション」の項目では、タスクを実行するときの状態と、実行アカウントを指定することが可能です。

ユーザーアカウントを指定した場合は、設定保存時に資格情報の入力が求められます。

管理者権限で動作させる場合は、「最上位の特権で実行する」にチェックを入れます。

- □ 「トリガー」タブ

  「トリガー」タブでは、タスクが起動する条件を指定することができます。トリガーは様々な条件を組み合わせて複数指定することが可能です。

 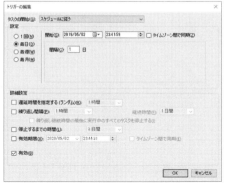

- □ 「タスクの開始」項目
  - スケジュールに従う：日時を指定して、「一回」「毎日」「毎週」「毎月」に定期的に実行します。
  - ログオン時：指定したユーザーがログオンしたときに実行します。
  - スタートアップ時：コンピューターが起動したときに実行します。
  - アイドル時：コンピューターにユーザーからの入力がないときに実行します。
  - イベント時：指定したイベントが発生したときに実行します。
  - タスクの作成 / 変更時：タスクが作成 / 変更されたときに実行します。
  - ユーザーセッションへの接続時：ユーザーがセッションへ接続したときに実行します。
  - ユーザーセッションからの切断時：ユーザーがセッションから切断したときに実行します。
  - ワークステーションロック時：コンピューターがロックされたときに実行します。
  - ワークステーションアンロック時：コンピューターがアンロックされたときに実行します。

- □ 「詳細設定」項目
  - 遅延時間を指定する（ランダム）：タスクがトリガーされた時点から、指定された時間が経過するまでのランダムな時間になります。
  - 繰り返し間隔：タスクを繰り返し実行する場合に、実行間隔と繰り返す継続期間を設定します。
  - 停止するまでの時間：停止するまでの期間を指定します。
  - 有効期限：タスクの有効期限を指定します。有効期限が過ぎたトリガーは実行されません。
  - 有効：トリガーが有効かどうかを指定します。

- □ 「操作」タブ

  「操作」タブでは、「トリガー」タブで指定した内容に従って、動作を開始するアプリケーションまたはスクリプトを指定します。

プログラム / スクリプトのパスと、引数を指定することができます。
実行時の権限は、「全般」タブの「詳細設定」に指定したアカウントで実行します。

□ 「条件」タブ
「条件」タブでは、トリガーが動作する制約条件を指定します。ここで設定した条件に当てはまる場合のみトリガーが実行されるように設定することが可能です。例えば、コンピューターを利用していない場合にのみ動作させるような設定を行うことができます。

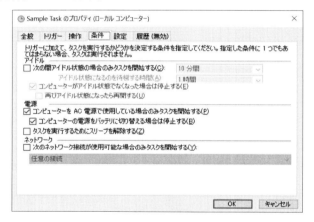

□ 「設定」タブ
「設定」タブでは、タスクが失敗したときの動作や、同時起動時の動作などを設定することができます。

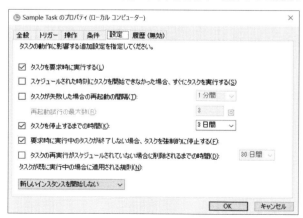

- □ 「履歴」タブ

「履歴」タブでは、タスクの実行履歴を確認することができます。既定では有効になっていないため、「タスクスケジューラライブラリ」から有効にした後、履歴が記録されます。

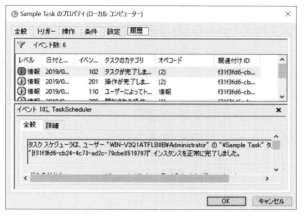

履歴の有効化は、タスクスケジューラの「操作」ペインから、「すべてのタスク履歴を有効にする」をクリックすると有効化することができます。

タスクのエクスポートとインポート

作成したタスクは、タスクスケジューラライブラリから、インポートやエクスポートをすることができます。複雑な設定で作成した場合や、ほかのコンピューターで同じ設定で利用したい場合に再利用することが可能です。

355

18-4　タスクスケジューラ関連演習

タスクスケジューラ関連演習

演習内容
- GUI からのタスク設定・タスク実行確認
- PowerShell からのタスク設定・タスク実行確認
- Schtasks コマンドからタスク設定・タスク実行確認

スライド 125：タスクスケジューラ関連演習

タスクスケジューラ関連演習

※ 以下に、タスクスケジューラ関連演習の前提条件を示します。
1. Windows Server 2016 を 1 台起動してあること（本演習ではコンピューター名を W2K16SRV1 とします）。
2. ［ローカルディスク（C:)］に新しいテキストファイルを作成し、任意の文章を保存すること。テキストファイル名を［test.txt］に変更していること。

※ 以下に、タスクスケジューラ関連演習の構成図を示します。

演習 1　GUI からのタスク設定・タスク実行確認

1. ［スタート］-［Windows 管理ツール］-［タスクスケジューラ］をクリックします。
2. ［タスクスケジューラ］画面にて、［タスクスケジューラライブラリ］をクリックし、［操作］欄の［基本タスクの作成］をクリックします。
3. ［基本タスクの作成］画面にて、名前に［test］を入力し、［次へ］をクリックします。
4. ［タスクトリガー］画面にて、1 回限りを選択し、［次へ］をクリックします。
5. ［1 回］画面にて、任意の日時を入力し、［次へ］をクリックします。
6. ［操作］画面にて、デフォルトのまま［次へ］をクリックします。
7. ［プログラムの開始］画面にて、［参照］から［C:￥test.txt］を指定し、［次へ］をクリックします。

8.　［要約］画面にて、デフォルトのまま［完了］をクリックします。
9.　［タスクスケジューラ］画面にて、［タスクスケジューラライブラリ］をクリックし、［test］タスクが表示されている事を確認し、［タスク］画面を閉じます。
10.　実行予定時間になると、［test.txt］画面が自動的に表示される事を確認します。

以上で、「GUI からのタスク設定・タスク実行確認」演習は終了です。

演習 2　PowerShell からのタスク設定・タスク実行確認

※　記号の△は半角スペースを意味しています。
1.　デスクトップ画面にて、［スタート］-［Windows PowerShell］をクリックします。
2.　［PowerShell］画面にて、"$Trigger △ = △ New-ScheduledTaskTrigger △ -Once △ -At △ "17:00:00""と入力し、［Enter］キーを押します。
※　時刻は任意の時刻を指定します。
3.　"$Action △ = △ New-ScheduledTaskAction △ -Execute △ "C:¥test.txt""と入力し、［Enter］キーを押します。
4.　"Register-ScheduledTask △ -Taskname △ "test" △ -Trigger △ $Trigger △ -Action △ $Action"と入力し、［Enter］キーを押します。
5.　［PowerShell］画面にて、下記の内容が表示されていることを確認します。
  - TaskName : test
  - State　　　: Ready
6.　実行予定時間になると、［test.txt］画面が自動的に表示されることを確認します。

以上で、「PowerShell からのタスク設定・タスク実行確認」演習は終了です。

演習 3　Schtasks コマンドからのタスク設定・タスク実行確認

1.　デスクトップ画面にて、［スタート］-［Windows システムツール］-［コマンドプロンプト］をクリックします。
2.　［コマンドプロンプト］画面にて、"schtasks △ /create △ /tn △ test △ /tr △ c:¥test.txt △ /sc △ once △ / st △ 17:00:00"と入力し、［Enter］キーを押します。
※　ここでは細かくパラメータを指定します。各パラメータは次のようになります。
  - tn：タスク名
  - tr：プログラムまたはコマンド
  - sc：スケジュールの種類
  - st：時刻（ここでは 17:00:00 となっていますが任意の時刻を指定してください。）
3.　［警告:タスク名 "test" は既に存在します。置き換えますか（Y/N）?］とメッセージが表示されたら、［Y］キーを押し、［Enter］キーを押します。
4.　［成功：スケジュールタスク "test" は正しく作成されました。］とメッセージが表示されたら、［Enter］キーを押します。
5.　メッセージ確認後、タスク実行予定時間前に［コマンドプロンプト］画面にて、"schtasks △ /query"と入力し［Enter］キーを押して、［コマンドプロンプト］画面にタスク一覧を表示させます。
6.　［コマンドプロンプト］画面にて、表示されたタスク一覧内に下記の内容が表示されている事を確認し、［コマンドプロンプト］画面を開いたまま、タスク実行予定時間まで待機します。
  - タスク名　　　　　：test
  - 次回の実行時刻：17:00
  - 状態　　　　　　　：準備完了
7.　実行予定時間になったら、［コマンドプロンプト］画面にて、"schtasks △ /query"と入力し［Enter］キーを押して、［コマンドプロンプト］画面にタスク一覧を表示させます。
8.　実行予定時間になると、［test.txt］が自動的に表示されることを確認します。
9.　［コマンドプロンプト］画面にて、表示されたタスク一覧内に下記の内容が表示されている事を確認し、［コマンドプロンプト］画面を閉じて、タスク設定・実行が完了します。
  - タスク名　　　　　：test

- 次回の実行時刻 ：N/A
- 状態 ：実行中

以上で、「Schtasks コマンドからのタスク設定・タスク実行確認」演習は終了です。

Chapter 19

レジストリ

19-1　章の概要

章の概要

この章では、以下の項目を学習します

- ■ レジストリの概要
- ■ レジストリエディター
- ■ レジストリの危険性
- ■ レジストリのバックアップ
- ■ レジストリの復元
- ■ レジストリ関連コマンド
- ■ レジストリ関連演習

スライド 126：章の概要

Memo

19-2　レジストリの概要

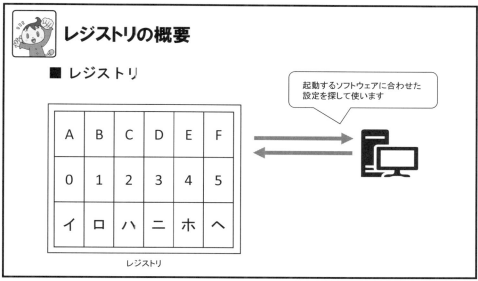

スライド 127：レジストリの概要

レジストリ

「レジストリ」とは、Windows 系 OS において、システムやアプリケーションの設定データを格納しているデータベースです。

Windows 上で利用されている設定データは、Windows にインストールされているソフトウェアだけではなく、Windows 自身の設定データ、Windows が利用する周辺機器の情報、デバイスドライバーなどの様々な情報があります。

レジストリは、これらの Windows 上で利用される様々な設定データを 1 つにまとめて保存します。

この機能によって、使用したソフトウェアやアプリケーション等を再度使用するときに、レジストリから保存された設定データが自動的に引き出され、以前使用したときと同じ設定で使用することが可能になります。

例えば、Internet Explorer を起動し、「ツール」メニューの「インターネットオプション」から何らかの設定の変更を行った場合、ここで変更された設定データがレジストリに保存されます。これにより、設定の変更後に Internet Explorer を終了し、再度起動すると、前回変更した設定によって Internet Explorer が起動されます。

19-3 レジストリエディター

レジストリエディター
- ■ レジストリ特有の用語
  - □ レジストリキー
  - □ 値
  - □ データ
  - □ ツリー（木）形式
- ■ 特定のレジストリキーの表記方法

スライド 128：レジストリエディター

「レジストリエディター」は、レジストリを直接編集するためのツールです。これは Windows 系 OS に標準でインストールされています。基本的な操作は、エクスプローラーとほぼ同じです。
　レジストリエディターを起動するには、「ファイル名を指定して実行」から、「名前」欄に "regedit" と入力し、「OK」をクリックします。

レジストリ特有の用語

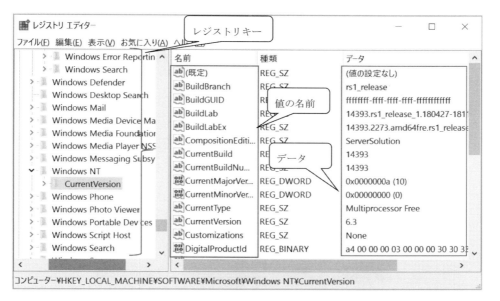

- □ レジストリキー
  レジストリキーとは、エクスプローラーでいうところの「フォルダー」に相当するものです。
  それぞれのレジストリキーの最上位に位置する 5 つまたは 6 つのレジストリキーを「ハイブ」または「ルートキー」と呼び、「ハイブ」以下に位置するレジストリキーを「サブキー」と呼びます。
  次ページの表は、システムにより使用される定義済みのキーの一覧です。キー名の最大サイズは、255 文字です。
- □ 値（エントリ）
  エクスプローラーと同じ要領で、ハイブから下位のレジストリキーを展開していくと、右側のウィンドウにいくつかの項目が表示されます。この項目はエクスプローラーの「ファイル」に相当するものです。レジストリでは、「値」または「エントリ」と呼びます。
- □ データ
  値が表示されているウィンドウの右側にあるデータ列に表示されているものが、エクスプローラーでいうところのファイルの中身に相当するものです。レジストリでは、「データ」と呼びます。
- □ ツリー（木）形式
  レジストリは、「ハイブ（ルートキー）」→「サブキー」→「値」→「データ」のように階層構造で管理されているため、このような管理形式を「ツリー（木）形式」と呼びます。

フォルダー / 定義済みキー	説明
HKEY_CURRENT_USER	現在ログオンしているユーザーに関する構成情報のルートが格納されます。ユーザーのフォルダー、画面の色、およびコントロールパネルの設定などがこのキーに格納されます。この情報は、ユーザーのプロファイルに関連付けられています。HKEY_CURRENT_USER は "HKCU" と省略されることがあります。
HKEY_USERS	コンピューター上に読み込まれた有効なユーザープロファイルがすべて格納されます。HKEY_CURRENT_USER は、HKEY_USERS のサブキーです。HKEY_USERS は "HKU" と省略されることがあります。
HKEY_LOCAL_MACHINE	コンピューターに固有の構成情報が格納されます（この構成は、すべてのユーザーに適用されます）。HKEY_LOCAL_MACHINE は "HKLM" と省略されることがあります。

フォルダー / 定義済みキー	説明
HKEY_CLASSES_ROOT	このキーは HKEY_LOCAL_MACHINE¥Software のサブキーです。ここには、エクスプローラーを使用してファイルを開くときに正しいプログラムを起動するための情報が格納されます。 HKEY_CLASSES_ROOT は "HKCR" と省略されることがあります。 Windows 2000 Server 以降では、この情報は HKEY_LOCAL_MACHINE キーの下と HKEY_CURRENT_USER キーの下の両方に格納されます。 HKEY_LOCAL_MACHINE¥Software¥Classes キーには、ローカルコンピューター上のすべてのユーザーに適用可能なデフォルトの設定が格納されます。 HKEY_CURRENT_USER¥Software¥Classes キーには、デフォルトの設定を無効にして、対話ユーザーだけに適用する設定が格納されます。 HKEY_CLASSES_ROOT キーは、これら 2 つのソースからの情報をマージしたレジストリのビューを提供します。HKEY_CLASSES_ROOT は、以前のバージョンの Windows 用に設計されたプログラムに対しても、このマージしたビューを提供します。対話ユーザーに対する設定を変更するには、HKEY_CLASSES_ROOT の下ではなく、HKEY_CURRENT_USER¥Software¥Classes の下を変更する必要があります。 デフォルトの設定を変更するには、HKEY_LOCAL_MACHINE¥Software¥Classes の下を変更する必要があります。 HKEY_CLASSES_ROOT の下位キーにキーを書き込むと、HKEY_LOCAL_MACHINE¥Software¥Classes の中に情報が格納されます。HKEY_CLASSES_ROOT の下位のキーに値を書き込むときに、HKEY_CURRENT_USER¥Software¥Classes の下位に既にそのキーが存在している場合は、HKEY_LOCAL_MACHINE¥Software¥Classes の中ではなく、HKEY_CURRENT_USER¥Software¥Classes に情報が格納されます。
HKEY_CURRENT_CONFIG	システムの起動時にローカルコンピューターにより使用されるハードウェアプロファイルに関する情報が格納されます。

特定のレジストリキーの表記方法

下図の場合、「HKEY_CURRENT_USER」というハイブの中にある「SOFTWARE」キーの中の「Microsoft」キーの中の「Windows」キーの中の「CurrentVersion」キーの中の「Explorer」というキーであることを表しています。

この「Explorer」というキーは、次のように表記します。

HKEY_CURRENT_USER¥SOFTWARE¥Microsoft¥Windows¥CurrentVersion¥Explorer

※「¥」記号はキーの切れ目を表しています。

19-4　レジストリの危険性

スライド 129：レジストリの危険性

レジストリが壊れるとどうなるのか

　レジストリを扱うに当たり、まずはその危険性を正しく認識する必要があります。「レジストリが危険」といわれる一番の原因は、「レジストリが壊れた場合の被害範囲が大きくなる / 想定できない」という点にあります。レジストリには、Windows 上で動くソフトウェアやハードウェアと Windows 自身の設定が保存されています。そのため、レジストリの壊れた箇所に保存されていた設定データを利用しているソフトウェアやハードウェア、または Windows 自身が正常に動作しなくなる可能性が高くなります。レジストリの破損箇所により、どのソフトウェアやハードウェア、Windows の機能が使えなくなるかは異なりますが、最悪の場合は、Windows が起動しなくなるという事態も起こり得ます。

　レジストリは、Windows や Windows 上のソフトウェアやハードウェアの設定データがまとめて管理されているものです。一度にすべてのレジストリが破損するような可能性は低いですが、一部分だけが壊れてしまうということは十分に起こり得ます。

レジストリはどういうときに壊れるのか

1. **ユーザーが誤ってレジストリを編集することによって発生する人為的ミス**

　　レジストリはとても複雑な構造になっています。多種多様な設定データが記録されており、不慣れな人が見ても理解できない項目も多くあると思います。

　　レジストリは Windows やソフトウェアの動作の中で頻繁に変更されるものです。どのようなタイミングで、レジストリのどの値が変更されるのかを理解しないまま書き換えてしまうと、意図しない問題が発生する可能性があります。

　　レジストリエディターなどのツールにより簡単に変更できてしまいますが、気軽に変更したり、削除したりすることによって、レジストリが壊れてしまうことがあります（詳細については、「19-5 レジストリのバックアップ」参照）。

2. **OS が不安定になることによって発生するレジストリの破損**

　　OS が不安定になるのは、Windows 上で動作している何らかのプログラムが暴走してしまうことが原因といえます。このようなプログラムの暴走の場合、レジストリを管理するプログラムや、レジストリ内のデータまで破壊してしまう場合があり、こういった OS の不具合がレジストリを破壊してしまう一因となります。

365

3. **ドライブの故障によって発生するレジストリの破損**

　　レジストリはドライブ内に存在します。そのため、ドライブ内のレジストリが保存されている箇所が破損すると、レジストリが壊れる原因になります。

　　ドライブの故障は、パソコンの使用年数や使用頻度にもよりますが、いつ起きるか分からないものです。したがって、日頃からレジストリや重要なデータのバックアップを意識して備えておく必要があります（詳細については、「19-5 レジストリのバックアップ」参照)。

4. **ウィルスの侵入**

　　Windows 上で動作するソフトウェアがレジストリをよく使う理由の 1 つとして、プログラマーがプログラムしやすいということが挙げられます。このことは、まじめなプログラマーにとっては便利なことですが、ウィルスプログラムを作成している人にとっても同様にプログラムしやすいということになります。さらにこのことを悪用すれば、レジストリを壊すことによってパソコンを動かなくするウィルスを作ることもできます。こういったウィルスは、社内や友人間での USB メモリや CD-ROM のやりとり、またインターネットやメールを通じて、簡単に私たちのパソコンに侵入してきます。ウィルスに感染した場合は、最悪の場合パソコンが動かなくなることもありますので、ウィルス感染予防のためにウィルス対策ソフトウェアを常備し、可能な限り動作させておくことが望ましいです。

19-5 レジストリのバックアップ

レジストリのバックアップ

- ■ レジストリバックアップの概要
- ■ レジストリバックアップの方法
  - □ レジストリ全体のバックアップ
    （バックアップユーティリティ）
  - □ レジストリサブキーをバックアップ

スライド 130：レジストリのバックアップ

レジストリバックアップの概要

　レジストリは壊れることがあり、その場合の被害範囲が想定しにくいということは前述した通りですが、被害を最小限にする方法として、定期的にレジストリのバックアップを取得することが効果的です。レジストリのバックアップを取得しておけば、レジストリが壊れた場合にバックアップから復元することにより、バックアップを取得したときと同じ状態に戻すことが可能となります。

　ただし、レジストリのバックアップを取得した後にインストールしたソフトウェアやハードウェアなどがあった場合は、それらが使用できなくなる可能性がある点については注意が必要です。

レジストリバックアップの方法

- □ **レジストリ全体のバックアップ（バックアップユーティリティ）**
  レジストリ全体のバックアップを取得する際に使用します。
  Windows OS では「バックアップユーティリティ」を利用し、「システム状態データのバックアップ」を実行することで、取得することができます。
  ※「システム状態のバックアップ」についての詳細は、『23 章バックアップ』を参照してください。

- □ **レジストリサブキーをバックアップ**
  同じ設定のパソコンを複数台作成する場合において、すべてのパソコンに適用させるために必要なレジストリ内の任意のファイル（.reg）のみ取得する方法です。
  ただし、この方法は「HKEY_CURRENT_USER」などのサブツリー全体をバックアップする目的には使用しないでください。サブツリー全体をバックアップしたい場合は、前述のレジストリ全体のバックアップを実施します。

- レジストリサブキーのバックアップ手順
  1. 「ファイル名を指定して実行」を起動し、「名前」欄に "regedit" と入力し、「OK」をクリックします（レジストリエディターが起動します）。

  2. 「レジストリエディター」画面において、編集したい値が保存されているサブキーを選択し、［ファイル］-［エクスポート］をクリックします。

  3. 「レジストリファイルのエクスポート」画面において、「エクスポート範囲」に選択したサブキーが入力されていることを確認します。さらに「保存する場所」に保存する場所を選択し、"ファイル名" を入力し、「保存」をクリックします。

  4. 以上で、レジストリサブキーのバックアップが完了します。

19-6 レジストリの復元

レジストリの復元

- ■ レジストリ全体を復元する方法
- ■ バックアップしたレジストリサブキーを復元する方法

スライド 131：レジストリの復元

レジストリ全体を復元する方法

レジストリ全体を復元するためには、事前に取得しておいたバックアップからシステム状態を復元します。※システム状態の復元の詳細は、『23 章バックアップ』を参照してください。

バックアップしたレジストリサブキーを復元する方法

「レジストリサブキーを保存する」画面より保存したファイル（*.reg）をダブルクリックします。下図のようなダイアログボックスが表示されるので、「はい」をクリックすることで、レジストリサブキーを復元することができます。

19-7　レジストリ関連コマンド

レジストリ関連コマンド
- レジストリ関連コマンドプロンプト
- レジストリ関連 PowerShell コマンドレット

スライド 132：レジストリ関連コマンド

レジストリ関連コマンドプロンプト

GUI 版のレジストリエディターの操作だけでなく、コマンドを使用して、レジストリの参照・変更等を実行することができます。以下の各コマンドはレジストリに関連する「Reg コマンド」の基本的なサブコマンドです。

- **Reg query**
  指定されたレジストリキーやサブツリーの値を表示する。
- **Reg add**
  レジストリにキーや値名、値の追加や、既存の値を修正します。
- **Reg delete**
  レジストリから指定されたキーを削除します。
- **Reg copy**
  レジストリのツリーをコピーします。
- **Reg export**
  指定されたキー等をファイルに書き出します。GUI 版のレジストリエディターでレジストリを書き出したときに生成されるファイル（*.reg）と同じ形式で保存されます。
- **Reg import**
  Reg export で書き出されたレジストリ値をローカルコンピューターに書き戻します。エクスプローラー上にて、Reg ファイルをダブルクリックしたときと同じ動作となります。

▌レジストリ関連 PowerShell コマンドレット

☐ 指定したキー以下を取得：Get-ItemProperty -Path Registry::（レジストリキー）
使用例：Get-ItemProperty -Path Registry::HKEY_LOCAL_MACHINE¥SOFTWARE¥Microsoft¥Windows¥CurrentVersion

☐ 値を追加：New-ItemProperty -Path（レジストリキー）-Name エントリ名 -PropertyType String -Value データ
使用例：New-ItemProperty -Path HKLM:¥SOFTWARE¥Microsoft¥Windows¥CurrentVersion -Name NewItemPath -PropertyType String -Value " データ "

ProperytyType は下記の種類を設定することができます。

Binary	バイナリデータ
DWord	有効な UInt32 である数字
ExpandString	動的に展開される環境変数を含むことができる文字列
MultiString	複数行文字列
String	任意の文字列値
QWord	8 バイトのバイナリデータ

☐ 値を設定：Set-ItemProperty（レジストリキー）-name（エントリ名）-value（データ）
使用例：Set-ItemProperty -Path HKCU:¥Environment -Name CurrentPath -Value " データ "

☐ 値を削除：Remove-ItemProperty -Path（レジストリキー）-Name（エントリ名）
使用例：Remove-ItemProperty -Path HKLM:¥SOFTWARE¥Microsoft¥Windows¥CurrentVersion -Name CurrentPath

19-8　レジストリ関連演習

レジストリ関連演習

演習内容
- ■ レジストリキーの作成
- ■ レジストリサブキーのバックアップ
- ■ レジストリサブキーの復元
- ■ コマンドラインを使用したレジストリサブキーの
  バックアップ
- ■ コマンドラインを使用したレジストリサブキーの復元

スライド133：レジストリ関連演習

レジストリ関連演習

※　以下に、レジストリ関連演習において前提条件を示します。
1. OSはWindows Server 2016を使用します（本演習ではホスト名をW2K16SRV1とします）。
2. ［ローカルディスク（C:)］に［Backup］フォルダーを作成していること。

※　以下に、レジストリ関連演習の構成図を示します。

演習1　レジストリキーの作成

1. W2K16SRV1にて、［スタート］を右クリックし、［ファイル名を指定して実行］をクリックする。
2. ［ファイル名を指定して実行］画面にて、［名前］入力ボックスへ"regedit"と入力し、［OK］をクリックする。
3. ［レジストリエディター］画面にて、画面左ツリーから［コンピューター］-［HKEY_LOCAL_MACHINE］-［SOFTWARE］と展開します。
4. ［SOFTWARE］を右クリックし、［新規］-［キー］選択して、名前を［ENSYU］としキーを作成します。
5. ［レジストリエディター］画面にて、［ENSYU］を開き、［既定］を右クリックし、［修正］をクリックします。
6. ［文字列の編集］画面にて、［値のデータ］に任意の文字を入力し［OK］をクリックします。

以上で、「レジストリキーの作成」演習は終了です。

演習2　レジストリサブキーのバックアップ

1. W2K16SRV1にて、［スタート］を右クリックし、［ファイル名を指定して実行］をクリックします。
2. ［ファイル名を指定して実行］画面にて、［名前］欄に"regedit"と入力し、［OK］をクリックします。
3. ［レジストリエディター］画面にて、画面左のツリーから［コンピューター］-［HKEY_LOCAL_MACHINE］-

［SOFTWARE］-［ENSYU］と展開します。

4. ［レジストリエディター］画面にて、［ENSYU］を右クリックし、［エクスポート］をクリックします。
5. ［レジストリ ファイルのエクスポート］画面にて、［PC］-［ローカルディスク（C:）］-［Backup］とクリックします。
6. ［レジストリ ファイルのエクスポート］画面にて、［ファイル名］欄に" RegBackup_test.reg"と入力し、［保存］をクリックします。
7. ［レジストリエディター］画面を閉じます。
8. ［スタート］を右クリックし、［エクスプローラー］-［PC］-［ローカルディスク（C:）］-［Backup］とクリックします。
9. ［Backup］フォルダー内に、手順6にてエクスポートした［RegBackup_test.reg］ファイルがあることを確認します。

以上で、「レジストリサブキーのバックアップ」演習は終了です。

演習3　レジストリサブキーの復元

1. W2K16SRV1にて、「レジストリ サブ キーのバックアップ」演習と同様に「レジストリエディター」を起動します。
2. ［レジストリエディター］画面にて、画面左のツリーから［コンピューター］-［HKEY_LOCAL_MACHINE］-［SOFTWARE］-［ENSYU］と展開します。
3. ［レジストリエディター］画面にて、［既定］を右クリックし、［削除］をクリックします。
4. ［値の削除の確認］画面にて、［はい］をクリックします。
5. ［レジストリエディター］画面にて、手順4にて削除した［既定］を確認し、［データ］の値が［（値の設定なし）］と表示されていることを確認します。
6. ［スタート］を右クリックし、［エクスプローラー］-［PC］-［ローカルディスク（C:）］-［Backup］とクリックします。
7. ［Backup］フォルダーにて、［RegBackup_test.reg］をダブルクリックします。
8. ［C:¥Backup¥RegBackup_test.reg内の情報をレジストリに追加しますか?］画面にて、［はい］をクリックします。
9. C:¥Backup¥RegBackup_test.regの情報が、レジストリに正しく入力されました。］画面にて、［OK］をクリックします。
10. ［レジストリエディター］画面にて、手順4にて削除した［既定］を確認し、［データ］の値が表示されていることを確認します。

以上で、「レジストリサブキーの復元」演習は終了です。

演習4　コマンドラインを使用したレジストリサブキーのバックアップ

※　記号の△はスペースを意味しています。
1. W2K16SRV1にて、［スタート］-［コマンド プロンプト］をクリックします。
2. ［コマンド プロンプト］画面にて、"reg △ export △ HKLM¥SOFTWARE¥ENSYU △ C:¥Backup¥RegBackup2_test.reg"と入力し、［Enter］を押下します。
3. ［コマンド プロンプト］画面にて、［この操作を正しく終了しました］と表示されたことを確認します。
4. ［コマンド プロンプト］画面を閉じます。
5. ［スタート］を右クリックし、［エクスプローラー］-［PC］-［ローカルディスク（C:）］-［Backup］とクリックします。
6. ［Backup］フォルダー内に、手順2にてエクスポートした［RegBackup2_test.reg］ファイルがあることを確認します。

以上で、「コマンドラインを使用したレジストリサブキーのバックアップ」演習は終了です。

演習 5　コマンドラインを使用したレジストリサブキーの復元

1.　W2K16SRV1 にて、「レジストリサブキーのバックアップ」演習と同様に「レジストリエディター」を表示します。

2.　［レジストリエディター］画面にて、画面左のツリーから［コンピューター］‐［HKEY_LOCAL_MACHINE］‐［SOFTWARE］‐［ENSYU］と展開します。

3.　［レジストリエディター］画面にて、［既定］を右クリックし、［削除］をクリックします。

4.　［値の削除の確認］画面にて、［はい］をクリックします。

5.　［レジストリエディター］画面にて、手順 4 にて削除した［既定］を確認し、［データ］の値が［（値の設定なし）］と表示されていることを確認します。

6.　［スタート］‐［コマンド プロンプト］をクリックします。

7.　［コマンド プロンプト］画面にて、"reg △ import △ C:¥Backup¥RegBackup2_test.reg" と入力し、［Enter］を押下します。

8.　［コマンド プロンプト］画面に［この操作を正しく終了しました］と表示されたことを確認します。

9.　［レジストリエディター］画面にて、手順 4 にて削除した［既定］を確認し、［データ］の値が表示されていることを確認します。

以上で、「コマンドラインを使用したレジストリサブキーの復元」演習は終了です。

Chapter 20

トラブルシューティング

20-1　章の概要

 章の概要

この章では、以下の項目を学習します

- ■ トラブルシューティング概要
- ■ トラブルシューティングの流れ
- ■ 情報収集ツール
- ■ 技術情報検索方法

スライド 134：章の概要

Memo

20-2 トラブルシューティング概要

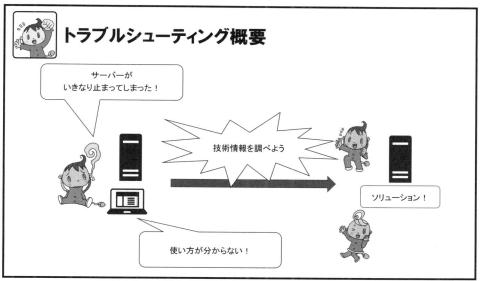

スライド 135：トラブルシューティング概要

▌トラブルシューティング概要

　Windows サーバーの構築や概要をしていると、トラブルが発生しサーバーが停止したり、サーバーの使用方法が分からなくなったりする場面があります。
　そのようなトラブルが発生した時に、いかに迅速に原因を究明し、的確な解決策を見つけられるかどうかが、トラブルの解決に必要不可欠です。

　この章では、トラブルを解決するための一連の流れや、解決策の見つけ方について説明します。

20-3 トラブルシューティングの流れ

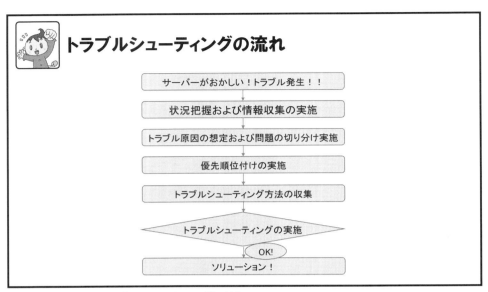

スライド 136：トラブルシューティングの流れ

トラブルシューティングの流れ

　トラブルが発生しないよう、日々気を付けてサーバーの運用を行っていたとしても、何らかのきっかけでトラブルは発生してしまうものです。その際にパニックに陥って、何もできなくなってしまうようではいけません。サーバーに障害が発生してしまった場合、どのように解決していけばよいのか、説明します。

① **状況把握および情報収集の実施**
　トラブルが発生したときに、トラブルの原因を調査し対処することをトラブルシューティングと言います。
　トラブルシューティングを行う場合に最初に行うべきことは、冷静に状況を把握し、情報収集を行うことです。何のアプリケーションを使用して、何をしようとしたときに、どのようなエラー、状況になって、どういう行動をとり、どういう結果になったのかなどの状況把握、情報収集が必要です。

② **トラブル原因の想定および問題の切り分けの実施**
　次にすべきことは、考えられる原因をリストアップし、問題の切り分けを行うことです。

　問題の切り分け方のバリエーションを、以下に記載します。
　1. 正常な設定かどうか確認する。（初期導入時か、運用中に問題が生じたのか。）
　2. 他のマシンは正常に動作するかどうか確認する。（該当マシン固有の問題か、ネットワークの問題か。）
　3. 確認した以外のエラーが出ていないかどうかを確認する。（イベントログなどの確認、別のエラーに依存して発生している可能性の調査。）

　問題の切り分けを行うときは、できれば検証環境が用意できるとよいでしょう。運用環境では、再起動ができないなど、トラブルシューティング時に制限が多いためです。トラブルの再現環境を構築することも、トラブルシューティングの有効な手段の一つです。

③ **トラブルシューティングの優先順位づけの実施**
　次にすべきことは、トラブルシューティングの優先順位づけです。リストアップした原因と問題の切り分けの結果から、トラブルの原因である可能性が高いものから優先順位をつけていきます。また、トラブルシューティン

グにかかる時間を予想します。主に可能性が高いものから優先してトラブルシューティングを行っていきますが、トラブルシューティングにかかる時間が短いものであれば、可能性が多少低い場合でも、優先順位を高くすることもあります。

トラブルシューティングの優先順位づけの例を、以下に記載します。
1. 可能性が高く、トラブルシューティングの時間が短い原因
2. 可能性が高く、トラブルシューティングの時間が長い原因
   または、
   可能性が低く、トラブルシューティングの時間が短い原因
3. 可能性が低く、トラブルシューティングの時間が長い原因

④ **トラブルシューティング方法の収集、原因の特定**
トラブルシューティングの優先順位をつけた後は、トラブルシューティング方法を収集します。情報収集の方法については、『20-5 技術情報検索方法』で説明します。
また、トラブルシューティング方法を収集すると同時に、トラブル発生原因の情報を収集することも必要です。その情報がトラブル発生原因の証拠となり、トラブル発生原因を特定することにつながります。

⑤ **トラブルシューティングの実行**
トラブル原因に対するトラブルシューティング方法を収集することができたら、その方法を試します。その方法により問題が解決されれば、トラブルシューティング完了です。
トラブルが解決されない場合は、何が原因なのか再度精査するために、もう一度状況把握、情報収集を実施してください。

20-4　情報収集ツール

情報収集ツール

- イベントビューアー
- パフォーマンスモニター
- タスクマネージャー
- Microsoft Message Analyzer
- ipconfig コマンド
- Microsoft Diagnostics Toolkit

スライド 137：情報収集ツール

情報収集ツール

トラブルシューティング時に状況把握を行うため、サーバーがどういう状態なのか、調査を行う場面があります。
サーバーの情報を収集するためのツールにはさまざまなものが用意されています。トラブルシューティング時に下記のようなツールから情報を取得することで、サーバーの状態を把握し、トラブルの原因を究明することができます。

☐ イベントビューアー
　イベントビューアーを使用すると、ハードウェア、およびシステムの情報を収集できます。
　※　詳細な使用方法は、『15-4 サーバーのイベント監視』を参照してください。

☐ パフォーマンスモニター
　メモリ、ディスク、プロセッサ、ネットワークなどの利用状況に関するリアルタイムデータを収集し、グラフ、ヒストグラム、レポート形式などで表示できます。
　※　詳細な使用方法は、『15-5 サーバーパフォーマンスの監視』を参照してください。

☐ タスクマネージャー
　サーバーのパフォーマンスに関する情報を表示し、現在実行中のプログラムとプロセスに関する詳細情報を確認できます。
　ネットワークの状態を表示し、ネットワークの機能状況を一目で見ることができます。
　※　詳細な使用方法は、『15-5 サーバーパフォーマンスの監視』を参照してください。

☐ Microsoft Message Analyzer
- ネットワーク上を流れるパケットを取得して、解析、表示できます。
- サーバーのパフォーマンスが設定したしきい値を上回るか下回ったときに、管理者へ通知するように設定できます。

※　以前はネットワークモニターというツールがマイクロソフトから提供されていましたが、2014 年から、Microsoft Message Analyzer というツールが提供されています。

＜使用方法－2台のコンピューター間のネットワークデータをキャプチャーする方法－＞
① Microsoft Message Analyzer を実行し、管理画面を開きます。
② ［Start Local Trace］をクリックします。
③ 対象となるコンピューターと通信を行います。
④ ［Session］ダイアログボックスで［Stop］をクリックすると、ネットワークデータのキャプチャーを確認することができます。

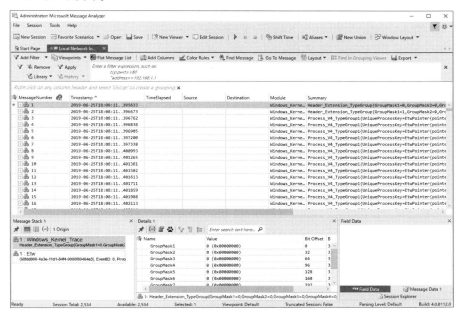

□ Ipconfig コマンド
コマンドプロンプトを使用し、IP アドレスやデフォルトゲートウェイなどの現在サーバーに設定されているネットワーク設定を確認できます。
※ 詳細な使用方法は、『4-9 TCP/IP 関連演習』を参照してください。

□ **Microsoft Diagnostics Toolkit**
イベントログ、システム情報、ネットワークに関する情報など、多数の情報をまとめて収集して、cab 形式にてひとつのファイルに圧縮し取得するツールです。
広範囲に構成情報を収集する汎用性の高いエディションから、Exchange Server や SQL Server、クラスターといった、それぞれのサービスに特化したエディションなど、様々なエディションが用意されています。

＜使用方法＞
① 下記のサイトにアクセスします
- Microsoft Support Diagnostics
  https://home.ciagnostics.support.microsoft.com/SelfHelp

② 情報を収集したい項目を選択し、ツールをダウンロードします。
③ ダウンロードしたツールを実行すれば、ログを収集してくれます。

20-5 技術情報検索方法

技術情報検索方法
- Microsoft サポート技術情報検索ページ
  - ☆ https://support.microsoft.com/ja-jp
- Windows Server 2016 ヘルプ
  - ☆ [スタート] - [ヘルプとサポート]
- Windows Server 2016 リソースキット
- ホワイトペーパー
- 技術コンテンツ
  - ☆ https://docs.microsoft.com/ja-jp/windows-server/index

困った時に、まず確認しよう！

スライド 138：技術情報検索方法

技術情報検索方法

『20-3 トラブルシューティングの流れ』にて、障害時におけるトラブルシューティングの流れを説明しました。次に、実際にトラブルを解決するためには、どのような技術情報を収集すればいいかを説明します。

Windows サーバーにトラブルが発生した場合や、Windows サーバー製品の使い方がわらなかったときには、マイクロソフト社のサポート技術情報検索ページ内を検索することで、解決策を見つけることができます。サポート技術情報検索ページには、マイクロソフト社の各製品の How-to、修正プログラム情報、開発者向け、IT プロフェッショナル向けの技術情報などが公開されています。

サーバーに付属のヘルプや、リソースキットから各製品の情報を入手することもできます。ヘルプには各製品の機能概要や使用方法が記載されています。またリソースキットには、設計やトラブルシューティングのための技術情報が記載されています。

また、製品情報ページを見る事で、サービスパックのリリース等、各製品の最新情報を確認できます。
マイクロソフト社から公開されているホワイトペーパーには、構築手順や操作手順などの情報が記載されています。

尚、マイクロソフト社の公式な情報以外に、インターネット上の個人サイトや他社のサポート情報サイトなどから、有効な情報も収集することが可能です。

マイクロソフト社のサポート技術情報検索ページやその他のインターネットから技術情報を検索、収集するときは、自分が調べたい情報に記載されている言葉を推測することが重要になってきます。例えば、Active Directory 環境の構築手順を調べたいときなどは、検索ページで *Active Directory*、*インストール手順* と入力することで、それらの言葉が記載されているページがヒットするはずです。ヒットしたページを確認すると、Active Directory 環境の構築手順が記載されていることでしょう。

Chapter 21

セキュリティ

21-1 章の概要

章の概要

この章では、以下の項目を学習します

- セキュリティ対策が必要な理由
  ～セキュリティリスクについて～
- エンジニアとしての心構え
- セキュリティ対策のテクノロジー
- Windows Server のセキュリティ対策テクノロジー
- セキュリティ関連演習

スライド 139：章の概要

Memo

21-2　セキュリティ対策が必要な理由～セキュリティリスクについて～

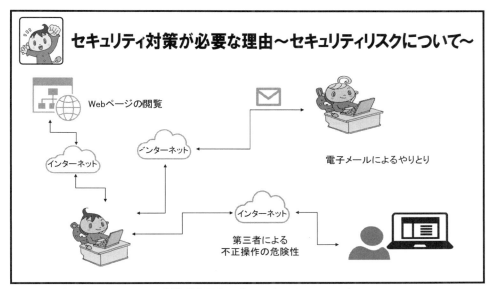

スライド 140：セキュリティ対策が必要な理由～セキュリティリスクについて～

▍セキュリティ対策が必要な理由～セキュリティリスクについて～

　ビジネスを取り巻く環境の中で、コンピューターは極めて重要な意味を持つツールとして進化してきました。ワードプロセッサ、表計算、プレゼンテーション資料、データベース等、様々なアプリケーションで書類や資料を作成し、インターネット等のネットワークを伴い、電子メールや Web ページ等でコミュニケーションをとっています。
　その一方、コンピューターシステムやネットワークに対する脅威は増大しており、被害は社内だけでなく、社外の顧客や取引先にまでおよぶこともあります。
　このような環境の中で、コンピューターやネットワークに対するセキュリティや、システムを使用する人や管理者もセキュリティを意識しなければならない、ということが大変重要になってきています。

　それでは、どのような脅威が考えられるでしょう。
　脅威となりうる要素はいくつもあります。その中でも、いくつか代表とされるものをあげてみましょう。

コンピューターウイルスによる脅威	
□　ワーム、トロイの木馬など	コンピューターの脆弱性を狙い進入するワームという種類のウイルス。進入したコンピューターから他のコンピューターへ攻撃を行うものや、コンピューター内のメールアドレスにメールを発信し増殖するものもある
□　ランサムウェア	マルウェアと呼ばれる、不正な動作を行う意図で作成されたソフトウェア。悪質なコードの一種で、コンピューターに感染するとファイルを暗号化したり、ログインできなくし、元の状態に戻すことを条件に、使用者に対し身代金を要求する不正プログラム。
外部からの攻撃による脅威	
□　パスワード盗み出し、パスワードクラック	パスワードを盗んだり、辞書にある単語をパスワードとして入力したりすることにより、パスワードを解析し探り当てる
□　セキュリティホールの利用	OS やアプリケーションにある不具合を利用し進入
□　バッファオーバーフロー	アプリケーションプログラムが確保したメモリサイズを超えて文字列が入力されると領域があふれてしまい、予期しない動作が起きる

☐	サービス停止攻撃（Dos/DDos）	サーバーに対し、大量のデータを送り込むことによりサーバーをダウンさせてしまうこと
☐	WEBサイト改竄（かいざん）	Webサイト上のホームページを書き換えること
☐	ルートサーバー攻撃	インターネットで重要なDNSサーバーに対し攻撃をすること
☐	ポートスキャン	侵入口となりうる脆弱なポートがないかどうか調べる
☐	SQLインジェクション、リソースの不正利用など	データベースシステムにて、アプリケーションが想定しないSQL文を実行させることにより動作を不安定にし、システムを不正に操作する攻撃方法
☐	セッションハイジャック	セッションID*1やCookie*2などの認証情報を盗み、それらを利用して使用者になりすまし、通信を行うこと

ネット上での脅威

☐	フィッシング（ファーミング）	本物のサイトに似せた偽サイトに誘導し、クレジットカードのIDやパスワードの個人情報を盗み取る
☐	クロスサイトスクリプティング	検索エンジンなどのキーワード入力欄にスクリプト*3を含んだタグを打ち込み、Cookieデータを抜き出したり、読み出されたCookieデータが第三者に転送されるなどの可能性があることをいう

過失・不注意による脅威

☐	ファイル共有ソフトでの個人情報流出	Winny等のファイル共有ソフトにウイルスが混入し、PC内の情報が無差別に外部に送信されること
☐	廃棄物からの情報漏洩	古くなり廃棄されたPCから、ハードディスクなどに残ったデータの情報が流出すること
☐	ソーシャルエンジニアリング	ネットワークの管理者や利用者等から、盗み聞き、盗み見等で、パスワードなどのセキュリティ上重要な情報を入手すること
☐	スキミング	磁気カードの情報を抜き出し、同じ情報を持つカードを複製すること
☐	なりすましメール	知り合いを装って、ウイルスや不正プログラムなどを添付したメールを送りつけてくること

*1 WEBアプリケーション等で、アクセス中のユーザーの識別や行動管理のために付与される固有の識別情報のこと

*2 WEBサーバーからユーザーの使用しているブラウザーに送られる、ユーザーのデータが保存されているファイルのこと

*3 プログラム言語（スクリプト言語）で書かれたプログラムのこと。コンピューターに処理を自動的に実行させるための命令を記述したもので、データ処理などに使われている。

攻撃される側から、攻撃する側へ

　コンピューターやネットワークを使い、システムの破壊やデータの盗用などの悪事を働く者を「クラッカー」と呼びます。クラッカーが、システムやコンピューターに侵入して引き起こすのは、システムの破壊や、データの盗み出しだけではありません。

　そこから別のコンピューターを攻撃するという「使い方」もあるのです。

　なぜクラッカーは狙いとするコンピューターを直接攻撃しないのでしょうか。その理由は、犯人の特定を困難にすることにあります。

　例えば、あるコンピューター A から、別のコンピューター C を攻撃すると、C には A が攻撃したという足跡（アクセスログなど）が残る可能性があります。

　そこで A は、B というコンピューターに侵入し、それを遠隔操作して間接的に C を攻撃します。すると、攻撃された C のコンピューターには B の足跡だけが残り、A のコンピューターは無関係を装うことができるワケです。

　こうした攻撃の仕方を「踏み台」といいます。

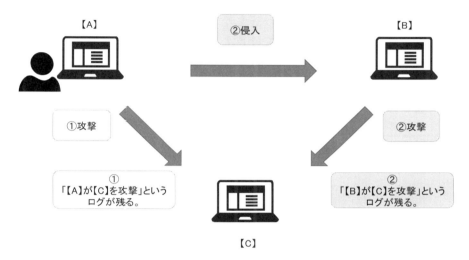

　常時接続が当たり前になるにつれ、クラッカーの手によって侵入されることの恐怖は、自分のコンピューターが C になること以上に、B になることのほうが大きくなります。自分が被害者になるだけでなく、知らないうちに「加害者」になる危険があるのです。

　踏み台を許すようなセキュリティの甘さを理由に、攻撃された側から損害賠償を迫られる可能性も十分にあります。

　これらの脅威は主にネットワークを使用することでごく身近にあるものであり、どれも組織や個人にとって不利益になるものばかりです。このような脅威を未然に防ぎ、システムを運用していくことが今後の課題となるでしょう。

21-3　エンジニアとしての心構え

エンジニアとしての心構え

- パソコンをログオンしたまま席を外さない
- 情報システムに関連する操作マニュアル等を机の上に放置しない
- ソフトウェアの持込みをしない
- 個人所有端末の持込みをしない
- ファイル共有ソフトを使用しない
- 会社のメールをプライベートで使用しない
- インターネットを私用で使わない
- パスワード管理

スライド 141：エンジニアとしての心構え

エンジニアとしての心構え

　ほとんどの組織は、ビジネスを行う上でのコンピューターやネットワークがもたらす重要な役割を認識しています。しかし、現在の高度にネットワーク化されたシステムでの脅威は増大しており、より迅速な対応が求められています。

　多くの場合、組織は、被害を受ける前に新しいセキュリティの脅威に対応することはできません。ネットワーク等のインフラのセキュリティ、およびそのシステムが提供するビジネス上の価値を管理することは、IT 部門の最優先課題と言えるでしょう。

　また、プライバシー問題、財務上の義務等、組織はこれまでになく緊密かつ効果的にシステムを管理するよう求められています。多くの政府機関およびその政府機関とビジネスを行う民間組織は、最低限のセキュリティ監視レベルを維持するよう法律で義務付けられています。予防的なセキュリティ管理を怠ると、組織全体が守秘義務等の法律違反に問われる場合があります。

　このような状況の中で考えなければならないことは、コンピューターやネットワークを使うのはあくまで「人」。どんなツールも使う人自身の心構え次第で、ときに人を傷つけ、ときに自分自身を脅かすものになります。コンピューターやネットワークを安全に、かつ快適に使うには、なにより使う人の「心構え」が大切です。

　個人情報や機密情報の取り扱いや、インターネットを使うためのルールを「守る」も「破る」も、使う人次第というわけです。

　会社がシステム的に様々な対策を講じていても、従業員が USB メモリーや自分のノートパソコンを使用して会社の情報を盗んだり、悪意がなくても業務データを保存していたノートパソコンが通勤途中に電車などで盗まれてしまった、などにより情報漏洩してしまう場合があります。

　また機密情報や個人情報等のプライバシー情報を保存していないと思っていても、E メールに機密情報が含まれていたり、メールアドレス自体が個人情報となるので、これらから情報漏洩してしまいます。

✅ プライバシー情報とは

☐ **個人情報**

個人情報とは、特定個人を識別することが可能な情報や、その情報単体では識別できないが、他の情報と容易に照合することができ、それによって特定の個人を識別することができる情報のことです。

個人情報は以下の3つに区分できます。

- 住所、氏名、年齢、性別、生年月日、電話番号などの個人情報の基礎となる基本情報
- 国籍、本籍、職歴、結婚歴、離婚歴、クレジット番号などの基本情報以外の個人情報
- 財産や債務情報、信教、医療情報、犯罪歴などの取り扱いに注意すべきセンシティブ情報

☐ **機密情報**

機密情報は以下の2つに区分できます。

- 製品の設計図や、コストの原価表、営業戦略の内容などで非公開としており、自社が著作権を持っている自社機密情報
- お客様や取引先など、自社以外から秘密保持契約などを締結して預かっている預かり機密情報

  例えば会社の営業情報やその会社で独自に開発した技術情報など、情報が漏洩し会社の経営状況を揺るがすような場合は機密情報になる可能性があります。
  また、会社側が機密であると定義したものはすべて機密情報になります。

　悪意があって会社の情報を盗んだり、悪意がなくても情報漏洩してしまった結果、賠償責任問題や多額の訴訟問題に発展します。また、悪意を持ち会社の情報を盗んだ場合においては、会社ではなくその個人に対して損害賠償責任を負わせる判例が最近の主流です。

　このような問題を未然に防ぎ、自らが被害者にならないように、エンジニアとしての心構えとして注意しなければいけない事をいくつかあげてみましょう。

☐ **パソコンをログオンしたまま席を外さない**

パソコンをログオンにしたまま離席すると、第三者に使用され、設定を変えられたり、重要なデータを抜き取られたり改竄（かいざん）されたりしてしまう恐れがあります。

☐ **情報システムに関連する操作マニュアル等を机の上に放置しない**

情報システムに関連するマニュアル等を人目のつくところに、置きっぱなしにすることは大変危険です。
マニュアルに、システムの詳細やセキュリティの情報が記載されているかも知れません。第三者の手に渡ることや、情報を見られてしまうことは大変危険です。

☐ **ソフトウェアの持込みをしない**

インストールが不要なソフトウェアの使用は、クライアント端末のパフォーマンス低下や、ウイルスの感染など、予期せぬ障害が発生する恐れがありますので、使用しないことが望ましいでしょう。

☐ **個人所有端末の持込みをしない**

個人所有のパソコンを社内に持ち込んで、社内ネットワークに接続し使用すると、社内のシステムがウイルスやスパイウェアに感染することがあります。また、機密情報を社外に持ち出される可能性があります。

☐ **ファイル共有ソフトを使用しない**

企業内のパソコンには、プライバシーの情報や機密情報を含んだデータが多く保存されています。社内で管理している情報の漏洩を未然に防ぐ為だけでなく、ファイル共有ソフトからのウイルス感染を防ぐ為にも、ファイル共有ソフトは使用しないことです。
例えば、ファイル共有ソフト「Winny」で、ウイルスによる情報漏洩が問題になりました。ファイル共有ソフト

のウイルスは何種類かありますが、その中に「山田オルタナティブ」という感染したパソコンを Web サーバーに変え、ハードディスク内のファイルをすべて公開するというものがあります。このウイルスに感染した場合は、Winny を使っていないパソコンでもファイルが流出するため注意が必要です。

- [ ] **会社のメールをプライベートで使用しない**
  会社にて支給されているパソコン、メールアドレスは会社の資産であり、業務以外で使用すべきではありません。私的利用目的でのメールの送受信はしてはいけません。

- [ ] **インターネットを私用で使わない**
  不必要なサイトへのアクセスは、ウイルス感染を招く恐れがあります。不必要な利用はなるべく避けてください。

- [ ] **パスワード管理**
  お使いのパソコンやサーバーにパスワードの設定が無い、また、パスワードを設定していたとしても、長期間変更が無い場合は大変危険です。パスワードを設定し、定期的にパスワードの変更を行うことが必要です。

また、近年ある特定の企業を執拗に狙う、標的型攻撃が急増しています。
　標的型攻撃とは従業員や取引先になりすまして、ウイルスなどを添付したメールを送りつけたり、頻繁にアクセスする Web サイトを改竄（かいざん）したりして、組織内部にウイルスを感染させようとします。
　この攻撃は長期に渡って行われるケースが多いため、対策としてシステムのセキュリティ施策だけでなく、従業員の意識向上も重要となってきます。

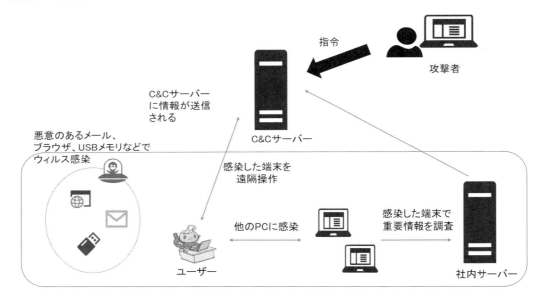

標的型攻撃の対策

- [ ] **セキュアなシステム設計**
  ユーザーが安全にシステムを使えるようにセキュリティを意識したシステムを設計する必要があります。
  また、システムを管理する側も脅威にさらされないように、運用ルールをしっかり決めておきましょう。

- [ ] **ネットワーク分離**
  企業の重要情報が保存されているネットワークと一般社員が使用しているネットワークが同じネットワークにある場合、一般社員が使用しているネットワークでインシデント＊が発生してしまうと、重要情報が窃取されてしまう可能性があります。企業の重要情報は違うネットワークに分離して保存しておきましょう。

* 情報資産、機密情報などが脅威にさらされる事象のこと。ウイルス感染や不正アクセス、迷惑メールや Web

サイトの改竄（かいざん）、サービス拒否攻撃といったものがインシデントの例に挙げられる。

☐ **セキュリティ意識向上**
セキュリティインシデントの原因の半数は、社員による誤操作やPC紛失、管理ミスが占めており、エンジニアだけでなく、全従業員がセキュリティへの意識を高める必要があります。啓蒙活動やインシデント発生時の対応、連絡先などを周知しておきましょう。

☐ **CSIRTの構築**
CSIRT（Computer Security Incident Response Team）とは、セキュリティインシデント発生時に対応を行う組織内のチームのことです。インシデントが発生した場合、技術的な対応だけでなく、関連会社への報告やセキュリティポリシーの見直しを行う必要が出てきます。そのため、エンジニアだけでなく、企業の重役、経営者などもCISRTのメンバーとなる場合が多いです。

ここであげた項目は基本的なものです。実際の組織や現場ではこの他にも様々なルールがあります。そのような環境の中で、モラルある行動をとることが、技術と共にエンジニアに望まれることでしょう。

21-4 セキュリティ対策のテクノロジー

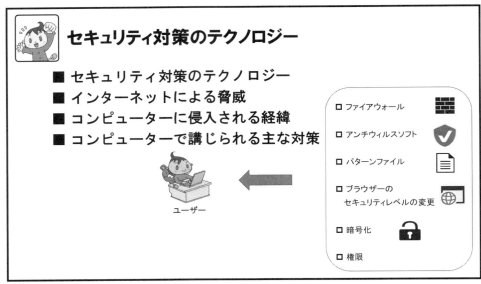

スライド 142：セキュリティ対策のテクノロジー

セキュリティ対策のテクノロジー

ここまでで、セキュリティ対策の重要性を理解していただけたと思います。ここからはネットワークとサーバーシステムを守るセキュリティ対策のテクノロジーをいくつかご説明します。

インターネットによる脅威

まずテクノロジーを説明する前に、今一番身近なインターネットの脅威を例に、どのような手法が用いられ攻撃されているかを見てみましょう。インターネット利用で生じるトラブルは、コンピューターやネットワーク、プログラムなどに定められた「ルール」の盲点をつくものです。

インターネットは、Web ページを見たり、電子メールをやりとりしたりと、世界中から情報を集め、離れた人とメッセージをやり取りできることから、現在ではコミュニケーションツールとして、その重要性は大きくなる一方です。
インターネットの利用は、ウェブページを見たり、メールを読む、送るというように、自分が他のコンピューターに働きかけるばかりでなく、他のコンピューターから自分のコンピューターに働きかけることもできます。そして、その働きかけは、自分が意図するものだけとは限りません。
つまり、インターネットの利用には、自分のコンピューターに何らかの操作を加えられる、勝手にデータを読み出されるといった危険性が伴うのです。

インターネットの基本的な仕組みはデータの送受信を「IP アドレス」と「ポート」という 2 つの番号をもとに行いますが、この仕組みを利用され、インターネットにつながっているコンピューターとユーザーを特定されやすくなります。
そのため、自分のコンピューターが第三者から不正に操作されることを防ぐ必要があります。

コンピューターに侵入される経緯

インターネットに接続することによる脅威は、その手口から「不正アクセス」と「不正プログラム」の 2 つのタイプに分類できます。

☐ **不正アクセス**

不正アクセスとは、インターネットに接続したコンピューターに割り当てられたIPアドレスをもとに、相手のコンピューターに忍び寄り、操作したり、データを盗み出したり、システムを破棄することを言います。

しかし、IPアドレスがわかっただけでは、他のコンピューターには侵入できません。実際に侵入するには、ポートを経由する必要があります。

そこで、他のコンピューターに開いたポートがないかを探します。この行為をポートスキャンといいます。

ポートスキャンによって、開いているポートを見つけられてしまうと、そのポートを突破口にしてコンピューターが第三者に操作されることになります。

不正アクセスとは、空き巣狙いの泥棒が無用心そうな家（IPアドレス）に目をつけ、鍵のかかっていないドアや窓（ポート）を探すのに似ています。

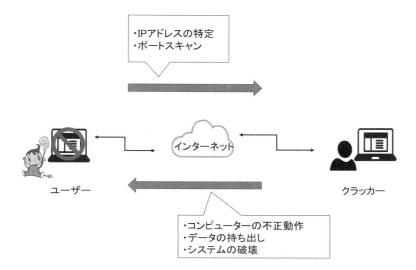

このように、他人のコンピューターに忍び寄り、操作したり、データを盗み出したり、システムを破壊する行為のことをクラッキングと言い、そのようなコンピューター犯罪者をクラッカーと言います。

テレビや新聞などではハッカーと呼ばれていますが、ハッカーとは腕が優れたコンピューターの技術者を指し、賞賛の意味も込められています。

しかし、クラッカーには技術力や知識は関係ありません。最近では、誰でも簡単にウイルスを製造でき、不正アクセスを行えるソフトなども生み出されています。

これに伴い、無責任で悪質なクラッキング行為を行うクラッカーの数がますます増える傾向にあります。

☐ **不正プログラム**

不正プログラムとは、大切なファイルを消したり、システムを破壊したりするといった害をもたらすプログラムのことです。

コンピューターウイルス（以下ウイルス）がシステム上で実行されると、ウイルス自身が別のファイルにくっついたり（感染）、複製を繰り返して増えたり（増殖）、何もせずにそのままでいたり（潜伏）、ある条件を満たすと作動したり（発症）といった振る舞いを見せます。

現在、Webページからダウンロードしたプログラムや電子メールに添付されたウイルスによる被害が多くなっています。インターネットの普及にともない、悪意あるプログラムが短期間で広範囲に伝播する傾向が強くなっています。

コンピューターで講じられる主な対策

こうしたトラブルのすべてを回避することはできませんが、ネットワークセキュリティを確保するために、不正アクセスを防ぐ為のファイアウォールやコンピューターウイルス対策、データを盗み見されたり改竄（かいざん）されたりすることを防ぐ暗号化などが実施されています。また、Windowsなどソフトウェアのセキュリティ上の不具合（セキュリティホール）を修正しておくことも必須です。

- [ ] **ファイアウォール**
  不審なデータやプログラムがコンピューターに流れ込まないように、ネットワークとコンピューターがつながる部分に電子的なガードを設けるプログラムです。
  コンピューターを家に例える場合、そこに他人が勝手に上がり込んでいないようにするための外壁にあたります。

- [ ] **侵入検知システムIDS（Intrusion Detection system）と侵入防止システムIPS（Intrusion Protection System）**
  侵入検知システムは、IDSとも呼ばれており、ネットワーク内への不正なアクセスの兆候を検知し、ネットワーク管理者に通報する機能を持つソフト・ハードウェアです。
  侵入防止システムIPSは、異常を通知するだけでなく、アクセスを自動的に遮断する機能を持っています。

- [ ] **アンチウイルスソフト**
  アンチウイルスソフトは、不正プログラムのデータベースをもとに、ファイルの中身が適正かどうかを調べるソフトウェアプログラムです。
  ファイルが不正プログラムを含んでいることがわかると、ファイルからその部分を除去または消去してくれます。ファイルを開かなくても不正プログラムを排除でき、それがもたらす被害を回避できます。
  しかし、アンチウイルスソフトをコンピューターに組み込むだけでは、十分とはいえません。不正プログラムは毎日新しいものが生み出されているため、そのデータベースが古いままでは不正なプログラムを不正と認めることができません。不正プログラムのデータベースをこまめにアップデートすることが大切です。

- [ ] **パターンファイル（ウイルス定義ファイル）**
  不正プログラムのデータベースをアップデートするファイルのことです。コンピューターウイルスや、不正プログラムの特徴を収録したファイルです。
  パターンファイルが古いままだと、新種のウイルスに対応できません。そこで各アンチウイルスソフトメーカーは、新種のウイルスに対応するために自社ソフト向けの新しいパターンファイルをインターネットなどで配布しています。
  最新のパターンファイルが発表される毎に、ダウンロードし更新する必要があります。

- [ ] **ブラウザーのセキュリティレベルを上げる**
  悪意あるサイトが、コンピューターに不正にアクセスしたり、ファイルに保存された個人情報を盗み見たりすることを防止するためにブラウザーの設定を変更します。
  この設定は、Internet Explorerでは［ツール］メニューの［インターネットオプション］-［セキュリティ］タブ画面の「レベルのカスタマイズ」で行えます。
  ［レベルのカスタマイズ］のボタンを押すと、ActiveX、JavaScript、Cookieなどの項目ごとに、使用するか否かを調節することが可能です。セキュリティレベルを「高」にすれば、ほとんどの問題を回避できます。

- [ ] **暗号化**
  インターネットを巡る情報は、すべて傍受される危険性があります。この危険を排除しながら、大切な情報を安全にやり取りするための仕組みに、「暗号化」という技術が使われています。
  暗号化とは、ある「決まり」と「鍵」となる情報を使い、ある情報を別の情報に書き換えることです。これによって、通信する情報が第三者に傍受されても、元の情報が判読不可能になります。
  元の情報に戻すには、暗号化に使った「決まり」と「鍵」が必要で、これを互いに持つことで、特定の人と安全に情報をやり取りできます。
  暗号化技術では、「SSL」という仕組みが一般的です。

- [ ] **OSやアプリケーションのアップデート**
  使用しているOSやアプリケーションで、セキュリティ上の脆弱性が発見されることがあります。このような不都合に対応するために「パッチファイル」と呼ばれる、修正を行うために変更点のみを抜き出したファイルを、OSやアプリケーションソフトに組み込むことで修正を行います。

- [ ] **権限**
  システムを利用するユーザーに権限を設定することにより、システム内の情報や、機器を使用できる範囲を制限します。

21-5　Windows Server のセキュリティ対策テクノロジー

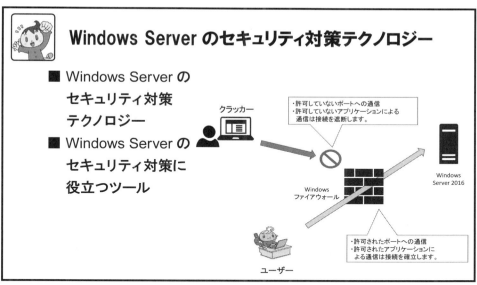

スライド 143：Windows Server のセキュリティ対策テクノロジー

Windows Server のセキュリティ対策テクノロジー

Windows Server は、多くのセキュリティに対する機能を持っています。ここでは、主なものをあげてみましょう。

☐ **Windows ファイアウォール機能**
ファイアウォールによって、インターネットの侵入者をブロックすることができます。また、ネットワーク外部のアクセス先を管理することもできます。

☐ **Active Directory**
Active Directory サービスにより、ユーザー認証とアクセス制御を簡単かつ効率的に管理できます。

- 認証
  ドメインに 1 度ログオンすれば、そのドメインのアクセス権のあるリソースを使用することが可能です。（シングルサインオン）また、いくつかの認証方式をもっており、使用環境に合った方式を選ぶことができます。

- アクセス制御
  ネットワーク上の PC やファイル等へのアクセスをグループやユーザー単位で管理することができます。また、アクセス許可を設定し、所有権を割り当て、ユーザーアクセスを監視することができます。

- セキュリティポリシー
  Windows Server では SCM（Microsoft Security Compliance Manager）によって、セキュリティポリシーの設定を簡単に行うことが可能になりました。また、設定したセキュリティポリシーを Active Directory のグループポリシーに反映させることもでき、ローカルコンピューターや、ドメインやサイトというネットワーク単位でのセキュリティを制御することができます

- 監査
  監査ポリシーにより、システムまたは特定のデータにアクセスした人物や、あるいは不正な OS 改竄（かいざん）の試みの検出などの監査を行うことができます。

監査を行うことで、セキュリティ問題を追跡し、セキュリティの侵害が起こった場合に証拠を提供することができます。

☐ **データ保護**
- ファイル、フォルダ
  システム内のデータ（オンラインまたはオフライン）は、暗号化ファイルシステム（EFS）およびデジタル署名によって暗号化された状態でデータを格納し、保護することができます。権限を持つユーザー以外はアクセスできません。

- ドライブ
  ドライブ暗号化（BitLocker）によって、HDD や SSD、USB メモリーなどのドライブを暗号化し、第三者にデータを盗み取られるリスクを低減することができます。パスワードやスマートカードがなければ暗号化を解除することはできません。

☐ **ネットワークデータ保護**
サイト内（ローカルネットーワークおよびサブネット）のデータは、認証プロトコルによって保護されています。「IP セキュリティ」機能を用いて、特定のクライアントやドメイン中の全クライアントのネットワーク通信を暗号化することができます。

☐ **証明書サービス**
公開キー技術を用いるソフトウェアセキュリティシステムで、証明書を発行したり管理したりできます。この機能を使用することにより、なりすましやデータの改竄（かいざん）等を防ぐことができます。

☐ **ユーザーアカウント制御**
Windows のセキュリティ機能の一つで、ユーザーの動作を抑制することができます。
承認されていないアプリケーションの自動インストールやシステム設定の変更を防止することができます。
管理者が管理者レベルのアクセスを承認しない限り、常に管理者の許可が必要となります。

Windows Sever のセキュリティ対策に役立つツール

☐ **Windows Defender**
マイクロソフト社が提供している無料のセキュリティソフトです。
エンドポイント向けのセキュリティソフトでしたが、Windows Sever でも使用可能で、
ウイルスの感染防止や検出を行うことができます。

☐ **Portqry.exe**
Windows Server の機能ではありませんが、マイクロソフトから portqry.exe（port query）という、高機能なツールが提供されています。
Portqry.exe は、ポートスキャンツールで、TCP/IP 接続のトラブルシューティングに役立つコマンドラインユーティリティです。
このユーティリティで選択したコンピューターの TCP ポートと UDP ポートの状態を確認できます。

Portqry.exe は、「Microsoft ダウンロードセンター」からダウンロードできます。
ダウンロードするには、次のマイクロソフト Web サイトを参照して下さい。
http://www.microsoft.com/downloads/details.aspx?familyid=89811747-C74B-4638-A2D5-AC828BDC6983&displayang=en

21−6　セキュリティ関連演習

セキュリティ関連演習

演習内容
- Windows ファイアウォールの設定（全てのポートを閉じる場合）
- Windows ファイアウォールの設定（指定したポートだけを開放する場合）
- Test-NetConnection コマンドにてポート状態の確認

スライド 144：セキュリティ関連演習

セキュリティ関連演習

※　以下に、セキュリティ関連演習において前提条件を示します。
1. Windows Server 2016 を 2 台起動してあること。（本演習では各ホスト名を W2K16SRV1、W2K16SRV2 とします）
2. 各サーバーは同じネットワーク上に存在していること。
3. 各サーバーの Windows ファイアウォールの設定が無効になっていること。
4. 本演習では W2K16SRV1 の IP アドレスを［192.168.0.11］とします。
5. 本演習では W2K16SRV2 の IP アドレスを［192.168.0.12］とします。

※　以下に、セキュリティ関連演習の構成図を示します。

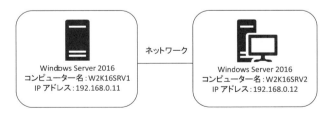

演習 1　Windows ファイアウォールの設定（全てのポートを閉じる場合）

1. W2K16SRV2 にて、［スタート］-［Windows Server］-［コントロールパネル］-［Windows ファイアウォール］をクリックします。
2. ［Windows ファイアウォール］の画面にて、［Windows ファイアウォールの有効化または無効化］をクリックします。

3. ［各種類のネットワーク設定のカスタマイズ］画面にて、［プライベートネットワークの設定］および［パブリックネットワークの設定］の［Windows ファイアウォールを有効にする］を選択し、［OK］をクリックします。

以上で、「Windows ファイアウォールの設定（全てのポートを閉じる場合）」演習は終了です。

演習 2　Windows ファイアウォールの設定（指定したポートだけを開放する場合）

1. W2K16SRV1 にて、［スタート］-［Windows PowerShell］-［Windows PowerShell］をクリックします。
2. ［Windows PowerShell］画面にて、Test-Connection 192.168.0.12 と入力します。
3. ［Windows PowerShell］画面にて、［コンピューター '192.168.0.12' への接続テストが失敗しました：リソース不足のためのエラー。］と表示されることを確認します。
4. W2K16SRV2 にて、［スタート］-［Windows Server］-［コントロールパネル］-［Windows ファイアウォール］をクリックします。
5. ［Windows ファイアウォール］画面にて、［詳細設定］を選択します。
6. ［セキュリティが強化された Windows ファイアウォール］画面にて、［受信の規則］欄に［ファイルとプリンターの共有（エコー要求 - ICMPv4 受信）］が有ることを確認します。
7. ［ファイルとプリンターの共有（エコー要求 - ICMPv4 受信）］を右クリックし、［規則の有効化］をクリックします。
8. W2K16SRV1 にて、［スタート］-［Windows PowerShell］-［Windows PowerShell］をクリックします。
9. ［Windows PowerShell］画面にて、Test-Connection 192.168.0.12 と入力します。
10. ［Windows PowerShell］画面にて、エラーが表示されず、正常にコマンドが実行されることを確認します。

```
Source      Destination    IPV4Address    IPV6Address                         Bytes   Time(ms)
------      -----------    -----------    -----------                         -----   --------
XXXXXX      192.168.0.12                                                      32      0
XXXXXX      192.168.0.12                                                      32      0
XXXXXX      192.168.0.12                                                      32      0
XXXXXX      192.168.0.12                                                      32      0
```

以上で、「Windows ファイアウォールの設定（指定したポートの開放）」演習は終了です。

演習 3　Test-NetConnection コマンドにてポート状態の確認

1. W2K16SRV2 にて、［スタート］-［Windows Server］-［コントロールパネル］-［Windows ファイアウォール］をクリックします。
2. ［Windows ファイアウォール］画面にて、［詳細設定］を選択します。
3. ［セキュリティが強化された Windows ファイアウォール］画面にて、［受信の規則］欄に［ファイルとプリンターの共有（SMB 受信）］が有ることを確認し、右クリック、［規則の有効化］をクリックします。
4. W2K16SRV1 にて、［スタート］-［Windows PowerShell］-［Windows PowerShell］をクリックします。
5. ［Windows PowerShell］画面にて、Test-NetConnection 192.168.0.12 -Port 445 と入力し、［Enter］キーを押します。
6. ［Windows PowerShell］画面にて、［ TcpTestSucceeded : True ］と表示され、445 番ポートと通信できる事を確認します。
7. W2K16SRV2 にて、［スタート］-［Windows Server］-［コントロールパネル］-［Windows ファイアウォール］をクリックします。
8. ［Windows ファイアウォール］画面にて、［詳細設定］を選択します。
9. ［セキュリティが強化された Windows ファイアウォール］画面にて、［受信の規則］欄に［ファイルとプリンターの共有（SMB 受信）］が有ることを確認し、右クリック、［規則の無効化］をクリックします。
10. W2K16SRV1 の［Windows PowerShell］画面にて、Test-NetConnection 192.168.0.12 -Port 445 と入力し、［Enter］キーを押します。
11. ［Windows PowerShell］画面にて、［ TcpTestSucceeded : False ］と表示され、445 番ポートがファイアウォールによりブロックされている事を確認します。

以上で、「Test-NetConnection コマンドにてポート状態の確認」演習は終了です。

Chapter 22

Hyper-V

22-1　章の概要

章の概要
この章では、以下の項目を学習します

- Hyper-V とは
- Hyper-V の可用性
- Hyper-V のネットワーク
- Hyper-V におけるリソースの拡張と縮小
- Hyper-V の利便性
- コンテナ
- Hyper-V 関連演習

スライド 145：章の概要

Memo

22-2　Hyper-V とは

Hyper-V とは

■ 仮想マシンのメリットとデメリット

スライド 146：Hyper-V とは

Hyper-V とは

Hyper-V は Microsoft 社のハードウェア仮想化技術で仮想基盤の 1 つです。
ハードウェア仮想化技術によって作成された仮想マシンと呼ばれる論理コンピュータ上で OS やソフトウェアを実行することができます。
この仮想化技術は物理ハードウェア上で 1 つの OS を使用するよりも、時間や費用など、さまざまな点でメリットがあります。

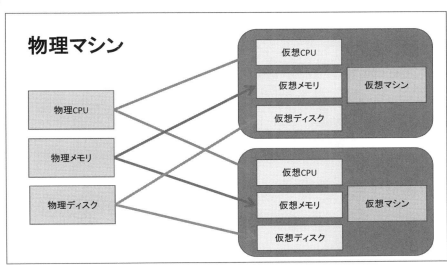

仮想マシンのメリットとデメリット

近年ではハードディスクやメモリ、CPU といったハードウェア資源（リソース）は大容量化してきました。

すでに、メモリは 1 枚のメモリが 64GB、ハードディスクは 1 台で 10TB、CPU は 1 基で 28 コア、56 スレッド（OS 上では 56CPU と認識されます）があります。

もちろん、これらは 1 台の物理マシンに複数個、搭載することができます。

ではこれだけのリソースを 1 台の OS で使うことはあるのでしょうか?

そういったシステムは非常に稀であることは間違いありません。こういったリソースの大容量化は仮想化基盤にどのような影響を与えるのでしょうか?

リソースの大容量化を踏まえて仮想マシンのメリット・デメリットをご紹介します。

☐ **仮想マシンを利用することのメリット**

- リソースの有効活用ができます。
  これは必要なリソースだけを仮想マシンに割り当てることができるため、無駄なくリソースを使うことができます。例えば、56 コアあれば 4 コアの仮想マシンを 14 台作成しても構いませんし、10 コアの仮想マシン 5 台と 6 コアの仮想マシン 1 台を作成しても、1 コアの仮想マシンを 56 台作成しても構わないのです。
- リソースの拡張が柔軟に行えます。
  物理マシンでリソースの拡張を行う場合には、ソケットやスロット、ポートが空いていることを確認し、空きがあればそのソケットなどの形状に合う機器を選定して発注、納品されてから、サーバーを停止して、リソースの拡張を行う、という非常に大変なものでした。
  仮想マシンはソケットやスロット、ポートを自由に作成できるため、ハードウェアの実際の容量のみを把握しておけば拡張は可能です。当然発注、納品などもありませんので、欲しいときに、欲しいだけのリソースを追加することができるようになりました。
- ハードウェアの保守費用を低減できます。
  ハードウェアの保守は一般的に物理マシンにしか適用されないため、仮想マシンが 10 台あっても物理マシンが 1 台であれば保守費用は 1 台分だけで済みます（これは省エネルギーにも大きく寄与します）。
- 新しいサーバーを速やかに用意できます。
  物理マシンは発注して、納品して、接続して……という準備が必要ですが、仮想マシンは Hyper-V のインターフェース上から設定するだけですぐに利用ができます。
  また、新しいサーバーが届いたら通常は OS をインストールして、セットアップして、という手順も必要ですが、仮想マシンの場合はテンプレートを用意しておき、それを仮想マシンに適用することですぐに利用できるようにすることも可能です。

☐ **仮想マシンを利用することのデメリット**

- 処理に対してオーバーヘッドが発生します。
  全ての処理は仮想マシンに割り当てられた仮想のリソースが物理のリソースに対して処理を行うため、微々たるものですが決して無視はできないオーバーヘッドが発生します。
- 物理マシン上のリソースの障害範囲が広くなります。
  物理マシン上のリソース、例えば CPU が故障するとその物理マシン上の仮想マシン全てに影響が及びます。
- 仮想ハイパーバイザーへの知識が必要になります。
  従来は物理サーバーの上に OS をインストールしていましたが、物理サーバー上にハイパーバイザーが追加され、その上に仮想マシンが存在するため、ハイパーバイザーの知識が必要となります。

22-3　Hyper-V の可用性

Hyper-V の可用性
- Hyper-V の可用性
- フェールオーバークラスタリング

スライド 147：Hyper-V の可用性

Hyper-V の可用性
多くのメリットがある仮想化技術ですが、物理マシン上のリソースに障害が発生すると、その物理マシン上の仮想マシン全てに影響が及ぶことを説明しました。
サーバー運用においてはリスクを回避、分散して極小化することが必要です。
Hyper-V ではどのようにこの大きなリスクを避けるのでしょうか。

フェールオーバークラスタリング
Hyper-V の可用性を保つため、フェールオーバークラスタリングの機能を利用します。
※　詳細は、『24-4 フェールオーバークラスタリングの機能』を参照してください。
フェールオーバークラスタリングを使用した場合、仮想マシンは以下の方法でクラスタ間を移動することができます。

☐　ライブマイグレーション
　　仮想マシンが別のノードに移動するときに問題になるのは、仮想マシンが使用しているメモリの内容についての一貫性です（一貫性がないと OS は異常停止してしまいます）。
　　ライブマイグレーションによる仮想マシンの移動では、クラスタの機能によって元のノードから移行先のノードにメモリがコピーされます。そのため、移行が開始すると瞬時に終了します。ただし、障害を伴ったノード停止時にはこの方法は使用できません。

☐　クイックマイグレーション
　　ライブマイグレーションと同様にメモリの情報をクラスタの機能によって移行先のノードにメモリをコピーします。ライブマイグレーションとの違いはメモリ上にメモリをコピーするのではなく、記憶領域（ハードディスク）にメモリの情報を書き込みます。
　　ライブマイグレーションほどスムーズな移行にはなりませんが、準備は比較的容易に行うことが可能です。

☐　移動
　　ライブマイグレーション、クイックマイグレーションとは思想が異なり、メモリを使わない方法になります。

メモリはサーバーが稼働しているときに使用されていきます。そのため、移動の方法は予めサーバーを停止してから移動させよう、というものです。

クラスタ構成で予め、以下のオプションから定義しておくことができます。

- 保存
- シャットダウン
- シャットダウン（強制）
- 停止

障害発生時には、この移動に基づいて、移行先ノードで動作することとなります。

22-4　Hyper-V のネットワーク

Hyper-V のネットワーク

- Hyper-V のネットワーク
- 仮想ネットワークアダプター（仮想 NIC）
- 仮想スイッチ
- 仮想ネットワークの接続例

スライド 148：Hyper-V のネットワーク

Hyper-V のネットワーク

Hyper-V によって作成された仮想マシンのネットワークについて説明します。
1 台の物理マシン上に仮想のリソースで仮想マシンを作りました。
仮想マシン同士のネットワークはどのように接続するのでしょうか。
また、仮想マシンと物理マシンのネットワークはどのように接続されるのでしょうか。

仮想ネットワークアダプター（仮想 NIC）

仮想マシンは物理マシンからリソースを借りて構成されています。
しかし、ネットワークについては、一から全てを構成する必要があります。
構成例は後述しますが、この仮想ネットワークアダプターは仮想マシンに取り付けられた新規の NIC（仮想 NIC）です。
仮想 NIC を制御するのは仮想マシンの仮想サーバーであること、物理マシンの NIC は通常はホスト OS（Hyper-V を構成している Windows Server）が制御していることに留意してください。

仮想スイッチ

複数のサーバーが通信する場合には一般的にハブ（HUB）を使用します。ハブ（HUB）の詳細は『4 章 TCP/IP』を参照してください。仮想ネットワークにおいても、複数のサーバーが通信する場合はハブを使います。ただし、仮想のハブ（仮想スイッチ）です。
後述する接続例は仮想スイッチを 1 つで構成していますが、仮想スイッチは複数用意することができますので、組み合わせることでセキュリティや利便性を高めたネットワークが構築できるようになっています。

仮想ネットワークの接続例

① **仮想内部ネットワーク**
   仮想サーバー同士を仮想スイッチだけで接続したものです。
   当然ホスト OS との通信や外部への接続はできません。

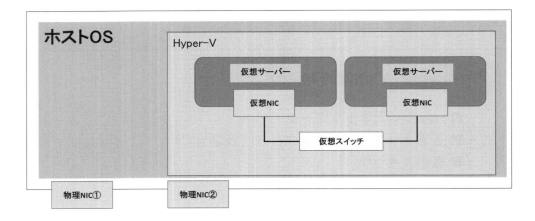

② **外部接続用ネットワーク接続（占有）**
物理 NIC を Hyper-V で取り込みます。そのため、物理 NIC が接続できるところに接続できるようになります。ただし、このパターンの場合はホスト OS から物理 NIC ②の制御はできず、ホスト OS との通信もできません（セキュリティを考慮する場合などの構成で使用します）。

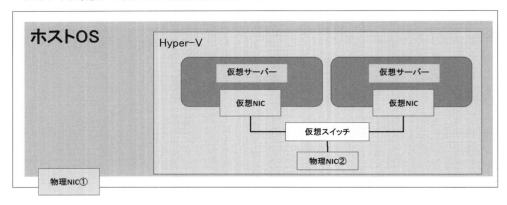

③ **外部接続用ネットワーク接続（共有）**
ホスト OS に仮想 NIC を作り仮想 NIC から仮想スイッチ、物理 NIC へと接続されます。
仮想スイッチを通して、ホスト OS とも接続されており、物理 NIC とも接続されていますので、外部接続やホスト OS との通信も可能な構成になります。

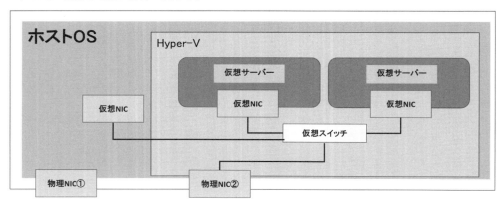

22-5 Hyper-Vにおけるリソースの拡張と縮小

Hyper-Vにおけるリソースの拡張と縮小

- ホットアドとリムーブ
- Dynamic Memory
- オーバーサブスクリプション
- プロビジョニング

スライド149：Hyper-Vにおけるリソースの拡張と縮小

Hyper-Vにおけるリソースの拡張と縮小

Hyper-Vではリソースの柔軟性が利点であることを説明しました。
この章ではどのようにリソースが柔軟に運用されるかを説明していきます。

ホットアドとリムーブ

仮想マシンのメリットであるリソースの柔軟性をより高めるものがホットアドと
リムーブです。これらは仮想マシンが稼働している状態（ホット）でリソースを追加（アド）したり削除（リムーブ）したりする機能です。
通常、物理マシンに対してのリソースの追加はサーバー停止が必須の要件ですが、リソースが仮想化されている仮想化基盤技術ならではの機能といえるでしょう。

ホットアド・リムーブができるリソースは以下のようなものがあります。
- ネットワークアダプター
- メモリ
- CPU
- ディスク

Dynamic Memory

みなさんは以下の図を見たときにきっとメモリが足りないよ、そう思うことでしょう。

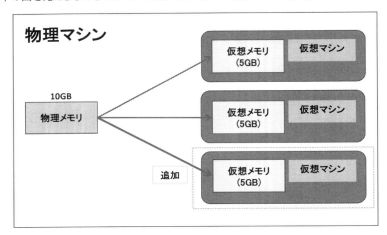

しかし、すべての仮想マシンが常に 5GB を使いきっているでしょうか?
もちろん、5GB を使っていることもあるでしょう。しかし、2GB 〜 3GB くらいしか使っていない時もあるのではないでしょうか?むしろ、その時間の方が多いのではないでしょうか。
その「あまり使っていない時間」のリソースも有効活用できたらいいですよね。

上記の例では、物理サーバー上のメモリは 10GB です。もちろん、全てのサーバーの使用合計が 10GB を超えることはできません。しかし、割り当てる合計は物理サーバー上のメモリの合計を超えても問題ありません。
お互いに使っていない領域を譲り合い、運用していく、それが Dynamic Memory です。
この Dynamic Memory の機能は前述したホットアド・リムーブが使われています。
使っていない領域を解放する(ホットリムーブ、バルーンともいいます)、そしてリソースを欲しい仮想マシンに追加(ホットアド)する。
仮想マシンがリソースを上手に使うテクノロジーであることをご理解頂けたでしょうか。

オーバーサブスクリプション

CPU にはオーバーサブスクリプションという機能があります。
オーバーサブスクリプションはメモリ同様に物理サーバーの CPU 数を超えて仮想マシンに CPU を割り当てることができる技術です。
とても似た機能に感じますが、この実現にあたっての考え方には大きな違いがあることを知っておくとよいでしょう。

みなさんもご存じのように、メモリは記憶装置です。もちろん、記憶できる量を使い切ったらメモリは飽和状態です。
しかし、CPU は演算装置です。そのため、単純にホットアド・リムーブはできません(CPU の不整合が発生する危険を伴います)。そのため、物理 CPU と仮想 CPU は時間貸しのような仕組みをとっています。

プロビジョニング

メモリ、CPU と同じように、ディスクも効率のよい運用があります。
CPU やメモリは仮想 CPU や仮想メモリがそれぞれ物理 CPU や物理メモリを使うのに対して、ディスクはファイルシステムとパーティションを通して物理ディスクを使います。詳細は『10 章 ハードディスクテクノロジ』を参照してください。
ディスクはファイルシステムに従い、管理領域にディスクの全体像を固定化しています。
そのため、メモリのようにリムーブしたり、アドしたりはできません(パーティションレベルの拡張・縮小は物理サーバーと同様に行うことはできます)。
では、ディスクの効率化はどのように行うのでしょうか。Hyper-V ではプロビジョニングの方式によってディスクの使

い方を決めています。

☐ **固定**
ディスクの効率化を行いません。物理ディスクが 1TB の場合、固定ディスクで構成された仮想マシンは 1TB を超えて構成することはできません。

☐ **最小化**
ディスクは必要に応じて自動的に拡張されますが、一度拡張されたディスクは縮小されることはありません。そのため、本当に必要な量しかディスクが消費されないため、効率よくディスクを運用することができます。

22-6 Hyper-V の利便性

Hyper-V の利便性
- Hyper-V の利便性
- Linux のサポート

スライド 150：Hyper-V の利便性

Hyper-V の利便性

Hyper-V の利便性を高める機能と柔軟性について、ご紹介します。

- チェックポイント（スナップショット）
  仮想マシンは物理のマシンと違い、容易に仮想マシンの状態を保存することができます。これを機能としたものがチェックポイントです。
  例えば、ソフトウェアを新規にインストールしたり、ソフトウェアの設定を変更する前にチェックポイントを取得したりしておくことで、容易にソフトウェアのインストール前やソフトウェアの更新前に戻すことができるようになります。

  Windows Server 2016 ではチェックポイントは以下の 2 種類の方法があります。

  - 標準チェックポイント
    Windows Server 2012 までと同様のチェックポイント方式です。
    チェックポイント開始時には仮想マシンと仮想マシンのメモリの状態を取得します。
    そのため、一貫性が維持できず、データの整合性に異常が発生する可能性があります。

  - 運用チェックポイント
    運用チェックポイントでは、標準チェックポイントと違いメモリの状態を取得しません。仮想マシンの状態を固定して取得するので、一貫性を維持することができます。
    ただし、運用チェックポイントに戻す場合は、仮想マシンの電源がオフの状態になることに注意が必要です。

  どちらのチェックポイントも、仮想マシンの電源をオフの状態にして取得することは可能です。電源をオフにして取得したチェックポイントの場合はどちらも一貫性のあるチェックポイントになり、差はありません。

  ただし、チェックポイントは完全なバックアップにはならないことに留意してください。

Linux のサポート

　仮想マシンは OS をインストールして運用しますが、Hyper-V では WindowsOS の他にも LinuxOS をインストールすることもできます。
サポートされる Linux のディストリビューションは以下のようなものがあります。

- Red Hat Enterprise Linux
- CentOS
- Debian
- Oracle Linux
- SUSE
- Ubuntu
- FreeBSD

22-7 コンテナ

コンテナ
- コンテナとは
- Windows Server コンテナと Hyper-V コンテナ

スライド 151：コンテナ

コンテナ

ここまで Hyper-V の仮想化技術について解説してきました。
しかし、Windows Server 2016 の仮想化技術は Hyper-V だけではありません。
ここでは Hyper-V とは異なる仮想化技術である Windows コンテナについて記載します。

Windows コンテナは一般的に言われるハイパーバイザー型とホスト型の中間型ということができます。

□ **ハイパーバイザー型とホスト型**

Hyper-V に代表される仮想化技術はハイパーバイザー型と呼ばれます。ハイパーバイザーとは、仮想マシンを実現するための制御プログラムを指します。
Hyper-V 以外のハイパーバイザー型で有名なものとしては VMwareESXi などがあります。

ホスト型は仮想化ソフトウェアを利用し、仮想化を実現する方法です。
ハイパーバイザー型はハイパーバイザーが直接物理リソースをコントロールするのに比べて、ホスト OS は仮想化ソフトウェアが、ホスト OS を経由してリソースをコントロールするため、オーバヘッドが大きく、十分な性能はでにくいものとなります。
ただし、ソフトウェアを追加することで仮想化を実現できるため、導入は非常に簡単であるといえます。

コンテナとは

コンテナはハイパーバイザー型とホスト型の中間型と説明しました。では、どのような形で動作するのでしょうか。
コンテナはハイパーバイザーのようにコンテナ管理ソフトウェアを使用します。
そして、そのコンテナ管理ソフトウェアの上でコンテナとして動作します。
コンテナにはコンテナ OS もしくはコンテナ OS のイメージが導入され、コンテナ上でアプリケーションが動作します。

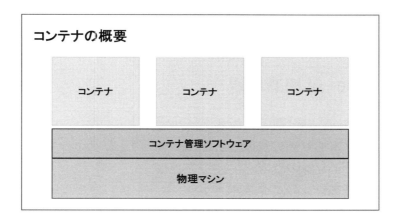

Windows Server コンテナと Hyper-V コンテナ

Windows Server 2016 では 2 種類のコンテナが利用できます。
コンテナ管理ソフトウェアを Windows Server 2016 とする Windows Server コンテナ、コンテナ管理ソフトウェアにハイパーバイザーである Hyper-V を利用する Hyper-V コンテナです。

- **Windows Server コンテナ**
  Windows Server コンテナは Windows Server 上で動作する 1 つのプロセスとしてコンテナが動作することになります。そのため、コンテナで使われる OS（※）はホスト OS の Server Core 版、Nano Server なります。

  ※ コンテナはプロセスであるため、コンテナで使われる OS はホスト OS のバージョンに応じた Server Core、Nano Server イメージです。

- **Hyper-V コンテナ**
  Hyper-V 上の仮想マシンをコンテナ用として構築する方法です。
  OS は Windows Server コンテナと同様に Server Core や Nano Server となりますが、Windows Server 以外の OS を使ったコンテナを利用できます。
  Hyper-V コンテナは Windows Server コンテナに比べ、起動が遅く、リソースも多く必要となりますが、リソース設計の柔軟性などに強みもあり、一長一短と言えるでしょう。

22-8 Hyper-V 関連演習

Hyper-V 関連演習
- Hyper-V の役割のインストール
- 仮想スイッチの作成
- 仮想マシンの作成
- 仮想マシンのエクスポート
- 仮想マシンの削除
- 仮想マシンのインポート
- チェックポイントの取得
- チェックポイントからの復元

スライド 152：Hyper-V 関連演習

Hyper-V 関連演習

※ 以下に、Hyper-V 関連演習の前提条件を示します。
1. サーバーに、仮想マシンを動作させるのに十分なリソースがあるものとします。
2. サーバーのコンピューター名を［W2K16SRV1］とします。
3. 仮想マシンのコンピューター名を［VM1］とします。
4. アカウントは Administrator を使用します。
5. 仮想マシンの OS インストールメディア格納領域として、ローカルディスク（C:¥）上に［Media］フォルダーを作成します。
6. ［C:¥Media］上に Windows Server 2016 インストールメディアの ISO ファイルを保存します。
7. 仮想マシンのエクスポート先として、ローカルディスク（C:¥）上に［Export］フォルダーを作成します。

※ 以下に、Hyper-V 関連演習の構成図を示します。

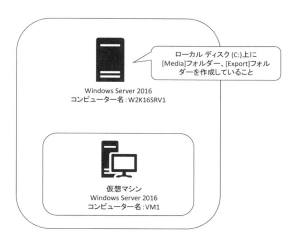

演習 1　Hyper-V の役割のインストール

1. W2K16SRV1 にて、[スタート] - [サーバー マネージャー] をクリックします。
2. [管理] - [役割と機能の追加] をクリックします。
3. [役割と機能の追加ウィザード] の [開始する前に] 画面にて、[次へ] をクリックします。
4. [インストールの種類の選択] 画面にて、[次へ] をクリックします。
5. [対象サーバーの選択] 画面にて、W2K16SRV1 が選択されていることを確認して [次へ] をクリックします。
6. [サーバーの役割の選択] 画面にて、[Hyper-V] を選択します。
7. Hyper-V に必要な機能の追加を求められるので、[機能の追加] をクリックします。
8. [次へ] をクリックします。
9. [機能の選択] 画面にて、[次へ] をクリックします。
10. [Hyper-V] 画面にて、[次へ] をクリックします。
11. [仮想スイッチの作成] 画面にて、[次へ] をクリックします。
12. [仮想マシンの移行] 画面にて、[次へ] をクリックします。
13. [既定の保存場所] 画面にて、[次へ] をクリックします。
14. [インストール オプションの確認] 画面にて、[インストール] をクリックします。
15. [インストールの進行状況] 画面にて、[閉じる] をクリックします。
16. W2K16SRV1 を再起動します。

以上で、「Hyper-V の役割のインストール」演習は終了です。

演習 2　仮想スイッチの作成

1. W2K16SRV1 にて、[スタート] - [Windows 管理ツール] - [Hyper-V マネージャー] をクリックします。
2. [Hyper-V マネージャー] 画面にて、左ペインから [W2K16SRV1] を右クリックし、[仮想スイッチ マネージャー] を起動します。
3. [W2K16SRV1 の仮想スイッチ マネージャー] にて、[新しい仮想ネットワーク スイッチ] を選択し、[仮想スイッチの作成] をクリックします。
4. [仮想スイッチのプロパティ] にて、[名前] を [ensyu] に変更し、[OK] をクリックします。
5. [ネットワークの変更を適用] 画面にて、[はい] をクリックします。

以上で、「仮想スイッチの作成」演習は終了です。

演習 3　仮想マシンの作成

1. W2K16SRV1 にて、［スタート］-［Windows 管理ツール］-［Hyper-V マネージャー］をクリックします。
2. ［Hyper-V マネージャー］画面にて、左ペインから［W2K16SRV1］を右クリックし、［新規］-［仮想マシン］をクリックします。
3. ［仮想マシンの新規作成ウィザード］の［開始する前に］画面にて、［次へ］をクリックします。
4. ［名前と場所の指定］画面にて、［名前］に［VM1］と入力して、［次へ］をクリックします。
5. ［世代の指定］画面にて、［次へ］をクリックします。
6. ［メモリの割り当て］画面にて、［起動メモリ］に［2048］と入力して、［次へ］をクリックします。
7. ［ネットワークの構成］画面にて、［接続］プルダウンから［ensyu］を選択し、［次へ］をクリックします。
8. ［仮想ハード ディスクの接続］画面にて、［次へ］をクリックします。
9. ［インストール オプション］画面にて、［ブート CD/DVD-ROM からオペレーティング システムをインストールする］を選択します。
10. ［イメージ ファイル（iso）］を選択し、［参照］をクリックします。
11. ［C:¥Media］に保存した Windows Server 2016 のインストールメディアを選択して、［開く］をクリックします。
12. ［次へ］をクリックします。
13. ［仮想マシンの新規作成ウィザードの完了］画面にて、［完了］をクリックします。
14. ［仮想マシン］画面にて、［VM1］を右クリックし、［接続］をクリックします。
15. ［W2K16SRV1 上の VM1］画面にて、［操作］-［起動］をクリックします。
16. Windows Server 2016 のセットアップウィザードが起動しますので、Windows Server 2016 のインストールを実施します。
17. インストール後、仮想マシン上の Windows Server 2016 にてコンピューター名を［VM1］に変更します。

以上で、「仮想マシンの作成」演習は終了です。

演習 4　仮想マシンのエクスポート

1. W2K16SRV1 にて、［スタート］-［Windows 管理ツール］-［Hyper-V マネージャー］をクリックします。
2. ［Hyper-V マネージャー］画面にて、仮想マシンから［VM1］を右クリックし、［エクスポート］をクリックします。
3. ［仮想マシンのエクスポート］画面にて、［参照］をクリックします。
4. ［C:¥Export］フォルダーを選択して、［フォルダーの選択］をクリックします。
5. ［仮想マシンのエクスポート］画面にて、［エクスポート］をクリックします。
6. ［Hyper-V マネージャー］画面にて、仮想マシン［VM1］の［状況］が［エクスポート中］に変わり、完了して表示が消えることを確認します。

以上で、「仮想マシンのエクスポート」演習は終了です。

演習 5　仮想マシンの削除

1. W2K16SRV1 にて［スタート］-［Windows 管理ツール］-［Hyper-V マネージャー］をクリックします。
2. ［Hyper-V マネージャー］画面にて、仮想マシンから［VM1］を右クリックし、［シャットダウン］をクリックします。
3. シャットダウンの確認画面が表示されますので、［シャットダウンする］をクリックします。
4. VM1 の［状態］が［オフ］に変わることを確認します。
5. ［Hyper-V マネージャー］画面にて、仮想マシンから［VM1］を右クリックし、［削除］をクリックします。
6. 削除の確認画面が表示されますので、［削除する］をクリックします。
7. 「仮想マシン 'VM1' は削除されました。［終了］をクリックして仮想マシン接続を終了してください。」という表示が出たら、［終了］をクリックします。
8. 仮想マシンから［VM1］の表示が消えることを確認します。

以上で、「仮想マシンの削除」演習は終了です。

演習6　仮想マシンのインポート

1. W2K16SRV1 にて、［スタート］-［Windows 管理ツール］-［Hyper-V マネージャー］をクリックします。
2. ［Hyper-V マネージャー］画面にて、左ペインから［W2K16SRV1］を右クリックし、［仮想マシンのインポート］をクリックします。
3. ［仮想マシンのインポート］の［開始する前に］画面にて、［次へ］をクリックします。
4. ［フォルダーの検索］画面にて、［参照］をクリックします。
5. ［C:¥Export］フォルダーに保存した［VM1］フォルダーの選択し、［フォルダーの選択］をクリックします。
6. ［フォルダーの検索］画面にて、［次へ］をクリックします。
7. ［仮想マシンの選択］画面にて、［次へ］をクリックします。
8. ［インポートの種類の選択］にて、［次へ］をクリックします。
9. ［インポート ウィザードの完了］画面にて、［完了］をクリックします。
10. ［Hyper-V マネージャー］画面にて、仮想マシンから［VM1］を右クリックし、［接続］をクリックします。
11. 仮想サーバーに接続できることを確認します。

以上で、「仮想マシンのインポート」演習は終了です。

演習7　チェックポイントの取得

1. VM1 にて、［スタート］を右クリックし、［エクスプローラー］をクリックします。
2. ［エクスプローラー］画面にて、［C ドライブ（C:¥）］上に［Data］フォルダーを作成します。
3. ［C:¥Data］上に［Miracle.txt］という名前のファイルを作成します。
4. W2K16SRV1 の［Hyper-V マネージャー］画面にて、仮想マシンから［VM1］を右クリックし、［チェックポイント］をクリックします。
5. ［仮想マシンのチェックポイント］画面にて、［OK］をクリックします。

以上で、「チェックポイントの取得」演習は終了です。

演習8　チェックポイントからの復元

1. VM1 にて、［スタート］を右クリックし、［エクスプローラー］をクリックします。
2. ［エクスプローラー］画面にて、［C:¥Data］上に作成した［Miracle.txt］を削除しておきます。
3. W2K16SRV1 の［Hyper-V マネージャー］画面にて、仮想マシンから［VM1］を右クリックし、［戻す］をクリックします。
4. ［仮想マシンを戻す］画面にて、［戻す］をクリックします。
5. VM1 の［状態］が［オフ］に変わることを確認します。
6. ［仮想マシン］画面にて、［VM1］を右クリックし、［接続］をクリックします。
7. ［W2K16SRV1 上の VM1］画面にて、［操作］-［起動］をクリックします。
8. VM1 の［C:¥Data］フォルダーに［Miracle.txt］が復元されていることを確認します。

以上で、「チェックポイントからの復元」演習は終了です。

Memo

Chapter 23

バックアップ

23-1　章の概要

章の概要

この章では、以下の項目を学習します

■ バックアップの概要
■ バックアップの分類（1）
■ バックアップの分類（2）
■ バックアップソフトウェア
■ ボリュームシャドウコピーサービス（VSS）
■ バックアップ関連演習

スライド153：章の概要

Memo

23-2 バックアップの概要

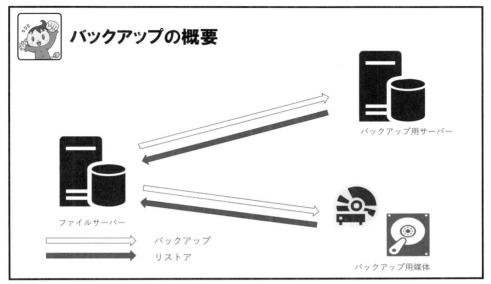

スライド 154：バックアップの概要

▌バックアップとは

　コンピューターの持つデータは様々な要因により失われることがあります。データを保持しているハードディスクが故障した場合、ユーザーが誤って削除してしまった場合の他にも悪意のあるユーザーやコンピューターウィルスによってデータが破壊されることもあります。大切な業務データが失われると、最悪の場合は業務が完全に停止してしまい、企業の存続にとって致命的なダメージを受けることも考えられます。

　このような事態に備え、データの複製を行い別の場所に退避しておくことをバックアップといいます。バックアップを取得していれば、何らかの原因でデータを消失してしまっても一定の条件下で元に戻すことが可能です。バックアップを使用してデータを元に戻す（復元する）ことをリストアと言います。このように、重要なデータを失った場合のリスクをカバーできることから、バックアップはコンピューターシステムを使う上で必要不可欠な要素といえます。

▌バックアップの保存先

　バックアップは、バックアップ元のデータをバックアップ先の記憶媒体（メディア）や記憶装置（ドライブ）に保存することで実現されます。一般に、バックアップ元のデータをソース（Source）、バックアップの保存先である記憶媒体や記憶装置のことをデスティネーション（Destination）と言います。

　以下は代表的なバックアップ保存先とその特徴です。データ量やコストに応じて適切なものを選択します。

- □ 光ディスク（CD-R、DVD-R）
   数百〜数 GB までのデータを記録できます。現在の主流は CD 規格、DVD 規格のもので、メディア、記憶装置（ドライブ）ともに安価であるため、個人用途に適しています。大規模なサーバーのバックアップとしてはあまり使われません。光ディスクへ書き込みを行う場合は、専用の書き込みソフトウェアが必要となる場合があります。Windows Server 2016 には CD-R、CD-RW の書き込み用ソフトウェアが標準で搭載されています。

- □ 磁気テープ（DAT、DLT、SDLT、LTO　等）
   ストリーマーとも呼ばれ、古くは汎用コンピューター時代から使われている伝統的なバックアップメディアです。様々な規格があり、容量も数十 GB 〜数百 GB と大容量にも対応できるため、現在の大規模サーバーのバックアップメディアとしては最も一般的です。メディアは安価ですが、ドライブが非常に高価であるため、個人用途

には向きません。また、磁気テープは可搬性、つまり持ち運びに便利であることも大きな特徴です。この可搬性を利用し、大地震や火事などで建物全体に被害が及ぶ場合に備え、バックアップテープを遠隔地に保管する際によく使われます。

✅ バックアップのスループット

データの処理速度のことを一般にスループットと言います。バックアップにおけるスループットは、メディアやドライブの仕様により大きく変わりますが、それ以外にも様々な理由で変化します。CPU やメモリ等のマシンスペック（性能）やネットワークの帯域（リモートバックアップの場合）はもちろんですが、フォルダーの階層構造やファイルサイズによっても変化します。例えば、同じ 10GB をバックアップする場合でも 1MB のファイルが 10,000 個の場合よりも、1GB のファイルが 10 個の場合のほうがスループットは高くなります。

☐ ハードディスク（IDE、SCSI　等）

内蔵のハードディスク、外付けのハードディスクまたはネットワーク上にある別サーバーのハードディスクにバックアップデータを保存することがあります。容量はディスク構成により数十 GB 〜数 TB まで柔軟に対応できます。ただし、ソースと同一の物理ディスク上に保存するのは避けるべきです。ディスク障害が発生した場合、本来のデータとバックアップが両方とも失われるためです。書き込み速度が早いため、磁気テープへバックアップする前の一時的なデータ保存先としてよく利用されます。このようなバックアップの方法を D2D2T（Disk to Disk to Tape）と言います。

✅ バックアップと RAID

ハードディスクの障害対策手段として RAID があることはすでに説明しました。（『Chapter 10 ハードディスクテクノロジ（記憶域、ファイルシステム）』を参照ください）。では、RAID を組んでいればバックアップは不要、またはバックアップを取っていれば RAID は不要と言えるでしょうか？答えはいずれもNO です。バックアップの目的は「データを保全」することです。これに対して RAID の目的は「システムを止めないこと」です。

例えば、ハードディスク 2 台でミラーリングを組んでいた場合、1 台のディスクが物理的に壊れてしまってもシステムは稼働し続けることが可能です。しかし、レジストリを誤って変更してしまい Windows が起動しなくなってしまった場合、2 台あるハードディスクの両方に起動しない状態が保存されてしまいます。そのようなソフトウェアに起因する障害に対して RAID は無力であると言えます。

一方、バックアップによるデータ保護はハードウェア障害、ソフトウェア障害のいずれにも対応することができます。しかし、RAID が組まれていない場合、ディスク障害が発生するとディスクを交換しバックアップからデータを戻すまではシステムが停止してしまいます。

このようにバックアップと RAID にはそれぞれに得意・不得意があります。サーバーの運用においては要件に適した機能を選択し（または複数の機能を組み合わせて）、実装する必要があります。

23-3　バックアップの分類（1）

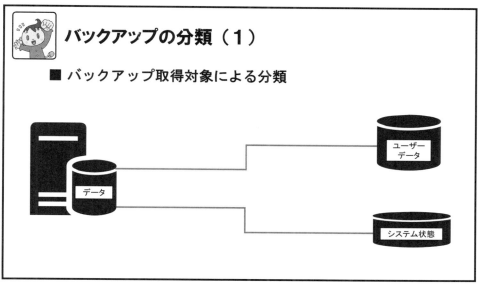

スライド 155：バックアップの分類（1）

バックアップ取得対象による分類

バックアップは、バックアップの取得対象によってデータバックアップとシステムバックアップに分類されます。両者の違いを理解することは効率的で有効なバックアップを行うために非常に重要です。

- データバックアップ
  ユーザーが作成・収集したファイル、メールデータ、業務用データベースのデータ等をユーザーデータと言います。このユーザーデータをバックアップすることをデータバックアップと言います。以下はユーザーデータの代表的なものです。
  - Word、Excel、PDF 等のファイル
  - Exchange Server のインフォメーションストア※
  - SQL Server のデータベース

  ※　インフォメーションストア
  - 送受信メールやパブリックフォルダーに投稿されたアイテムなどを格納する場所です。
  - Exchange Server 2016 では「メールボックスデータベース」「パブリックフォルダーデータベース」のことを指します。

ユーザーデータの特徴として、内容が頻繁に更新されることと、データが消失した場合にバックアップからの復旧以外は事実上不可能であることが挙げられます。
例えば、メールボックスを格納している Exchange Server のインフォメーションストアが消失した場合を考えてみます。データバックアップを取得している場合は、バックアップデータからリストアすることで復旧が可能です。しかし、もしデータバックアップを取得していなかったとすると、メールボックスの中身を元に戻すには該当のメールアドレスにおけるメールの送受信をすべて手作業で再現しなければなりません。
ユーザーデータを失うということは、業務の上で最も影響の大きい問題です。そのためデータバックアップはバックアップにおける最も重要な要素といえます。一般的な運用ではデータバックアップは毎日行うようにしています。

☐ システムバックアップ
Windows 等の OS（オペレーティングシステム）の重大な構成設定、重要なファイルなどのことをコンピューターのシステム状態データと言います。例えば、現在使用しているコンピューターやサーバーの時刻設定や言語設定等もシステム状態に区分されます。システム状態をバックアップすることをシステムバックアップと言います。以下は代表的なシステム状態に含まれるデータです。
- レジストリ設定
- 起動ファイル、システムファイル
- IIS のメタベース（IIS の構成情報）
- Active Directory データベースと SYSVOL フォルダー（ドメインコントローラの場合）
- クラスターサービス情報（クラスターのメンバーである場合）

システム状態の特徴としては、設定変更や構成変更を行わない限り内容が更新されないことが挙げられます。設定や構成情報をしっかりと管理していれば、バックアップがなくても再設定を行うことが可能な場合があります。ただし、ドメインコントローラーについては、規模にもよりますが、大量のオブジェクトを再作成することはほぼ不可能といえます。
また、業務用のサーバー等でシステム状態が失われると、業務処理に著しく悪影響が出る可能性もあります。システム状態もユーザーデータほど直接的ではないにしろ重要な情報のため、定期的にシステムバックアップを取得するべきです。また、影響の大きい設定変更やサービス・パッケージのインストール、ドライバーの変更等を行う場合は、作業の前にシステムバックアップを行うようにします。このような場合は、後ほど２３－５で説明する ASR バックアップが推奨されています。

☐ イメージバックアップ
先に説明したデータバックアップが必要なデータを必要な単位でバックアップ取得するのに対して、サーバー環境を丸ごとバックアップすることをイメージバックアップと言います。イメージバックアップにはユーザーデータやシステム状態はもちろん、OS そのものやそこにインストールされているアプリケーションやミドルウェアの情報も含まれます。
イメージバックアップの利点はサーバー環境を丸ごとバックアップしているため復旧時にソフトを再インストールしたり、OS を初期値から設定し直したりする必要がないことです。特に、パブリッククラウドや仮想化環境においてはイメージバックアップを取得しておくことで、ホスト OS 以下の基盤で障害が発生した場合などにイメージバックアップデータを用いて別の基盤に OS をリストアすることで復旧することが可能です。
なお、イメージバックアップはシステムバックアップやシステムイメージバックアップと呼ばれることもあり、場合によってはシステムバックアップと厳密には区分し難い概念です。

23-4　バックアップの分類（２）

バックアップの分類（２）

■ バックアップ取得方法による分類

スライド 156：バックアップの分類（２）

バックアップ取得方法による分類

　バックアップは、バックアップの取得方法によって完全バックアップ、差分バックアップ、増分バックアップに分類されます。バックアップソフトウェアによってはそれ以外にも方法がある場合もありますが、基本的にはこの３つです。この３つのパターンを理解するうえで必要な概念として次に説明するアーカイブビットがあります。

- アーカイブビット
    アーカイブビットとは、前回のバックアップからファイルに変更が加えられたことを表す属性（フラグ）のことです。Windows のファイルシステムは、前回のバックアップ以降にファイルが更新されると、そのファイルにアーカイブビットをセットすることでバックアップソフトウェアにファイルに更新があったということを知らせます。
    バックアップソフトウェアがバックアップ時にアーカイブビットを「意識する／しない」、バックアップ後にアーカイブビットを「クリア（削除）する／しない」を使い分けることでバックアップの取得方法が変わります。

- 完全バックアップ（フルバックアップ）
    完全バックアップはフルバックアップとも呼ばれ、最も基本的なバックアップ取得方法です。完全バックアップでは、アーカイブビットの有無に関わらず、バックアップ対象
    として指定したファイルのすべてをバックアップします。そして、バックアップしたファイルにアーカイブビットがセットされていた場合はそのアーカイブビットをクリアします。これは、すべてのファイルがバックアップ以降の変更がまだない状態であることを表すためです。

    完全バックアップの特徴
    - バックアップ対象として指定されたすべてのファイルをバックアップする。
    - バックアップ後にアーカイブビットをクリアする。
    - 更新されていないファイルもすべてバックアップするため、バックアップ時間が非常に長く、非効率的である。
    - バックアップからすべてのファイルを復元する（ディスク障害等の）場合に、最新の完全バックアップのみで復元が可能である。
    - 差分バックアップ、増分バックアップの前提となる。

☐ 差分バックアップ（ディファレンシャルバックアップ）

差分バックアップは前回の完全バックアップから変更のあったファイルをバックアップする方法です。バックアップ対象として指定しているファイルの中で、アーカイブビットがセットされているファイルのみをバックアップします。

完全バックアップ以降に差分バックアップを取得していたとしても、その差分バックアップ以降の変更ファイルのみではなく、最後に取得した完全バックアップ以降に変更されたファイルはすべてバックアップします。そのため差分バックアップでは、バックアップしたファイルのアーカイブビットをクリアしません。

差分バックアップの特徴

- バックアップ対象として選択されたファイルのうち、アーカイブビットがセットされているファイルのみをバックアップする。
- バックアップ後にアーカイブビットをクリアしない。
- 完全バックアップまたは増分バックアップによってアーカイブビットがクリアされない限り、原則としてバックアップのデータ量と所要時間がどんどん増えていく。
- バックアップからすべてのファイルを復元する場合には最新の完全バックアップと最新の差分バックアップの2つが必要である。

☐ 増分バックアップ（インクリメンタルバックアップ）

増分バックアップは前回の完全バックアップまたは増分バックアップ時点から変更のあったファイルをバックアップする方法です。バックアップ対象として指定しているファイルの中で、アーカイブビットがセットされているファイルのみをバックアップします。

差分バックアップとの違いは、バックアップしたファイルのアーカイブビットをクリアすることです。

増分バックアップの特徴

- バックアップ対象として選択されたファイルのうち、アーカイブビットがセットされているファイルのみをバックアップする。
- バックアップ後にアーカイブビットをクリアする。
- 更新されたファイルのみをバックアップするため、バックアップのデータ量と所要時間は最も少なく効率的である。
- バックアップからすべてのファイルを復元する場合は、最新の完全バックアップとそれ以降のすべての増分バックアップが必要である。

☐ 3つの取得方法のまとめ

上記3つのバックアップの取得方法の違いをまとめると以下のようになります。

	完全バックアップ	差分バックアップ	増分バックアップ
バックアップ対象	すべてのファイル	アーカイブビット付きのファイル	アーカイブビット付きのファイル
アーカイブビットのクリア	する	しない	する
復旧に必要なファイル	最新の完全バックアップ	最新の完全バックアップと最新の差分バックアップ	最新の完全バックアップとすべての増分バックアップ

バックアップの構成例

□ 差分バックアップによる構成例

下の図はファイルサーバーのバックアップを完全バックアップと差分バックアップで構成した例です。

差分バックアップのスケジュール例

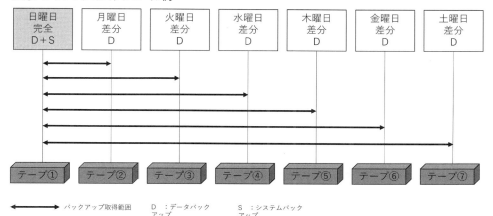

- バックアップ対象
  ファイルサーバーはユーザーデータの更新が中心であり、システム状態の更新はほとんどありません。したがって、データバックアップは毎日行いますが、システムバックアップは日曜日の完全バックアップと併せて行います。

- スケジュールとデータ容量
  ファイルサーバーはデータの更新頻度が非常に高く、パフォーマンス、つまりクライアントへのレスポンスが重要となるサーバーです。更新頻度が高いため、できるだけ頻繁にバックアップを行いたいところですが、パフォーマンスへの影響を考慮し、業務時間帯のバックアップは避け夜間（例えば23：00）に開始します。
  ただし、差分バックアップを行う場合は完全バックアップから日数が経つにつれてバックアップ対象のデータ量が増えていくことに注意しなくてはなりません。例えば、毎日1GBのデータが新たに作成されていく場合、完全バックアップ直後の月曜日のバックアップでは1GBで済みますが金曜日の時点では5GBに達します。これに比例してバックアップの所要時間も増えていくため、場合によっては業務時間帯へかかってしまうことも考えられます。これを避けるのであれば、差分バックアップではなく増分バックアップで構成する必要があります。

- データの復旧
  毎日夜間の23：00にバックアップを取得していた場合、リカバリーポイント（バックアップによって復旧可能な時点）は前日の23：00になります。例えば、金曜日の18：00にディスク障害によりユーザーデータがすべて消失したとします。この場合、バックアップを使用して復旧できるのは木曜日の23：00時点になり金曜日に作成したファイルは消失してしまいます。また、復旧させる際にはテープ①とテープ②の2本が必要です。

□ **増分バックアップによる構成例**
下の図はファイルサーバーのバックアップを完全バックアップと増分バックアップで構成した例です。

増分バックアップのスケジュール例

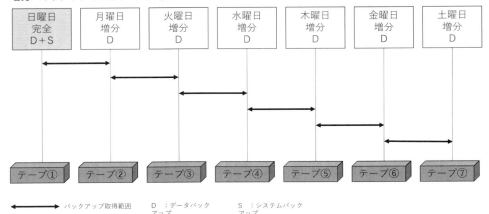

- バックアップ対象
  バックアップ対象については差分バックアップの場合と特に変わる点はありません。頻繁に更新されるバックアップを毎日、システムバックアップを週1回日曜日に行います。

- スケジュールとデータ容量
  増分バックアップの場合は当日に更新されたファイルのみをバックアップします。したがって、差分バックアップのように週の終わりになるにつれてバックアップデータ量が増加しバックアップ所要時間が増えていくことはありません。時間的な余裕がない場合や、日毎の更新量が安定しない場合は増分バックアップのほうが適しているといえます。

- データの復旧
  リカバリーポイントについても、差分バックアップの場合と変わる点はありません。ただし、復旧に必要となるテープが決定的に異なります。
  先程の例をとると、差分バックアップの場合はテープ①とテープ⑤の2本のみでしたが、増分バックアップの場合はテープ①～テープ⑤までの5本すべてが必要となります。仮に、テープ③がなくなってしまうと木曜日の23：00の状態に戻すことはできなくなります。
  例えば、火曜日に初めて作成されて水曜日、木曜日に更新されなかったファイルがあったとします。このファイルはテープ③にしかバックアップされていないため、テープ①、②、④、⑤をリストアしたとしてもテープ③にしか入っていないファイルは消失してしまいます。差分バックアップの場合は、同じ状況であっても該当ファイルはテープ③、テープ④、テープ⑤にバックアップが取られているため、消失することはありません。

23-5　バックアップソフトウェア

バックアップソフトウェア

■ Windows Server バックアップ
■ サードパーティー製のバックアップソフト
　□ Arcserve UDP
　□ Veritas Backup Exec
　□ NetVault Backup

スライド 157：バックアップソフトウェア

Windows Server バックアップ

　Windows のバックアップは、バックアップ専用のソフトウェアを使って行うのが一般的です。Windows Server 2016 を含め、Windows Server 2008 以降の OS では標準のバックアップソフトウェアとして Windows Server バックアップが搭載されています。Windcws Server バックアップを使用することにより、ローカルディスクやネットワークフォルダーの全体または、一部を指定してバックアップを行うことが可能となります。

　Windows Server バックアップは Windows Server 2016 の標準機能であり無料で使用することができますが、OS をインストールしたデフォルトの状態では使用することができません。Windows Server バックアップを使用するには、はじめにサーバーマネージャーの「役割と機能の追加」にて「Windows Server バックアップ」機能をサーバーにインストールする必要があるため注意が必要です。

　Windows Server バックアップの具体的な使用方法についてはこの章の演習で取り扱います。

☐ **バックアップおよびリストアを行うための権限**
　バックアップのプロセスではレジストリに代表されるようなシステムの中核部分にアクセスすることがあります。このため、バックアップを実行するには強力な権限が必要となります。バックアップを実行するユーザーは下記のいずれかのグループに所属していなければなりません。これらはデフォルトのローカル・グループであり、ファイルのアクセス権限設定に関わらずファイルのバックアップとリストアが可能です。
- Backup Operators
- Server Operators（ドメイン環境の場合）
- Administrators

☐ **Windows Server バックアップの機能**
　Windows Server バックアップを使用して実現可能な機能について説明します。
　定期バックアップと単発バックアップ
　バックアップには、あらかじめ設定したタイミングで周期的にバックアップを取得する定期バックアップと、手動で一度だけバックアップを取得する単発バックアップがあります。Windows Server バックアップでは、定期バックアップのことを「バックアップスケジュール」と表現しています。バックアップスケジュールでは、バックアップを取得する頻度や実行時刻を設定することができます。例えば、毎日 23：00 にバックアップを取得するよ

うに設定しておけば、その後はサーバーを操作することなく自動的に毎日バックアップが取得されます。
一方で単発バックアップは、バックアップを取得したい時に手動で一度だけバックアップを実行することができる機能です。一般的に、通常の運用ではバックアップスケジュールを設定しておき、システム情報を変更するような重要な作業の前に別途単発バックアップを取得する等、2 つの取得方法を組み合わせて使用することが多いです。

☐ **バックアップの対象**

バックアップの対象としてサーバー全体またはカスタムを選択することができます。サーバー全体を対象とする場合はアプリケーションやシステム状態などすべてをバックアップします。初回のバックアップや重要な変更の作業前などはサーバー全体を取得することが推奨されます。ただし、すべてをバックアップするためその分バックアップデータの容量が大きくなるので注意も必要です。
カスタムの場合は、対象のボリュームやファイルを必要なものだけ選択してバックアップを取得することができます。

☐ **バックアップの保存先**

Windows Server バックアップでは、バックアップの保存先として以下の 3 つを指定することができます。Windows Server 2003 までのバックアップツールである NTBackup ではテープへのバックアップが可能でしたが、Windows Server バックアップではテープへのバックアップは非対応となっています。

- バックアップ専用のハードディスク
  内蔵または外部ハードディスクにバックアップを格納します。ハードディスクは初期化されてバックアップ専用となりますが、最も安全にバックアップを保存できる方法として推奨されています。バックアップスケジュール、単発バックアップともにこの格納先を選択することができます。

- ボリューム
  ディスク全体をバックアップ専用として使用できない場合は、ボリュームにバックアップを格納します。ただし、バックアップの保存先として使用している間は該当ボリュームのパフォーマンスが下がる可能性があります。バックアップスケジュール、単発バックアップともにこの格納先を選択することができます。

- 共有ネットワークフォルダー
  バックアップを他のサーバー上の共有フォルダーに保存します。サーバー自体に障害が発生した場合でも他のサーバー上に保存したバックアップデータは安全が確保されることから耐障害性が比較的高いと言えます。ただし、共有ネットワークフォルダーへの保存は単発バックアップの場合のみ選択可能です。

☐ **バックアップの世代数**

Windows Server バックアップでは、バックアップデータの格納先の種類によって保持可能なバックアップの世代数が異なります。以下の表に格納先別の世代数について記載します。
注意点として、Windows Server バックアップの機能としては保存世代数が変更できません。世代数を制御したい場合は、格納先の容量を調整することで対応するか古いバックアップデータを削除するスクリプトを用いるなどバックアップ機能外の側面からのアプローチが必要です。

格納先	保存世代数	世代数の変更	格納先の容量圧迫時の動作
ハードディスク	最大 512 世代	変更不可	最も古いデータを自動で削除
ボリューム	最大 512 世代	変更不可	最も古いデータを自動で削除
共有フォルダー	1 世代	変更不可	バックアップに失敗

世代管理

　古いバックアップデータを保存しておけばそれだけ古い状態にリストアすることが可能です。しかし、バックアップデータをすべて保存し続けることは格納先のデータ容量の圧迫にもなります。

　一般的なサーバー運用では、バックアップ方式を設計する際に世代管理の設計も行います。どこまで古いバックアップデータを保存しておくのかを決め、実装し運用することを世代管理と言います。また、保存しておくバックアップデータの数のことを世代数と呼びます。

　例えば、「世代数1」の場合は、最新のバックアップデータ1つのみを保存し、バックアップを取得する度に前回のバックアップデータを削除します。つまり、保持しているのは現在稼働中のデータと最後に取得したバックアップデータの2つになります。

　また、「世代数3」の場合は最も新しいバックアップデータから3つまでを保存しておき、バックアップを取得する度に最も古いバックアップデータが削除されます。この場合、現在稼働中のデータと共に常に過去3回分のバックアップデータを保持している状態になります。バックアップ領域の容量やリストア時にどこまで古い状態まで復旧させる必要があるかを考慮して世代管理を考える必要があります。

サードパーティー製のバックアップソフト

　Windows Serverを使用しているからといって必ずしも標準機能のWindows Serverバックアップを使用する必要はありません。もちろんサーバーの用途やスペックによってはWindows Serverバックアップの機能で十分である場合もありますが、よりバックアップに特化したサードパーティー（Microsoft以外のソフトウェアメーカー）製のソフトを活用することでより効果的にバックアップ運用ができる場合もあります。以下に、代表的なバックアップソフトウェアを紹介します。

- **Arcserve UDP**
  Arcserve Unified Data Protection（UDP）は商用バックアップソフトウェアとして古くから使用され高い実績と信頼性を持つArcserveというメーカーの製品です。WindowsだけでなくUnix/Linux用にも対応しています。サーバー単体での保護に留まらず、複数サーバーの包括的な保護が可能です。複数サーバー間のデータの重複を排除する機能やバックアップデータを遠隔地に転送して災害対策機能などその機能は多岐にわたります。Arcserveにはデータの変更をリアルタイムで別サーバーにレプリケートすることが可能なArcserve Replication / High Availability（HA）という製品もあります。

- **Veritas Backup Exec**
  Windowsサーバー用バックアップソフトウェアとしては、非常に多機能な製品です。Arcserveと同様、使いやすいユーザーインターフェイスを備えていますが、プラットフォームはWindowsに限定されています。しかし、その分Windowsのバックアップでは他社の製品にはない機能を備えています。特にExchange ServerやActive Directoryのバックアップ／リストアが強化されており、データベース単位のバックアップから個々のオブジェクトを復元することが可能です。小規模から中規模までのWindows中心の環境に最適な製品といえるでしょう。また、オプション機能によりUnix/Linuxサーバーのバックアップを取ることも可能です。

- **NetVault Backup**
  NetVault BackupはLinux、UNIX、Windows、Mac OS X、FreeBSD、VMwareなど異なるOSが混在する環境でのバックアップを、容易に実現するバックアップソフトウェアです。1台のサーバーから、ライセンスを追加購入することで複数サーバーを統合管理することも可能です。

23-6　ボリュームシャドウコピーサービス（VSS）

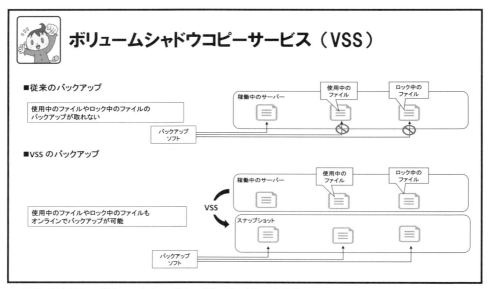

スライド 158：ボリュームシャドウコピーサービス（VSS）

ボリュームシャドウコピーサービス（VSS）

　ボリュームシャドウコピーサービス（以下、VSS）は、ボリューム上のファイルが使用中であるかどうかに関わらずファイルの「スナップショット（現在の状態）」を作成してそれをバックアップしたりコピーしたりできるようにする機能です。
　このスナップショットはバックアップデータそのものと違い、大量のデータでも小さな格納領域に保存可能でスナップショットの作成にもあまり時間がかかりません。
　VSS を使用しない場合、アプリケーションによってオープン中のファイルやユーザーが編集中でロックされているファイルがあるとそれらのファイルはバックアップ対象から除外（スキップ）されてしまいます。VSS を使用することでこの問題を回避しながらバックアップを行うことが可能です。

- 共有フォルダーのシャドウコピー

　共有フォルダーのシャドウコピーは、VSS 機能を使用して削除してしまったファイルや上書きしてしまったファイルの復活を容易に行うことが可能です。
　ローカルディスクのファイルは削除しても一度「ごみ箱」に移動されるだけなので間違ってファイルを削除してしまった場合でも「ごみ箱」からファイルを取り出すことができます。これに対し、共有フォルダー上のファイルを削除してしまうと「ごみ箱」機能は使用されず完全に削除されてしまいます。したがって共有フォルダーでは一度削除したファイルを元に戻すことができません。共有フォルダーのシャドウコピーを使用することで VSS 機能を使用して共有フォルダーの複製情報をサーバー側で保存することでファイルを復元できるようになります。
　ただし、共有フォルダーのシャドウコピーが記録されるのは管理者が指定した時間（デフォルトでは朝 7 時と昼 12 時の 1 日 2 回）だけなので、常に最新の状態のファイルを復元できるというわけではありません。また、この VSS はバックアップを補助する機能といえますが、あくまでファイル単位の復元をサポートするものであり、バックアップの代わりになるものではありません。

23-7 バックアップ関連演習

バックアップ関連演習

演習内容
■ バックアップタスクの作成
■ バックアップタスクの即時実行
■ ファイルのリストア
■ シャドウコピーを使用したファイルの復元

スライド 159：バックアップ関連演習

バックアップ関連演習

※ 以下に、バックアップ関連演習の前提条件を示します。
1. サーバーのコンピューター名を［W2K16SRV1］とします。
2. クライアントのコンピューター名を［PC1］とします。
3. 本演習では、W2K16SRV1 の IP アドレスを［192.168.0.11］とします。
4. 本演習では、PC1 の IP アドレスを［192.168.0.12］とします。
5. アカウントは Administrator を使用します。
6. ユーザーデータ格納領域として、W2K16SRV1 のローカルディスク D（D:¥）上に［Data］フォルダーを作成します。［D:¥Data］は共有名［Data］の共有フォルダーとし、Everyone フル コントロールの共有アクセス権を設定します。
7. ［D:¥Data］状に［Miracle.txt］という名前のファイルを作成します。
8. バックアップ保存先としてローカルディスク D（D:¥）上に［Backup］フォルダーを作成します。
9. W2K16SRV1 のローカルディスク D（D:¥）の容量はバックアップに十分な容量があるものとします。
10. サーバーマネージャーにて「Windows Server バックアップ」をインストール済みであること（第 9 章 Active Directory 演習 6 参照）。

※ 以下に、バックアップ関連演習の構成図を示します。

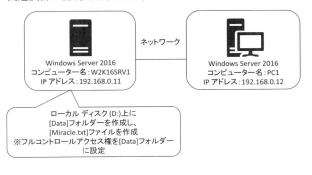

演習 1 　バックアップタスクの作成

1. ［スタート］メニューから［Windows　アクセサリ］-［Windows Server バックアップ］をクリックします。
2. ［ローカルバックアップ］画面が表示されることを確認します。
3. 右ペインの［ローカルバックアップ］から［バックアップスケジュール］をクリックします。
4. ［バックアップスケジュールウィザード］の［はじめに］画面にて、［次へ］をクリックします。
5. ［バックアップの構成の選択］画面にて、［カスタム］を選択して［次へ］をクリックします。
6. ［バックアップする項目を選択］画面にて、［項目の追加］をクリックします。
7. ［項目の選択］画面のツリーにて、［ローカルディスク（C:）］にチェック、［ローカルディスク（D:）］を展開し、［Data］にチェック、［システム状態］にチェックを入れ、［OK］をクリックします。
8. ［バックアップする項目を選択］画面にて、［システム状態］［ローカルディスク（C:）］［D:¥Data］が追加されたことを確認して［次へ］をクリックします。
9. ［バックアップの時間の指定］画面にて、［1 日 1 回］を選択し、［時刻の選択］で［0:00］を選択して［次へ］をクリックします。
10. ［作成先の種類の指定］画面にて、［共有ネットワーク フォルダーにバックアップする］を選択して［次へ］をクリックします。
11. ［Windows Server バックアップ］のポップアップにて［OK］をクリックします。
12. ［リモート共有フォルダーの指定］画面にて、場所に［¥¥W2K16SRV1¥D$¥Backup］を指定して［次へ］をクリックします。
13. ［バックアップ スケジュールの登録］画面にて、Administrator のユーザーアカウントとパスワードを入力して［OK］をクリックします。
14. ［確認］画面にて、［完了］をクリックします。
15. ［状態］画面にて、バックアップがスケジュールされたことを確認して［閉じる］をクリックします。

以上で、「バックアップタスクの作成」演習は終了です。

演習 2 　バックアップタスクの即時実行

1. 右ペインの［ローカル バックアップ］から［単発バックアップ］をクリックします。
2. ［単発バックアップ ウィザード］画面にて、［スケジュールされたバックアップのオプション］を選択して［次へ］をクリックします。
3. ［確認］画面にて、［バックアップ］をクリックします。
4. バックアップが完了すると、［バックアップの進行状況］画面にて、［状態：完了しました。］と表示されます。

以上で、「バックアップタスクの即時実行」演習は終了です。

演習 3 　ファイルのリストア

1. ［D:¥Data］上に作成した［Miracle.txt］を削除しておきます。
2. 右ペインの［ローカル バックアップ］から［回復］をクリックします。
3. 回復ウィザードの［はじめに］画面にて、［このサーバー（W2K16SRV1）］を選択して［次へ］をクリックします。
4. ［バックアップの日付の選択］画面にて、［次へ］をクリックします。
5. ［回復の種類の選択］画面にて、［ファイルおよびフォルダー］を選択して［次へ］をクリックします。
6. ［回復する項目の選択］画面にて、［利用可能な項目］から［W2K16SRV1］-［ローカル ディスク（D:）］
1. -［Data］と展開し、［回復する項目］から［Miracle.txt］を選択して［次へ］をクリックします。
7. ［回復オプションの指定］画面にて、［次へ］をクリックします。
8. ［確認］画面にて、［回復］をクリックします。
9. 回復が完了すると、［回復の進行状況］画面にて、［状態：完了しました。］と表示されます。
10. ［D:¥Data］に［Miracle.txt］が復元されていることを確認し、［閉じる］をクリックします。

以上で、「ファイルのリストア」演習は終了です。

演習4　シャドウコピーを使用したファイルの復元

1.　W2K16SRV1 にて［エクスプローラー］を起動し、左ペインから［PC］をクリックします。
2.　［ローカル ディスク (D:)］を右クリックし、［プロパティ］を選択します。
3.　［シャドウ コピー］タブにて、［D:¥］を選択し、［有効］をクリックします。
4.　［シャドウ コピーの有効化］画面にて、［はい］をクリックします。D ドライブのシャドウ コピーが作成されます。
5.　PC1 にて、［エクスプローラー］を起動します。
6.　［エクスプローラー］画面にて、［アドレスバー］に、［¥¥W2K16SRV1¥Data］と入力し、［Enter］を押下します。
7.　［¥¥W2K16SRV1¥Data］画面にて、［Miracle.txt］を削除します。
8.　PC1 にて、エクスプローラーから［¥¥W2KSRV1¥Data］を右クリックし、［プロパティ］をクリックします。
9.　［プロパティ］画面にて、［以前のバージョン］タブを選択し、［フォルダーのバージョン］欄から戻したい時刻のフォルダーバージョンを選択し、［開く］をクリックします。
10.　表示された画面から［Miracle.txt］を［¥¥W2K16SRV1¥Data］にコピーします。
11.　コピーした［Miracle.txt］を開き、復元されていることを確認します。

以上で、「シャドウコピーを使用したファイルの復元」演習は終了です。

Memo

Chapter 24

クラスター

24-1 章の概要

章の概要

この章では、以下の項目を学習します。

- クラスターの概要
- フェールオーバークラスタリング
- フェールオーバークラスタリングの機能
- フェールオーバークラスタリングの基礎用語
- ネットワーク負荷分散（NLB）
- ネットワーク負荷分散の機能
- ネットワーク負荷分散の基礎用語
- クラスター関連演習

スライド 160：章の概要

Memo

24-2　クラスターの概要

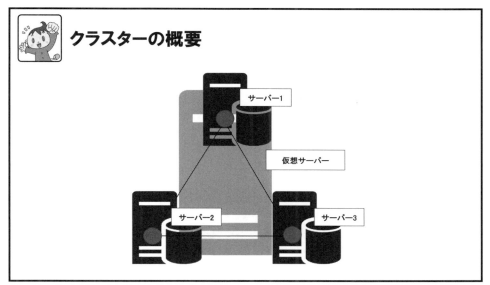

スライド 161：クラスターの概要

▌クラスターとは

「クラスター（Cluster）」とは、もともと「ブドウの房」や「同種類のものの群れ」などの意味を持つ単語で、IT 用語においては複数のサーバーでグループを作り、仮想的な 1 台のサーバーとして動作させる技術のことをいいます。クラスターはクラスタリングとも呼ばれます。

では、クラスターはどのような場面で必要となるのでしょうか。企業のコンピュータシステムは、機能の異なる複数のサーバーを連結させて 1 つのシステムを構成するのが一般的です。例えば、インターネットショッピングサイトを運営するシステムの場合、以下のようなサーバーが必要となります。

□　Web サーバー
　　フロントエンド（ファイアウォールの外側）に配置し、インターネットに公開します。顧客が Web ブラウザを使用してサイトを閲覧できるようにします。

□　アプリケーションサーバー
　　バックエンド（ファイアウォールの内側）に配置され、Web サーバーから入力された情報を処理し、データベースへ SQL を発行します。

□　データベースサーバー
　　バックエンドに配置され、アプリケーションサーバーからの要求を受け付けます。商品情報や顧客情報の管理を行います。

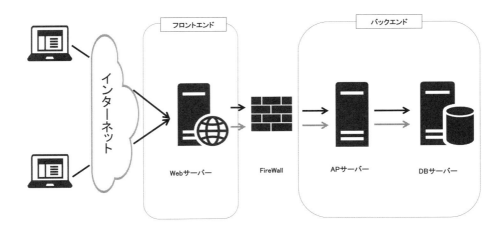

　上記のようなシステムの場合、3つのサーバーのうちどれか1つでも故障してしまうと、システム間の連携が取れなくなり、顧客にサービスを提供することは出来なくなります。このように、その一箇所に障害が発生しただけでシステム全体が使用できなくなる部分（ポイント）のことを単一障害ポイント（Single Point of Failure）と呼びます。この例の場合、3つのサーバーそれぞれが単一障害ポイントということになります。

　クラスターは、サーバー単位で単一障害ポイントを克服するための技術と言えるでしょう。つまり上記の例でいえば、各サーバーを2台もしくはそれ以上の台数で1組とすることで、1台のサーバーに障害が発生しても別のサーバーが代わりに対応することでサービスを続けられるようにするのです。

　このようにシステム全体をダウンさせることなく、継続稼働させる能力のことを可用性と言います。可用性の高いシステムを作ることはシステム設計の最も重要な目標の1つに位置付けられます。クラスタリングはサーバーの可用性を高める際に非常に効果的な技術です。

✅ 冗長化による単一障害ポイントの克服

　システムの可用性を高めるための第一歩は、物理的な個数を増やすことです。これを冗長化（じょうちょうか）と言います。一般的に「冗長」という言葉は、「だらだらながい」といったようにあまり良い意味では使われませんが、システムの世界ではむしろ良い意味で使われます。

　下記は冗長化によって単一障害ポイントを克服する例です。これらの技術を組み合わせることで、システム全体の可用性を高めることができます。

- ☐ サーバーハードウェアコンポーネントの冗長化
    - RAID：ハードディスクの冗長化
    - リダンダントパワーサプライ：電源ユニットの冗長化
    - ネットワークチーミング：NICの冗長化

- ☐ サーバーの冗長化
    - クラスタリング：サーバーの冗長化

- ☐ ネットワークの冗長化
    - STP（スパニングツリープロトコル）：LAN経路の冗長化（正確にはLAN経路を冗長化することによって発生するネットワークループと呼ばれる現象の解消）
    - VRRP（バーチャルルーターリダンダントプロトコル）：ルーター、ゲートウェイの冗長化。ルーターのクラスタリングのようなイメージ

クラスターの形態

クラスター技術には様々な形態がありますが、代表的なものは以下の3つの形態です。

☐ **フェールオーバーシステム**

メインでサービスを行うサーバーと、メインのサーバーに障害が発生した際に、変わりにサービスを提供する予備のサーバーで構成されます。メインのサーバーから予備のサーバーへ切り替わることをフェールオーバーといいます。

本機能は Windows NT 4.C Enterprise Edition より「Microsoft クラスターサービス（MSCS）」として実装されましたが、Windows Server 2008 より「Windows Server フェールオーバークラスタリング（WSFC）」として実装されています。

詳細は、本章の『24-3 フェールオーバークラスタリング』にて取り上げます。

☐ **ロードバランスシステム**

ネットワークトラフィックの負荷やアプリケーションの処理をクラスター構成の各サーバーへ振り分けることで、可用性だけでなく個々のサーバーのパフォーマンスを向上させるクラスター技術です。

Windows では、ネットワークトラフィックの負荷分散は「ネットワーク負荷分散（NLB）」、アプリケーション・サービスの高可用性は「フェールオーバークラスタリング」として実装されています。

詳細は、本章の『24-6 ネットワーク負荷分散（NLB）』にて取り上げます。

☐ **ハイパフォーマンスコンピューティング**

ネットワーク上にある複数のコンピュータの処理能力を集めて、仮想的に1つの高性能なスーパーコンピューターを作り上げる技術です。グリッドコンピューティングとも呼ばれ、自然科学の計算や膨大な時間がかかる計算処理などを行う目的で使用されています。

Windows では「Windows Computer Cluster Server 2003」として初めて実装され、Windows Server 2016 より「Microsoft HPC Pack 2016」として提供されています。これは、一般的な技術ではないため本書では取り扱いません。

24-3　フェールオーバークラスタリング

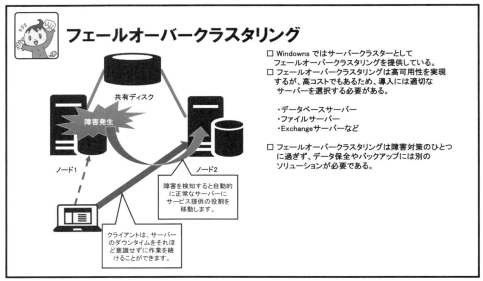

スライド162：フェールオーバークラスタリング

フェールオーバークラスタリング

　フェールオーバークラスタリングは、Windowsにおけるサーバークラスターの実装です。フェールオーバークラスタリングを利用すると、自動的にアプリケーションやサーバーの障害を検知し、正常稼働している他のサーバーへ処理を受け渡すことができます。また、管理者が管理コンソールを使用して全てのクラスター資源の状態を素早く点検し、状況に応じてクラスター内の他のサーバーに負荷を分散させることも可能です。この機能により、重要なアプリケーションやデータへのアクセスを停止することなく、サーバー障害に対応することができます。

- フェールオーバークラスタリングが推奨されるシステム

　クラスターサービスによりシステムの可用性を高めることができますが、無条件にクラスターが推奨されるかというと、そうでもありません。クラスターサービスは高価なストレージを必要とするため、コストを考慮した上でシステムの要件として高い可用性が求められるものに導入されるべきです。
　高可用性が要求されるサーバーの代表格は、いわゆる基幹業務系サーバーと呼ばれるもので、その企業が顧客に提供するサービスに直結するシステムです。ただし、ユーザーがデータの更新を行わないサービスについては、24-6項で説明するネットワーク負荷分散によるクラスタリングの方が、コストとしてもパフォーマンスとしても有利であるため、クラスターサービスによるクラスタリングは不適切と言えます。
　また、社内システムであっても、ファイルサーバーやメールサーバー、グループウェアサーバーなどは高可用性が要求されます。以上のことから、次のようなサーバーにはクラスターの実装が適しているといえます。

- データベースサーバー
- ファイルサーバー
- メールサーバー

　ただし、フェールオーバークラスタリングはあくまでも障害が発生した場合のシステム停止のリスクを低減するものであって、データの保証はされません。そのため、RAIDやバックアップなどによってデータを保守することも必要です。

☐ **オペレーティングシステム要件**

フェールオーバークラスタリングは下表の OS でサポートされています。

OS	クラスターサポート	最大ノード数
Windows Server 2016 Standard Edition	○	64 ノード
Windows Server 2016 Datacenter Edition	○	64 ノード

24-4 フェールオーバークラスタリングの機能

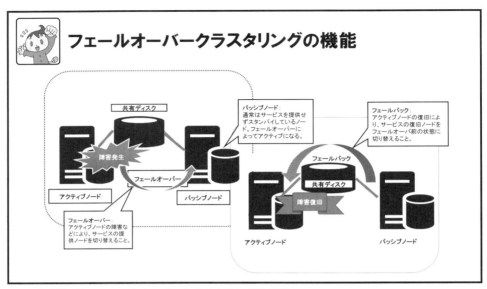

スライド 163：フェールオーバークラスタリングの機能

フェールオーバークラスタリングの機能

　フェールオーバークラスタリングによるクラスターは、2台以上のサーバーで構成され、各サーバーはノードと呼ばれます。通常時はアクティブノード（プライマリノード）と呼ばれるメインのサーバーで集中的にサービスを提供します。サービスを提供していないノードはパッシブノード（セカンダリノード）と呼ばれます。

　そしてアクティブノードにサービスの提供ができなくなるような重度の障害が発生した場合、アクティブノードが提供していたサービスは、パッシブノードから提供されるようになります。このようにアクティブからパッシブへとサービス提供元が切り替わることをフェールオーバーと呼びます。これに対して、障害が起きたノードが復旧した後で（フェールオーバーした状態から）元の状態に戻すことをフェールバックと呼びます。このとき、サービスを提供するノードは再びアクティブノードに戻ります。

✅ アクティブ - パッシブ構成とアクティブ - アクティブ構成

　クラスターには2種類の構成の仕方があります。

　上記のように1台のサーバーを稼働系とし、もう1台のサーバーを待機系とするクラスター構成をアクティブ - パッシブ構成（アクティブ - スタンバイ構成）と言います。

　これに対して、通常時から2台とも稼働系として運用する方法をアクティブ - アクティブ構成と言います。

　アクティブ - アクティブ構成は、2台のサーバーそれぞれに「メインサーバー」と「予備サーバー」という位置づけ自体はあるものの、どちらのサーバーも通常時から稼働（サービスを提供）させます。

　2台のサーバーで並行して処理を行うことで負荷分散の効果を出すこともでき、1台のサーバーに障害が発生しても、もう1台のサーバーが処理を継続することができます。なお、クライアント側においては、2台のうちのどちらのサーバーで処理されているかを意識する必要はありません。

　アクティブ - パッシブ構成とアクティブ - アクティブ構成には、それぞれメリットとデメリットがあります。サーバーなどの機器を最大限に活用するという意味でアクティブ - アクティブ構成の方が効率的であると考えられます。

　しかし、フェールオーバーが発生した際は、アクティブ - パッシブ構成では1台が担っていた処理をもう1台が引き継ぐため全体の処理能力に差が出ないのに対して、アクティブ - アクティブ構成の場合は2台で実行していた処理を1台でまかなうことになります。そのためアクティブ - アクティブ構成を組む場合には、メンテナンスやフェールオーバーなどでクラスターリソースを一方のノードで所有する場合でも安定したサービスが提供出来る様に、十分なシステムリソース（CPU 負荷、メモリー量、ネットワーク帯域）を見越した構成をあらかじめ検討しておく必要があります。

　フェールオーバークラスタリングの有用な点の1つとして、人の手作業を介さずにサービス提供元のノードの切り替えが行われることが挙げられます。たとえシステム管理者が不在のときにアクティブノードがダウンしても、フェールオーバーは自動で行われる為、管理者が到着するまでサービスが停止し続けてしまうという事態にならずに済みます。

　ただし、アクティブからパッシブへ瞬間的にサービスが切り替わるわけではありません。実際に障害が発生してからそれを障害と判定するまでの時間、そしてそこからフェールオーバー後にサービスが開始されるまでの数秒〜数分間はダウンタイム（システムの稼働停止時間）が発生する場合があります。

　提供するサービス内容によっては、障害検知までの時間設定を変えることでダウンタイムを限りなくゼロに近づけることは可能かもしれませんが、あまりお勧めできません。なぜなら障害検知までの時間を短くしすぎると、一時的なレスポンス低下等でもフェールオーバーが発生してしまい、クラスターが正しく動作しない可能性があるからです。クラスターは、ダウンタイムをゼロにする技術ではなく、最小限に抑える技術であると認識しましょう。

　もちろん、自動ではなく管理者が意図的にフェールオーバーさせることもできます。フェールオーバーとフェールバックを任意のタイミングで行うことで、サーバーメンテナンス時のダウンタイムを最小限に抑えることができます。

24-5 フェールオーバークラスタリングの基礎用語

フェールオーバークラスタリングの基礎用語
- 共有ディスク
- クライアントアクセスポイント
- クラスターリソース
- クォーラム
- 役割
- 依存関係
- スプリットブレイン
- パブリックネットワーク・プライベートネットワーク
- クラスター検証テスト

スライド 164：フェールオーバークラスタリングの基礎用語

フェールオーバークラスタリングの基礎用語

□ 共有ディスク

フェールオーバークラスタリングでは、同一のデータを複数のサーバーから利用させるために共有ディスクを使用します。共有ディスクとは Serial Attached SCSI や iSCSI、ファイバーチャネルと呼ばれる規格のインターフェイスにより物理的に接続されているハードディスクのことです。SCSI は一般的に「スカジー」と呼ばれています。これらの規格は、サーバー機器のハードディスクやテープ装置に使用されるもので、PC 用のハードディスク規格と比べるとかなり高価です。

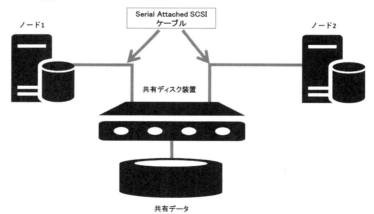

□ クライアントアクセスポイント

フェールオーバークラスタリングでは仮想的なホスト名と IP アドレスをもつ仮想サーバーを構成し、ノード上に 1 台のサーバーが存在するように見せかけています。仮想サーバーの仮想ホスト名と仮想 IP アドレスは、通常時はアクティブノードが保有しますが、フェールオーバーが発生するとパッシブノードへ移動します。ユーザーやアプリケーションは仮想サーバーを通信の相手として指定することで、アクティブ、パッシブのどちらでサー

ビスが提供されているかを意識する必要がなくなります。フェールオーバー時も、ユーザー側で接続を切り替える必要はありません。

下の表は、アクティブノード2台とパッシブノード1台でクラスターを構成した場合のホスト名、IPアドレスの設定例です。下記の例では、ユーザーやアプリケーションは、Server00vを接続先として指定することになります。

サーバー	ホスト名	IPアドレス
アクティブノード1	Server01	192.168.1.11
アクティブノード2	Server02	192.168.1.12
パッシブノード	Server03	192.168.1.13
仮想サーバー	Server00v	192.168.1.10

□ **クラスターリソース**

フェールオーバークラスタリングによって管理される物理的または論理的な要素をクラスターリソースと言います。クラスターリソースは、リソースモニターと呼ばれる監視プログラムにより逐次監視され、異常が発生した場合はリソースの再起動が行われます。再起動によってもリソースが正常に稼働しない場合は、フェールオーバーが行われます。

以下にクラスターサービスにおける代表的なクラスターリソースを挙げます。

- 物理ディスク
  クラスターに用意された共有ディスクを物理ディスクリソースとして認識します。頻繁に更新されるデータであっても物理ディスクリソース上に配置することで、フェールオーバーによってノード間で最新のデータを引き継ぐことができます。
- IPアドレス・ネットワーク名
  IPアドレスリソースとネットワーク名リソースにより、仮想サーバーを構成することができます。
- アプリケーション・サービス
  フェールオーバークラスタリングで管理できるアプリケーションやサービスは、「クラスター対応」として定義されています。また、フェールオーバークラスタリングでは「クラスター対応」以外のアプリケーションやサービス（「非クラスター対応」）であっても、汎用アプリケーション、汎用サービスというリソースとして管理することが可能です。ただし、メモリ内の情報はフェールオーバーできない為、メモリ内に重要なデータを保存してしまうようなアプリケーションやサービスは、クラスターリソースとして正しく管理することはできません。非クラスター対応のアプリケーションやサービスをクラスタリングする際には注意が必要です。
- 仮想マシン
  クラスターとして構成されたHyper-Vの仮想マシンをクラスターリソースとして構成します（Hyper-Vホストクラスター）。仮想ホストの異常時にフェールオーバーを実施したり、物理サーバーのメンテナンス時などに仮想ホストを停止することなく別のノードに仮想マシンを移動（ライブマイグレーション）したりすることができます。

□ **クォーラム**

クォーラムは、どのノードがサービスを提供するかを判断する調定を行うもので、クラスターシステムの一貫性を保つために非常に重要な要素です。

✅ クォーラムの監視オプション

Windows Server 2012 R2までは、ディスク監視かファイル共有監視のいずれかを構成できました。Windows Server 2016では、クォーラムの新しいオプションとしてクラウド監視（Cloud Witness）が追加されています。

クラウド監視は、MicrosoftのクラウドサービスであるMicrosoft Azureの「Azureストレージ」にクォーラム情報を配置して監視します。クラウド監視を利用するにはMicrosoft Azureの有効なサブスクリプションが必要です。また、クラスターを構成しているすべてのノードがインターネットを介してAzureストレージにアクセスできる必要があります。

☐ **役割**

クラスターにおける役割という概念の考え方は、基本的にはサーバーの役割と同じです。そのため、サーバーの役割と区別して「クラスター化された役割」と表現されることが多いです。

クラスター化された役割を作成するには、フェールオーバークラスターを構成する各ノードに必要なサーバーの役割や機能をインストールする必要があります。たとえば、クラスター化されたファイルサーバーを構成する場合は、すべてのクラスターノードにファイルサーバーの役割をインストールします。ただし、クラスター化された役割には、前提となるサーバーの役割や機能がない場合もあります。以下に、クラスター化された役割と前提条件としてインストールする必要のあるサーバーの役割や機能の組み合わせ例を記載します。

クラスター化された役割	前提条件のサーバーの役割・機能
ファイルサーバー	ファイルサーバー
DFS 名前空間サーバー	DHCP サーバーの役割
仮想マシン	Hyper-V の役割
iSCSI ターゲット サーバー	iSCSI ターゲット サーバー（ファイル サーバーの役割の一部）
汎用アプリケーション	該当なし

☐ **依存関係**

クラスターリソースは他のクラスターリソースに依存関係を設定することができます。例えばリソース A がリソース B に依存する場合、リソース B がオンラインにならない限り、リソース A もオンラインになることはできません。逆に、リソース B が障害になった場合は、リソース A はオフラインになります。依存するリソースと依存されるリソースは同じグループに存在する必要があります。

☐ **スプリットブレイン**

フェールオーバー クラスターに参加するノードは、クラスター構成情報やネットワーク、リソース状態などの最新情報をクラスター データベースとして管理し、クラスターの稼働中は常にクラスターネットワークを通して同期を取っています。もしネットワークの輻輳（ふくそう）などで通信遅延が発生し、他のノードと同期を取ることが出来ない場合、システムはどのように動作するでしょうか。

パッシブ側ではアクティブ側の状態を把握出来ず、サーバーがダウンしたと認識し、自分がアクティブとしてサービスを提供しようとします。高可用性を実現するためのフェールオーバー動作としては正しいのですが、実際にはアクティブ側は正常稼働しているので、結果としてサービスを重複して提供しようとすることになります。このような、サーバーそれぞれが勝手に動作する様な状況をスプリットブレインと呼びます。

スプリットブレインは複数のサーバーが常に同期を取りながら 1 つのシステムとして動作するクラスターシステムにとって致命的な障害です。スプリットブレインが発生すると共有ディスクのデータを複数のノードが勝手に管理しようとし、データの整合性が失われることになります。また IP アドレスやホスト名が重複し、ネットワークに混乱を生じます。

フェールオーバークラスタリングではクォーラムの働きによりこのスプリットブレインを回避しています。スプリットブレインが起こりえる状況では、クォーラムを維持できたノードがクラスターを継続可能となり、その他のノードをクラスターから削除します。このクォーラムによる判定はクラスター サービスにより、自動的に行なわれます。

☐ **パブリックネットワーク・プライベートネットワーク**

不要なフェールオーバーやスプリットブレインの危険性を避けるためには、安定したハートビートの維持が重要になります。Windows Server 2003 まではハートビートと通常の通信とのネットワークの共用を避け、ハートビート専用のネットワークを構成することが推奨されていました。しかし、Windows Server 2008 の WSFC 以降では、ノード間の相互ネットワークは単一障害点を避けるために複数のネットワーク経路を用意しておくことが推奨されています。つまり、ハートビート専用の単一のネットワークを用いるのではなく、複数のネットワークを用いることで冗長化を図ります。

☐ **クラスター検証テスト**

フェールオーバークラスターを作成する前に、構成を検証してハードウェアやハードウェア設定がフェールオーバークラスタリングに適していることを確認する必要があります。このために用意されているのがクラスター検証テストの機能です。Microsoft では、構成全体がすべての検証テストに合格し、クラスターノードで実行されているすべてのハードウェアが Windows Server バージョン用として認定されている場合にのみ、クラスターソリューションをサポートします。

24-6　ネットワーク負荷分散（NLB）

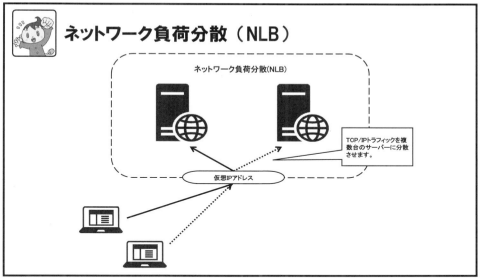

スライド 165：ネットワーク負荷分散（NLB）

ネットワーク負荷分散（NLB）

ネットワーク負荷分散（NLB）は、複数台のサーバーを仮想的に1つのシステムとみなし、TCP/IPトラフィックを複数台のサーバーに分散することで、可用性とパフォーマンス、スケーラビリティ（拡張性）を向上させるWindowsクラスター技術のひとつです。

□ ネットワーク負荷分散が推奨されるシステム

ネットワーク負荷分散を構成するにあたっては、フェールオーバークラスタリングのように共有ディスクを使用する必要はありません。この点においてもコストパフォーマンスは優れています。

共有ディスクを持たないということは、クラスターホストが所有するデータ、さらにはそのデータを使って提供されるサービスは同一であることが保証されないことになります。

したがって、ネットワーク負荷分散はデータベースやファイルサーバー等、ユーザーがデータの更新を行うサービスには使用できません。ユーザーがデータの更新を行わないような読み取り専用のWebサーバーやアプリケーションサーバー等で使用してください。

ネットワーク負荷分散はおもに以下のようなサーバーで使用されます。

- Web サーバー
- アプリケーションサーバー
- ストリーミングメディアサーバー

□ オペレーティングシステム要件

ネットワーク負荷分散は下表のOSでサポートされています。

OS	ネットワーク負荷分散サポート	最大ノード数
Windows Server 2016 Standard Edition	○	32台
Windows Server 2016 Datacenter Edition	○	32台

24-7　ネットワーク負荷分散の機能

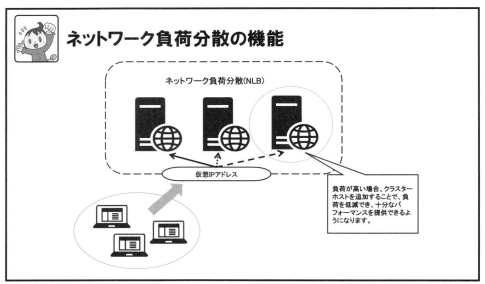

スライド 166：ネットワーク負荷分散の機能

ネットワーク負荷分散の機能

　TCP/IP トラフィック、とりわけ Web サーバーへの負荷を分散させる技術は、ラウンドロビン DNS* やロードバランサーと呼ばれる専用の負荷分散装置が利用されてきました。これらの技術に共通していることは、負荷分散させたい Web サーバー群とは別に、振り分け用の DNS サーバーやロードバランサーが存在して初めて負荷分散が機能するということです。このことは、振り分け用のマシンが単一障害ポイントになり得ること意味します。つまり、単一障害ポイントを取り除く為には、Web サーバーだけでなく、振り分け用マシンも冗長化させる必要があるわけです。

　　※　ラウンドロビン DNS
　　　DNS サーバーの機能です。ひとつのホスト名に対し複数の IP アドレスを設定することで、クライアントからのアクセスを分散させます。

　ネットワーク負荷分散はクラスター技術の 1 つであるため、複数台のサーバーが互いに連携し、仮想的な 1 つのサーバーと見せかけて動作します。そして、ネットワーク負荷分散自身が振り分け機能を持っているため、ラウンドロビン DNS やロードバランサーの様な振り分け用マシンを必要としません。また、クライアントからのリクエストが増加し、現状の台数では十分なパフォーマンスが得られない場合でも、クラスターホストを最大 32 台まで簡単に追加することができます。
　以上をまとめると、ネットワーク負荷分散には次のようなメリットがあります。

- 単一障害ポイントがない
- コストが安い
- スケーラビリティが高い

24-8 ネットワーク負荷分散の基礎用語

ネットワーク負荷分散の基礎用語

- ソフトウェアロードバランサー（SLB）
- クラスターホスト
- クラスター IP アドレス
- 収束
- ユニキャストモード・マルチキャストモード

スライド 167：ネットワーク負荷分散の基礎用語

ネットワーク負荷分散の基礎用語

□ ソフトウェアロードバランサー（SLB）
Windows Server 2016 の新機能では、ソフトウェア定義ネットワーク（SDN）を構成するコンポーネントとして Azure から生まれた新しいソフトウェアロードバランサー（SLB）が提供されています。Windows Server 2016 においては、ネットワーク負荷分散の方法として従来の NLB と新しい SLB の 2 つの選択肢があるということになります。以下のケースでは、NLB ではなく SLB を使用します。
- SDN を使用している場合
- Windows 以外のワークロードを使用している場合
- アウトバウンドネットワークアドレス変換（NAT）が必要な場合
- レイヤ 3（L3）または非 TCP ベースのロードバランシングが必要な場合

□ クラスターホスト
ネットワーク負荷分散のクラスターに参加しているサーバーはクラスターホストと呼ばれます。クラスターホストはフェールオーバークラスタリングのようなアクティブ、パッシブといった役割上の区別がありません。つまり、全てのクラスターホストが一様にサービスの提供を行います。

□ クラスター IP アドレス
全てのクラスターホストはクラスター IP アドレスという共通の IP アドレスを使用してクライアントとの通信を行います。これにより、クライアントからのパケットは一旦全てのクラスターホストが受け取ります。パケットを受け取ると、クライアントの IP アドレス、ポート番号、ネットワーク負荷分散の設定等を基に、どのクラスターホストが処理を行うのかが決められます。処理担当となったホストは、パケットを上位レイヤーへ渡し、クライアントのリクエストに応えます。これに対し、自分の担当以外のクライアントからのパケットは、上位レイヤーへ渡さずにその場で破棄してしまいます。これにより、各クラスターホストの負荷が軽減されるわけです。

□ 収束
各クラスターホストはフェールオーバークラスタリングと同じようにハートビートを使用して、お互いの生死を確認しあっています。一部のクラスターホストに障害が発生してハートビートが途絶えると、現在稼働中の全クラ

スターホストを再確認する処理を行います。この処理のことを収束と言います。これは、団体行動中に誰かがいなくなった際に、点呼を行う様子に非常によく似ています。

障害が発生していないホストが担当していたクライアントのリクエストは収束中であっても通常どおりに処理されます。一方、障害ホストが担当していたクライアントのリクエストは、収束が完了し新しい担当ホストが決まるまでは受け付けられません。ユーザーやアプリケーションは、収束完了後に再接続を行う必要があります。

また、収束は障害が発生したときだけではなく、新たにクラスターホストが加えられたとき、その反対に削除されたときにも行われます。

☐ **ユニキャストモード・マルチキャストモード**

ネットワーク上のネットワークアダプターは MAC アドレスにより区別されます。ネットワーク負荷分散クラスターではクラスター IP アドレスに紐付けるための仮想 MAC アドレスを自動的に生成します。このネットワークアダプター設定についてユニキャストモードとマルチキャストモードの 2 種類から選択することができます。

どちらのモードでも、仮想 MAC アドレスが各ホストの実際のネットワークアダプターに紐付けられ、全てのアダプタが同じ MAC アドレスとして認識されるようになります。

ユニキャストモードでは、このとき実際の MAC アドレスも使用でき、クラスターとして使用すると同時にホスト同士の通信も行うことができます。

ただし、ルーター等のネットワーク機器によっては、マルチキャストモードに対応していないことがあるため、構成に注意が必要です。

24-9　クラスター関連演習

クラスター関連演習

演習内容
- ネットワーク負荷分散の構築
- クラスター、クラスターメンバーの作成
- クラスターメンバーの追加
- クラスター機能の動作確認

スライド 168：クラスター関連演習

クラスター関連演習

※　以下に、クラスター関連演習における前提条件を示します。
1. サーバーを 2 台とクライアント 1 台を用意します。
2. 1 台目のサーバーは下記の設定とします。
    コンピューター名：W2K16SRV1
    IP アドレス：192.168.0.11
    サブネットマスク：255.255.255.0
3. 2 台目のサーバーは下記の設定とします。
    コンピューター名：W2K16SRV2
    IP アドレス：192.168.0.12
    サブネットマスク：255.255.255.0
4. 3 台目のクライアントは下記の設定とします。
    コンピューター名：PC1
    IP アドレス：192.168.0.13
    サブネットマスク：255.255.255.0
5. NLB クラスターを下記の設定とします。
    クラスター IP アドレス：192.168.0.10
    サブネットマスク：255.255.255.0
    フルインターネット名：cluster.nlb.local
6. アカウントは Administrator を使用します。
7. ネットワーク負荷分散マネージャーの操作は、W2K16SRV1 にて行います。

※ 以下に、クラスター関連演習の構成図を示します。

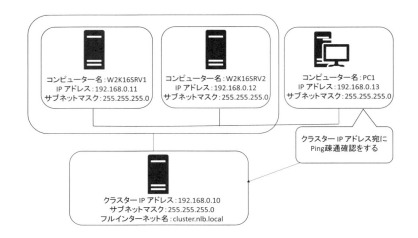

演習1　ネットワーク負荷分散の構築

1. W2K16SRV1 のデスクトップ画面にて、[スタート] - [サーバーマネージャー] - [管理] - [役割と機能の追加] をクリックします。
2. [開始する前に] 画面にて、[次へ] をクリックします。
3. [オペレーティングシステムの互換性] 画面にて、[次へ] をクリックします。
4. [インストールの種類の選択] 画面にて、デフォルトのまま [次へ] をクリックします。
5. [対象サーバーの選択] 画面にて、デフォルトのまま [次へ] をクリックします。
6. [サーバーの役割の選択] 画面にて、[Web サーバー (IIS)] のチェックボックスをクリックします。
7. [Web サーバー (IIS) に必要な機能を追加しますか?] 画面にて、デフォルトのまま [機能の追加] をクリックします。
8. [サーバーの役割の選択] 画面に [Web サーバー (IIS)] にチェックが入っていることを確認し、[次へ] をクリックします。
9. [機能の選択] 画面にて、[ネットワーク負荷分散] にチェックを入れ、[次へ] をクリックします。
10. [ネットワーク負荷分散に必要な機能を追加しますか?] 画面にて、デフォルトのまま [機能の追加] をクリックします。
11. [機能の選択] 画面に [ネットワーク負荷分散] にチェックが入っていることを確認し、[次へ] をクリックします。
12. [Web サーバーの役割 (IIS)] 画面にて、[次へ] をクリックします。
13. [役割サービスの選択] 画面にて、デフォルトのまま [次へ] をクリックします。
14. [インストール オプションの確認] 画面にて、デフォルトのまま [インストール] をクリックします。
15. インストール終了後、[閉じる] をクリックします。
16. 引き続き、W2K16SRV2 についても同じ作業を行い、ネットワーク負荷分散を構築します。

以上で、「ネットワーク負荷分散の構築」演習は終了です。

演習2　クラスター、クラスターメンバーの作成

1. W2K16SRV1 のデスクトップ画面にて、[スタート] - [Windows システムツール] メニューから、[ファイル名を指定して実行] をクリックします。
2. [ファイル名を指定して実行] 画面にて、[名前] 欄に nlbmgr と入力し、[OK] をクリックします。
3. [ネットワーク負荷分散マネージャー] が起動します。
4. [ネットワーク負荷分散マネージャー] 画面にて、左ペインの [ネットワーク負荷分散クラスター] を右クリッ

クし、［新しいクラスター］をクリックします。

5. ［新しいクラスター：接続］画面にて、［ホスト］欄に 192.168.0.11 と入力し、［接続］をクリックします。
6. ［新しいクラスターの構成に利用できるインターフェイス］欄に追加されているインターフェースを選択し、［次へ］をクリックします。
7. ［新しいクラスター：ホストパラメーター］画面にて、デフォルトで［次へ］をクリックします。
8. ［新しいクラスター：クラスター IP アドレス］画面にて、［追加］をクリックします。
9. ［IP アドレスの追加］画面にて、［IPv4 アドレス］に 192.168.0.10、サブネットマスクに 255.255.255.0 を入力し、OK をクリックします。
10. ［新しいクラスター：クラスター IP アドレス］画面にて、［次へ］をクリックします。
11. ［新しいクラスター：クラスターパラメーター］画面にて、［フルインターネット名］欄に cluster.nlb.local と入力し、［クラスター操作モード］で［マルチキャスト］を選択し、［次へ］をクリックします。
12. ［新しいクラスター：ポートの規則］画面にて、完了をクリックします。

以上で、「クラスター、クラスターメンバーの作成」演習は終了です。

演習3　クラスターメンバーの追加

1. ［ネットワーク負荷分散マネージャー］画面にて、左ペインを［ネットワーク負荷分散クラスター］-［cluster.nlb.local（192.168.0.10）］と展開します。
2. ［cluster.nlb.local（192.168.0.10）］を右クリックし、［ホストをクラスターに追加］をクリックします。
3. ［ホストをクラスターに追加：接続］画面にて、［ホスト］欄に W2K16SRV2 と入力し、［接続］をクリックします。
4. ［クラスターの構成に利用できるインターフェース］欄に追加されているインターフェイスを選択し、［次へ］をクリックします。
5. ［ホストをクラスターに追加：ホストパラメーター］にて、［優先順位］を "2" に設定し、［次へ］をクリックします。
6. ［ホストをクラスターに追加：ポートの規則］画面にて、［完了］をクリックします。

以上で、「クラスターメンバーの追加」演習は終了です。

演習4　クラスター機能の動作確認

1. ［ネットワーク負荷分散マネージャー］画面にて、左ペインを［ネットワーク負荷分散クラスター］-［cluster.nlb.local（192.168.0.10）］と展開します。
2. ［cluster.nlb.local（192.168.0.10）］をクリックし、右ペインの［ホスト（インターフェイス）］下に W2K16SRV1、W2K16SRV2 が記載されている事と、［状態］が「収束済み」になっていることを確認します。※　収束済みに変わらない場合は、左ペインにて［F5（画面の更新）］を押して下さい。
3. PC1 にて［スタート］-［Windows システムツール］-［コマンドプロンプト］をクリックします。
4. ［cluster.nlb.local（192.168.0.10）］の動作確認のため、［コマンドプロンプト］画面にて、 Ping 192.168.0.10　と入力し［Enter］を押します。
5. ［192.168.0.10　からの応答：バイト数 =32 時間 < ○ ms TTL= ○○○］の表示を確認します。
6. W2K16SRV1 の LAN ケーブルを外します。
7. W2K16SRV1 の［ネットワーク負荷分散マネージャー］画面にて、左ペインで［F5（画面の更新)］を押し、［W2K16SRV1］のアイコンに斜線がかかっている事を確認します。
8. PC1 にて［スタート］-［Windows システムツール］-［コマンドプロンプト］をクリックします。
9. ［cluster.nlb.local（192.168.0.10）］の動作確認のため、［コマンドプロンプト］画面にて、 Ping 192.168.0.10　と入力し［Enter］を押します。
10. ［192.168.0.10　からの応答：バイト数 =32 時間 < ○ ms TTL= ○○○］の表示を確認します。
11. W2K16SRV1 の LAN ケーブルを接続します。
12. ［cluster.nlb.local（192.168.0.10）］をクリックし、右ペインの［ホスト（インターフェイス）］下に W2K16SRV1、W2K16SRV2 が記載されている事と、［状態］が「収束済み」になっていることを再度確認します。

455

13. W2K16SRV2 の LAN ケーブルを外します。

14. W2K16SRV2 の [ネットワーク負荷分散マネージャー] 画面にて、[W2K16SRV2] のアイコンに斜線がかかっている事を確認します。

15. PC1 にて [スタート] - [Windows システムツール] - [コマンドプロンプト] をクリックします。

16. [cluster.nlb.local（192.168.0.10）] の動作確認のため、[コマンドプロンプト] 画面にて、 Ping 192.168.0.10　と入力し [Enter] を押します

17. 「192.168.0.10　からの応答：バイト数 =32 時間 < ○ ms TTL= ○○○」の表示を確認します。

以上で、「クラスター機能の動作確認」演習は終了です。

Chapter 25

Web サーバー

25-1 章の概要

 章の概要

この章では、以下の項目を学習します

- Web サーバーとインターネット
- 代表的な Web サーバー
- Internet Information Service（IIS）
- IIS の機能
- IIS のセキュリティ
- IIS の基礎用語
- Web サーバー関連演習

スライド 169：章の概要

Memo

25-2　Webサーバーとインターネット

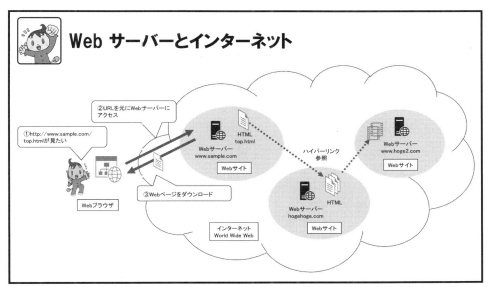

スライド170：Webサーバーとインターネット

▎Webサーバーとインターネット

　近年、インターネットは世界的に急速な広がりを見せています。インターネットから得られる新鮮で膨大な情報は、ビジネスだけでなく生活にも欠かせなくなってきていると多くの方が実感していることでしょう。また、技術の進化や高速回線が気軽に使えるようになったことにより、動画や音楽を使用したリッチなホームページが提供されるようになりました。

　これらインターネット上の情報はたくさんのサーバーによって提供されており、そのような役割を持ったサーバーは、「Webサーバー」と呼ばれています。

　本章では、まずWebサーバーの概要を含めたインターネットの基本的な知識について確認します。

☐ **World Wide Web**

　インターネットでは、まずひとつのホームページにアクセスし、そこからリンクをたどることで様々なページにアクセスします。

　このように、ページとページがリンク（ハイパーリンク）で繋がれ、そのリンクによってインターネット上の無数のページを地域や国に縛られることなく見ることができるシステムのことをWorld Wide Web（WWW）といいます。蜘蛛の巣（Web）のように広がっているイメージから、この名前が付けられました。あなたが普段見ているページもWWWの一部であり、世界のどこかでインターネットにアクセスしている人が見ているページも同じWWWの一部です。

☐ **Webページ、Webサイト、Webサーバー**

　WWWで閲覧できるページ、つまり普段インターネットでアクセスしているページのことをWebページといいます。日本ではホームページという呼び方も定着していますが、ホームページにはWebページだけでなくいろいろな意味を持つ場合がありますので、ここではWebページに統一して説明します。

　このWebページを集めて1つの管理単位としたのがWebサイトです。

　そしてWebサイトを保持し、更新し、提供しているのがWebサーバーです。Webサーバーは、1つまたは複数のWebサイトを持っています。

　インターネットを利用してWebページを見るということは、インターネットを利用してWebサーバーにアクセスし、Webサーバーの持っている情報を取得していることになります。WWWは無数のWebサーバーによっ

て成り立っています。

- **Web ブラウザー**
Web ページを閲覧するときには、Web ブラウザーソフトウェアを使用します。Web サーバーに対するクライアントは、この Web ブラウザーになります。
ユーザーは Web ブラウザーにアクセスしたいページのアドレスを入力し、Web ブラウザーはその情報を元に Web サーバーに接続し、Web ページがダウンロードされて Web ブラウザーの画面に表示されます。
Web ブラウザーには、Windows に標準搭載されている Internet Explorer や Microsoft Edge、Google Chrome 等さまざまな種類があります。Web ブラウザーは、その種類だけでなく、バージョンによっても大きく機能が異なる場合がありますので、Web サーバーを構築する際には、クライアントとなる Web ブラウザーをよく把握しておくことが必要になります。

- **HTML**
Web ページは、WWW 上でハイパーリンクを使用できるハイパーテキストマークアップランゲージ（HTML）で記述されたハイパーテキストと呼ばれるドキュメントです。Web ページにアクセスするときに、よく見るとアドレスの最後は拡張子になっており、多くは「***.html」や「***.htm」となっていることがわかります。これはその Web ページが HTML ドキュメントであることを示しています。
HTML はあくまでも本文とその構造やハイパーリンクを指定するだけであることに注意してください。例えば、文字を何色で表示するか、画像はどのように表示するか、画像ファイルはどこにあるか（ハイパーリンク）等の指定が HTML によって Web ページに記述されていますが、実際に文字を赤で表示したり、画像を指定の場所に埋め込んで 1 枚のページのように表示したりするのは、Web ブラウザーの機能です。
現在は HTML が多く使われていますが、Web ページの記述方法は今も盛んに研究が行われているため、今後改良されていく可能性もあります。

- **URL（Uniform Resource Locator）**
これまでの説明でも出てきた Web ページの「アドレス」を、URL（Uniform Resource Locator）といいます。URI と呼ぶこともあります。URI は URL よりももう少し広い範囲の意味を持ちますが、Web ページの話題に関しては同じ意味です。
URL には様々な情報が凝縮されています。例として、http://www.sample.com/top.html という URL について確認してみましょう。

① 接続方式（プロトコル）
最初に Web クライアントと Web サーバーとの通信に使用するプロトコルを指定します。この次の「://」以下には、場所の情報となるホスト名やドメイン名が入りますので、そこまでにどのような接続方法でアクセスするかを指定する部分になります。
Web ページにアクセスする場合は、基本的に HTTP（Hypertext Transfer Protocol）が使用されます。Hypertext と名前には入っていますが、HTML ドキュメント以外にも画像や音楽など色々なデータを扱えます。HTTP 通信は、Web クライアントからの要求に始まり、Web サーバーからの応答で終わります。

② インターネットドメイン名
インターネットドメイン名は、インターネット上の DNS に登録されているドメイン名です。Web の話題の中では、単にドメイン名と呼ばれることが多いですが、本書では『8 章　ドメインとワークグループ』で説明する Active Directory ドメインと区別するため、インターネットドメイン名とします。
Active Directory のドメインは、ローカルネットワークの特定の領域のことで、セキュリティや管理効率の向上を大きな目的としていることは、すでに説明した通りです。これに対し、インターネットドメイン名はインターネットというグローバルネットワーク上の Web サーバーの位置を示すためにあります。つまり

Web サーバーをあなたの家とするならば、インターネットドメイン名は地図上の住所といえます。
インターネット上の DNS も「5 章 DNS」で説明する DNS の仕組みと変わるところはありません。インターネットでは世界中の DNS サーバーの連携により名前解決が行われています。インターネットドメイン名は、これらの DNS サーバーによってグローバル IP アドレスに紐づけられ、その IP アドレスを持つ Web サーバーへのアクセスを提供します。
このようにインターネットから Web サーバーにアクセスできるようにするためには、グローバル IP アドレスとインターネットドメイン名が必要になります。どちらも世界で一意なドメイン名、IP アドレスになりますので、勝手に決めることはできず、国際的に認められた機関から取得します。

③ ポート番号
Web クライアントと Web サーバー間で HTTP 通信を行う際に使用するポートを指定できます。インターネットドメイン名の後に「:（コロン）」とポート番号を追加します。
通常はこのポート番号を指定する必要はありません。これは、Web ブラウザーには既定のポートとして 80 番が設定されているため、ポート番号が指定されていない URL には、自動的にポート 80 を使用してアクセスするためです。もし Web アクセスをポート 8080 に限っている Web サーバーにアクセスする場合は、そのままだとポート 80 でアクセスしてしまうので、「:8080」を URL に追加する必要があります。

④ Web コンテンツ
Web ページを含め、Web サーバー上の画像、映像、音楽等、WWW 上でアクセスできるファイルのことを Web コンテンツといいます。インターネットドメイン名の後（またはポート番号の後）に「/（スラッシュ）」を挟んで、アクセスしたい Web コンテンツの場所またはファイル名を指定します。
インターネットドメイン名は、あなたの家を特定するための地図上の住所でしたが、Web コンテンツの部分はあなたの家の内装です。特にどこに届ける必要もなく、好きに模様替えができる部分です。

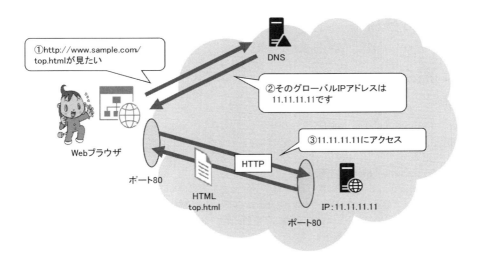

25-3 代表的な Web サーバー

代表的な Web サーバー
- Apache HTTP Server
- Internet Information Service（IIS）

スライド 171：代表的な Web サーバー

代表的な Web サーバー

代表的な Web サーバーには、下記の製品があります。

- **Apache HTTP Server**
  Apache HTTP Server は、世界中で最も使われている Web サーバーソフトウェアで、大規模な商用サイトから自宅サーバーまで幅広く使われているオープンソースソフトウェアです。
  Unix や Linux、Windows、MacOS 等、様々な OS に対応しており、色々な商用パッケージに組み込まれている信頼性の高い Web サーバーソフトウェアです。

- **Internet Information Service（IIS）**
  Internet Information Service（IIS）は、マイクロソフト製の Web サーバー用ソフトウェアで、Windows Server 製品だけでなく、クライアント版の Windows OS にも追加でインストールすることができます。
  マイクロソフト純正 WWW サーバーであることや信頼性の高さから、主に企業やネットワーク上級者に使用されているサーバーソフトウェアです。

25-4 Internet Information Service（IIS）

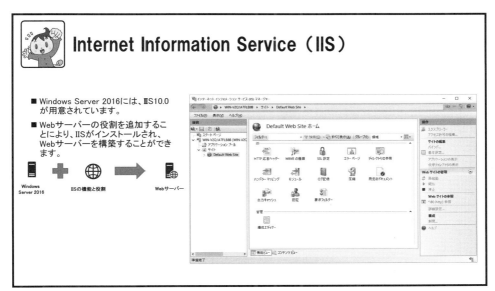

スライド172：Internet Information Service（IIS）

IInternet Information Service（IIS）

個人でWebページを公開したいと考えたときに、必ずしも独自のWebサーバーを用意する必要はありません。あなたの作ったWebページを、企業のWebサーバーが代わりに公開してくれるようなサービス（ホスティングサービス）がたくさんあるからです。

しかし、セキュリティの問題や管理の柔軟性、Webページでだけでなく、他のWebサーバーの機能を使用したいなどの理由から、独自のWebサーバーが必要となることもあるでしょう。特に企業や組織ではこれらの問題は非常に重要です。

本章では、Windows Server 2016サーバーをWebサーバーとして構築する方法と、その基本的な機能であるWebページの公開について説明します。

Webサーバーを実際にインターネットに公開するためには、グローバルIPやインターネットドメイン名などが必要になりますが、本章ではローカルネットワーク環境でWebサーバーとして動作するまでの手順に絞って理解していきます。

□ IISの導入

WindowsサーバーをWebサーバーとして構築するのはとても簡単です。Windows Server 2016は、Internet Information Service（IIS）というWebサービスを提供するための機能をウィザードに従って進めていくだけで利用開始することができます。Windows Server 2016にはバージョン10.0が用意されています。

Windows Server 2016をインストールしただけではIISはインストールされませんが、「Webサーバーの役割」を追加することでIISをインストールすることができます。

WebサーバーとしてきちんとセットアップされたかどうかはWeb、実際にWebブラウザーでアクセスしてみるとわかります。WebサーバーのInternet Explorerでhttp://localhost、またはhttp://<Webサーバー名>にアクセスすると、Internet Information Servicesと書かれた既定のコンテンツが表示されます。これは、Webブラウザーで自分自身にアクセスし、Internet Information Servicesと書かれた既定のWebページをダウンロードしてきたためです。IISのサービスが開始されていないサーバーでは、Internet Information Servicesと書かれた既定のコンテンツは表示されず、サーバーにアクセスできない場合のWebブラウザーの既定の画面となります。

- Webサーバーの役割の追加
  サーバーマネージャーの画面から「役割と機能の追加」を選択し、「サーバーの役割の選択」画面で、「Webサーバー（IIS）」を選択します。

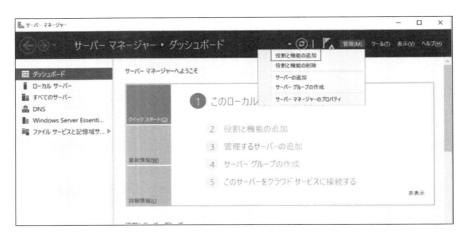

次の「役割の選択」画面で、IIS に同時に有効化する機能を選択します。この中の主なものについては「25-5 IIS の機能」で説明します。

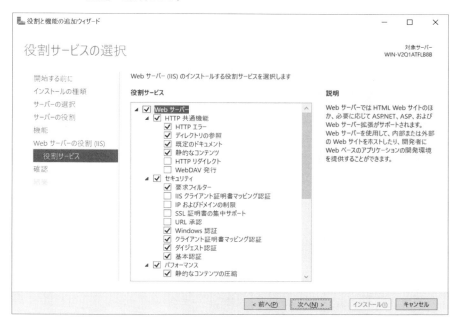

- Web サーバーの動作確認
  IIS のインストールが完了したら、サーバー上のブラウザーから http://localhost にアクセスすると Internet Information Services と書かれた既定のコンテンツが表示されます。

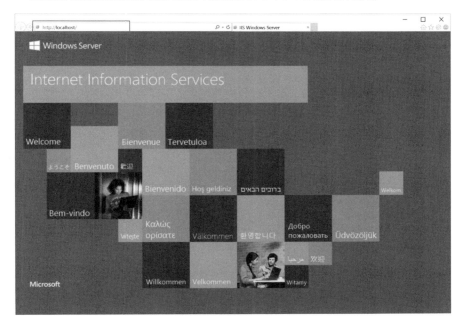

☐ **IIS の管理**

IIS の利用や Web サイトを管理するために、インターネットインフォメーションサービス（IIS）マネージャー（以下 IIS マネージャーと記載）という管理ツールが用意されています。

サーバーマネージャーのツールメニューから、「インターネットインフォメーションサービス（IIS）マネージャー」を選択することで利用開始できます。

【サーバーマネージャー】

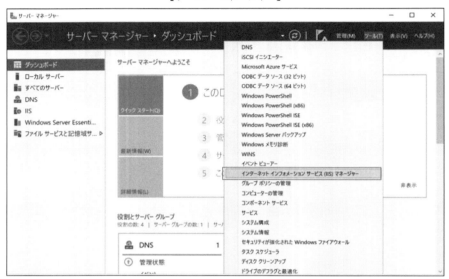

【IIS マネージャー】

- 機能ビュー　　　　：選択したサイト／ディレクトリで利用できる機能が表示されます。
- コンテンツビュー　：選択したサイト／ディレクトリのコンテンツが表示されます。
- 操作ペイン　　　　：選択したサイトの設定や、開始・停止などの操作が行えます。

25-5　IISの機能

IISの機能

- Web アプリケーション
- FTP サーバー
- SMTP サーバー
- WebDAV
- ログ

スライド 173：IISの機能

IISの機能

IISの機能は、Webページを公開するだけにとどまりません。IISは特にWebアプリケーションサーバーとしてのさまざまな機能を備えています。ここではそれらの機能について、簡単に紹介していきます。

Windows Server 2016 のインストールオプションとして、新たに Nano Server が追加されています。

Nano Server で IIS の利用がサポートされたことにより、軽量な Web サーバーとしての利用もしやすくなっています。

Nano Server の特徴として、OSの機能を大幅に絞り、ローカルログオンの機能もなく、すべてリモートで管理する必要があります。そのため、必要なディスクサイズも少なく、更新のための再起動も少なくなっており、プライベートクラウドや、データセンター等での利用に適しています。

□ **Web アプリケーション**

インターネットでは掲示板に書き込みをしたり、入力フォームから情報を登録したり、ショッピングをしたりすることができます。単なるWebページでは、読み取り専用で開いたファイルと同じ状態ですので、このような動的なページを構成できません。これらは Web アプリケーションによって提供されています。Web アプリケーションは、近年技術の発達が著しい分野であることもあり、実行環境やプログラミングの方法に様々な種類があります。例えば、.NET Framework や ASP.NET、ASP といった Web アプリケーション環境がありますが、ここではマイクロソフト社の提供する ASP.NET を例にとって動作を説明します。

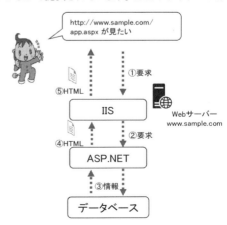

- ASP.NET は、Web アプリケーションを開発、実行するための基盤です。ASP.NET は Windows Server 2016 に標準で搭載されています。

① ユーザーが Web ページから Web アプリケーションに対して操作を行います。
   - （例）Web ページ上で名前を入力して、登録ボタンを押します。

② IIS は、①を要求として受け取りますが、Web ページの拡張子から ASP.NET の処理と判断します。
- .aspx を基本として ASP.NET のための拡張子があります。
③ ASP.NET は対応するプログラムを実行し、必要に応じてデータベースに情報を登録したり、情報を引き出したりします。
- （例）名前がサーバーに登録されます。
④ ASP.NET はプログラムの実行結果から HTML を生成し、IIS に渡します。
⑤ IIS は④で生成された HTML を、ユーザーに応答として返します。
- （例）登録した名前を含む登録完了ページが表示されます。

□ **FTP サーバー**

FTP サーバーとは、FTP（File Transfer Protocol）と呼ばれるファイル転送用のプロトコルを使用して、クライアントにファイルを提供するサーバーです。HTTP ではクライアントの要求に応じて Web ブラウザーにファイルの中身を表示する動作でしたが、FTP ではファイルそのものを渡すことができます。また、専用の FTP クライアントソフトウェアを使用すると、クライアント側から FTP サーバーにファイルを保存したり、サーバー上のファイルを削除したりすることが可能な点が大きな特徴です。この機能を利用すると、Web サーバー上の Web ページの更新をクライアント側から行うことができます。IIS では、コンポーネントの追加により、FTP サーバーの機能を持たせることができます。

□ **SMTP サーバー**

SMTP（Simple Mail Transfer Protocol）は、メールを送信するためのプロトコルです（受信はできません）。詳細は『27 章　メールサーバー』で紹介しますが、IIS ではこのメール送信機能を提供する SMTP サーバーのコンポーネントも追加することができます。

□ **WebDAV**

WWW でファイルの転送に使われる HTTP を拡張し、クライアント（Web ブラウザー）から Web サーバー上のファイルやフォルダーを管理できるようにした仕様です。
従来の HTTP は、Web サーバーが公開しているファイルを Web ブラウザーへ送信するためのプロトコルでしたが、WebDAV はこれを拡張し、クライアントで作成された文書をサーバーに送信して公開したり、サーバー上のファイルやフォルダーの一覧を取得したり、ファイル・フォルダーの複製・移動・削除が行えるようになっています。
誰でもサーバーの内容を改変できるのは危険なため、通常はユーザー名とパスワードによるユーザー認証を行い、権限のあるユーザーのみが WebDAV を利用できるよう設定します。

□ **ログ**

IIS では、公開した Web サイトのコンテンツに、いつ、だれが、アクセスしたかを記録することができます。
既定では C:¥interpub¥logs¥LogFiles の中に、Web サイトの ID ごとにフォルダーが作成されて、ログファイルが格納されます。
IIS のログファイルの日付は、既定では UTC で記録されるため日本時間とは -9 時間のずれがあるので注意してください。

25-6　IISのセキュリティ

```
IISのセキュリティ
■ 認証
  □ 匿名認証
  □ 基本認証
  □ ダイジェスト認証
  □ 統合Windows認証
  □ Webアプリケーションでのアクセス制御の実装
■ アクセス制御
  □ Windows認証を使用しない場合のアクセス制御
  □ Windows認証を使用する場合のアクセス制御
■ SSL/TLS
■ 証明書
```

スライド174：IISのセキュリティ

認証

IISでは、次のような認証方法を使用することによって、サイトへの公開領域のアクセスのみを認め、公開していないファイルやディレクトリへの不正アクセスを防ぐことができます。

- □ 匿名認証
  ユーザー名やパスワードの認証を要求することなく、すべてのユーザーにWebサイトへのアクセスを許可します。

- □ 基本認証
  ユーザーに対して、ユーザー名とパスワードの入力を要求します。ユーザーが入力した情報は、暗号化されずに送信されます。

- □ ダイジェスト認証
  パスワードを暗号化して送信します。資格情報はドメインコントローラーにて保持します。

- □ 統合Windows認証
  ユーザー名とパスワードを暗号化して送信します。Active Directoryで使用されているKerberos認証か、NTLM認証（NT暗号化認証）が使用されます。

- □ Webアプリケーションでのアクセス制御の実装
  IISで公開するWebアプリケーションに、認証処理と認証したユーザーに応じて表示する内容を切り替えるような実装を行うことで実現することができます。

アクセス制御

アクセス制御は、どのユーザーやコンピューターに Web サーバーやそのリソースへのアクセスを許可するかを制御します。Web サーバーのセキュリティを確保するには、適切な認証方法に加えて、幾重にも防衛線を張る必要があります。

☐ **Windows 認証を使用しない場合のアクセス制御**
匿名認証や基本認証などを使用する場合や、Web アプリケーションで認証機能を実装する場合などは、Web サーバー上のどのコンテンツを表示するかはアプリケーションに処理を組み込んで実装します。

☐ **Windows 認証を使用する場合のアクセス制御**
アプリケーションに処理を組み込む方法に加え、HTML ファイルや、ディレクトリに対してアクセス権を制御することで実現することも可能です。

上記 IIS や Web サーバーに到達する前に、ファイアウォールなどのツールを使用しアクセス制御を行い、不適切なポートの解放やコンテンツが公開されないようにする必要があります。

SSL/TLS

SSL (Secure Sockets Layer) とは、インターネット上で情報を暗号化して送受信するプロトコルです。現在、インターネットで広く使われている WWW や FTP などのデータを暗号化し、プライバシーに関わる情報や、クレジットカード番号、企業秘密などを安全に送受信することができます。

SSL は、セキュリティ技術を組み合わせ、データの盗聴や改ざん、なりすましを防ぐことができます。OSI 参照モデル（詳細については、「4 章 TCP/IP」を参照）では、セッション層（第 5 層）とトランスポート層（第 4 層）の境界で動作し、HTTP や FTP などの上位のプロトコルを利用するアプリケーションソフトウェアからは、特に意識することなく利用することができます。

SSL は、「1.0」「2.0」「3.0」があり、その後継として TLS（Transport Layer Security）が利用されています。現在では主に TLS が利用されていますが、名前としては SSL のほうが広まっていたこともあり、SSL と記載があっても、TLS のことを指したり、「SSL/TLS」と表記されることが多くあります。

証明書

認証局（CA）が発行する、デジタル署名解析用の公開鍵が真正であることを証明するデータです。

デジタル証明書をデジタル署名に付属させることにより、データが改竄（かいざん）されていないことと共に、データの作成者を認証局を通して証明することができます。

デジタル証明書は、「デジタル証明書の作成」ユーティリティを使用し、誰でも作成できますが、信頼性は認証局の信頼性に依存します。特に本人確認が重要となる用途では、信頼のある認証局にデジタル証明書を発行してもらうことによって、データの出所を確実にすることが求められます。

470

25-7　IISの基礎用語

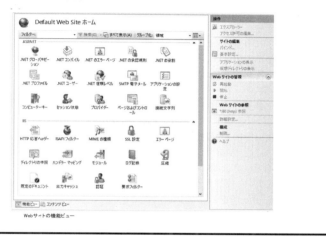

スライド175：IISの基礎用語

IISの基礎用語

□ **Default Web Site**

IISがインストールされると、IISマネージャーという管理ツールが使えるようになります。IISマネージャーを開くと、左ペインの中にWebサイトアイコンが表示されます。
IISでは既定で「Default Web Site」というWebサイトが作成されます。

Webサイトは、複数のコンテンツやWebページを格納した、最上位のまとまりです。
Webサイトはフォルダーであり、その中にWebページを保存していると考えてください。これは比喩ではなく、実際もWebサイトはサーバー上のフォルダーに結びついています。
例えば、IISのDefault Web Siteは既定の状態で「C:¥inetpub¥wwwroot」というフォルダーに紐づけられています。このフォルダーの中にWebページ用のドキュメントを保存すると、Default Web Siteの中にWebページが追加されます。
Webサイトはウェブページの管理の単位であると同時に、Webサーバーへのアクセスの起点ともなります。Webブラ

ウザーから http://<Webサーバー名> でアクセスした場合、アクセス先はDefault Web Siteになります。Default Web Siteの場合はwwwrootフォルダーに紐づいていることは既に説明しましたので、http://<Webサーバー名> へのアクセス＝ wwwrootフォルダーへのアクセスとなります。
IISでは、Default Web SiteはC:¥interpub¥wwwrootに設定されていますが、Webサイトのローカルパスの変更や、アクセス許可を設定することができます。
設定は、「Default Web Site」を選択し、操作ペインプロパティ「基本設定」から行います。

□ 既定のドキュメント
Webページにアクセスするには、http://<Webサーバー名>/<Webページ>.htmlのようにWebコンテンツを指定しなければいけませんが、Internet Information Servicesと書かれた既定のコンテンツは指定なしでも表示されました。これは、IISがWebページの指定がなかった場合に表示するWebページを設定しているためです。これを変更することも可能で、「Default Web Site」の「機能ビュー」「既定のドキュメント」から行います。

□ 仮想ディレクトリ
wwwrootフォルダーの中にhogeフォルダーを作成し、その中にhogepage.htmlというWebページを保存した場合のhogepage.htmlのURLは以下のようになります。
　　http://<Webサーバー名>/hoge/hogepage.html
　Windowsのファイルパスの「¥」が「/（スラッシュ）」に変化しただけなので、戸惑うことは少ないでしょう。基本的にはこのようにフォルダーの中身がそのままWebサイトの階層構造になります。
しかし例外として、IISには「仮想ディレクトリ」という概念があります。これは実際にはwwwrootフォルダーの中にないフォルダーを、IISにより仮想的にDefault Web Siteの下にあるように見せかける機能です。
通常、公開できるファイルは、Webサイトとして指定されたフォルダーの中にある必要があります。しかし、アプリケーションのデータなど、非公開のフォルダーにあり、場所が移動できないファイルを公開したい場合に、仮想ディレクトリを利用します。仮想ディレクトリを作成し、それにファイルを紐づけることにより、非公開のフォルダーに保存されたまま、データを公開することができます。

□ Webアプリケーション
Webアプリケーションについても、前述した仮想ディレクトリと同様に、実際のWindowsのフォルダー構造にかかわらず、自由にWebサイトの階層構造を作成することができます。
仮想ディレクトリは、HTMLファイルなどのコンテンツ自体を公開する際のアドレスとして利用しますが、Webアプリケーションは、コンテンツ以外にもアプリケーションファイルやDLL（Dynamic Link Library）など、aspxファイルのプログラム動作に必要なファイル群を配置して動作させる際に利用します。
これらも、実際のフォルダー構造を意識せずに、ひとつの「Webアプリケーション」として動作するWebサイトとして公開することが可能です。

- Webアプリケーションの追加

☐ バインド
IIS は要求を受け付ける時に、ホストとポートとプロトコルでどの Web サイトを表示するか決定します。「バインド」とは、Web サイトに対して公開する URL や、ポートを設定することです。
IIS のインストール直後の状態では、Default Web Site に対して、80 番ポートの要求であれば、どのホスト名でも受け付けるように設定されています。
例えば、SSL を使用して HTTPS で公開したいような場合や、複数の Web サイトを別々の URL で公開したいような場合には「バインド」を設定します。

- バインドの追加方法
サイトを選択した状態で、右側の操作ペインの「バインド」から追加することができます。
次の例では、ホスト名とポートを指定して、HTTPS でアクセスできるように設定しています。

25-8　Webサーバー関連演習

Webサーバー関連演習

演習内容
■ Webサーバーの構築（IISコンポーネントのインストール）
■ Webコンテンツの追加

スライド176：Webサーバー関連演習

Webサーバー関連演習

※　以下に、Webサーバー関連演習において前提条件を示します。
1. サーバーのコンピューター名を「W2K16SRV1」とします。
2. アカウントは Administrator を使用します。
3. 本演習では、W2K16SRV1 の IP アドレスを［192.168.0.11］とします。
4. Internet Explorer がインストールされていることとします。

※　以下に、Webサーバー関連演習の構成図を示します。

Windows Server 2016
コンピューター名：W2K16SRV1
IPアドレス：192.168.0.11

演習1　Webサーバーの構築（IISコンポーネントのインストール）

1. W2K16SRV1 にて、［スタート］-［Windows アクセサリ］-［Internet Explorer］をクリックします。
2. ［Internet Explorer］画面にて、［アドレス］欄に "http://localhost" と入力して［Enter］を押下します。
3. ［Internet Explorer］画面にて、［このページを表示できません］というメッセージが表示されることを確認します。
4. ［スタート］-［サーバーマネージャー］-［役割と機能の追加］をクリックします。

5.   [役割と機能の追加ウィザード］が開き、［開始する前に］画面が表示されるので、デフォルトのまま［次へ］
      をクリックします。
6.   [インストールの種類の選択］画面にて、デフォルトのまま［次へ］をクリックします。
7.   [対象サーバーの選択］画面にて、デフォルトのまま［次へ］を選択します。
8.   [サーバーの役割の選択］画面にて、［役割］欄から［Web サーバー（IIS）］のチェックボックスをオンにし、
      デフォルトのまま［機能の追加］をクリックします。
9.   [サーバーの役割の選択］画面に戻るので、［次へ］をクリックします。
10.   [機能の選択］画面にて、［次へ］をクリックします。
      ※ [機能］欄より、IIS の機能の中でもデフォルトでインストールされる機能とされない機能があることを確
         認できます。
11.   [Web サーバーの役割（IIS）］画面にて、［次へ］をクリックします。
12.   [役割サービスの選択］画面にて、［次へ］をクリックします。
      ※ [役割サービス］欄より、デフォルトでインストールされる役割とされない役割があることを確認できます。
13.   [インストールオプションの確認］画面にて、インストールをクリックします。
14.   インストールが終了したら、［閉じる］をクリックし画面を閉じます。
      ※ 終了する前に画面を閉じても実行中の処理は中断されることはありません。処理の進行状況を再度表示
         したりするには、コマンドバーの［通知］-［タスクの詳細］をクリックします。
15.   [スタート］-［サーバーマネージャー］-［ダッシュボード］の［役割とサーバーグループ］より、IIS が追加
      されていることが確認できます。
16.   [Internet Explorer］画面にて、［アドレス］欄に、手順 1 と同じように "http://localhost" と入力し、［Enter］
      を押下します。
17.   [Internet Explorer］画面にて、［IIS Windows Server］の Web ページが表示されることを確認します。
      ※ [アドレス］欄に入力した「http://localhost」の「localhost」部分を、サーバー名を指定した "http://
         W2K16SRV1" や IP アドレスを指定した "http://192.168.0.11" に変えても［IIS Windows Server］の
         Web ページが表示されることを試します。
以上で、「Web サーバーの構築（IIS コンポーネントのインストール）」演習は終了です。

演習 2　Web コンテンツの追加

この演習では HTML で記述された Web ページではなく、テキストファイルを追加し、Web ブラウザーで表示させ
ます。また、IIS では拡張子が .txt のファイルもデフォルトで提供することができます。
1.   W2K16SRV1 にて、［スタート］-［Windows 管理ツール］-［インターネットインフォメーションサービス（IIS)
      マネージャー］をクリックします。
2.   [インターネットインフォメーションサービス（IIS）マネージャー］画面にて、画面左の［W2K16SRV1］-［サ
      イト］-［Default Web Site］と展開します。
3.   [インターネットインフォメーションサービス（IIS）マネージャー］画面にて、［Default Web Site］を右クリッ
      クし、［アプリケーションの追加］をクリックします。
4.   [アプリケーションの追加］画面の［エイリアス］欄に［ensyu］と入力します。
      ※ エイリアスは、URL 中で使用するアプリケーションのディレクトリの名前です。物理パスと同じ名前にし
         ておくほうがわかりやすいですが、名前が異なっていても問題ありません。
5.   [物理パス］欄の右側にある［…］をクリックし、［フォルダーの参照］を開きます。
6.   [ローカルディスク］から［inetpub］-［wwwroot］を選択し、［OK］をクリックします。
      ※ [inetpub］フォルダーは IIS をインストールすると自動で作成されるフォルダーです。
7.   [物理パス］欄に "C:¥inetpub¥wwwroot" と入力されていることを確認してから、［OK］をクリックします。
      ※ この欄で Web サイトと紐づけるフォルダーを設定でき、左ペインの Default Web Site の下に表示され
         ます。
      ※ この時の表示名は＜エイリアス＞で入力した名前になります。
8.   [スタート］-［エクスプローラー］-［PC］-［ローカルディスク（C:)］-［inetpub］-［wwwroot］とクリッ
      クします。
9.   [wwwroot］フォルダー内にて右クリックし、［新規作成］-［テキストドキュメント］をクリックします。
10.   手順 9 にて作成した、［テキストドキュメント］のファイル名を "test" とし、［test］の中に適当な文字を入力

475

し、保存します。

11. ［インターネットインフォメーションマネージャー］画面に戻り、画面左の［ensyu］を選択した状態で、画面下のコンテンツビューをクリックし、"test.txt" が追加されていることを確認します。表示されない場合は、画面右に表示されている［最新の情報に更新］をクリックしてください。「F5」を押すことでも更新されます。

12. ［スタート］-［Windows アクセサリ］-［Internet Explorer］をクリックします。

13. ［Internet Explorer］画面にて、［アドレス］欄に "http://localhost/ensyu/test.txt" と入力して［Enter］を押下します。

14. 手順 10 にて、［test.txt］に保存した内容が Web ブラウザーの画面に表示されることを確認します。

以上で、「Web コンテンツの追加」演習は終了です。

Chapter 26

データベース

26-1 章の概要

章の概要
この章では、以下の項目を学習します

■ データベースの概要
■ リレーショナルデータベース
■ 正規化・SQL 文
■ データベースサーバー
■ Microsoft SQL Server
■ Microsoft SQL Server の基礎用語
■ Microsoft Office Access と Microsoft SQL Server の違い
■ データベース関連演習

スライド 177：章の概要

Memo

26-2　データベースの概要

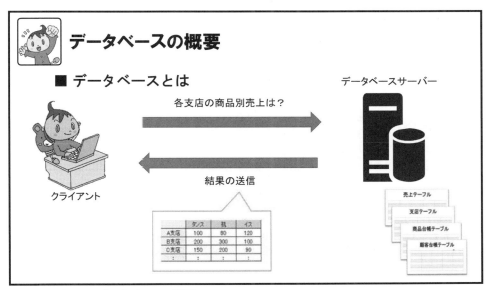

スライド 178：データベースの概要

▍データベースとは

　データベースとは、データをある決まった形式で蓄積することにより、必要な情報を容易に検索・抽出できるようにしたものです。
　例えばデータベースを使用することで、ユーザーの検索要求に従って売り上げデータや支店データなどから、各支店の売上一覧を表示することが可能になります。

　あらゆるコンピューター上のプログラムは、何らかのデータを入力として受け付け、これを処理して、何らかの形式でデータを出力します。これはワードプロセッサや表計算のような一般的に使用するアプリケーションにせよ、大規模なアプリケーションにせよ同じです。
　つまりプログラムを実行するには、プログラムがデータを読み書きするための仕組みが必要となります。

　多くのアプリケーションは、処理結果をそのアプリケーション独自のデータ形式のファイルとしてハードディスクに保存したり、過去の処理結果を読み出したりできるようにしていますが（例えば Word なら .DOC ファイル、Excel なら .XLS ファイルなど）、そのデータファイルを使用できるのは特定のアプリケーションだけで、ほかのアプリケーションはデータファイルを読むことはできません。
　つまり、同じ情報（データ）であっても、アプリケーションごとに異なるデータファイルが必要になります。
　これに対しデータベースは、データを構造化し、特定のアプリケーションに依存しない汎用的なデータ形式で保持することにより、様々なアプリケーションの要求に柔軟に答えることができます。

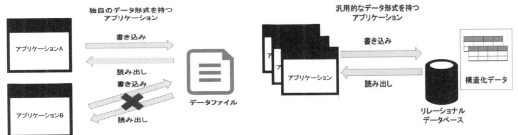

26-3　リレーショナルデータベース

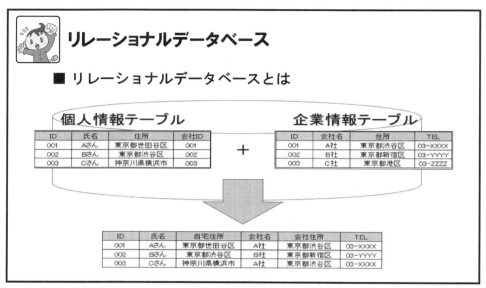

スライド179：リレーショナルデータベース

リレーショナルデータベースとは

　ひとくちにデータベースシステムといっても、様々な方式があり、このうち現在で最も一般的なのがリレーショナルデータベース（RDB：Relational Database）です。

　RDBでは、データを列と行からなる表形式（テーブル）として構造化して管理し、複数の表を関係付けることなどにより（リレーション）、アプリケーションの様々なデータ要求に柔軟にこたえることができます。

例えば、下の図は、社員の氏名と所属を記録したテーブル（テーブルA）と社員の年収を記録したテーブル（テーブルB）から、簡単なRDBの操作を行ったケースを示しています。

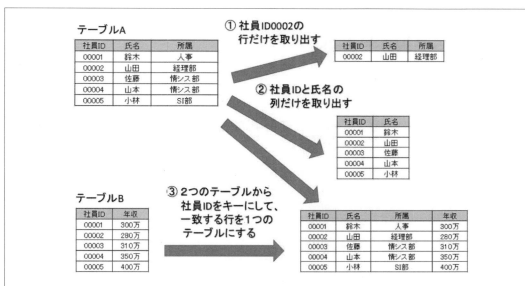

① 　テーブルAから社員IDが「0002」の行データだけを取り出しています。ここでは1つの行だけを取り出していますが、もちろん、検索等で一定の条件を満たす複数の行を取り出すことも可能です。

② 　テーブルAの一部の行だけを表形式で取り出しています。物理的なデータの形式とは関係なく、アプリケーションの処理に必要な列だけからなる表データを取り出すことができます。

③ 　テーブルAとテーブルBという2つの表から、社員IDが一致する行データを組み合わせて、大きな1つの表データを取得しています。この場合の社員IDは「外部キー」と呼ばれます。

　RDBとして保存しておけば、元のデータ形式（テーブルAやテーブルB）に依存することなく、アプリケーションが必要なデータを必要な形式で取り出すことができ、様々なアプリケーションの要求に柔軟に答えることができます。

　また複雑な業務アプリケーション開発では、開発途中で処理すべきデータが追加される場合があります。この場合でもRDBなら、必要なデータを後から追加すれば、前図③の操作などによって、アプリケーションが必要な形式の表データを取得することが可能となります。

26-4　正規化・SQL文

正規化・SQL文

■ 正規化とは
■ SQL文とは

ID	氏名	自宅住所	会社名	会社住所	TEL
0001	Aさん	東京都世田谷区	A社	東京都渋谷区	03-XXXX
0002	Bさん	東京都渋谷区	B社	東京都新宿区	03-YYYY
0003	Cさん	神奈川県横浜市	A社	東京都渋谷区	03-XXXX

無駄のないデータへの正規化

ID	氏名	住所	会社ID
0001	Aさん	東京都世田谷区	0001
0002	Bさん	東京都渋谷区	0002
0003	Cさん	神奈川県横浜市	0001

個人情報テーブル

ID	会社名	住所	TEL
0001	A社	東京都世田谷区	03-XXXX
0002	B社	東京都新宿区	03-YYYY
0003	C社	東京都港区	03-ZZZZ

企業情報テーブル

スライド180：正規化・SQL文

正規化とは

データベースの作成を終えたら、テーブルを作成します。

テーブルとは、目的に応じて「社員」や「部門」、「商品」、「売上」などのように作成していきますが、事前にどのように作成するかを設計する必要があります。

そのテーブル設計の中ででも特に重要なのが「正規化」です。

「正規化」を行うことで、「冗長な」データを排除した最適なデータベースを設計できます。冗長とは「余分な」・「無駄が多い」・「だらだら長い」などの意味があります。

下の表では、社員と部門に関する情報を1つのテーブルに格納しました。

冗長な社員テーブル

社員番号	氏名	性別	入社日	部門番号	部門名	部門TEL	部門FAX	部門住所
1	山田花子	女	1986/4/1	1	人事	03-53xx-xxxx	03-53xx-nnnn	東京都新宿区西新宿x-x-x Tビル55F
2	鈴木一郎	男	1986/4/1	1	人事	03-53xx-xxxx	03-53xx-nnnn	東京都新宿区西新宿x-x-x Tビル55F
3	中山久美子	女	1988/7/1	2	営業	047-xxx-xxxx	047-xxx-nnnn	千葉県浦安市舞浜x-x-x Dビル3F
4	角野尚子	女	1992/10/1	1	人事	03-53xx-xxxx	03-53xx-nnnn	東京都新宿区西新宿x-x-x Tビル55F
5	山田太郎	男	1992/4/1	2	営業	047-xxx-xxxx	047-xxx-nnnn	千葉県浦安市舞浜x-x-x Dビル3F
6	中村健一	男	1996/9/1	3	経理	045-yyy-yyyy	045-yyy-nnnn	神奈川県横浜市西区x-x-x Sタワー30F
7	横田みゆき	女	1998/4/1	1	人事	03-53xx-xxxx	03-53xx-nnnn	東京都新宿区西新宿x-x-x Tビル55F
:	:	:	:	:	:	:	:	:

図内で冗長なのは、部門名、部門TEL、部門FAX、部門住所という項目です。このままでは、社員を登録するたびに、部門に関する情報も余分に追加されることになります。

例えば、人事部に所属する社員を登録したとすると、人事部の TEL、FAX、住所も余分に追加しないといけません。
TEL が「03-53xx-xxxx」、住所が「東京都新宿区西新宿 x-x-x T ビル 55F」ということが分かっているにも関わらず、追加社員登録のたびに余分に追加しなければなりませんので、作業の負担にもなる上、ディスク容量を余計に消費し、登録時に書き込まれるデータ量も増えるため、登録の性能を落とすことになります。

また部門名が変更された場合、変更があった部門に所属している社員全員の部門名を更新しなければいけません。
このように冗長なデータを含んでいるテーブルでは、登録や更新の性能が低下しています。
下図は前述の図の冗長なデータを排除した構成です。部門に関連する情報を別のテーブルに格納しているため、社員の登録時に余分なデータは追加されません。

また部門名が変更されたとしても、変更するのは 1 箇所のみで済みます。

■社員テーブル

社員番号	氏名	性別	入社日	部門番号
1	山田 花子	女	1986/4/1	1
2	鈴木 一郎	男	1986/4/1	1
3	中山 久美子	女	1988/7/1	2
4	角野 尚子	女	1992/10/1	1
5	山田 太郎	男	1992/4/1	2
6	中村 健一	男	1996/9/1	3
7	横田 みゆき	女	1998/4/1	1
:	:	:	:	:

■部門テーブル

部門番号	部門名	部門TEL	部門FAX	部門住所
1	人事	03-53xx-xxxx	03-53xx-nnnn	東京都新宿区西新宿 x-x-x T ビル55F
2	営業	047-xxx-xxxx	047-xxx-nnnn	千葉県浦安市舞浜 x-x-x D ビル3F
3	経理	045-yyy-yyyy	045-yyy-nnnn	神奈川県横浜市西区 x-x-x S タワー30F

■参照
　部門番号をたどることで、部門に関する情報が得られる。

なお、正規化には、いくつかの手順があり（第 1 正規化から第 5 正規化）、正規化を行ったものを正規形と言います。

SQL 文とは

正規化の説明の中で、テーブルにデータを「登録する」や「更新する」という表現がありました。このテーブルにデータを「登録」したり「更新」したりする際に使用されるのが「SQL 文」と呼ばれるものです。
「SQL 文」は「SQL」という言語を使い、RDB の管理システムにおいてデータの操作や定義を行うための問い合わせに使用され、データベースを操作するのに欠かせぬものとなっています。

SQL 文法の種別は以下の 3 つに大別されます。
　　　　□　データ定義言語
　　　　□　データ操作言語
　　　　□　データ制御言語

□　**データ定義言語**
　　データベースを構築したり、管理する際に使用します。

　　データ定義言語には主に、次のようなものがあります。
- スキーマ * 定義（CREATE SCHEMA）
- 実表定義（CREATE TABLE）
- ビュー定義（CREATE VIEW）
- 権限定義（GRANT）
- データベース定義（CREATE DATABASE）
- インデックス定義（CREATE INDEX）
- 表定義変更（ALTER TABLE）
- 表（データベース）削除（DROP）

※ スキーマ（SCHEMA）
データベースの構造。
データの管理の仕方によって、リレーショナルデータベースやカード型データベース、ネットワーク型データベースなどの種類があります。こうした基本的なデータ管理の方式は「概念スキーマ」と呼ばれることがあります。
概念スキーマとは、データベース上の論理データのことで、データベースに保持するデータの要素およびデータ同士の関係を定義します。テーブル定義書などが概念スキーマに当たります。
さらに、リレーショナルデータベースでテーブルを設計する際の、各項目のデータ型やデータの大きさ、主キーの選択、他のテーブルとの関連付けなどの仕様や、ネットワーク型データベースのレコードの設計などもスキーマです。概念スキーマと区別して「内部スキーマ」と呼ばれることもあります。
内部スキーマでは、概念スキーマで定義された論理データを具体的にどのようにデータベース管理システム内部で管理するかを定義します。
他にも、概念スキーマで定義されたデータから必要なものを取り出したものを外部スキーマとよび、これらを3層スキーマと呼びます。

□ データ操作言語
データベースを検索したり、データを修正したりする際に使用します。

データ操作言語には主に、次のようなものがあります。
- 検索（SELECT）
- 挿入（INSERT）
- 更新（UPDATE）
- 削除（DELETE）

□ データ制御言語
トランザクション＊を制御する際に使用します。

- トランザクションの開始（BEGIN）
- トランザクションの確定（COMMIT）
- トランザクションの取り消し（ROLLBACK）
- 任意にロールバック＊地点を設定する（SAVEPOINT）
- 表などの資源を占有する（LOCK）

※ トランザクション

関連する複数の処理を 1 つの処理単位としてまとめた処理のことです。

金融関連のコンピュータシステムにおける入出金処理のように、一連の作業を全体として一つの処理として管理するために用いられます。

トランザクションとして管理された処理は「すべて成功」か「すべて失敗」のいずれかであることが保証されます。

例えば、資金移動システムをコンピュータで処理する場合、出金処理と入金処理は「どちらも失敗」のどちらかであることが要求されます。「出金に成功して入金に失敗」してしまうと、出金された資金が宙に浮いてしまいます。

このような場合に、出金と入金をまとめて 1 つのトランザクションとして管理し、どちらか一方が失敗したらもう片方も失敗させ、どちらも成功したときに初めて全体を成功と評価するのがトランザクション処理です。

※ ロールバック

データベースに障害が発生したときに、記録してあるチェックポイントにまでデータを巻き戻すことです。記録してあるチェックポイントまでデータを巻き戻すため、チェックポイント以降に行った処理は失われます。主に、データベースの論理的障害に対して用いられます。

26-5　データベースサーバー

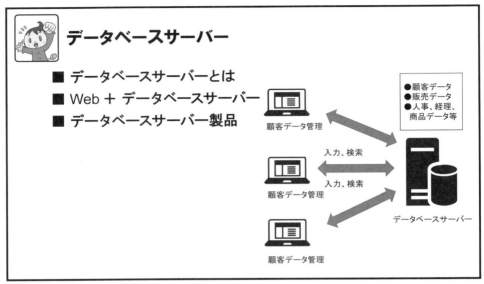

スライド 181：データベースサーバー

▎データベースサーバーとは

　データベースサーバーは、大量のデータベースの一元管理、データの整合性の保証、どのクライアントからの問い合わせに対しても正しく答えを返すなど、データを管理する能力に特化したサーバーといえます。

　データベースサーバーの独壇場となっているのが基幹業務系のシステムです。

　基幹業務系のシステムは主に顧客データや販売データ、人事、経理、商品といったデータベースを中心にシステムが構築されています。これらのシステムはプログラムによって、データベースサーバーとやり取りを行うことで仕事をしています。

　構築されたシステムのデータ入力画面などのインターフェースはユーザーに身近ですが、その先にデータベースサーバーが存在しているのです。

▎Web ＋ データベースサーバー

　ひとくちに「Web ＋ データベース」と言っても、イントラネット、グループウェアや電子カタログなど様々な利用方法が考えられます。

　データベースサーバーは Web ページ構築においても十分にその威力を発揮します。

　例えば、Web ページから入力された条件によりデータを検索し、動的に Web ページを生成することができます。しかも即時性があります。そして、専用のクライアントソフトがインストールされていなくても、Web ブラウザさえあれば、いつでもどこでも必要なデータにアクセスすることができます。

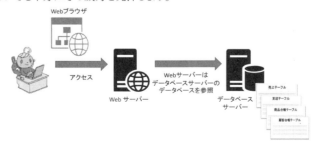

データベースサーバー製品

データベースサーバー製品として、主に下記のような製品があります。

☐ **Microsoft SQL Server**

マイクロソフト社のデータベースサーバー製品で、初心者でも利用しやすい GUI ツールや、自動設定 / 自動チューニング等の機能によりデータベースの管理 / 運用作業や開発作業を大幅に軽減します。
単一のデータベースプラットフォームで、豊富なリレーショナルサポートと XML の直接サポートを提供します。
Windows 対応となっています。

☐ **Oracle**

日本オラクル社のデータベースサーバーの製品です。
管理者が日常業務として行っている管理作業を自動化するための多数の機能を搭載しています。「パフォーマンスとスケーラビリティ、高可用性、最新セキュリティ機能、管理性」を中心に 400 以上の機能を搭載しており、高い性能と信頼性でデータを管理します。各種 Linux/Unix 用と Windows 用があります。

☐ **IBM DB2**

IBM 社のデータベースサーバー製品です。
DB2 は、IBM 社が開発する情報管理のためのソフトウェア製品群です。DB2 V9 では、
実績のあるリレーショナル構造に加えて、ネイティブ XML 構造の両方のデータを扱うことができます。データベースの自動チューニング機能、開発機能、データ圧縮、管理機能等を持ち、高可用、ハイパフォーマンスなデータベースサーバーです。
Windows/Linux/Unix 対応となっています。

☐ **Adaptive Server**

サイベース社のデータベースサーバー製品です。
最新のクエリ処理機能とクエリ実行エンジンの搭載によって、パフォーマンスは飛躍的に向上し、ハードウェアのリソース処理量を軽減でき、暗号化により運用リスクの低減が図れます。
また、経験の少ない管理者向けのジョブウィザードを搭載しています。
Windows/Linux/Unix 対応となっています。

☐ **MySQL**

オープンソースのデータベースソフトです。
他のフリー RDBMS と比較して高速性に定評があります。特に更新よりも参照の頻度の高いアプリケーションに向いており、具体的には Web アプリケーションの多くが MySQL を使用しています。
Windows/Linux/Unix 対応となっています。

☐ **PostgreSQL**

オープンソースのデータベースソフトです。
stgreSQL は、オブジェクト関係データベース（ORDB）を実装したパイオニアとして、役割を果たしてきました。
また、近年においては、機能、信頼性ともに目覚ましい発展を遂げており、商用の RDBMS と遜色が無くなってきています。
Windows/Linux/Unix 対応となっています。

データベースサーバー製品ではないですが、参考までに下記の製品を紹介します。

☐ **Microsoft Office Access**

マイクロソフト社のデータベースソフトです。
独自のデータベースエンジンである「Jet Database Engine」を搭載し、単体で完結したデータベース、ソフトとして利用できます。
また、Microsoft SQL Server や ODBC 対応の他社データベースエンジンなどと接続して、テーブル表示やレコード編集などを行う GUI フロントエンドとして利用可能です。

487

テーブルの作成や編集だけでなく、クエリの生成や入力フォーム、レポートなど一通りの機能を備え、データベースを活用したアプリケーションを構築することができます。

マクロや VBA（Visual Basic for Application）でプログラムを開発することで複雑な処理を実装することもできます。Windows 対応となっています。

26-6　Microsoft SQL Server

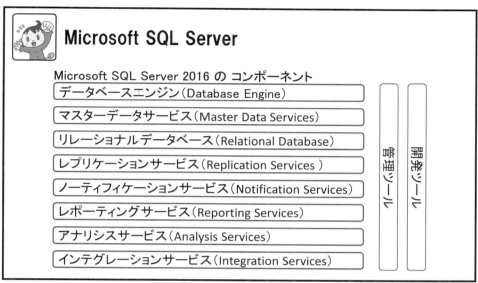

スライド 182：Microsoft SQL Server

Microsoft SQL Server について

　Microsoft SQL Server（以下 SQL Server）は、高い信頼性や機能性、処理機能、柔軟性が確保されたデータ・アクセスを必要とするアプリケーション向けに、データアクセスサービスを提供するリレーショナルデータベース管理システム（RDBMS：Relational Database Management System）です。

　アプリケーションの様々な要求に応えるために、SQL Server は、データベースのアクセスを直接制御するコア・エンジンに加え、データベースを効率的に管理するためのツールや、データを多角的に分析するサービスなど、様々なコンポーネントの集合体となっており、そのコンポーネントを 1 つの統合管理コンソールで監視および管理できるため、管理作業が簡素化されます。

Microsoft SQL Server を構成する主なコンポーネント

コンポーネント	機能
Database Engine	データの格納、処理、レプリケーション省略、フルテキスト検索、データクエリサービス
Master Data Services	マスターデータ管理機能。データ更新のルール作成、データを更新するユーザーを制御
Relational Database	リレーショナルデータベース機能。フェールオーバークラスタ、ミラーリング、スナップショット、データパーティショニング、高速復元、ユーザーとスキーマ分離、データ暗号化プリミティブ、XML データ型、Web サービスのサポート
Replication Server	レプリケーション機能。レプリケーションエージェント自動チューニング、Oracle 発行、レプリケーションモニタ
Notification Services	データ（データベース）変化に伴う通知機能、スケジュールによる通知機能、イベントのヒストリによる通知機能、アプリケーションの状態による通知機能、外部データベースによる通知機能
Reporting Services	レポート処理機能。レポートサーバー機能、レポートデザイナーツール、Web パーツ等サポート、レポート配信、スケジューリング、キャッシュの利用
Analysis Services	分析処理機能。OLAP キューブ作成・管理、マイニングルール、自動パッケージ化
Integration Services	データ変換機能。様々なタスクの処理、スケジュール実行、複雑な条件分岐実行、パッケージ化、パッケージ展開ツール
管理ツール	Management Studio、SQL コンピューターマネージャー、Business Intelligence Development Studio、SQL プロファイラ、データベースチューニングアドバイザー

データベースエンジン（Database Engine）

　データベースエンジンは、データの格納、処理、セキュリティ確保を行うサービスです。
アクセス制御と高速トランザクション処理使うことで、大規模なデータ処理も行えます。
データベースから別のデータベースにデータやオブジェクトをコピー、配布できるレプリケーションや、SQL Server テーブルのフルテキストクエリ実行、データソース内で一貫性のない不適切なデータを発見できる機能もあります。

マスターデータサービス（Master Data Service）

　マスターデータ情報を管理するためのサービスです。
マスターデータとは、各データベースで共通となる、商品や顧客などといったものを指します。
　SQL Server 2016 では、リレーショナルデータベースのテーブルの同期や、複数のユーザーによる同一項目の変更によっておこる、競合をマージ、ユーザーの変更履歴を容易に確認などが可能となっています。

リレーショナルデータベース（Relational Database）

　データを格納し、参照するためのデータベースエンジンです。データベースエンジンは、アプリケーションからのデータの問い合わせ（クエリ：Query）に応じます。
　データベースサービスはデータの蓄積処理を行うことはもちろんですが、それ以外にも障害時に別サーバーへ切り替えるためのフェールオーバークラスタリングや、ミラーリング機能、それから不正侵入者による不正閲覧や、改竄（かいざん）からデータを守るデータ暗号化などのセキュリティ機能等、その他様々な機能を持っています。
　SQL Server は行指向のデータベースと言われており、頻繁にレコードにアクセスして内容を更新し、高速な検索を実現します。SQL Server2016 は、性能の向上により、
高速な検索だけでなく、データ分析も容易に行えるようになりました。
これは列指向データベースと言われ、大量の類似データ項目に対し集計、検索を行うのに適したデータベースです。

□　**Operational Analytics（OLTP とデータ分析の両立）**
　　OLTP（オンライントランザクション処理）と Analytics（データ分析）を両立して行うことができます。
　　今までの SQL Server では、OLTP と Analytics を別々のテーブルで行うことはできましたが、1 つのテーブルで両者を行うことはできませんでした。
　　SQL Server 2016 では、両者を 1 つのテーブルで行うことが可能となり、データのリアルタイム分析も高速に行うことができるようになりました。これにより、リレーショナルデータベースに蓄積したデータに対して、直接

データ分析を行うことができます。

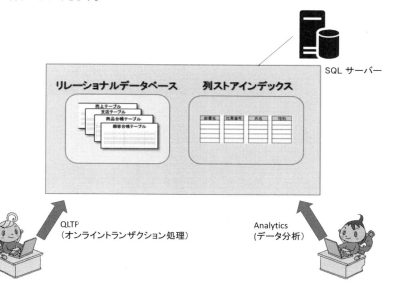

- **フェールオーバークラスタリング、ミラーリング**

    信頼性、可用性の面で、ハードウェアの障害時における停止またはデータベースの障害に対応できるフェールオーバー、クラスタリング機能を搭載しています。

    フェールオーバークラスタリングとは、サーバー間でディスクを共有させ、サーバーに障害が発生した場合、動的にディスクを共有する他のサーバーに切り替え、継続的に稼働させる機能です。

    ミラーリング機能は、フェールオーバーと同様の機能を持っています。

    ミラーリング機能は、トランザクションログ（データの挿入、更新、削除など、データベースの変更を記録したログ）をメインサーバーからミラーリング先の予備サーバーへ継続的にデータを送り、予備サーバーでトランザクションログを反映させることによりデータベースの複製を持つ機能です。

    システム障害が発生した場合、アプリケーションは直ちに予備サーバー上のデータベースに切り替えることができます。設定は、管理ツールのデータベースのプロパティから簡単に設定することができます。

- **データベーススナップショット**

    データベーススナップショット機能は、現時点でのデータベースの全体の状態をコピーして保存する機能です。スナップショットの作成は、大量のデータが格納されたデータベースであっても、バックアップ処理のように時間はかかりません。また、データベースへの復元作業もバックアップからの復元と違い、高速で処理することができます。

    たとえば、メンテナンスなどで失敗したバッチ処理を再度実行し直す場合や、システムの仕様変更に基づきデータベースの構成を変更する場合に、誤って大量のデータを変更するような操作ミスに備えることができます。

☐ 高度なセキュリティモデル、暗号化のサポート
以前の SQL Server 製品に比べ、SQL Server へのログインパスワードにパスワードポリシーや、有効期限を SQL Server の機能のみで適応させることが出来るようになりました。そのほかにデータの暗号化機能として、対称暗号化、非対称暗号化を用いてデータの暗号化、暗号化の解除を行えるようになりました。
SQL Server 2016 では以下のような機能が搭載されています。

- 動的データマスク
  クレジットカード番号やマイナンバーなどの顧客情報、機密情報を別の値に変換することで、情報漏洩を防止することが可能です。

社員番号	氏名	マイナンバー
1	山田花子	1234-5678-9012
2	鈴木一郎	3456-7890-1234
3	中山久美子	5678-9012-3456

データをマスク（別の値に変換）

社員番号	氏名	マイナンバー
1	山田花子	12xx-xxxx-xxxx
2	鈴木一郎	34xx-xxxx-xxxx
3	中山久美子	56xx-xxxx-xxxx

- 行レベルセキュリティ
  行単位でユーザーのアクセス制御を行うことができます。

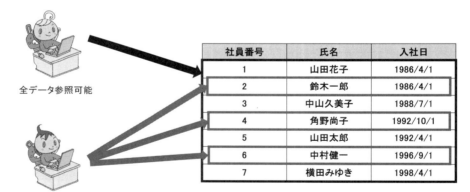

- Always Encrypted
  ネットワーク上を流れるデータ、データベース内に格納されているデータもすべて暗号化して格納できる機能です。

また SQL Server のデータベースエンジンは、インターネットアプリケーションで利用が広がっている XML* にも対応しています。XML を使用した Web サービスにおいては、SQL Server 2000 では IIS を介して動作させていましたが、SQL Server 2016 ではデータベース上でネイティブに Web サービスを実装・稼働させることが可能です。

※ XML：Extensible Markup Language の略です
文書やデータの意味や構造を記述するマークアップ言語の一つです。
マークアップ言語とは、「タグ」と呼ばれる特定の文字列で文に構造を埋め込んでいく言語のことです。
XML はユーザーが独自のタグを指定できることから、マークアップ言語を作成するためのメタ言語とも

言われます。

さらにデータベースエンジンは、データベースアクセスを行うアプリケーション向けにマイクロソフトの標準的なデータアクセスインターフェースを提供します。

アプリケーションはデータアクセスインターフェースさせ提供されれば、特定の RDBMS に依存せず、RDBMS が何であるかを意識することなく接続することができます。

- **ADO/ADONET（ActiveX Data Object/ActiveX Data Object.NET）**
  ADO は ActiveX Data Object の略です。
  Visual Basic や VBA（Visual Basic for Application）、ASP（Active Server Pages）、VBS（Visual Basic Script）などのプログラムから簡単に使えるようにしたインターフェースです。
  ADONET は ADO の次世代版として、マイクロソフトとソフトウェア・プラットフォームの .NET Framework に対応したものです。

- **ODBC（Open Data Base Connectivity）**
  初期のアプリケーション向けデータベース・インターフェースです。
  Microsoft SQL Server や Microsoft Access などのマイクロソフト向けの ODBC ドライバが提供されています。
  Oracle や DB2（IBM）など、様々なデータベース製品向けの ODBC ドライバが提供されています。

- **OLE DB（Object Linking and Embedding Data Base）**
  COM ベースのデータベースアクセス用プログラミングインターフェースです。
  OLEDB インターフェースを提供するのは OLEDB プロバイダと呼ばれるソフトウェアコンポーネントです。

レプリケーションサービス（Replication Services）

レプリケーションは「複製」という意味で、データベースを一時的に別のコンピュータに複製し、後で変更的を同期させることができます。複製した複数台のサーバーを用意することによって、サーバーへの負荷を軽減したり、サーバー障害時のバックアップとして利用することができます。

レプリケーションでは、出版物の流通をモデルに、コンポーネントやプロセスを命名しています。

これらを図示すると次のようになります。

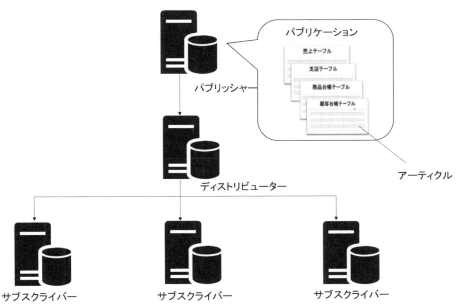

パブリッシャー（publisher）に「出版社」の意味で、レプリケーションの元となるデータを提供するサーバーです。
パブリッシャーは、レプリケーションに必要なデータをパブリケーション（publication =「出版物」）として定義します。

レプリケーションの配布を効率的に実施するために、図のように途中にディストリビュータ（distributor =「卸売業者」）を配置することもできます。

サブスクライバ（subscriber =「購読者」）と呼ばれる複製されたデータを利用するシステムへパブリケーションが配布されます。

パブリケーションは、データベースからの1つないし複数のアーティクル（article =「記事」）の集合です。

アーティクルは、テーブルやレプリケーション用に指定されたデータベース・オブジェクトです。アーティクルには、テーブル全体はもちろん、指定の列のみ、特定の行のみ、定義されたビュー、ユーザー定義関数などを指定できます。

前図にあるとおり、複数のアーティクルをグループ化して管理することで、ひとまとまりとして複製する必要があるデータベース・オブジェクトのセットを定義することができます。

ノーティフィケーションサービス（Notification Services）

ノーティフィケーションサービスは、必要な情報を、データが発生したタイミングでサービスを受けるクライアントの元へ配信することができます。

たとえば、株価の変動通知サービスの場合、事前に定義したパーセンテージに基づき、サービス側では株価の変動が発生するたびにパーセンテージをチェックし、条件に一致していればメッセージをユーザーに発信させることができます。

通常ではクライアント側が、サーバー側に必要なデータが存在するか一定の間隔で確認をする必要がありましたが、ノーティフィケーションサービスを使用することにより、新しいデータを即座に入手できると共に、クライアント側では実装の手間やサーバーへの負荷を防ぐことができます。

レポーティングサービス（Reporting Services）

レポーティングサービスは、SQL Server に蓄積されたデータまたは外部ソースから取得したデータをもとに、帳票や、分析レポートをデザイナーツールで作成したり、設定したスケジュールに基づき、作成したレポートを配布することができます。

SQL Server 2016 では、レポートが作りやすくなり、Excel と同じようなレポートやモバイルレポート（スマホ、タブレット端末向け）が作成できます。

※　レポーティングサービスを使用する場合、「IIS」のインストールが必要となります。

アナリシスサービス（Analysis Services）

アナリシスサービスは、SQL Server のデータベースにデータ分析機能を提供する分析サービスです。

インテグレーションサービス（Integration Services）

インテグレーションサービスは、他のデータベースや外部ファイルから SQL Server にデータを取り込んだり、逆に SQL Server からデータの書き出しを行うためのデータ変換機能です。

たとえば、ネットワーク上に分散しているエクセルデータや、CSV データ、異種データベースデータから、SQL Server が必要なデータだけを抽出して、すべてを同じフォーマットに変換処理し、データベースに格納するといった処理を行うことができます。

インテグレーションサービスを使えば、データを取り込むときに SQL スクリプトを作成したり、データベースからデータを取り出すプログラムを書く必要がありません。

SQL Server 同士でのデータ転送はもちろん、Oracle や DB2,Access、その他の ODBC 対応データベース、Excel ファイル、可変長テキストファイル（カンマ区切り、タブ区切りなど）、固定長テキストファイルなど、様々なデータソース間でのデータ転送が可能です。

さらに、SQL Server とは関係ないところでのデータ転送も可能で、Oracle のデータを Excel ファイルやテキストファイルへ転送するといったことも可能なツールです。

※ SQL Server 2016 追加機能

- [ ] **可用性グループ機能（AlwaysOn）**
データベースミラーリングを進化させたような機能で、サーバー間でのデータベースの複製が可能です。
また、複製したサーバー側のデータをリアルタイム参照できたり、セカンダリサーバーを複数台構成することもできます。

- [ ] **Stretch Database**
テーブルのデータを Microsoft Azure 上のクラウドサービス（SQL Server Stretch Database）に置くことができます。
アクセス頻度の低いデータなどをクラウド上に置くことで、SQL Server のディスク容量を抑えることができます。
なお、クラウド上に配置したデータは SQL Server のローカルにあるデータと同じように操作することが可能です。

- [ ] **R Service**
統計分析用の開発言語である「R」のコード、関数を SQL Server 上で実行することが可能となります。Rコードを並列分散実行できるため、大規模なデータを処理してもエラーになることなく、処理を行うことができます。

26-7　Microsoft SQL Server の基礎用語

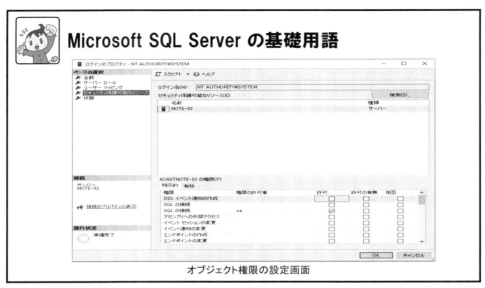

スライド 183：Microsoft SQL Server の基礎用語

Microsoft SQL Server の基礎用語

データベースファイル

データベースファイルは、テーブルやデータ、ビュー、ストアードプロシージャ、インデックスなどを格納するための領域です。

データベースファイルとトランザクションログファイルの 2 種類のファイルにより、データベースは構成されています。トランザクションログファイルには、データベースに対する変更を記録するトランザクション処理の履歴が格納されています。

テーブル

テーブルはデータを表形式にまとめたものを言います。

テーブルはフィールドとレコードで構成されます。フィールドは「列」、レコードは「行」のことで、その交差する部分に相当するデータが入ります。

次の表を例に説明すると、「ID」から「売り上げ金額」までがフィールド名です。
「1001」、「A さん」、・・・「1,000」までがひとつのレコードです。

例では、3 つのレコードが入力されており、それぞれ枠の中がデータです。

そして、フィールド名を含むそれぞれの列がフィールドといいます。

ID	担当者	ふりがな	商品名	売り上げ個数	売り上げ金額
1001	Aさん	えーさん	まんじゅう	10	1,000
1002	Bさん	びーさん	ケーキ	20	4,000
1003	Cさん	しーさん	和菓子	30	3,600

データ型

データベースでは、テーブルを構築する際、テーブルの各列に格納できるデータの型やサイズを指定します。そのデータの型、サイズを「データ型」といいます。

SQL Server には様々なデータ型が用意されており、テーブルに格納するデータの属性によりデータ型を定義します。また、要件を満たす範囲で最小サイズのデータ型を選択するようにします。

例えば、氏名を入力するフィールドのデータ型を定義する場合、値は文字属性となりますので、数値を定義するデータ型を使うのではなく、文字を定義するデータ型を使うことになります。

「文字列データ型」の例

データ型名	説明
Char [(n)]	n バイトの長さを持つ、固定長の文字列型データです。n に指定できる値の範囲は、1 〜 8,000 です。
Text	可変長のデータを指定します。最大長は 2,147,483,647 文字です。
Varchar [(n|max)]	可変長の文字型データです。n に指定できる値の範囲は、1 〜 8,000 です。

データの整合性

データの整合性は、データベースに格納されているデータの一貫性と正確性を定義します。

整合性にはいくつかの要件があります。

社員テーブルを例に説明すると、社員テーブルに登録されている社員コードは、社員個人を特定するためのコードですので、同じ値があるのは不自然で「整合性が取れていない状態」となります。

テーブルには通常、このようなレコードを一意に特定する値が入った列があります。この列をテーブルの「主キー」といい、他のテーブルから主キーを参照する列を「外部キー」といいます。

SQL Server では、各キーに制約を設定することでテーブル内の整合性を保ち、各テーブルのリレーションに制約をかけることにより、データベースの参照整合性を保っています。

次の例も整合性の要件になります。

もし部署名が「社員テーブル」に入っていたならば、部署名が変更になったときにはすべての部署名を変更しなければなりません。

「部署テーブル」を変更するだけでは、「社員テーブル」にある部署名は変更されません。このような状態を「データの整合性がとれていない状態」といいます。

それに対して、部署番号だけを「社員テーブル」に持っていれば、「部署テーブル」の部署名を変更するだけで、「社員テーブル」と「部署テーブル」を関係付けた「社員一覧表」では、部署名は変わったものが表示されます。このような状態を、「データの整合性がとれている状態」といいます。

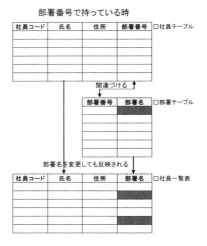

インデックス

データベースの世界で、インデックス（索引）とはテーブルに格納されているデータを高速に取り出す為の仕組みです。

インデックス機能は、どの行がどこにあるかを示した索引をつくることで、検索の際、目的のデータが見つかるまですべての行を1行ずつ調べるのではなく、索引を利用して目的の行の場所を見つけてからその行のデータを読み取るというような方法がとれるようになります。

インデックスを適切に使用することによってSQL文の応答時間が劇的に改善される可能性がありますが、利用の仕方が悪いと返ってパフォーマンスを低下させてしまうこともあります。インデックスを効率よく利用するために、次の点を注意する必要があります。

インデックス使用時の注意点

パフォーマンスの向上	・「主キー」や「外部キー」に対してインデックスを作成するとパフォーマンスが向上します。 ・異なる値が多いフィールドに対してインデックスを作成するとパフォーマンスが向上します。
パフォーマンスの低下	・異なる値が少ないフィールドに対してインデックスを作成すると、パフォーマンスが低下します。 ・テーブルを更新すると、インデックスも更新されますので、テーブルが頻繁に更新されるような場合にはパフォーマンスが低下します。

アカウント・権限

SQL Serverやデータベースを使用するためのアカウントや、データベースのデータを制御するための権限があります。アカウント・権限は以下の通りです。

- □ 認証モード
  - Windows認証モード
    Windowsで認証されたユーザーアカウントを使用しSQL Serverに接続するモード。
  - 混合認証モード（Windows認証モード、SQL Server認証モード）
    Windows認証か、SQL Serverで認証されたユーザーアカウントを使用して、SQL Serverに接続するモード。
    主に、旧SQL Server用のアプリケーション等でSQL Server認証を要求される場合や、Windows認証モードがサポートされないOSでの認証時に使用します。

☐ **ログインアカウント**
SQL Server へアクセスするためのアカウントです。
Windows 認証モード、もしくは、SQL Server 認証モードでログインする際に使用します。

☐ **ユーザーアカウント**
SQL Server 内のデータベースに接続するために使用するアカウントです。
データベース内のオブジェクトを使用するにあたり、ユーザーアカウントが必要となります。

☐ **ロール**
ロールとは、操作権限やセキュリティ権限をグループ化してユーザーに割り当てる役割のようなものです。

☐ **オブジェクト権限**
オブジェクト権限は、データを処理する場合や、プロシージャを実行する場合に必要な権限のことです。
オブジェクト権限の詳細は下記のとおりです。

- SELECT 権限
  SQL 文の SELECT 文の実行権限。テーブルやビュー（クエリで使用する仮想テーブル）または、列を
  参照することが出来る権限。

- INSERT 権限
  SQL 文の INSERT 文の実行権限。テーブルやビュー（クエリで使用する仮想テーブル）に対して行を
  挿入することが出来る権限。

- UPDATE 権限
  SQL 文の UPDATE 文の実行権限。テーブルやビュー（クエリで使用する仮想テーブル）または、列に
  対して更新することができる権限。

- DELETE 権限
  SQL 文の DELETE 文の実行権限。テーブルやビュー（クエリで使用する仮想テーブル）または、列に
  対して削除することが出来る権限。

- EXEC 権限
  ストアードプロシージャ実行権限

- DRI 権限
  別名 References 権限。テーブルを参照している外部キーを持つテーブルに行を挿入する権限。

☐ **ステートメント権限**
データベースやテーブル、ストアードプロシージャ（次の項にて説明）等を作成する場合に必要な権限です。
ステートメント権限の詳細は下記のとおりです。

- CREATE DATABASE
  データベース、およびデータベースを格納するファイルの作成ができる権限。
- CREATE DEFAULT
  デフォルトオブジェクトの作成ができる権限。
- CREATE PROCEDURE
  ストアードプロシージャの作成ができる権限。
- CREATE RULE
  ルールの作成ができる権限。
- CREATE TABLE
  テーブルの作成ができる権限。
- CREATE VIEW

499

ビューの作成ができる権限。
- BACKUP DATABASE
  データベースのバックアップができる権限。
- BACKUP LOG
  データベース全体、トランザクションログのバックアップができる権限。

☐ アカウントを使用する際の注意

外部から不正な入力を与えられたためにプログラムが誤動作したときでも被害を大きくしないためには、アプリケーションの場面ごとのデータベースアクセス形態（テーブル群に対する読み出し、書き込みなど）に応じた権限の組み合わせを持つ複数のアカウントを設け、それぞれの場面に適したアカウントの使い分けることです。逆に、権限をまとめて持ちすぎているアカウントは、アプリケーションから利用してはいけない、ということが言えるでしょう。

ストアドプロシージャ

データベースに対する一連の処理手順を一つのプログラムにまとめ、データベース管理システムに保存したものです。

クライアントから引数を渡してそれに基づいて処理を行ったり、クライアントに処理結果を返したりすることもできます。

作成されたストアドプロシージャはすぐに実行できる形式に変換されてデータベースサーバーに保存されるため、クライアントから呼び出し命令を送信するだけで処理が実行できます。

SQL文を一つずつ送るのに比べて、ネットワークのトラフィックを削減できます。

また、サーバー上で構文解析や機械語への変換を前もって終わらせておくため、処理時間の軽減にもつながります。

トランザクションログ

トランザクションログ（トランザクションログファイル）とは、データベースに対して実行されたトランザクション（処理）の履歴を格納するための領域です。

☐ トランザクションログの使われ方

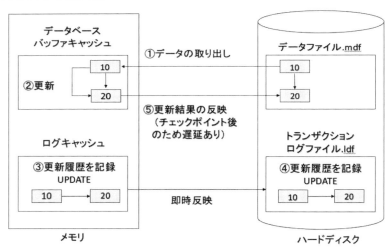

例：テーブル内のデータ「10」を「20」に更新するときの内部動作です。
① データファイルからメモリ上のデータベースバッファキャッシュにデータを取り出す。
② メモリ上で更新する。
③ メモリ上のログキャッシュに更新履歴を記録する。
④ 同じ内容をハードディスク上のトランザクションログに即時反映を行う。
⑤ チェックポイントというプロセスが発生したときに、データファイルへと更新結果を反映する。

26-8 Microsoft Office Access と Microsoft SQL Server の違い

	Microsoft SQL Server	Microsoft Office Access
処理速度の違い	サーバー側で処理を行うためクライアント側には負荷がかからない。	ファイル共有にて使用する場合、データの転送トラフィックとクライアントでのデータ処理にて負荷がかかる。
複数人数で同時に使った場合の違い	同時使用が前提で作られているので、競合で発生するレコードの排他処理機能が動く。	競合で発生した場合レコードの排他処理機能が無いのでデータの欠落等の問題が起こる可能性がある。
バックアップに関する違い	フルバックアップ、差分バックアップ、ログバックアップなどの細かな設定を行うことができる。	手動でコピー

スライド 184：Microsoft Office Access と Microsoft SQL Server の違い

Microsoft Office Access と Microsoft SQL Server の違い

Access と SQL Server には下記のような点で違いがあると言えます。

- 処理速度の違い
- 複数人数で同時に使った場合の違い
- バックアップに関する違い

- 処理速度の違い
  - Access
    サーバー内にデータを置き Access ファイルへアクセスする場合、データに対してクライアントから検索命令を出して検索結果を返す際に、Access は一旦命令を出したクライアントにサーバーのデータをすべて渡します。その上で、クライアント内で処理を実行して結果データを返します。データ転送によるネットワークのトラフィックも増加することになりまし、検索処理をクライアント側で行いますのでクライアント PC の負担も増加します。
    また、Access の持つデータベースエンジンは大量のデータ処理や複数人数で使用することを前提にしていないため、同時処理数が増えればパフォーマンスが低下します。

  - SQL Server
    強力なデータベースエンジンを持ち、一般的にスペックの高いサーバー機に処理を任せることができるので、クライアントパソコンにかかる負担が少なくて済みます。処理結果のみをクライアントに返すので、ネットワークにかかる負担も小さくて済みます。
    SQL Server の持つデータベースエンジンは強力なので、データ数の増大にも安定的に対応できます。

- 複数人数で同時に使った場合の違い
  - Access
    ファイル共有という形態を取れば、ネットワークを介して複数人数で使用することは可能です。
    複数名の利用者がある場合、同時に同じ情報を扱うことができます。たとえば、同じテーブルを複数のユー

ザーが互いに読み書きする、または、上書きすることが可能です。

しかし、同じレコードのデータに対して同時に処理をするような、競合が発生した場合、レコードの排他制御 * が出来ないため、どちらかの入力内容しかデータベースには反映されません。たとえば、入力はしたけれどもデータベースに登録されていないなどの状況が発生します。

さらにアクセスが集中すると、読み取りだけしか出来なくなったりすることがあります。

> ※ レコードの排他制御
> 複数人数で同時に利用できるデータに対し、データへの同時処理により競合が発生する場合に、ある処理がデータを利用している間は、他の処理が利用出来無いようにする事で整合性を保つ事をいいます。

- SQL Server
  ユーザーは、データの競合等を意識することなくデータベースを使用することが出来ます。複数名での利用を前提としていますので、同時に同じレコードのデータを変更しようとすると、競合を防止するために「同時実行制御機能」というレコード排他処理機能が働き、書き込みはどちらか一方の書き込みが終了するまで出来ないようになっています。

  また、SQL Server 2016 では、同じレコードで競合が発生した場合、片方の処理を利用出来なくする方法だけでなく、対称レコードの複製をバージョン管理し、参照や書き込みを可能にする「複数バージョンの同実行制御機能」も搭載されています。

□ バックアップに関する違い

- Access
  Access ではデータベースを使用している全員の作業を一旦中断して、更新処理が無い状態で、ファイルそのものを手動でコピーすることでバックアップすることが可能です。

- SQL Server
  計画的なバックアップを自動で行うことができます。

  作業自体も自動で、データベース利用者の手を止めることなく行うことができます。（オンラインバックアップ）

  また、バックアップに使用するメディアの種類や容量に合わせて、フルバックアップ、差分バックアップ、ログバックアップなどの細かな設定を行うことができます。

  SQL Server はバックアップを実行した時点ではなく、障害が発生した直前の状態まで復旧する機能を持っています。

  この機能は、「データ部分の完全なバックアップ」と「トランザクションログ」を使用することで実現します。

  トランザクションログには、バックアップが完了してから障害が発生する直前までの処理履歴が格納されているため、この処理をやり直すことで障害が発生した直前の状態までデータを復旧することができます。

  とはいえ、「障害発生時にトランザクションログが残っていれば」という条件がつきますので、トランザクションログが破損しないように配慮しなければなりません。

26-9 データベース関連演習

データベース関連演習
- ■ SQL サーバーの構築
- ■ データベースの作成

スライド 185：データベース関連演習

データベース関連演習

※ 以下に、データベース関連演習において前提条件を示します。
1. 「SQL Server 2016」を使用します。
2. 「Microsoft SQL Server Management Studio」をインストール済みのこと。（Microsoft の HP からダウンロードできます。）
3. サーバーのコンピュータ名を「W2K16SRV1」とします。

※ 以下に、データベース関連演習の構成図を示します。

Windows Server 2016
コンピューター名：W2K16SRV1
「IIS」インストール済みサーバー

演習 1　SQL サーバーの構築

1. W2K16SRV1 に Administrator でログオンします。
2. DVD ドライブに［SQL Server2016］のインストール CD-ROM を挿入します（ご使用の環境により、［開始］画面が自動的に立ち上がる場合、5 項へお進み下さい）。
3. デスクトップ画面にて、［スタート］を右クリックし、［エクスプローラー］をクリックします。

4. ［エクスプローラー］画面にて、画面左ツリー内の［PC］-［DVD ドライブ］をダブルクリックします。

5. ［SQL インストールセンター］画面にて、［インストール］-［SQL Server の新規スタンドアロンインストール
    を実行するか、既存のインストール機能を追加］をクリックします。

6. ［Microsoft SQL Server 2016 セットアップ［インストールの種類］］画面にて、［SQL Server 2016 の新規
    インストールを実行する］を選択し、［次へ］をクリックします。

7. ［プロダクトキー］画面にて、［プロダクトキーを入力する］を選び、プロダクトキーを入力し、［次へ］をクリッ
    クします。

8. ［ライセンス条項］画面にて、［ライセンス条項に同意します］にチェックを入れ、［次へ］をクリックします。

9. ［Microsoft Update］画面にて、デフォルトのまま、［次へ］をクリックします。

10. ［インストールルール］にて、デフォルトのまま［次へ］をクリックします。

11. ［機能の選択］画面にて、データベースエンジンサービスにチェックを入れ、［次へ］をクリックします。

12. ［機能ルール］画面にて、デフォルトのまま、［次へ］をクリックします。

13. ［インスタンスの構成］画面にて、［既存のインスタンス］を選択し、［次へ］をクリックします。

14. ［サーバーの構成］画面にて、デフォルトのまま、［次へ］をクリックします。

15. ［データベースエンジンの構成］画面にて、混合モードを選択し、任意のパスワードを入力後、［現在のユー
    ザーの追加］をクリックし、［次へ］をクリックします。

16. ［インストールの準備完了］画面にて、［インストール］をクリックします。

17. ［完了］画面にて、［閉じる］をクリックします。

以上で、「SQL サーバーの構築」演習は終了です。

演習 2 データベースの作成

1. ［スタート］-［Microsoft SQL Server Tool 18］-［Microsoft SQL Server Management Studio 18］とクリッ
    クします。

2. ［サーバーへの接続］画面にて、［サーバー名］に「W2K16SRV1」を入力し、［接続］をクリックします。

3. ［Microsoft SQL Server Management Studio］画面にて、オブジェクトエクスプローラーのツリーにて、［デー
    タベース］を選択後、右クリックし、［新しいデータベース］をクリックします。

4. ［新しいデータベース］画面にて、［データベース名］に "sample_db" を入力し、［OK］をクリックします。

5. オブジェクトエクスプローラーのツリーにて、［データベース］-［sample_db］-［テーブル］と展開します。

6. オブジェクトエクスプローラーのツリーにて、［テーブル］を右クリックし、［新規作成］-［テーブル］をクリック
    します。

7. ［Microsoft SQL Server Management Studio］画面にて、［列名］に " 社員名 " と入力し、［データ型］に "varchar
    (20) " と入力します。

8. 前手順と同様に［列名］に " 性別 "、［データ型］に "char (2) "、［列名］に " 部署 "、［データ型］に "varchar
    (50) " と入力し、計 3 つの列を作成します。

9. ［Microsoft SQL Server Management Studio］画面にて、［ファイル］-［Table_1 を保存］をクリックします。

10. ［名前の選択］画面にて、［テーブルの名前を入力してください］欄に「社員名簿」と入力し、［OK］をクリッ
    クします。

11. ［オブジェクトエクスプローラー］画面上部にある、［最新の情報に更新］アイコンをクリックする。

12. ［Microsoft SQL Server Management Studio］オブジェクトエクスプローラーツリーにて、［W2K16SRV1］-
    ［データベース］-［sample_db］-［テーブル］をクリックし、［dbo. 社員名簿］テーブルが作成されたこと
    を確認します。

13. ［Microsoft SQL Server Management Studio］オブジェクトエクスプローラーツリーにて、社員名簿を選択
    後右クリックし、［上位 200 行の編集］をクリックします。

14. 画面中央にて、［W2K16SRV1.sample_db － dbo. 社員名簿］の［社員名］、［性別］、［部署］へ任意の値
    を入力します。

15. ［社員名］・［性別］・［部署］の各列に任意の値を入力後、［クエリ デザイナー］-［SQL の実行］をクリック
    します。

16. ［Microsoft SQL Server Management Studio］画面にて、［ファイル］-［すべて保存］をクリックします。

以上で、「データベースの作成」演習は終了です。

504

Chapter 27
メールサーバー

27-1 章の概要

章の概要

この章では、以下の項目を学習します

- ■ メールシステムの概要
- ■ 代表的なメールサーバー
- ■ Microsoft Exchange Server の概要
- ■ Microsoft Exchange Server のメール送受信の仕組み
- ■ Microsoft Exchange Server の基礎用語
- ■ グループウェア
- ■ メールサーバー関連演習

スライド 186：章の概要

Memo

27-2　メールシステムの概要

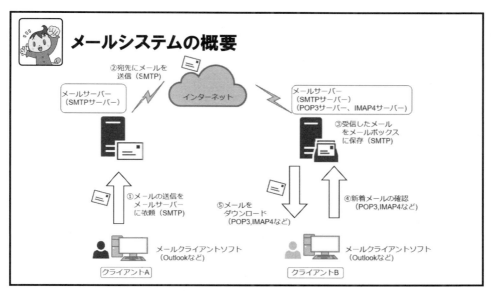

スライド187：メールシステムの概要

メールシステムの概要

　メールシステムとは、インターネットを介してコンピューターなどの機器間で文字などのメッセージを送受信するシステムのことです。いわゆる郵便に似た仕組みを電子的な手段で実現したものであることから、そこでやり取りされるメッセージ（手紙）は、電子メールまたは、eメールと呼ばれています。

　電子メールを利用するためには、インターネット上で私書箱に相当する保存領域であるメールボックスが必要で、その位置を示すメールアドレスを取得します。メールアドレスは、企業や大学などが所属者に発行しているほか、インターネットサービスプロバイダや携帯電話事業者などが加入者に発行しています。また、ポータルサイトなどが無料でメールアドレスを発行してくれるサービスも広く普及していますので、いずれかの方法で得ることができます。今や個人で複数のメールアドレスを所有している例は珍しくありません。会社用と個人用など用途に応じて上手に使い分ける事が重要なITスキルとなっています。

　メールシステムでは、メールサーバーと呼ばれるコンピューターがユーザーからの依頼により外部のネットワークのメールアドレスへ向けて電子メールを送信したり、外部からユーザーのメールアドレス宛てに送られてきた電子メールを受信し、該当するメールボックス内で保管したりします。

　保管された電子メールを取り出して閲覧するには、ユーザーが手元のコンピューターで操作するメールクライアントソフト（メーラー）を利用し、通信回線を介してメールサーバーに問い合わせ、メールボックス内の電子メールをダウンロードするか、Webメールの仕組みを使って直接閲覧します。また、電子メールの送信をメールサーバーに依頼する際にもメールクライアントソフトを利用します。

　メールアドレスは、インターネット上のどこからでもユーザーのメールボックスを特定できるよう、それだけでユーザー名とユーザーが所属する組織名（ドメイン名）が分かる仕組みになっています。電子メールアドレスの「@（アットマーク）」の前にユーザー名、後ろにドメイン名が表記されます。

電子メールの構成

電子メールの構成は以下の通りです。

To：宛先をメールアドレスで記入します。
Cc：同じ内容をコピーして送りたいメールアドレスを記入します。
Bcc：他にコピーを受け取った人からわからないように、コピーを送りたいメールアドレスを記入します。
件名：メールのタイトルを記入します。
本文：メールの本文を記入します。
添付ファイル：電子メールと一緒に送る様々な書類や画像などのマルチメディアファイルを設定します。

※ 注意！ Cc: に大量のメールアドレスを記入すると Cc: で受け取った人がそれら大量のメールアドレスを知る
ことになってしまいます。特にビジネスシーンでは注意が必要です。お互いにメールアドレスを知らない複
数の人にコピーを送りたい場合は、Bcc: を使うことを検討してください。

電子メールの流れ

メールシステムの中で、電子メールの配送は以下のような流れで行われています。

① 電子メールの送信をメールサーバーに依頼
ユーザーが電子メールを送信する時には、まず Outlook などのメールクライアントソフトにて電子メールを作成し、
「送信」ボタンをクリックします。そうすることで、メールサーバーへ作成したメールの送信を依頼することになり
ます。その際のネットワーク上の通信の手順を SMTP（Simple Mail Transfer Protocol、簡易メール転送プロト
コル）と呼びます。プロトコルは、ネットワーク上での通信に関するルールを定めたものです。SMTP は、インター
ネットやイントラネットで電子メールを送信するために使用されるプロトコルです。

② 宛先へ電子メールを送信
送信ユーザーから電子メールを受け取ったメールサーバーは、宛先に指定されているメールサーバーへ依頼を
受けた電子メールを送信します。どのように宛先に指定されているメールサーバーを判別するかというと、電子
メールアドレスの「@」部分の後ろに書かれているドメイン名を確認します。ドメイン名を確認したメールサーバー
は、そのドメインのメールサーバーへ電子メールを送信します。 なお、この際に使用されるプロトコルも SMTP
です。また、SMTP を使用して電子メールを送信するため、このメールサーバーのことを「SMTP サーバー」と
呼ぶこともあります。

③ 受信した電子メールをメールボックスに保存
送信されてきた電子メールは、宛先の SMTP サーバーが受け取り、メールサーバー内のメールボックスへ保存し
ます。メールボックスとは、ユーザー毎に用意されている「私書箱」のようなもので、そのユーザー宛ての電子メー
ルを保存します。このようにメールの移動を行うのが SMTP サーバーの役割です。

④ 新着メールの確認・電子メールのダウンロード
ユーザーが新着メールを確認するときは、Outlook などのメールクライアントソフトを使用しメールサーバーへア
クセスします。新着メールの確認やダウンロードの際には、POP3（Post Office Protocol Version3）や IMAP4
（Internal Message Access Protocol4）などのプロトコルを使用します。POP3 や IMAP4 は、インターネットや
イントラネット上で、電子メールを保存しているサーバーから電子メールをダウンロードするためのプロトコルで
す。POP3 を用いた場合はサーバーに電子メールは残りませんが、IMAP4 を用いた場合は電子メールが残ります。
一般的に電子メールを利用する端末が 1 台の場合は POP3、複数の端末でメールを利用する場合は IMAP4 を
選択します。
なお、POP3 や IMAP4 などによるアクセスを許可しているサーバーを、「POP3 サーバー」や「IMAP4 サーバー」
とも呼びます。SMTP サーバーによって移動し終わった電子メールをメールクライアントソフトに渡すのが POP3
サーバーや IMAP4 サーバーの役割です。メールクライアントソフトの設定を行う際には、送信用が SMTP サー
バー、受信用が POP3 サーバーや IMAP4 サーバーという大雑把な理解で問題ないのですが、メールサーバー
の設定を行う際には正確な仕組みの理解が必要です。

電子メールの配送の中で注意したい点は、電子メールの送信中に障害が発生した場合などには、通信経路のどこで障害が起きたかを特定しにくいため、送った電子メールが必ず相手に届くという保証はどこにもないということです。

電子メールを使用する上での注意点

コミュニケーションの手段として電子メールはとても便利です。しかし、プライベート用と会社用の電子メールを使い分けるなどの配慮が必要になります。

☐ **会社の電子メールアドレスをプライベートでは使用しない**

メールサーバーは、会社の資産です。また電子メールアドレスは、仕事で使用する目的で会社から貸与されているものです。決してプライベートで使用するために貸与されているわけではないことを忘れないでください。

☐ **会社の電子メールアドレスをプライベートで使用した場合の問題点**

まず、プライベートとビジネスの住み分けができないことにより、気持ちのケアができなくなってしまう恐れがあります。また、プライベートで使用することにより、社内電子メールアドレスを悪質業者に知られる可能性があります。悪質業者に社内電子メールアドレスを知られてしまうと、大量の迷惑メールやウィルス付きのメールが送付され、会社のメールサーバーや会社の業務に多大な影響を受ける可能性があります。

メールシステムのセキュリティ

ネットワーク上に流れるデータをキャプチャーする「スニファ」などを使用することにより、メールの内容を盗み見られる可能性があります。悪意のある人からメールを守るための対策として、メールデータを暗号化させることが必要です（デフォルトでは、POP や SMTP は暗号化されていません）。 代表的なものとして、暗号化通信プロトコルとして SSL を利用した POP over SSL や IMAP over SSL、SMTP over SSL という技術の導入が進んでいます。

また、初期の SMTP サーバーは認証機能がなく、誰からの依頼でもメールを配信していました。しかし、それでは悪意あるユーザーからの迷惑メール（スパムメール）も配信出来てしまうため、問題となるケースが多くなっていました。そこで今では、メールを送るときに ID とパスワードを使った認証を行う「SMTP-AUTH」プロトコルを使用するようになりました。

27-3 代表的なメールサーバー

代表的なメールサーバー
- Microsoft Exchange Server
- Sendmail
- Postfix
- Devecot
- IBM Notes/Domino
- Qpopper

スライド 188：代表的なメールサーバー

代表的なメールサーバー

メールサーバーを構築するには、コンピューター上にメールサーバー用ソフトウェアを稼働させる必要があります。代表的なメールサーバー用ソフトウェアには、下記の製品があります。

- **Microsoft Exchange Server**
  メールサーバーとグループウェアの機能を足したマイクロソフト社の電子メールサーバーソフトウェアです。Microsoft Exchange Server（以下、Exchange Server）の標準クライアントは Outlook であり、電子メールの送受信、スケジュール共有、会議依頼、アドレス帳、電子掲示板などのグループウェア機能を利用できます。また、Outlook on the web と呼ばれる機能により、Web ブラウザからアクセスすることもできます。POP3 / IMAP4 対応の電子メール・ソフトウェアからもアクセスできます。

- **Sendmail**
  インターネット上でメールを配信する代表的な電子メールサーバーソフトウェアの一つです。ソースコードの公開されたフリーソフトウェアとして元々 Unix 用に開発されましたが、現在では様々なプラットフォームに移植されています。

- **Postfix**
  Unix 用の電子メールサーバーソフトウェアです。広く使用されている Sendmail の代替 SMTP サーバーとして開発されました。

- **Dovecot**
  Timo Sirainen らによって開発・公開されている Unix 用の IMAP と POP3 サーバーソフトウェアです。

- **IBM Notes/Domino**
  Lotus Development 社が開発したグループウェアソフトウェアです。電子メール機能、文書共有、電子掲示板などの機能をユーザーが組み合わせて利用できます。非常に高度で柔軟な検索機能を備えており、定型化しにくい文書などをそのままの形で保存し、分類・検索・並べ替えなどの操作を行うことができます。

☐ **Qpopper**
Qualcomm 社が開発した Unix 用の POP サーバーソフトウェアです。

27-4 Microsoft Exchange Server の概要

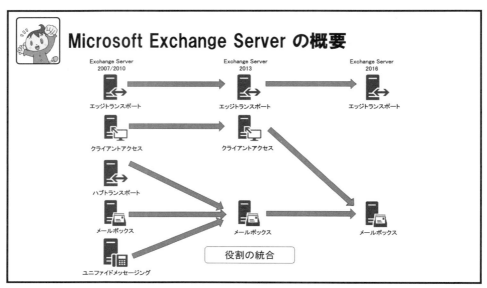

スライド189：Microsoft Exchange Server の概要

Microsoft Exchange Server の概要

Exchange Server は、電子メールの送受信を行うメールサーバーの機能だけでなく、スケジュール共有、アドレス帳、会議室共有やプロジェクターや社用車などの備品管理といったグループウェアの機能を併せ持っています。その他に、スパムやウィルスに対する保護機能が組み込まれているため、信頼性の高いメッセージングシステムと言えます。

本書で対象とする Exchange Server のバージョンは、「Exchange Server 2016」です。
Exchange Server 2016 は、基本的に Exchange Server 2013 の機能を踏襲し、SharePoint 2016 や OneDrive for Business へのリンクを添付できる機能追加、Outlook on the web（Outlook Web App（OWA）が改称）の機能充実、また、検索機能拡張などの強化が図られたバージョンです。

なお、Exchange Server 2016 は、マイクロソフトから Microsoft Office 製品群で提供されているサブスクリプション方式サービス群（Microsoft Office 365）のサービスの一つである Microsoft Exchange Online として、マイクロソフトがホスティングするクラウドサービスとしても提供されています。クラウドサービス版は、手間のかかるインストール作業が不要で契約後すぐに利用を開始できるなど管理者の負担を大幅に軽減することが可能なため、広く受け入れられるようになってきています。

- **Exchange Server 2016 の2つの役割**
  Exchange Server 2007/2010 で提供されていた5つの役割（ハブトランスポートサーバー、クライアントアクセスサーバー、メールボックスサーバー、エッジトランスポートサーバー、ユニファイドメッセージングサーバー）は、Exchange Server 2013 で、3つの役割（クライアントアクセスサーバー、メールボックスサーバー、エッジトランスポートサーバー）に再設計されました。さらに、Exchange Server 2016 では2つの役割（メールボックスサーバーとエッジトランスポートサーバー）に整理されました。

メールボックスサーバーの役割

メールボックスサーバーは、以下のコンポーネントより構成されます。

- **トランスポートサービス（Transport）**

メッセージの送受信を行います。

☐ **メールボックス データベース**
メールボックスを作成し格納する場所の振り分けの単位となります。

☐ **クライアントアクセスサービス（CAS）**
内部および外部のクライアント接続に対して、認証およびプロキシサービスを提供します。
認証方法としては、メールクライアントソフト Outlook を使用してメールボックスにアクセスするための MAPI、
Web ブラウザーを使用してメールボックスにアクセスするための outlook on the web（旧称：Outlook Web
App）、モバイルデバイスとデータを同期できる Microsoft ActiveSync、および POP3 プロトコルと IMAP4 プ
ロトコルがあります。

☐ **ユニファイドメッセージング（UM）サービス**
ボイスメッセージング、FAX、および電子メールを、電話やコンピューターからアクセスできるようにする機能
を提供します。

☐ **Exchange 管理センター（EAC）および Exchange 管理シェル**
組織内のメールボックスサーバーを管理する機能を提供します。なお、EAC は Exchange2016 メールボック
スサーバー上でホストされる Web ベースのコンソールとして提供され、他の Web サイトと同様に他のコン
ピューターからもアクセス可能です。

■ エッジトランスポートサーバーの役割

インターネットと組織の境界ネットワークに配置し、インターネットに直接接続された全ての電子メールの配信処理
を行うサーバーです。
ウィルスやスパムを防御することができるのも特徴です。

☐ **Exchange Server と Active Directory**
Exchange Server と Active Directory は密接に連携しており、Exchange Server の導入には Active Directory
ドメインが必須です。Microsoft Exchange の階層のトップレベルは「組織」と言い、「組織」は通常、企業な
どを表します。「組織」の中に Exchange Server が配置され、組織内で情報を共有することができます。
Exchange Server のメールアカウントは、Active Directory ユーザーと完全に統合されており、Windows へロ
グオンしたユーザーは、そのままメールを利用できます。 Exchange Server では、メールアカウントと
Windows アカウントの統合によるパスワードの一元管理によって、管理負荷を大きく軽減できます。

☐ **電子メールアドレスとユーザーアカウント**
Exchange Server が受信した電子メールは、ユーザー毎に作成されたメールボックスに格納されます。そのメー
ルボックスから電子メールを取り出すためには、ユーザー名とパスワードを使用して、メールボックスにアクセ
スします。これは、Active Directory のユーザーアカウントと Exchange Server のメールボックスが連携してい
るためです。
通常は Active Directory のユーザーアカウントのユーザー名と電子メールアドレスのユーザー名は同じ名前に
しますが、別の名前（エイリアス名）を使用することで、異なった名前を電子メールアドレスに使用することも
できます。

27-5　Microsoft Exchange Server のメール送受信の仕組み

Microsoft Exchange Server のメール送受信の仕組み
- ■ Microsoft Exchange Server のメール送受信の仕組み
- ■ 電子メール送受信の仕組み

スライド 190：Microsoft Exchange Server のメール送受信の仕組み

Microsoft Exchange Server のメール送受信の仕組み

　Exchange Server 2016 のメールの送受信は、メールボックスサーバーとエッジトランスポートサーバーで動作する4つのサービスで構成されています。

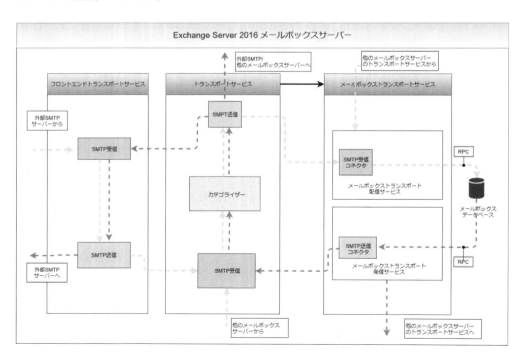

☐ **フロントエンドトランスポートサービス（メールボックスサーバー）**
Exchange 組織の外部 SMTP サーバー間とのメール送受信を行うプロキシとしての機能を担います。そのため、メッセージの内容を検査せず、キューにいれるなどの処理もしません。

☐ **トランスポートサービス（メールボックスサーバー）**
組織のすべての SMTP メールフローを処理します。メッセージをカテゴライズし、適切なルーティング先に配信します。

☐ **メールボックストランスポートサービス（メールボックスサーバー）**
メールボックスデータベースとの送受信を担当するサービスで、2 つの個別のサービスで構成されます。

- メールボックストランスポート配信サービス
ローカルメールボックスサーバー上または他のメールボックスサーバー上のトランスポートサービスから受信した SMTP メッセージを Exchange リモートプロシージャコール（RPC）を使用してローカルメールボックスデータベースに接続して書き込みます。

- メールボックストランスポート発信サービス
RPC を使用してローカルメールボックスデータベースに接続して取り出したメッセージを SMTP 経由でローカルのメールボックス サーバー上または他のメールボックス サーバー上のトランスポートサービスに送信します。

☐ **トランスポートサービス（エッジトランスポートサーバー）**
メールボックスサーバーが直接インターネットと接続するのはセキュリティ上危険なので、境界ネットワークにエッジトランスポートサーバーを配置し、すべての電子メールをエッジトランスポートサービス経由にすることで安全に送受信を行う構成で使用します。

515

電子メール送受信の仕組み

Exchange Server 2016 のメールの送受信の仕組みは主に大きく 2 種類に分けることができます。

1. 同一組織内にメールボックスを持つユーザー同士で行われるメールの送受信(ローカル配信)。
2. 組織外へのメールの送受信で、インターネットやイントラネット経由のメールの送受信(SMTP 送信・SMTP 受信)。

それぞれの基本的な仕組みついて説明します。

□ ローカル配信(送受信)

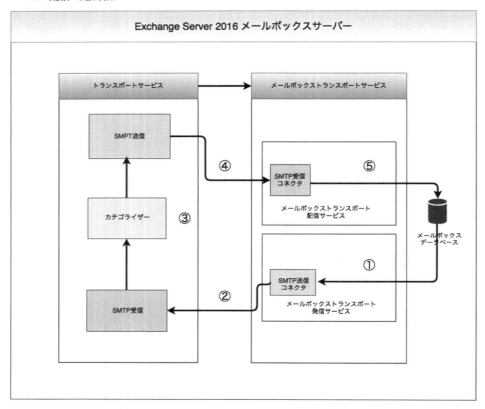

メールボックストランスポート発信サービスが、ローカルメールボックスデータベースから電子メールを取得し、メールボックスサーバーの送信用コネクタを介して、トランスポートサービスに送ります。そこで、同一組織内のユーザーにカテゴライズされると、メールボックストランスポート配信サービスへ配信され、メールボックスデータベース内の該当するユーザーの受信トレイに格納されます。

Exchange Server におけるコネクタとは、SMTP サーバー間とサービス間でメールの送受信を行う構成要素です。なお、同一組織内のユーザーへメールを送信する場合は、暗黙的な(管理する必要がないため見えない)送信コネクタを使用して送ることが可能です。

□ SMTP 送信

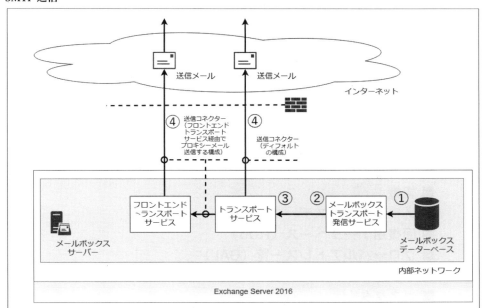

メールボックストランスポート発信サービスが、ローカルメールボックスデータベースから電子メールを取得し、メールボックスサーバーに作成したインターネット接続用のコネクタを介して、トランスポートサービスに送ります。そこで、組織外のユーザーにカテゴライズされると、そこから外部の SMTP サーバーに送信されるか、コネクタの構成によっては、フロントエンドトランスポートサービスを介してから外部の SMTP サーバーにプロキシ送信されます。

□ SMTP 受信

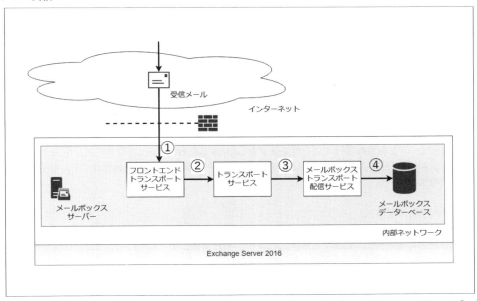

組織外から送られてくる電子メールは、フロントエンドトランスポートサービスで受信され、トランスポートサービスに送信されます。そして、トランスポートサービスで、カテゴライズされ、適切なルーティング先であるメールボックストランスポート配信サービスに送信されたあと、メールボックスデータベース内の該当するユーザーの受信トレイに書き込まれます。

27-6 Microsoft Exchange Server の基礎用語

Microsoft Exchange Server の基礎用語
- メールボックス
- 連絡先
- 配布グループ
- パブリックフォルダー
- 組織
- メールボックスデータベース
- 回復用データベース（RDB）
- グローバルアドレス一覧（GAL）
- オフラインアドレス帳（OAB）
- コネクタ

スライド 191：Microsoft Exchange Server の基礎用語

Microsoft Exchange Server の基礎用語

Exchange Server で使用する基礎用語をご紹介します。

□ メールボックス
電子メールを格納する場所をメールボックスと言います。ユーザー毎に用意されている「郵便受け」のようなものです。管理者はメールを使用する各ユーザーに対してメールボックスを用意する必要があります。

□ 連絡先
電子メールアドレスを持つログオンできないユーザーです。たとえば、組織外のユーザーの電子メールアドレスを持たせることもできます。

□ 配布グループ
同一メッセージを複数の送付先に一度で効率よく送信するために使用するグループを配布グループと言います。電子メールが配布グループに送信されると、グループに所属するメンバーはすべてその電子メールのコピーを受け取ります。

□ パブリックフォルダー
作業者どうしが、幅広い情報を共有するために使用するフォルダーをパブリックフォルダーと言います。たとえば、一般的な議題や広告に関するプロジェクトや、業務情報のディスカッションなどを共有できます。アクセス許可によって、フォルダーの参照と使用が可能なユーザーを特定することもできます。パブリックフォルダーは、Exchange Server を実行しているコンピューターに保存されます。

□ 組織
組織とは、複数の Exchange Server を運用・管理するための一番大きな単位です。組織をまたがって電子メールアドレスを共有したり、スケジュール共有をしたり、フォルダー共有をする機能は標準では提供できません。また、Active Directory フォレスト内に複数の組織を作成することはできず、フォレストをまたがって組織を作成することもできません。つまり「1 フォレスト＝ 1 組織」となります。

☐ **メールボックスデータベース**

各ユーザーのメールボックスの情報（送受信メールなど）を格納する場所をメールボックスデータベースと言います。

☐ **回復用データベース（RDB）**

メールボックスデータベースの種類で、これによりユーザーが現在のデータにアクセスできる状態を維持したまま、データベースのバックアップやコピーからデータを回復することができます。

☐ **グローバルアドレス一覧（GAL）**

組織内の Exchange ユーザー、連絡先、グループ、およびパブリックフォルダーをすべて含む一覧をグローバルアドレス一覧と言います。この一覧は Active Directory のグローバルカタログサーバーから取得され Outlook クライアントなどから、メール送信時のアドレス指定や、組織内のユーザーに関する情報検索に使用されます。なお、グローバルアドレス一覧は、オフラインで使用することはできません。

☐ **オフラインアドレス帳（OAB）**

Exchange ユーザーがオフラインで作業しているとき、またはダイアルアップ接続を介してリモートで作業しているときのいずれでも利用できるアドレス一覧の集まりです。Exchange 管理者は、オフラインで作業するユーザーが利用可能なアドレス一覧を選択できます。

☐ **コネクタ**

2 つのシステム間で情報が流れるようにするための機能です。各種のコネクタによって Exchange Server と他のメッセージングシステム間におけるメッセージ転送、ディレクトリ同期、予定表の照会などを利用することができます。

519

27-7 グループウェア

グループウェア
- グループウェア
- 代表的な製品
- グループウェアの機能

スライド 192：グループウェア

グループウェア

グループウェアとは、企業内 LAN を活用して情報共有やコミュニケーションの効率化を図り、グループによる協調作業を支援するソフトウェアです。難しそうに聞こえますが、「みんなで使えるシステム手帳」だと考えるとイメージしやすいかもしれません。

代表的な製品

代表的な製品としては、下記のような製品があります。
- ☐ Microsoft Exchange Server（マイクロソフト社）
- ☐ Microsoft Office SharePoint Server（マイクロソフト社）
- ☐ Microsoft Skype for Business（マイクロソフト社）
- ☐ Microsoft Office 365（マイクロソフト社）
- ☐ G Suite（Google 社）
- ☐ Desknet's NEO（株式会社ネオジャパン）
- ☐ サイボウズ Office/Garoon（サイボウズ社）
- ☐ Lotus Notes/Domino（日本 IBM 社）
- ☐ StarOffice（NEC）

グループウェアの機能

　グループウェアを利用すると、チーム内、企業内における情報の共有やコミュニケーションの効率化を図ることができます。その結果、ひとりひとりの生産性の向上や、チームワークの強化、ビジネスのスピードアップにも繋げることができるでしょう。

　グループウェアには、以下のような機能があります。

スケジュール	個人やグループの予定を登録し、管理する機能です。他のユーザーからも閲覧できるので、行動予定を把握することができます。また、公開しないスケジュールを登録することも可能です。
タイムカード	出社、退社、外出などの時間を記録し、管理する機能です。グループウェアにアクセスした時間を自動で記録することができます。
在席確認	ユーザーの在席情報や行き先などを表示します。従来は、ホワイトボードなどに書き込んでいた内容を管理する機能です。
電話メモ（伝言）	不在や外出のユーザー宛てに、伝言を残します。従来は、付箋紙やメモ紙に書いて机に残していた機能です。登録した内容を、携帯電話に転送することができるグループウェアもあります。
施設予約	会議室などの施設や、プロジェクターなどの共有の備品の予約管理をする機能です。この機能を活用することで、何度も総務に出向いて「予約ノート」を見るまで予約状況がわからないということや、「予約ノート」が無くなってしまうなどといった問題点を改善出来ます。
掲示板	ユーザーに、広く情報を発信するツールです。従来は紙に印刷して壁に貼ったりしていた機能です。一方向の情報伝達だけでなく、アイデア募集など双方向のコミュニケーションも可能な製品もあります。
電子会議室	テーマごとに、ユーザー間で意見交換をする、コミュニケーションツールです。
オンライン会議	音声通話やビデオ通話によって遠隔地での会議を可能にする機能です。
ToDo	タスクの管理をする機能です。
ワークフロー	申請や承認業務のための電子決裁をする機能です。
メール	E-mail の送受信を行います。
チャット	リアルタイムにメッセージをやり取りする機能です。
文書管理	文書や画像などのファイルを共有、管理する機能です。
アドレス帳	取引先や顧客の電話番号やメールアドレスなど、共有のアドレスを一元管理する機能です。個人のアドレスを登録することも可能です。
報告書（レポート）	案件ごとの対応レポートなどを作成して、報告、管理する機能です。

27-8　メールサーバー関連演習

メールサーバー関連演習

演習内容
- Exchange Server 2016 インストール
- 新規メールボックスの作成
- 既存ユーザーへメールボックス作成
- Outlook 2016 の設定
- 電子メールの送受信確認

スライド193：メールサーバー関連演習

メールサーバー関連演習

※　以下に、メールサーバー関連演習において前提条件を示します。
1. Windows Server 2016 サーバーを3台用意してあること（本演習では各コンピューター名をDC1、W2K16SRV1、PC1とします）。
2. 各サーバーおよびクライアントは同じネットワーク上に存在していること。
3. 本演習では、DC1のIPアドレスを［192.168.0.11］とします。
4. 本演習では、W2K16SRV1のIPアドレスを［192.168.0.12］とします。
5. 本演習では、PC1のIPアドレスを［192.168.0.13］とします。
6. 本演習では、各サーバーのデフォルトゲートウェイをDC1のIPアドレス［192.168.0.11］とします。
7. Windows Server 2016 OSのビルドが14393.576以降であること。
8. 「DC1」にActive Directory環境を構築済みであり、ドメイン名を「ensyu.local」とします。
9. 「DC1」のドメイン機能レベルを「Windows 2008」以上にすること。
10. 「ensyu.local」ドメインに「ExAdmin」アカウントを作成し、「Schema Admins」グループ、「Domain Admins」グループおよび「Enterprise Admins」グループに登録していること。
11. 「ensyu.local」ドメインに「user02」ensyuアカウントを作成していること。
12. 「W2K16SRV1」に搭載されているプロセッサが「x64の1.4GHz以上のプロセッサ」であること。
13. 「W2K16SRV1」は、「ensyu.local」のメンバー サーバーとします。
14. 「W2K16SRV1」のローカルの「Administrators」グループに「ExAdmin」を登録していること。
15. 「Microsoft ダウンロードセンター」より「Exchange Server 2016の累積更新プログラム」の3以降をダウンロードしていること。
16. 「W2K16SRV1」に必要なコンポーネントを下記の順番でインストールすること。
    ① .NET Framework4.7.1
    ② Visual Studio 2012 の Visual C++ 再頒布可能パッケージ
    ③ Visual Studio 2013 の Visual C++ 再頒布可能パッケージ
    ④ ローカルのAdministratorにて、PowerShellから以下のコマンドレットを実行。

Install-WindowsFeature NET-Framework-45-Features, Server-Media-Foundation, RPC-over-HTTP-proxy, RSAT-Clustering, RSAT-Clustering-CmdInterface, RSAT-Clustering-Mgmt, RSAT-Clustering-PowerShell, WAS-Process-Model, Web-Asp-Net45, Web-Basic-Auth, Web-Client-Auth, Web-Digest-Auth, Web-Dir-Browsing, Web-Dyn-Compression, Web-Http-Errors, Web-Http-Logging, Web-Http-Redirect, Web-Http-Tracing, Web-ISAPI-Ext, Web-ISAPI-Filter, Web-Lgcy-Mgmt-Console, Web-Metabase, Web-Mgmt-Console, Web-Mgmt-Service, Web-Net-Ext45, Web-Request-Monitor, Web-Server, Web-Stat-Compression, Web-Static-Content, Web-Windows-Auth, Web-WMI, Windows-Identity-Foundation, RSAT-ADDS

⑤ Microsoft Unified Communications Managed API 4.0 コア ランタイム 64 ビット
（参照）Exchange Server の前提条件
https://docs.microsoft.com/ja-jp/exchange/plan-and-deploy/prerequisites?view=exchserver-2016

17. 「PC1」を「ensyu.local」ドメインに参加させていること。
18. 「PC1」に、Outlook 2016 をインストールしていること。

※ 以下に、メールサーバー関連演習の構成図を示します。

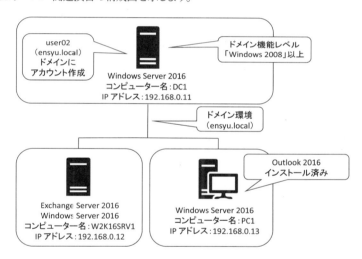

演習 1　Exchange Server 2016 インストール

1. 「W2K16SRV1」に「ExAdmin」アカウントにてログオンします。
2. W2K16SRV1 の DVD ドライブに［Exchange Server 2016］のインストール ROM を挿入します。
3. ［Microsoft Exchange Server 2016 セットアップ］画面の、［更新プログラムを確認しますか?］画面にて［今は更新プログラムをチェックしない］にチェックを入れ、［次へ］をクリックします。
4. ［概要］画面にて、［次へ］をクリックします。
5. ［使用許諾契約書］画面にて、［使用許諾契約書に同意します］にチェックを入れ、［次へ］をクリックします。
6. ［推奨の設定］画面にて、デフォルトのまま［次へ］をクリックします。
7. ［サーバーの役割の選択］画面にて、［メールボックスの役割］と［Exchange Server のインストールで必要な Windows サーバーの役割と機能を自動的にインストールする］を選択し、［次へ］をクリックします。
8. ［インストールのディスク領域と場所］画面にて、適当なパスを選択し、［次へ］をクリックします。
9. ［Exchange 組織］画面にて、［この Exchange 組織の名前を指定してください］欄に "ensyu" と入力し、［次へ］をクリックします。

10. ［マルウェア対策設定］画面にて、デフォルトのまま［次へ］をクリックします。
11. ［インストールの前提条件の確認］画面にて、前提条件のエラーが無いことを確認し、［インストール］をクリックします。
    ※ 前提条件のエラーが発生した場合は、画面にその理由と対処方法が表示されますので、記載された対処方法に従って作業を行ってください。
12. ［セットアップが完了しました］画面にて、［Exchange のセットアップの完了後に Exchange 管理センターを起動する］をチェック後、右上の［×］ボタンをクリックし、画面を閉じます。
13. ［Exchange 管理コンソール］画面が表示されます。
以上で、「Exchange Server 2016 インストール」演習は終了です。

演習 2　新規メールボックスの作成

1. ［スタート］-［Microsoft Exchange Server 2016］-［Exchange Administrative Center］をクリックします。
2. ログイン画面で［ドメイン名 ¥（バックスラッシュ）ユーザー名］と［パスワード］を入力します。
3. ［Exchange 管理センター］画面にて、左ペインの［受信者］-［メールボックス］を選択します。
4. ［Exchange 管理センター］画面にて、右ペインの［＋］をクリックし、［ユーザー メールボックス］をクリックします。
5. ［ユーザー メールボックス］画面にて、［エイリアス］欄に「user01」と入力し、［新しいユーザー］を選択し、以下のように入力し、［保存］をクリックします。
    - 表示名　　　　　　　　　　：user01
    - 名前　　　　　　　　　　　：user01
    - ユーザー ログオン名　　　　：user01
    - 新しいパスワード、パスワードの確認：任意のパスワード
6. ［メールボックス］画面にて、正常にメールボックスが作成されたことを確認します。
以上で、「新規メールボックスの作成」演習は終了です。

演習 3　既存ユーザーへメールボックス作成

1. ［Exchange 管理センター］画面にて、左ペインの［受信者］-［メールボックス］を選択します。
2. ［Exchange 管理センター］画面にて、右ペインの［＋］をクリックし、［ユーザー メールボックス］をクリックします。
3. ［ユーザー メールボックスの新規作成］画面にて、［既存のユーザー］を選択し、［参照］をクリックします。
4. ［ユーザーの選択 - フォレスト全体］画面にて、事前に作成しておいた「user02」を選択し、［OK］をクリックします。
5. ［ユーザー メールボックスの新規作成］画面にて、［保存］をクリックします。
6. ［メールボックス］画面にて、正常にメールボックスが作成されたことを確認します。
以上で、「既存ユーザーへメールボックス作成」演習は終了です。

演習 4　Outlook 2016 の設定

1. 「PC1」にて「user01」アカウントを使用し、［ensyu.local］ドメインにサインインします。
2. ［スタート］-［Outlook 2016］をクリックします。
3. ［Outlook 2016 へようこそ］画面にて、［次へ］をクリックします。
4. ［電子メール アカウントの追加］画面にて、デフォルトのまま［次へ］をクリックします。
5. ［自動アカウント セットアップ］画面にて、自動的に［名前］と［電子メール アドレス］が以下のように入力されたことを確認し、［次へ］をクリックします。
    - 名前　　　　　　　：user01
    - 電子メール アドレス：user01@ensyu.local
6. ［メール サーバーの設定を探しています…］画面にて、電子メール アカウントの設定終了を確認し、［完了］

をクリックします。

7.　同様の手順で「user02」を使用し、Outlook 2016 の設定を行います。

以上で、「Outlook 2016 の設定」演習は終了です。

演習 5　電子メールの送受信確認

1.　[PC1] にて「user01」アカウントを使用し、[ensyu.local] ドメインにログオンします。

2.　[スタート] - [Outlook 2016] をクリックします。

3.　[受信トレイ] 画面にて、[新しい電子メール] をクリックします。

4.　[無題 - メッセージ] 画面にて、以下のように入力し、[送信] をクリックします。

- 宛先　：　user02@ensyu.local ※　入力後 user02 と名前解決されます。
- CC　：　user01@ensyu.local ※　入力後 user01 と名前解決されます。
- 件名　：　演習 01
- 本文　：　test01

5.　手順 4 にて送信したメールが [受信トレイ] にあることを確認します。

6.　[受信トレイ – Outlook] 画面を閉じ、サインアウトします。

7.　「user02」アカウントを使用して [ensyu.local] ドメインにサインインします。

8.　[スタート] - [Outlook 2016] をクリックします。

9.　[受信トレイ] 画面にて、[受信トレイ] に「user01」が送信したメールが受信されていることを確認します。

以上で、「電子メールの送受信確認」演習は終了です。

Memo

Appendix I

参考資料

参考資料

- Windows Server 2016 への乗り換えのススメ
  http://www.atmarkit.co.jp/ait/articles/1803/07/news011.html
- マイクロソフト Docs「Windows Server 2016 の Standard エディションと Datacenter エディションの比較」
  https://docs.microsoft.com/ja-jp/windows-server/get-started/2016-edition-comparison
- IT 部門必携、Windows Server 2016 新機能手引き
  http://techtarget.itmedia.co.jp/tt/subtop/features/windows_server_2016/index.html
- Windows Server 2016 で大幅拡張した対応 CPU とシステムメモリ要件を把握する
  https://techtarget.itmedia.co.jp/tt/news/1702/01/news07.html
- Windows Server 2016 の導入前に検討したい「エディション」を把握する
  https://techtarget.itmedia.co.jp/tt/news/1612/22/news05.html
- 専門家も誤解する「Windows Server 2016」の 2 つのコンテナ技術、比較で分かったことは
  https://techtarget.itmedia.co.jp/tt/news/1610/13/news04.html
- Windows Server 2016 - 特長 / 機能
  https://jpn.nec.com/windowsserver/2016/feature.html
- 「Windows Server 2016」最新版、どの機能が消えたか
  https://japan.zdnet.com/article/35109194/
- Windows Server 2016 では何が変わる？これまでの記事まとめ＆フォローアップ
  http://www.atmarkit.co.jp/ait/articles/1505/21/news017.html
- マイクロソフト Docs「Windows Server 2016 の新機能」
  https://docs.microsoft.com/ja-jp/windows-server/get-started/whats-new-in-windows-server-2016
- Windows Server 2016 における Hyper-V 2016 の 5 つの機能
  https://www.climb.co.jp/blog_vmware/function-7057
- Hyper-V の部屋
  https://www.school.ctc-g.co.jp/columns/microsoft/microsoft01.html
- サーバーの仮想化とは？仕組み、メリット・デメリットをわかりやすく解説します
  https://www.kagoya.jp/howto/rentalserver/virtualization/
- 小規模ビジネス専用エディション、Windows Server 2016 Essentials の機能と役割
  http://www.atmarkit.co.jp/ait/articles/1608/10/news024.html
- コンテナ技術の基礎知識
  https://thinkit.co.jp/story/2015/08/11/6285
- その Nano Server のインストール、ちょっと待った！
  http://www.atmarkit.co.jp/ait/articles/1709/08/news013.html
- Windows Server 2016 の Nano Server とは何か？
  http://www.atmarkit.co.jp/ait/articles/1611/25/news051.html
- 「Windows Server コンテナ」「Hyper-V コンテナ」「Linux コンテナ」「Docker」の違いとは？
  http://www.atmarkit.co.jp/ait/articles/1611/04/news028.html
- マイクロソフト「ライセンス」
  https://www.microsoft.com/ja-jp/licensing/default
- 独立行政法人情報処理推進機構　NIST によるクラウドコンピューティングの定義
  https://www.ipa.go.jp/files/000025366.pdf
- IaaS と PaaS の違い
  https://cloud.freebit.com/contents/cloud-computing/23/
- VPS とクラウドの違い
  https://altus.gmocloud.com/suggest/vps/
- IaaS 構築用クラウド OS の開発と活用
  https://www.intec.co.jp/company/itj/itj13/contents/itj13_74-81.pdf
- SaaS/ASP の歴史と仕組み
  https://tech.nikkeibp.co.jp/it/article/lecture/20070219/262353/
- CloudStack とは
  http://palloc.hateblo.jp/entry/2016/04/18/220438

- Multicloud and Hybrid Cloud Management, 2018-19
  https://blogs.vmware.com/management/2018/03/ovum-picking-cloud-management-vendor-just-become-easier.html
- マイクロソフト Docs「クイック スタート :Azure ポータルで Windows 仮想マシンを作成する」
  https://docs.microsoft.com/ja-jp/azure/virtual-machines/windows/quick-create-portal
- 英語版 Windows Server 2016 の GUI の表示を日本語に変更する
  https://www.ipentec.com/document/windows-change-gui-language-in-windows-server-2016
- マイクロソフト Docs「ネットワーク」
  https://docs.microsoft.com/ja-jp/windows-server/networking/networking
- マイクロソフト Docs「IP アドレス管理 (IPAM)」
  https://docs.microsoft.com/ja-jp/windows-server/networking/technologies/ipam/ipam-top
- マイクロソフト「IPAM の管理」
  https://msdn.microsoft.com/ja-jp/library/jj878339（v=ws.11）.aspx
- インターネット・プロトコル・スイート – Wikipedia
  https://ja.wikipedia.org/?curid=1286335
- RFC 793 - 伝送制御プロトコル
  https://tools.ietf.org/html/rfc793
- プライベート網のアドレス割当 (RFC 1918) - JPNIC
  https://www.nic.ad.jp/ja/translation/rfc/1918.html
- インターネットユーザのための用語集 (RFC 1392) - JPNIC
  https://www.nic.ad.jp/ja/translation/rfc/1392.html
- ネットワークアドレス変換 - Wikipedia
  https://ja.wikipedia.org/?curid=48939
- DNS サーバー　動的更新
  http://www.atmarkit.co.jp/fwin2k/win2ktips/531dnsupdate/dnsupdate.html
- DNS と IPv6
  http://www.atmarkit.co.jp/ait/articles/1307/04/news113.html
- DNS の概要
  http://www.atmarkit.co.jp/ait/articles/0805/22/news139_3.html
- マイクロソフト Docs「Resolve-DnsName」
  https://docs.microsoft.com/ja-jp/previous-versions/windows/powershell-scripting/jj590781（v=wps.630）
- Active Directory 管理者のための DNS 入門：第 1 回　DNS の基礎知識
  http://www.atmarkit.co.jp/ait/articles/0805/22/news139_3.html
- DHCP Relay Agent
  https://www.infraexpert.com/study/tcpip14.html
- マイクロソフト Docs「DHCP の新機能」
  https://docs.microsoft.com/ja-jp/windows-server/networking/technologies/dhcp/what-s-new-in-dhcp
- Windows Server DHCP とは?
  https://miya1beginner.com/windows-server-dhcp とは？
- マイクロソフト Docs「DHCP サブネットの選択オプション」
  https://docs.microsoft.com/ja-jp/windows-server/networking/technologies/dhcp/dhcp-subnet-options
- Windows Server 管理の基本をマスターせよ～ DHCP サーバー編
  https://www.atmarkit.co.jp/ait/articles/1410/28/news033.html
- 第 10 回　フェイルオーバー構成をサポートした DHCP サービス
  https://www.atmarkit.co.jp/ait/articles/1305/16/news113.html
- @ network Cisco・アライド実機で学ぶ
  http://atnetwork.info/tcpip1/tcpip201.html
- Windows Server 2016 グループポリシー 処理の構成
  https://miya1beginner.com/windows-server-2016- グループポリシー - 処理の構成
- [Windows] Windows Vista / Windows Server 2008 以降、
  Power Users グループの特権が削除されている件について
  http://rtaki.sakura.ne.jp/infra/?p=908
- 第 1 回　ユーザーとグループアカウント
  https://www.atmarkit.co.jp/ait/articles/1406/05/news131.html

❑ ローカル・セキュリティ・ポリシー
https://tech.nikkeibp.co.jp/it/article/Keyword/20070209/261677/

❑ ローカル セキュリティ ポリシー でセキュリティの強化をしてみよう
https://michisugara.jp/archives/2014/local_security_policy.html

❑ Active Directory のグループポリシーとは？【連載：AD について学ぼう ~ 基礎編 （6） ~】
https://blogs.manageengine.jp/what_is_group_policy/

❑ マイクロソフト Docs「Resilient File System （ReFS） の概要」
https://docs.microsoft.com/ja-jp/windows-server/storage/refs/refs-overview

❑ WSUS
https://www.lanscope.jp/trend/10627/

❑ マイクロソフト Docs「Windows　Server　の半期チャネルの概要」
https://docs.microsoft.com/ja-jp/windows-server/get-started/semi-annual-channel-overview

❑ マイクロソフト Docs「BPA」
https://docs.microsoft.com/en-us/previous-versions/windows/it-pro/windows-server-2008-R2-and-2008/
dd392255 （v=ws.10）

❑ マイクロソフト「ライフサイクル」
https://support.microsoft.com/ja-jp/lifecycle/search/1163

❑ ［Windows］RemoteApp って何だろう・・・と思って調べたみた
http://rtaki.sakura.ne.jp/infra/?p=1120

❑ マイクロソフト系技術情報 Wiki
https://techinfoofmicrosofttech.osscons.jp/index.php?FrontPage

❑ Windows Server 2016 でリモートデスクトップ接続を有効化する
https://blogs.osdn.jp/2017/09/30/rdp.html

❑ マイクロソフト Technet「パフォーマンス ログのススメ」
https://blogs.technet.microsoft.com/askcorejp/2017/11/24/perf-askcore-triage/

❑ Windows のパフォーマンスログ （モニタ） 取得の設定方法
https://www.haruru29.net/blog/post-4135/

❑ パフォーマンスモニターを操作するあれこれ
https://blog.engineer-memo.com/2013/12/22

❑ @IT「リソースモニターでオープン中のファイルをモニターする」
https://www.atmarkit.co.jp/ait/articles/0910/02/news099.html

❑ Windows がなんか重いときにコマンドで調べる （WMIC PROCESS）
https://qiita.com/qtwi/items/914021a8df608ab7792f

❑ マイクロソフト Docs「ベスト プラクティス アナライザー スキャンの実行とスキャン結果の管理」
https://docs.microsoft.com/ja-jp/windows-server/administration/server-manager/run-best-practices-
analyzer-scans-and-manage-scan-results

❑ @IT「イベントビューアーでセキュリティ監査を行うためのグループポリシー設定」
https://www.atmarkit.co.jp/ait/articles/1507/21/news139.html

❑ マイクロソフト Docs「監査の管理」
https://docs.microsoft.com/ja-jp/security-updates/planningandimplementationguide/19871931

❑ @IT「Windows のイベントログを自動アーカイブで長期間保存する」
https://www.atmarkit.co.jp/ait/articles/0907/31/news106.html

❑ 【101 シリーズ】パフォーマンスモニタ徹底攻略 ~ 基礎編
http://azuread.net/2013/09/26

❑ マイクロソフト Technet「パフォーマンス ログのスス
https://blogs.technet.microsoft.com/askcorejp/2017/11/24/perf-askcore-triage/

❑ マイクロソフト Technet「CPU 使用率を確認するパフォーマンス カウンターについて」
https://blogs.technet.microsoft.com/askcorejp/2018/02/02/processor_information/

❑ マイクロソフト Docs「サーバーのパフォーマンスを測定する」
https://docs.microsoft.com/ja-jp/previous-versions/technet-magazine/cc718984 （v=msdn.10）

❑ windows サーバーの容量を監視する方法をメモ
http://risings.red/web/

❑ マイクロソフト Docs「ネットワークインターフェイスパフォーマンスオブジェクト」
https://docs.microsoft.com/en-us/previous-versions/ms803962 （v=msdn.10）

- ❏ パフォーマンス監視のしかた
  http://itdoc.hitachi.co.jp/manuals/3020/30203R4821/PCAT0015.HTM
- ❏ 【101 シリーズ】パフォーマンスモニタ徹底攻略 ～ パフォーマンスの確認編
  http://azuread.net/2013/09/30
- ❏ マイクロソフト Technet「Processor Queue Length や Disk Queue Length の見方」
  https://blogs.technet.microsoft.com/askcorejp/2017/09/13/processor-queue-length-%E3%82%84-disk-
  queue-length-%E3%81%AE%E8%A6%8B%E6%96%B9/
- ❏ パフォーマンスモニタカウンタ（Windows Server 2008 R2）
  http://tooljp.com/windows/doc/Server2008/PerformanceMonitorCounter/PerformanceMonitorCounter.
  html
- ❏ @IT タスクスケジューラの基本的な使い方（Windows 7 ／ 8.x ／ 10 編）
  https://www.atmarkit.co.jp/ait/articles/1305/31/news049.html
- ❏ handle の概念について
  https://teratail.com/questions/44526
- ❏ @IT「リソースモニターでオープン中のファイルをモニターする」
  https://www.atmarkit.co.jp/ait/articles/0910/02/news099.html
- ❏ マイクロソフト Docs「PowerShell コマンドの学習」
  https://docs.microsoft.com/ja-jp/powershell/scripting/learn/learning-powershell-
  names?view=powershell-6
- ❏ PowerShell 的な使い方
  http://www.vwnet.jp/windows/PowerShell/2018040502/GettingStartedWithPowerShell-02.htm
- ❏ コマンドプロンプトから PowerShell に乗り換えるための小さな本
  https://qiita.com/tadnakam/items/f51e03021b95eb39f34b
- ❏ Pwershell 入門者の教科書
  https://cheshire-wara.com/powershell/ps-textbooks/basic-knowledge/powershell-started0/
- ❏ Windows の管理者が知っておくべき PowerShell のコマンド 10 選
  https://japan.zdnet.com/article/20424614/
- ❏ PowerShell スクリプトの作成と実行
  http://capm-network.com/?tag=PowerShell%E3%82%B9%E3%82%AF%E3%83%AA%E3%83%97%E3%83%
  88%E3%81%AE%E4%BD%9C%E6%88%90%E3%81%A8%E5%AE%9F%E8%A1%8C
- ❏ @IT PowerShell スクリプティングの第一歩
  https://www.atmarkit.co.jp/ait/articles/0709/20/news125_4.html
- ❏ PowerShell Scripting Weblog
  http://winscript.jp/powershell/253
- ❏ Windows PowerShell 入門ースクリプト編
  https://codezine.jp/article/detail/2259
- ❏ @IT 次世代 Windows シェル「Windows PowerShell」を試す
  https://www.atmarkit.co.jp/ait/articles/0607/19/news135_3.html
- ❏ マイクロソフト Docs「コマンドに関する情報の取得」
  https://docs.microsoft.com/ja-jp/powershell/scripting/learn/getting-information-about-
  commands?view=powershell-6
- ❏ PowerShell とコマンドプロンプトの違いを簡単に解説します
  https://macruby.info/powershell/how-powershell-differs-from-command-prompt.html
- ❏ マイクロソフト Docs「使い慣れたコマンド名の使用」
  https://docs.microsoft.com/ja-jp/powershell/scripting/learn/using-familiar-command-
  names?view=powershell-6
- ❏ 【Get-Member】PowerShell でメソッドやプロパティを調べる方法
  https://cheshire-wara.com/powershell/ps-cmdlets/object/get-member/
- ❏ PowerShell/ コマンドレットのメソッドやプロパティなどを調べる方法
  https://win.just4fun.biz/?PowerShell
- ❏ オブジェクト指向超入門
  http://www.rsch.tuis.ac.jp/~ohmi/software-intro/objectoriented.html
- ❏ 【PowerShell】変数の基本的な使い方の説明
  https://soma-engineering.com/coding/powershell/what-is-variable/2018/05/16/

- ❏ マイクロソフト Docs「変数を使用したオブジェクトの保存」
  https://docs.microsoft.com/ja-jp/powershell/scripting/learn/using-variables-to-store-objects?view=powershell-6
- ❏ PowerShell Core 入門 - 基本コマンドの使い方
  https://news.mynavi.jp/itsearch/article/hardware/3946
- ❏ マイクロソフト Docs「自動変数について」
  https://docs.microsoft.com/ja-jp/powershell/module/microsoft.powershell.core/about/about_automatic_variables?view=powershell-5.1
- ❏ PowerShell で環境変数を参照、設定する
  https://www.whyit.work/entry/2018/07/09/171632
- ❏ PowerShell の環境変数と自動変数
  https://qiita.com/Takeru/items/eb075762b7255b5f2756
- ❏ マイクロソフト Docs「レジストリ エントリの操作」
  https://docs.microsoft.com/ja-jp/powershell/scripting/samples/working-with-registry-entries?view=powershell-6
- ❏ マイクロソフト系技術情報 Wiki
  https://techinfoofmicrosofttech.osscons.jp/index.php?FrontPage
- ❏ マイクロソフト Docs「Quick Session Startup」
  https://docs.microsoft.com/en-us/message-analyzer/quick-session-startup#Start%20Page%20Organization%20For%20Quick%20Access%20to%20Input%20Data
- ❏ マイクロソフト「Windows Server」
  https://www.microsoft.com/ja-jp/cloud-platform/windows-server
- ❏ Windows 10 ／ Windows Server 2016 が最新のサイバー攻撃を防げるワケ
  https://www.atmarkit.co.jp/ait/articles/1611/24/news116.html
- ❏ 19 Authorization Manager サービスの統合
  http://otndnld.oracle.co.jp/document/products/id_mgmt/oam_10142/doc_cd/doc/oam.1014/E05809-01/azman.htm#CACCIHII
- ❏ BitLocker とは
  https://www.atmarkit.co.jp/ait/articles/1702/28/news040.html
- ❏ BitLocker で Windows 10 のドライブを暗号化するには？
  https://www.pit-navi.jp/security-how-to-encrypt-drives-with-bitlocker-20180124/
- ❏ Windows 10 でユーザーアカウント制御の有効 / 無効を設定する方法
  https://121ware.com/qasearch/1007/app/servlet/qadoc?QID=017864
- ❏ Windows Defender の性能は？他のセキュリティソフトの必要性と比較
  https://cybersecurity-jp.com/security-measures/24469
- ❏ 認証情報を守る Windows 10 の「Credential Guard」
  https://www.atmarkit.co.jp/ait/articles/1709/20/news016.html
- ❏ Security Compliance Manager の使用方法
  https://mctjp.com/2011/10/24/security-compliance-manager-%E3%81%AE%E4%BD%BF%E7%94%A8%E6%96%B9%E6%B3%95/
- ❏ 情報セキュリティ 10 大脅威 2019
  https://www.ipa.go.jp/security/vuln/10threats2019.html
- ❏ コンピュータを使う上での情報セキュリティ対策
  https://www.jnsa.org/ikusei/03/08-01.html
- ❏ cookie とは？基本から分かりやすく解説!
  https://digitalidentity.co.jp/blog/creative/what-is-cookie.html
- ❏ IT 用語辞典 e-Words インシデント
  http://e-words.jp/w/%E3%82%A4%E3%83%B3%E3%82%B7%E3%83%87%E3%83%B3%E3%83%88.html
- ❏ マイクロソフト Docs「ユーザー アカウント制御」
  https://docs.microsoft.com/ja-jp/windows/security/identity-protection/user-account-control/user-account-control-overview
- ❏ マイクロソフト Docs「チェックポイントを使用して仮想マシンを以前の状態に戻す」
  https://docs.microsoft.com/ja-jp/virtualization/hyper-v-on-windows/user-guide/checkpoints

- ❏ マイクロソフト Docs「What's new in Hyper-V on Windows Server」
  https://docs.microsoft.com/en-us/windows-server/virtualization/hyper-v/what-s-new-in-hyper-v-on-windows
- ❏ マイクロソフト Docs「コンテナ」
  https://docs.microsoft.com/ja-jp/previous-versions/direct-x/cc353367（v=msdn.10）
- ❏ マイクロソフト Docs「CentOS をサポートし、HYPER-V 上の Red Hat Enterprise Linux 仮想マシン」
  https://docs.microsoft.com/ja-jp/windows-server/virtualization/hyper-v/supported-centos-and-red-hat-enterprise-linux-virtual-machines-on-hyper-v
- ❏ WSUS
  https://www.lanscope.jp/trend/10627/
- ❏ マイクロソフト Docs「Windows Server の半期チャネルの概要」
  https://docs.microsoft.com/ja-jp/windows-server/get-started/semi-annual-channel-overview
- ❏ マイクロソフト Docs「BPA」
  https://docs.microsoft.com/en-us/previous-versions/windows/it-pro/windows-server-2008-R2-and-2008/dd392255（v=ws.10）
- ❏ マイクロソフト「ライフサイクル」
  https://support.microsoft.com/ja-jp/lifecycle/search/1163
- ❏ IIS のウェブアプリケーションとは？
  https://aspnet.keicode.com/aspnet/aspnet-iis-web-application.php
- ❏ IIS のアプリケーションプールとは？
  https://aspnet.keicode.com/aspnet/aspnet-apppool.php
- ❏ マイクロソフト Docs「機能の選択」
  https://docs.microsoft.com/ja-jp/sql/sql-server/install/feature-selection?view=sql-server-2014
- ❏ マイクロソフト Docs「マスター データ サービスの概要（MDS）」
  https://docs.microsoft.com/ja-jp/sql/master-data-services/master-data-services-overview-mds?view=sql-server-2017
- ❏ マイクロソフト「SQL Server 2016 マスターデータサービス（MDS）の新機能」
  https://blogs.msdn.microsoft.com/dataplatjp/2016/08/29/
- ❏ マイクロソフト Docs「SQL Server Notification Services（SQL Server 構成マネージャー）」
  https://docs.microsoft.com/ja-jp/sql/tools/configuration-manager/notification-services-sql-server-configuration-manager?view=sql-server-2017
- ❏ PostgreSQL ではじめる DB 入門
  http://db-study.com/archives/36
- ❏ IT 用語辞典 e-Words「電子メール」
  http://e-words.jp/w/%E9%9B%BB%E5%AD%90%E3%83%A1%E3%83%BC%E3%83%AB.html
- ❏ 「分かりそう」で「分からない」でも「分かった」気になれる IT 用語辞典「SMTP-AUTH」
  https://wa3.i-3-i.info/word1134.html
- ❏ Microsoft Exchange Server 2016 が提供開始
  https://cloud.watch.impress.co.jp/docs/news/723913.html
- ❏ マイクロソフト Docs「Exchange Server 2016 自習書シリーズ」
  https://docs.microsoft.com/ja-jp/previous-versions/mt691869（v=msdn.10）?redirectedfrom=MSDN
- ❏ マイクロソフト Docs「Exchange Server 2013 自習書シリーズ」
  https://docs.microsoft.com/ja-jp/previous-versions/jj853251%28v%3dmsdn.10%29
- ❏ IT Beginner「Exchange Server 2013/2016 メッセージ フローの概要」
  https://miya1beginner.com/post-1642
- ❏ マイクロソフト Docs「メール フローとトランスポート パイプライン」
  https://docs.microsoft.com/ja-jp/exchange/mail-flow/mail-flow?view=exchserver-2019

Memo

Appendix II

索引

索引

A

A...90
AAAA...90
Active Directory.......................................143
Active Directory オブジェクト 150
Active Directory スキーマ 151
Active Directory 統合 DNS サーバー 88
Active Directory の機能レベル 153
Active Directory フェデレーションサービス
（AD FS） 161
Active Directory ライトウェイトディレクトリサービス
（AD LDS）...161
Active Directory ライトマネジメントサービス
（AD RMS） 162
Active Directory 管理センター 154
Active Directory 証明書サービス（AD CS）.............160
ADO/ADONET（ActiveX Data Object/ActiveX Data
Object.NET）..493
AllSigned 339
Apache HTTP Server 462
Arcserve UDP 431
ASP 35

B

Builtin 158
Bypass 339

C

cd..323
CIDR..59
cls...324
CNAME...90
copy..324
CSIRT 391
CSMA/CD 61
CUI 285

D

D2D2T...422
Default..339
Default Web Site 471
del 324
DHCP 105
DHCPACT 109
DHCPDISCOVER 108
DHCPOFFER 108
DHCPREQUEST...108

DHCP フェイルオーバー..........................111
DHCP リレーエージェント 110
dir...323
diskperf 273
DNS..83
DNS クライアント 83
DNS サーバー 7
DNS サフィックス 91
do while 341
docker..10
Dynamic Memory 408

E

echo..300
Export-Csv.. 166,327

F

FAT16/32 184
for..304,340
foreach 341
ForEach-Object 332
Format-List 333
Format-Table 333
Format-Wide 333
FQDN..84
FTP サーバー 468

G

Get-ADUser...165
Get-EventLog 326
Get-Help..313
Get-ItemProperty.....................................371
Get-NetIPConfiguration 76
Get-NetRoute 76
Get-NetTCPConnection..............................76
Get-Process...325
Get-Service...325
goto 305
GPT 形式..181
Group-Object 332
GUI...285

H

HDD...176
HTML...460
Hub...62
Hyper-V...9
Hyper-V コンテナ 413

536

I

IaaS	35
IANA	58
if	303,340
IMAP4	508
IMAP4 サーバー	508
Import-Csv	166
Internet Information Service（IIS）	462
IP	55
IPAM	67
ipconfig	115
ipconfig コマンド	75,115,381
Ipv4	57
Ipv6	57
IP アドレス	57,84

K

Kerberos	133
KMS	261

L

LAN ケーブル	62
Long-Term Servicing Channel（LTSC）	232

M

MAC アドレス	61
MBR 形式	181
Microsoft Message Analyzer	380
Microsoft ライセンスプログラム	15
Move-ADObject	165
MX	90

N

Nano Server	10
NAS ストレージ	177
NetBIOS 名	97
NETSH	75
NETSTAT	75
NetVault Backup	431
New-ADUser	165
New-ItemProperty	371
New-NetIPAddress	76
NIC（Network Interface Card）	226
NIC チーミング	69,226
NS	90
NSLOOKUP	76,93
NTFS（NT File System）	184
NTFS アクセス許可	195

O

ODBC（Open Data Base Connectivity）	493
OLE DB（Object Linking and Embedding Data Base）	493
Operational Analytics	490
OS	3
OSI 参照モデル	66
Out-File	326

P

PaaS	28
PDC エミュレータ	152
PING	75
POP3	508
POP3 サーバー	508
portqry.exe	396
Powershell	311
Powershell Core	312
ps	324
PTR	90

Q

QoS	72

R

RAID	177
RDP（Remote Desktop Protocol）	240
ReFS（Resilient File System）	184
rem	301
RemoteApp	245
RemoteSigned	339
Remove-ADUser	165
Remove-ItemProperty	371
ren	324
Resolve-DNSName	76,95
Restart-Computer	324
Restricted	338
RID マスタ	152

S

SaaS	35
SAN ストレージ	176
SCSI	446
Select-Object	330
Semi-Annual Channel（SAC）	232
Sendmail	510
Server Core	286
set	301
Set-ADAccountPassword	166
Set-ADUser	166
Set-DnsClientServerAddress	76
Set-ItemProperty	371
Set-NetIPInterface	76
SMTP	508

Appendix

537

SMTP サーバー	468,508	WINS	97
SOA	90	World Wide Web	459
Sort-Object	330		

あ

アーカイブビット	425
アーティクル	494
アクセス許可	193
アクセス制御	470
アクセス制御リスト	186
アクセス許可の動作	198
アクセス制御エントリ	196
アクセス制御リスト	196
アクティブノード	444
アドレス空間管理	67
アナリシスサービス	494
アプリケーションサーバー	439
アプリケーション層	57
暗号化	394
アンチウィルスソフト	394

SQL 483
SQL Server 501
SSD 176
SSL/TLS 470
Start-Transcript 326
Stop-Process 325
Stop-Transcript 326
STP 440
switch 341

T

TCP/IP 55
TCP/IP プロトコルスイート 57
Test-Connection 76,325
Test-NetConnection 76
TRACERT 75
TXT 90

い

イーサネット	61
一時ユーザープロファイル	156
移動ユーザープロファイル	156
イベントビューアー	261
イベントのフィルター	265
イメージバックアップ	424
インクジェット方式	207
印刷キュー	212
印刷ジョブ	211
印刷スプーラー	212
インターネットドメイン名	460
インテグレーションサービス	494
インフラストラクチャマスター	152

U

UDP 56
Undefined 339
Unrestricted 339
URL 460
Users 159

V

VDI 246
Veritas Backup Exec 431
VPS 35
VRRP 440

う

運用チェックポイント 410

え

エイリアス	312
エクスターナルコネクタライセンス	18
エッジトランスポートサーバー	513

W

WebDAV 468
Web アプリケーション 467
Web コンテンツ 461
Web サーバー 6,439,459
Web サイト 459
Web ブラウザー 460
Web ページ 459
Where-Object 331
while 341
Windows Defender 10,396
Windows Powershell 312
Windows Server Update Service（WSUS）.......229
Windows Server コンテナ 413
Windows Server バックアップ 429
Windows Server のライフサイクル 231
Windows Update 229
Windows コンテナ 10

お

オーバーヘッド	402
オーバーサブスクリプション	408
オブジェクト	311
オブジェクト権限	499
オフラインアドレス帳（OAB）	518
オンプレミス	8

538

か

回復コンソール	286
回復用データベース（RDB）	518
外部キー	497
外部向け DNS サーバー	87
仮想スイッチ	405
仮想ディレクトリ	472
仮想ネットワークアダプター（仮想 NIC）	405
仮想マシン	402
カレントディレクトリ	290
環境変数	289,336
監視	224
乾式電子写真方式	208
関数	312
完全バックアップ（フルバックアップ）	425
感熱式	207

き

基本認証	469
逆引き検索	91
キャッシュサーバー	87
共有アクセス許可	196
共有ディスク	446
共有フォルダー	193
共有プリンター	210
許可	200
拒否	200

く

クォータ	187
クォーラム	447
クライアント	3
クライアントアクセスポイント	446
クライアントアクセスライセンス（CAL）	17
クライアントリソースのリダイレクト機能	241
クラウド	8
クラウド監視	447
クラス	58
クラスター	439
クラッカー	387
グループ	121
グループウェア	520
グループポリシー	125
グループポリシーオブジェクト	126
グローバルアドレス一覧（GAL）	518
グローバルカタログ（GC）	152
クロスケーブル	62

け

継承	199
権限	394

こ

コアライセンス	18
構成管理	223
コネクタ	518
コマンド	285
コマンドサーチパス	291
コマンドプロンプト	287
コマンドラインリファレンス	292
コマンドレット	312
コミットチャージ	277
コミュニティクラウド	33
コメントアウト	301
コンテナ	412
コンテナオブジェクト	150

さ

サーバー	3
サーバーマネージャー	225,259
サーバーライセンス	17
サーバー管理	223
サーバー情報の収集・変更	226
サービス	258
再帰問い合わせ	91
サイト	149
サブキー	363
サブスクライバ	494
サブネットマスク	58
差分バックアップ（ディファレンシャルバックアップ）	426

し

シールドされた仮想マシン	10
シェル	311
システムバックアップ	424
自動変数	335
主キー	497
障害対応	224
証明書サービス	396
シンクライアント	246
侵入検知システム IDS	394
侵入防止システム IPS	394
信頼関係	147

す

スキーマ	484
スキーママスタ	152
スクリプト	312
スクリプト言語	311
スコープ	107
スタンバイアダプター	71
ステートメント	340
ステートメント権限	499

ストアードプロシージャ	500
ストレートケーブル	62
スプリットブレイン	448
スループット	422

せ

正規化	482
正規形	483
静的マッピング	97
正引き検索	91
セカンダリサーバー	86
セキュリティ	135
セキュリティグループ	155
セキュリティポリシー	395
セッション層	66
接続デバイス数または接続ユーザー数モード	20
接続方式（プロトコル）	460
絶対パス	292

そ

操作マスタ（FSMO）	152
相対パス	292
増分バックアップ（インクリメンタルバックアップ）	426
ゾーン	89
組織	518
組織単位（OU）	158
ソフトウェアロードバランサ	451

た

ターミナルサービス	239
ダイジェスト認証	469
ダイナミックディスク	181
タスク	351
タスクスケジューラ	351
タスクマネージャー	257,380
単一障害ポイント（Single Point of Failure）	440

ち

チェックポイント	410

て

定期作業	224
ディレクトリ	290
ディレクトリサービス	143
データ圧縮	186
データ暗号化	186
データコレクターセット	267
データ制御言語	484
データ操作言語	484
データ定義言語	483
データバックアップ	423
データベース	479

データベースサーバー	6,439,486
データベーススナップショット	491
データベースファイル	496
データリンク層	66
データ型	497
テーブル	496
デフォルトゲートウェイ	56
電子メール	508

と

統合 Windows 認証	469
同時使用ユーザー数モード	19
動的マッピング	97
匿名認証	469
ドットインパクト方式	208
ドメイン	85,133
ドメインコントローラー（DC）	147
ドメインツリー	85,148
ドメイン名前付けマスタ	152
ドメインユーザーアカウント	155
ドメインユーザープロファイル	156
ドメイン環境のネットワークアクセス	133
ドライバー	213
トラブルシューティング	377
トランザクション	485
トランザクションログ	500
トランスポートサービス	515
トランスポート層	57
トリガー	351

な

内部向け DNS サーバー	87
名前解決	83

に

認証トラフィック	149
認証モード	498

ね

熱転写方式	207
ネットワークアダプター	61
ネットワークプリンター	209
ネットワーク層	66
ネットワーク負荷分散	449

の

ノーティフィケーションサービス	494

は

配布グループ	518
パーティション形式	181
ハードフォールト	277

ハードリンク	187
ハイパフォーマンスコンピューティング	441
パイプ	295
ハイブリッドクラウド	32
バインド	473
パケット	55
パス	290
パターンファイル	394
ハッカー	393
バックアップ	163,421
パッシブノード	444
バッチパラメーター	302
バッチファイル	299
パフォーマンスカウンター	270
パフォーマンスモニター	255
パブリッククラウド	30
パブリックフォルダー	518
パブリッシャー	493
ハンドル	276
反復問い合わせ	92

ひ

光ディスク	177
標準エラー出力	293
標準出力	288
標準チェックポイント	410

ふ

ファイアウォール	394
ファイルサーバー	5,194
ファイルシステム	183
フェールオーバー	441
フェールオーバークラスタリング	442,491
フェールオーバーシステム	441
フォレスト	148
フォワーダへの転送	92
負荷分散モード	71
複合機（プリンター複合機）	208
複製トラフィック	149
不正アクセス	393
不正プログラム	393
物理層	66
踏み台	387
プライベートクラウド	31
プライマリーサーバー	86
プリンター	207
プリンターの管理	216
プリントサーバー	6
プレゼンテーション層	66
プレフィックス長	59
ブロードキャスト	107
プロキシサーバー	7

プロトコル	55
プロセッサ	270
プロビジョニング	408
フロントエンドトランスポートサービス	515

へ

ペイロード	55
ベーシックディスク	180
ベストプラクティスアナライザー（BPA）	227

ほ

ポート	59,386
ポート番号	461
ホスティングサービス	34
ホスト名	84
ホットアド	407
ポリシー	125
ポリシーベースの IP アドレス割り当て	112
ボリュームシャドウコピー（VSS）	432

ま

マルチキャストモード	452
マルチサーバー管理	68

め

メールサーバー	7
メールシステム	507
メールボックス	518
メールボックスサーバー	512
メールボックスデータベース	519
メールボックストランスポートサービス	515
メタキャラクター	297

も

モジュール	275
モニターツール	255

ゆ

ユーザー	121
ユーザーアカウント	121,499
ユーザープロファイル	156
ユニキャストモード	452
ユニファイドメッセージング（UM）サービス	513

よ

読み取り専用ドメインコントローラー（RODC）	153

ら

ライフサイクルポリシー	231
ラウンドロビン DNS	450

り

リース期間 107
リストア 164,421
リソース 131
リソースキット 382
リソースモニター 256
リダイレクト 293
リムーブ 407
リモートアシスタンス接続 242
リモートサーバー管理ツール（RSAT）..................228
リモートデスクトップ CAL 245
リモートデスクトップ web アクセス 245
リモートデスクトップゲートウェイ 245
リモートデスクトップサービス 239
リモートデスクトップライセンス 245
リモートデスクトップ接続（RDC：Remote Desktop
Connection）...240
リモートデスクトップ接続ブローカー 245
リモートによるサーバー管理 327
リレーショナルデータベース 480

る

ルーター 63
ルートキー 363

れ

レコード 90
レジストリ 361
レジストリエディター 362
レジストリキー 363
レジストリバックアップ 367
レプリケーションサービス 493
レポーティングサービス 494
連絡先 518

ろ

ローカルグループ 122
ローカルグループポリシーオブジェクト 126
ローカルセキュリティポリシー 125
ローカルプリンター 209
ローカルユーザー 121
ローカルユーザープロファイル 156
ロードバランスシステム 441
ロール 499
ロールバック 485
ログ 468
ログインアカウント 499
論理フォーマット 183

わ

ワークグループ 131

ワークグループ環境のネットワークアクセス 131
ワイルドカード 297

Memo

Memo

■ 著者略歴

岡本　成美（おかもと　なるみ）
IT 企業勤務兼フリーランスのライター
2016 年より IT 企業に勤務。主にオープン系システムの開発、運用管理に携わる傍ら、Windows や Linux 系 OS のサーバー設計、構築に従事する。
資格：応用情報技術者

小泉　渉（こいずみ　わたる）
フリーランスのライター
1993 年工科系大学卒。インターネットが日本に普及する前から UNIX を使っていた元エンジニア。1998 年ころシリコンバレーに駐在、現地の熱狂に触発されシステム監視運用サービスの事業立ち上げに参画。その後、データセンター事業者にて社内 IT インフラ機能の追加や改善、情報セキュリティマネジメントの構築や維持等を約 15 年に渡り担当。現在は経歴を活かした IT 系のライターを中心に活動している。
資格：情報セキュリティアドミニストレータ

浦本　英治（うらもと　えいじ）
フリーランスのエンジニア兼ライター
社内 SE として、上場企業にて勤務ののちに SIer へと転身し、主に金融系企業のプロジェクトにおいて、上流工程を担当。現役エンジニアの傍でフリーランスのライターとして、執筆活動を行う。
資格：MCP（Microsoft Certified Professional）

槙谷　永吉（まきたに　えいきち）
フリーランスのエンジニア
フリーランスのシステムエンジニアとして、主にインフラの設計、構築業務に携わっている。過去にセキュリティインシデントを経験してから、セキュアなシステムの設計、構築に力を入れている。また、現在は Windows Server の導入から、設計、構築まで幅広く手掛けている。
資格：情報処理安全確保支援士

茶志川　孝和（ちゃしかわ　たかかず）
防災機器メーカー勤務
勤務先にて研究開発、商品企画に従事する傍ら、大学研究室との共同研究を行い、博士号取得。IT 技術普及初期より、研究を進める為のプラットフォーム作りとして、数多くのサーバー環境の構築や管理を経験。現在は、新規事業のシステム立ち上げに携わっている。

■ 技術監修

株式会社ミラクルソリューション
掛川雅友、西廣剛史、松崎勇希、田村徳風、木田弘樹、瀬高功詞、石渡まり子、鈴木悠人、前田貢佑、武藤孝史、高貫景以、皆川貴洋、渡邉伸正、黒田優、南陽介、川原拓己、渡辺誠、小林蓮於人、郡司幸太郎、戸田晶博、浅海卓哉、古谷晟章、蔡睿萌、吉村真由子、高橋大暉、朱珺怡、晝間崇史、菊本希、勝俣雄貴、小堀大樹、花岡直央、野本雄太、伴将太、森重玄徳、海老原直人、佐々昂平、井上正大、今村朋貴、仲間大貴、鶴貝哲、川口知代、伊藤恭子
Windows Server 全般、Azure、Linux、ネットワーク等を中心としたシステム設計、構築に携わっている。IT 業界未経験からスタートしてプロジェクトリーダー、プロジェクトマネージャーとして活躍するエンジニアが多数在籍。
資格：MCP、MCSA、MCSE、CCNA、LPIC

Windows Server 2016 Technology

1ヶ月でWindows サーバーエンジニアになる本

2019年10月1日　初版発行

著者　　　　　　　　　ミラクルソリューション
発行者　　　　　　　　長岡　路恵
発行所　　　　　　　　株式会社ミラクルソリューション
　　　　　　　　　　　〒151-0053　東京都渋谷区代々木3-24-3 サンテージ西新宿1.2F
　　　　　　　　　　　電話　03-5365-2086　FAX　03-3370-2226
　　　　　　　　　　　URL　www.miracle-solution.com
印刷　　　　　　　　　株式会社サン
カバーデザイン　　　　三和　祥大
本文デザイン　　　　　三和　祥大
キャラクターデザイン　がみ

落丁本、乱丁本は小社にてお取替えいたします。
定価はカバーに記載されております。
本書内容に関するご質問などは、ご面倒でも小社まで必ず書面にてご連絡くださいますよう
お願いいたします。

Printed in Japan　　　　　　　ISBN978-4-9901523-5-2